电网设备材料检测技术

总主编 骆国防

电网设备表面检测技术与应用

主 编 骆国防

上海交通大學 出版社
SHANGHAI JIAO TONG UNIVERSITY PRESS

内容提要

本书共 5 篇 17 章,主要内容包括电网行业中各种表面检测技术(目视检测、磁粉检测、渗透检测、涡流检测)的检测原理、检测设备及器材、检测工艺、典型案例等。知识全面系统、覆盖面广,通俗易懂,实用性强。本书可供电力系统从事表面检测的工程技术人员和管理人员参考及培训使用,也可供其他行业从事表面检测工作的相关人员、大专院校相关专业的广大师生阅读参考。

图书在版编目(CIP)数据

电网设备表面检测技术与应用/骆国防主编. —上海:上海交通大学出版社,2024.5
ISBN 978 - 7 - 313 - 30580 - 0

Ⅰ.①电… Ⅱ.①骆… Ⅲ.①电网—电气设备—检测 Ⅳ.①TM7

中国国家版本馆 CIP 数据核字(2024)第 072877 号

电网设备表面检测技术与应用
DIANWANG SHEBEI BIAOMIAN JIANCE JISHU YU YINGYONG

主 编:骆国防				
出版发行:上海交通大学出版社		地 址:上海市番禺路 951 号		
邮政编码:200030		电 话:021 - 64071208		
印 制:上海新艺印刷有限公司		经 销:全国新华书店		
开 本:710mm×1000mm 1/16		印 张:28		
字 数:545 千字				
版 次:2024 年 5 月第 1 版		印 次:2024 年 5 月第 1 次印刷		
书 号:ISBN 978 - 7 - 313 - 30580 - 0				
定 价:98.00 元				

前　　言

电网设备材料检测技术主要包括无损检测技术、理化检验技术，以及腐蚀防护与腐蚀检测技术三大类。

无损检测是在现代科学基础上产生和发展的检测技术，是指在不损坏检测对象的前提下，以物理或化学方法为手段，借助一定的设备与器材，按照规定的技术要求，对检测对象的内部及表面的结构、性质或状态进行检查与测试，并对结果进行分析和评价。根据检测原理、检测方式和信息处理技术的不同，无损检测有多种分类，除了比较常见的射线检测、超声检测、磁粉检测、渗透检测、涡流检测五大常规检测方法外，还有厚度测量、目视检测及太赫兹波检测等。其中，根据所能检测缺陷的位置，又可把目视检测、磁粉检测、渗透检测、涡流检测统称为表面检测。

理化检验是指通过检测材料的组成、显微结构、物理性质和化学性质，获得其工艺性能和使用性能的材料检验行为。根据检测原理、检测方式和信息处理技术的不同，理化检验包括光谱分析、力学性能试验、显微分析、物相分析四种检测技术。

腐蚀防护与腐蚀检测技术涵盖了腐蚀防护与检测相关的全要素基本内容。腐蚀防护是指为了延长金属设备或材料的使用寿命，在生产、储存和使用中采取的各种材料防护措施；腐蚀检测是指以物理或化学方法为手段，借助一定的设备及器材，按照规定的技术要求，对检测对象的耐蚀性质或腐蚀状态进行检查和测试，并对结果进行分析和评价。根据应用阶段和对象的不同，腐蚀检测分为腐蚀环境检测、腐蚀设备检测、腐蚀防护检测，以及腐蚀监测与大数据四种检测技术。

　　为了更好地开展电网设备金属及材料专业工作,我们于2019年开始连续多年组织电网系统内、外的权威专家,全专业、成体系、多角度地架构和编写电网设备金属及材料检测技术方面的书籍,包括《电网设备金属材料检测技术基础》《电网设备金属检测实用技术》《电网设备超声检测技术与应用》《电网设备射线检测技术与应用》《电网设备表面检测技术与应用》《电网设备厚度测量技术与应用》《电网设备太赫兹检测技术与应用》《电网设备理化检验技术与应用》及《电网设备腐蚀防护检测技术与应用》。其中,《电网设备金属材料检测技术基础》是该系列书籍的理论基础,由上海交通大学出版社出版,全书共8章,包括电网设备概述、材料学基础、焊接技术、缺陷种类及形成、理化检验、无损检测、腐蚀检测及表面防护、失效分析等;《电网设备金属检测实用技术》则是《电网设备金属材料检测技术基础》中所讲解的"无损检测、理化检验、腐蚀检测及表面防护"等检测方法、检测技术总揽,由中国电力出版社出版,全书共15章,包括电网设备金属技术监督概述及光谱检测、金相检测、力学性能检测、硬度检测、射线检测、超声检测、磁粉检测、渗透检测、涡流检测、厚度测量、盐雾试验、晶间(剥层)腐蚀试验、应力腐蚀试验、涂层性能检测共14大类金属材料检测实用技术。

　　本书作为《电网设备金属检测实用技术》中14大类检测技术中的目视检测、磁粉检测、渗透检测及涡流检测四大表面检测技术合集的专业书籍,由上海交通大学出版社出版,全书共5篇17章,包括表面检测概述,目视检测技术、磁粉检测技术、渗透检测技术、涡流检测技术等的理论基础、设备及器材、通用工艺、在电网设备中的应用等内容。本书在讲解各种表面检测技术基本知识、检测设备及器材的基础上,结合电网设备表面检测及应用特点,对表面检测的流程(通用检测工艺)进行了规范和统一,并辅以实际典型案例进行讲解,以进一步提高专业技术人员的实际操作水平和对缺陷的判断、分析能力。

　　全书在编写过程中得到江苏方天电力技术有限公司岳贤强、国网河南省电力公司电力科学研究院张武能等的大力支持和编写支撑。

　　本书的出版得到了北京韦林意威特工业内窥镜有限公司孙强及李星的

大力支持,在此表示感谢;本书在编写过程中参考了大量文献及相关标准,在此对相关作者表示衷心感谢;同时也感谢上海交通大学出版社给予的大力支持。

限于时间和作者水平,书中不足之处,敬请各位同行和读者批评指正。

国网上海市电力公司电力科学研究院

华东电力试验研究院有限公司

骆国防

2023 年 11 月于上海

目　　录

第1篇　表面检测技术

第1章　表面检测概述 ·· 003
  1.1　表面检测技术的发展历程 ·· 003
  1.2　表面检测技术在电网中的应用 ·· 007
    1.2.1　表面检测技术的选用 ·· 007
    1.2.2　表面检测技术在电网中的应用 ·································· 010

第2篇　目视检测技术

第2章　目视检测理论基础 ·· 017
  2.1　目视检测的物理基础 ·· 017
    2.1.1　光学 ·· 017
    2.1.2　光源 ·· 035
    2.1.3　视力 ·· 042
  2.2　目视检测的分类 ·· 048
    2.2.1　直接目视检测 ·· 049
    2.2.2　间接目视检测 ·· 059
  2.3　目视检测的影响因素 ·· 061

第3章　目视检测设备及器材 ·· 065
  3.1　直接目视检测设备及器材 ·· 065
    3.1.1　照明光源 ·· 065
    3.1.2　放大镜 ·· 066

　　　3.1.3　检测手锤　···　067

　　　3.1.4　测量工具　···　068

　　　3.1.5　反光镜　···　074

　　3.2　间接目视检测设备及器材　·································　074

　　　3.2.1　望远镜　···　074

　　　3.2.2　内窥镜　···　077

　　　3.2.3　视频系统　···　084

　　　3.2.4　巡检机器人　···　087

　　　3.2.5　无人机　···　091

第4章　目视检测通用工艺　···　094

　　4.1　目视检测通用工艺要求　·····································　094

　　4.2　焊缝目视检测通用工艺　·····································　095

　　4.3　内窥镜目视检测通用工艺　···································　097

　　4.4　无人机目视检测通用工艺　···································　099

第5章　目视检测技术在电网设备中的应用　·······················　103

　　5.1　变电站钢管构支架焊缝直接目视检测　·····················　103

　　5.2　变电站用金具焊缝质量直接目视检测　·····················　105

　　5.3　变电站钢管构支架内壁腐蚀内窥镜检测　···················　107

　　5.4　输电线路缺陷无人机检测　···································　109

第3篇　磁粉检测技术

第6章　磁粉检测理论基础　···　115

　　6.1　磁粉检测的物理基础　·······································　115

　　　6.1.1　磁现象与磁场　···　115

　　　6.1.2　铁磁性材料　···　119

　　　6.1.3　电流与磁场　···　124

　　　6.1.4　磁路与磁场　···　130

　　6.2　磁化电流、磁化方法和磁化规范　···························　134

　　　6.2.1　磁化电流　···　134

　　　6.2.2　磁化方法　···　138

　　　6.2.3　磁化规范　···　147

第7章　磁粉检测设备及器材 ································· 153
　7.1　磁粉检测设备 ······································· 153
　　7.1.1　磁粉检测设备的分类 ························· 153
　　7.1.2　磁粉检测设备的主要组成 ··················· 156
　7.2　磁粉检测器材 ······································· 159
　　7.2.1　磁粉 ····································· 160
　　7.2.2　载液 ····································· 162
　　7.2.3　磁悬液 ··································· 163
　　7.2.4　反差增强剂 ······························· 165
　　7.2.5　试片与试块 ······························· 166
　　7.2.6　其他辅助器材 ···························· 170
　7.3　检测设备及器材的运维管理 ···················· 175

第8章　磁粉检测通用工艺 ····························· 178

第9章　磁粉检测技术在电网设备中的应用 ············· 198
　9.1　隔离开关机构操作箱钢结构支架焊缝磁粉检测 ··· 198
　9.2　电化学储能电站预制舱焊缝磁粉检测 ············ 200
　9.3　变压器蝶阀管座角焊缝磁粉检测 ················ 203
　9.4　输电线路钢管杆挂线板角焊缝磁粉检测 ········· 205
　9.5　变压器不同结构部件焊缝磁粉检测 ·············· 207
　9.6　输电线路角钢塔塔角板焊缝磁粉检测 ············ 211

第4篇　渗透检测技术

第10章　渗透检测理论基础 ··························· 217
　10.1　液体的表面张力 ······························· 217
　10.2　液体的表面现象 ······························· 225
　　10.2.1　弯曲现象 ······························· 225
　　10.2.2　润湿现象 ······························· 227
　　10.2.3　毛细现象 ······························· 232
　10.3　液体的表面活性 ······························· 237

　　10.3.1　表面活性 ·· 237

　　10.3.2　表面活性剂 ·· 238

　10.4　溶解与吸附 ·· 251

　　10.4.1　溶解 ·· 251

　　10.4.2　吸附 ·· 252

　10.5　截留作用 ·· 255

第 11 章　渗透检测设备及器材 ···························· 257

　11.1　渗透检测设备 ·· 257

　　11.1.1　便携式渗透检测设备 ································ 257

　　11.1.2　固定式渗透检测设备 ································ 259

　　11.1.3　渗透检测辅助设备 ·································· 265

　11.2　渗透检测器材 ·· 269

　　11.2.1　渗透检测材料 ······································ 269

　　11.2.2　渗透检测材料系统 ·································· 289

　　11.2.3　渗透检测试块 ······································ 290

　11.3　检测设备及器材的运维管理 ·························· 297

第 12 章　渗透检测通用工艺 ······························ 299

第 13 章　渗透检测技术在电网设备中的应用 ·········· 321

　13.1　调相机转子轴瓦渗透检测 ···························· 321

　13.2　避雷器支撑瓷套渗透检测 ···························· 323

　13.3　变电站压缩型设备线夹焊缝渗透检测 ··············· 327

　13.4　柱上断路器绝缘拉杆渗透检测 ······················ 330

　13.5　GIS 筒体本体及支架焊缝渗透检测 ·················· 332

　13.6　输电线路耐张线夹焊缝渗透检测 ···················· 335

　13.7　变压器油箱和散热器连通管伸缩节渗透检测 ········ 337

　13.8　500 kV 换流站换流变阀侧套管顶部载流结构件渗透检测·········· 340

　13.9　变压器低压升高座内部焊缝渗透检测 ··············· 342

第5篇　涡流检测技术

第14章　涡流检测理论基础 ……………………………………… 347

14.1　涡流检测的物理基础 …………………………………… 347

14.1.1　导电性及磁特性 …………………………………… 347

14.1.2　麦克斯韦方程 ……………………………………… 349

14.1.3　电磁感应现象 ……………………………………… 350

14.1.4　交流电和涡流 ……………………………………… 352

14.1.5　阻抗分析法 ………………………………………… 356

14.2　涡流检测的分类 …………………………………………… 361

14.2.1　涡流探伤 …………………………………………… 361

14.2.2　电导率测量 ………………………………………… 363

14.2.3　材质分选 …………………………………………… 363

14.2.4　涡流法测厚 ………………………………………… 364

14.3　涡流检测新技术 …………………………………………… 364

14.3.1　远场涡流检测技术 ………………………………… 364

14.3.2　电流扰动检测技术 ………………………………… 366

14.3.3　磁光涡流检测技术 ………………………………… 367

14.3.4　阵列涡流检测技术 ………………………………… 368

14.3.5　深层涡流检测技术 ………………………………… 370

14.3.6　脉冲涡流检测技术 ………………………………… 371

第15章　涡流检测设备及器材 …………………………………… 373

15.1　涡流检测线圈 ……………………………………………… 373

15.2　涡流检测仪 ………………………………………………… 377

15.3　辅助装置 …………………………………………………… 380

15.4　涡流检测试样 ……………………………………………… 382

第16章　涡流检测通用工艺 ……………………………………… 394

16.1　管、棒(线)材涡流检测通用工艺 ……………………… 394

16.2　放置式线圈焊缝涡流检测通用工艺 …………………… 396

16.3　放置式线圈零部件涡流检测通用工艺 ………………… 399

16.4　电导率涡流检测通用工艺 ……………………………… 402

16.5 覆盖层厚度涡流检测通用工艺 ……………………………………… 404

第 17 章 涡流检测技术在电网设备中的应用 ………………………… 409

17.1 高压电缆附件铅封涡流检测 …………………………………………… 409
17.2 干式变压器铜铝线材涡流检测 ……………………………………… 413
17.3 变电站 GIS 筒体焊缝涡流检测 ……………………………………… 423
17.4 户外柱上断路器接线端子导电率检测 ………………………………… 425
17.5 GIS 筒体漆层厚度涡流检测 ………………………………………… 427
17.6 火电厂凝汽器铜管涡流检测 ………………………………………… 429

参考文献 ………………………………………………………………… 432
索引 …………………………………………………………………………… 434

第 1 篇　表面检测技术

第 1 章　表面检测概述

表面检测是指检测工件、产品或试样表面或近表面质量状况的一种无损检测方法。在无损检测方法中，比较常见和应用较多的表面检测方法有目视检测（visual testing，VT）、磁粉检测（magnetic particle testing，MT）、渗透检测（penetrant testing，PT）和涡流检测（eddy current testing，ET）4 种。本章主要介绍这 4 种常见表面检测方法的发展历程以及在电网中的应用概况。

1.1　表面检测技术的发展历程

不同的表面检测技术，产生时机、工作目的、检测原理、应用场景不同，其发展历程也必然不同。目视检测是后续开展所有无损检测的基础和先决条件，设备部件或者焊缝表面只有在目视检测合格后才能进行其他表面检测。相较于涡流检测，磁粉检测、渗透检测在目前电网设备中的应用范围更广、场景更多。有鉴于此，本节对目视检测技术、磁粉检测技术、渗透检测技术、涡流检测技术依次进行介绍。

1. 目视检测技术

从广义上讲，只要是人们通过视觉途径所进行的检查都可称为目视检测。相对于其他无损检测技术，目视检测比较特别，是最早被采用的检测技术，但也是在无损检测领域内最晚得到承认的检测手段。

早在春秋战国时期，人们就通过目视检测的方法控制铸铜质量，比如，中国战国时期记述手工业技术的文献《考工记》记载："凡铸金之状：金与锡，黑浊之气竭，黄白次之；黄白之气竭，青白次之；青白之气竭，青气次之。然后可铸也。"

在工业无损检测领域，目视检测技术一直没有得到应有的重视。随着安全事故的频发，人们逐渐意识到目视检测的重要性。1854 年 3 月 2 日，美国哈特福德市一家汽车工厂的蒸汽锅炉发生爆炸，造成 21 人死亡，54 人受伤。当时的广泛报道表明，如果该锅炉装备了可溶性安全塞或具有适当功能的压力释放阀，这次事故就不会发生。此后，康涅狄格州推出法令要求企业对锅炉进行目视检测。1865 年 4 月 27 日，因锅炉设计存在缺陷、铸铁质量差、前期修理不当等原因，"苏丹娜"（Sultana）号船上 4 台锅炉中的 3 台发生爆炸,该事件是世界上由锅炉爆炸引起的最严重的灾难。惨痛的事故使人们意识到必须采用技术手段对压力容器实施检验。为解决美国各州有关锅炉和压力容器的法律法规和制造标准不同的矛盾,1911 年,美国机械工程师协会(The American Society of Mechanical Engineers,ASME)理事会建立了"制定蒸汽锅炉和其他压力容器制造标准及使用管理规则"的委员会(现在的锅炉压力容器委员会)来起草锅炉制造规范。从 20 世纪 80 年代开始,ASME 将在役目视检测规程纳入标准规定(ASME Section XI)。

经过多年的发展及技术沉淀,目前我国在目视检测标准体系建设方面也取得了一系列成就,制定了《承压设备无损检测 第 7 部分:目视检测》(NB/T 47013.7—2012)、《无损检测 目视检测 总则》(GB/T 20967—2007)、《塑料焊缝无损检测方法 第 2 部分:目视检测》(JB/T 12530.2—2015)、《游乐设施无损检测 第 2 部分:目视检测》(GB/T 34370.2—2017)等一系列标准,为规范开展设备或材料的目视检测提供了依据和可靠的技术支撑。

近年来,随着大数据、云计算、互联网、物联网等技术不断取得突破,人工智能技术在图形识别、语音识别、智能驾驶等方面的应用呈现爆发式增长,利用人工智能、机器视觉辅助进行目视检测的技术愈发成熟,为目视检测带来极大的发展机遇及无限可能。

2. 磁粉检测技术

磁粉检测最早可以追溯到 19 世纪。1820 年,丹麦科学家 H. C. Oersted 发现通电导线产生磁效应。1868 年,英国科学家利用漏磁通来检测炮管上的不连续性。1918 年,美国科学家 Hoke 发现了磁粉检测法,随后申请了专利;Alfred de Forest 和 F. B. Doane 开始推动磁粉检测技术在工业制造和使用中的应用,并形成最早的磁粉检测技术方法,尤其是用干磁粉法来检测焊缝及工件表面缺陷。1934 年,美国磁通公司首次研发出一台实验性质的固定式磁粉探伤装置,极大地推动了磁粉检测技术的应用和发展。之后,固定式、移动式和便携式磁轭等各种类型的磁粉检测装置逐步问世,在航空、航海、电力、汽车和铁路等行业得到了推广应用。

我国的磁粉检测技术应用及发展起步比较晚。20 世纪 70 年代以前属于起步阶段,当时主要采用苏联的设备和技术,检测也是以磁粉探伤为主,国产设备仅有上海和营口探伤机厂等少数几家生产,并且主要是仿制苏联及欧洲部分产品,技术也比较落后。80 年代后,随着改革开放力度的加大,我国磁粉检测行业获得快速发展,以江苏射阳无线电厂为代表的一批设备厂家蜂拥而起,他们利用当时出现的晶闸管技术,生产出相位断电控制器,利用电子调压的交直流磁粉探伤装置、超低频退磁三相全波整流以及可编程的半自动磁粉探伤机等。磁粉检测应用也在国内快速普及,从原来主要在国防行业应用逐步向民用行业推广,机械、铁路、石油、化工、锅炉压力容器、压力管道和特种设备等都广泛采用磁粉检测技术装备。一些检测器材如荧光磁粉、专用载液、试块试片、紫外线灯等也逐步实现国产化。同时,有关磁粉检测的基础理论研究也取得一定成果,如 20 世纪 80 年代,兵器工业组织了对近 200 种常用的钢材的磁参数进行测试,为较好地确定磁化规范打下了基础;再比如缺陷漏磁场的有限元解析、磁偶极等漏磁场理论,对磁化场中缺陷漏磁场分布、磁粉颗粒的受力等情况进行了模拟计算,并在此基础上发展出磁化磁场分布分析、缺陷漏磁信号特征分析、漏磁场测试和复合磁化等技术。20 世纪 90 年代,磁粉检测标准化工作取得重要进展,磁粉检测方法、设备、器材及质量控制标准逐步出台,特别是一批无损检测国家标准以及有关行业标准的实施,极大地推动了磁粉检测技术的发展。进入 21 世纪,随着无损检测技术的进步,磁粉检测工作也有了较大的发展,主要表现在磁粉检测专用设备与半自动化技术的发展以及质量管理水平的提高,先进的电子技术和计算机技术的应用大大促进了磁粉检测设备性能改进,一大批专用和半自动化磁粉探伤机进入生产线,极大地减轻了检测人员的劳动强度,提高了检测效率。目前,磁粉检测技术发展相对进入平缓期,但随着国际行业交流的不断增多,国内外行业知名厂家及研究者的先进管理理念和技术相互碰撞,将进一步推动磁粉检测技术的发展。

3. 渗透检测技术

渗透检测技术是除目视检测技术之外,应用最早的无损检测技术,其最早出现时间难以考究。目前公认最早的渗透检测方法是在 20 世纪 30 年代左右出现的"油-白垩法",简称"油白法"。白垩是一种微细的碳酸钙的沉积物,是方解石的变种,相较于石灰石,白垩粉质地更柔软。

早在 19 世纪初,人们可以根据钢铁工件表面铁锈的位置、形状和分布特点来确定工件表面裂纹的位置,因为室外存放的工件如果存在表面裂纹,水会渗入工件裂纹,在电化学腐蚀作用下生成铁锈,从而导致裂纹处铁锈比其他地方多。基于此现象,"油白法"逐渐发展起来,即人们将煤油和重油的混合液施加在被检工件表面,一段时间后擦去表面上的油,并在表面涂上一层酒精和白色粉末的混合物,若工件表面有开口裂纹缺陷,则在白色粉末涂层上呈现肉眼可见的深黑色显示痕迹。在"油白法"技术中,煤油的渗透力较强,将重油以适当比例稀释在煤油中来调整黏度,是最早的渗透剂。而作为显像剂使用的则是酒精和极细的白色粉末机械混合后的悬浮液,均匀喷涂在工件表面,酒精挥发后就会在工件表面留下一层薄薄的白色涂层。"油白法"的另一种使用方式是用来检测薄板工件的穿透性缺陷,使用煤油作为渗透剂涂覆在工件一面,在工件的另一面涂覆酒精和极细的白色粉末机械混合后的悬浮液,若有黑色显示痕迹则表面工件存在穿透性缺陷。"油白法"当时广泛用于机车零部件的检测,如杆、轴等。

后来,随着磁粉检测技术的逐渐普及,相较于"油白法",磁粉检测不仅可以检测表面开口缺陷,还可以检测近表面缺陷和被污染物堵塞的开口缺陷,且磁粉检测重复性好,操作简单,工作效率高,因此,"油白法"逐渐被磁粉检测替代。20 世纪 30 年代中期之后,航空工业不断发展,铝合金等不能被磁化的材料应用于飞机构件,因此亟须一种更加可靠的渗透检测技术。

20 世纪 40 年代,以 Robert Switzer 为代表的工程技术人员对渗透剂进行了试验研究和改良,将有色染料加入渗透剂中,增加了缺陷痕迹的对比度。1941 年,Switzer 把荧光材料加入渗透剂中,并在黑光灯下进行缺陷痕迹的观察,显著提高了检测灵敏度,开创了渗透检测技术的新阶段。20 世纪 50 年代开始出现以煤油和滑油的混合物作为荧光液的荧光渗透检测技术。20 世纪 60 年代以后,国外渗透检测技术发展出现了高峰,主要体现在 3 个方面。

(1) 更高的灵敏度。人们逐渐意识到,在恶劣工况条件下,即使是微米级的表面裂纹缺陷都有可能导致设备失效,因此,研究更高灵敏度的渗透检测技术成为人们关注的重点。超高灵敏度渗透液、闪烁荧光渗透检测技术等被研制出来。

(2) 绿色无污染。20 世纪 60 年代之后开始出现荧光渗透检测自动流水线,水基渗透液和水洗法技术也不断发展,符合绿色无污染的理念。

(3) 特殊材料的渗透检测。为了不对镍基、不锈钢等特殊材料造成不必要的腐蚀,研究人员研制了适用于镍基合金检测的低硫、低钠渗透剂,适用于钛合金和奥氏体不锈钢渗透检测的低氟、低氯的渗透剂。为了适用于盛装液氧装置的渗透检测,还研制了与液氧相溶的水基渗透剂。

国内渗透检测技术的发展比较晚,1949 年以前,上海综合实验所采用"油白法"进行渗漏检测。1949 年之后,工业领域渗透检测基本沿用了苏联工业的检测方法和主导材料,该渗透剂是煤油和航空滑油的混合物,着色渗透剂染料为苏丹 IV,基本溶剂是苯。20 世纪 60 年代中期,国内众多企业和科研单位已经研制出相关产品达数十种之多,比较典型的有航空工业领域采用荧光黄作为染料的荧光渗透检测。70 年代末期,我国研制了荧光染料 YJP - 15,并在此基础上研制出自乳化型荧光渗透液(典型型号如 ZB - 1、ZB - 2、ZB - 3)和后乳化型荧光渗透液(典型型号如 HA - 1、HA - 2、HB - 1、HB - 2)等,其性能达到了国外同类产品的水平,满足了国内各个工业领域渗透检测的需求,得到了广泛的应用。其后,低毒性着色渗透剂也研制成功。

1978 年,中国机械工程学会无损检测分会渗透检测专业委员会成立并首次召开了全国技术交流会。1982 年,国内首次开办渗透检测专业 II 级人员培训班,结束了渗透检测人员无证作业的历史。2000 年以来,随着自动控制技术、计算机技术和传感器技术的高速发展,渗透检测技术开始进入半自动化/自动化和图像化时代,此外,我国研究人员还研制出各种试片、黑光灯、黑光照度计等,提高了检测质量的可靠性。同时,经过多年的发展及技术沉淀,目前我国在渗透检测标准体系建设方面也取得了系列成绩,比如制定了《无损检测　渗透检测方法》(JB/T 9218—2015)(最早版本为 ZB J 04005—1987)及《承压设备无损检测　第 5 部分:渗透检测》(NB/T 47013.5—2015)(最早版本为 JB/T 4730—1994)等一系列标准,为规范开展设备或材料的渗透检测提供了依据和可靠的技术支撑。

4. 涡流检测技术

19 世纪初、中期,物理学家奥斯特(Oersted)、安培(Ampere)、毕奥(Biot)、萨伐尔(Savart)、法拉第(Faraday)等先后提出电磁涡流检测相关理论。奥斯特发现导体在通有电流时,会产生环绕导体的磁场。安培发现在靠近导体的区域通一同样大小方向相反的电流将会抵消该导体电流产生的磁场。法国物理学家傅科(Foucault)发现通过磁场与金属间的相对移动能产生涡流。英国物理学家麦克斯韦(Maxwell)提出了麦克斯韦方程组,建立了完善电磁场理论,这也是涡流检测的基础理论。

随着涡流检测技术理论的发展,1879 年,休斯(Hughes)首先将涡流检测技术应用于不同金属和合金的材质分选。20 世纪 40 年代,福斯特(Foster)将理论和实际应用相结合,发表大量有关涡流检测技术的应用成果,并创办了福斯特研究所。20 世纪 70 年代,美国国家实验室开展金属平板、实心圆柱和空心管道的涡流检测。随着计算机技术的高速发展,涡流检测研究突飞猛进,在常规涡流检测技术的基础上,提出了一些新的基于电磁原理的检测思路,经过逐步的发展,出现了一些如远场涡流检测、电流扰动检测、磁光涡流检测、阵列涡流检测等新技术。

国内开展涡流检测技术的研究及应用相对较晚。20 世纪 60 年代,国内开始批量生产涡流检测设备,陆续出现成熟的涡流探伤仪、涡流电导率仪及涡流测厚仪等,同时,经过多年的发展及技术沉淀,目前我国在标准体系建设方面也取得了一系列成就,制定并颁布实施了一系列与涡流检测相关的技术标准,如《铝及铝合金冷拉薄壁管材涡流探伤方法》(GB/T 5216—2013)(最早版本为 GB/T 5126—1985)、《承压设备无损检测　第 6 部分:涡流检测》(NB/T 47013.6—2015)(最早版本为 JB 4730—1994)等,为规范开展设备或材料的涡流检测提供了依据和可靠的技术支撑。

1.2　表面检测技术在电网中的应用

1.2.1　表面检测技术的选用

虽然目视检测技术、磁粉检测技术、渗透检测技术及涡流检测技术同属于表面检测技术的范畴,适用于电网设备或部件的表面或近表面缺陷的检测,但是,由于检测原理、适用对象、所用仪器及设备等完全不同,因此,每种表面检测技术都有其不同的特点、适用场景,以及能检测出不同种类的缺陷。常见的 4 种表面无损检测方法对比情况如表 1-1 所示，常见的 4 种表面无损检测方法与能检测出的缺陷如表 1-2 所示。

表 1-1　表面检测方法的对比

项目	方　法			
	目视检测（VT）	磁粉检测（MT）	渗透检测（PT）	涡流检测（ET）
检测原理	光学、视觉	漏磁场作用	毛细渗透作用	电磁感应作用
方法应用	不受任何材料或者工件的影响	铸钢件、锻钢件、压延件、管材、型材、棒材、焊接件、机加工件及使用过的上述工件的探伤	任何非多孔性材料工件及使用过的上述工件的探伤	管材、线材和工件探伤；材料状态检验和分选；涂镀层厚度测量
适用材质	任何材质	铁磁性材料	非多孔性材料	导电材料
能力范围	①零部件和焊缝等的表面状态，配合面的对准，焊缝连接的几何准确度，变形或泄漏的迹象等目力所能及的范围均能检测；②缺陷位置、大小及缺陷性质能确定；③人为因素影响较大	铁磁性材料中的表面开口缺陷和近表面缺陷	能检测表面开口缺陷	①能检出金属材料对接接头、母材以及带非金属涂层的金属材料的表面、近表面缺陷；②能确定缺陷位置及表面开口缺陷或近表面缺陷埋深参考值；③检测灵敏度和深度由涡流激发能量、频率确定
局限性	①有遮挡的工件表面状态不能观测；②有油污等的工件表面状态难观测	①非铁磁性材料不能检测；②结构复杂的工件也较难检测	多孔材料难检测	①埋藏缺陷、涂层厚度超过 3mm 的表面及近表面缺陷难检出；②焊缝表面微细裂纹难检出；③缺陷的自身宽度和准确深度较难检出
缺陷显示形式	原始	漏磁场吸附磁粉形成磁痕	渗透液的回渗	检测线圈输出电压和相位的变化
缺陷定性	能确定	能大致确定	能大致确定	难以判断
灵敏度	较高	高	高	低
检测速度	最快	较快	慢	快
污染	无	较轻	较重	无

表 1-2　不同表面检测方法能检测出的缺陷对比

缺陷		表面 a		近表面 b	
		目视检测（VT）	渗透检测（PT）	磁粉检测（MT）	涡流检测（ET）
使用产生的缺陷	点状腐蚀	●	●	●	
	局部腐蚀	●	●		
	裂纹	◎	●	●	◎
焊接产生的缺陷	烧穿	●			
	裂纹	◎	●	●	◎
	夹渣			◎	◎
	未熔合	◎		◎	◎
	未焊透	◎	●	●	◎
	焊瘤	●	●	●	○
	气孔	●	●	○	
	咬边	●	●	●	○
	白点	●			
	疏松		●		
产品成型产生的缺陷	裂纹（所有产品成型）	○	●	●	◎
	夹渣（所有产品成型）			◎	◎
	夹层（板材、管材）	◎	◎	◎	
	重皮（锻件）	○	●	●	○
	气孔（铸件）	●	●	○	

注：●—在通常情况下能检测出的缺陷；
　　◎—在特殊条件下能检测出的缺陷；
　　○—在专用技术和条件下能检测出的缺陷。
　　a 仅能检测表面开口缺陷的无损检测方法；
　　b 能检测表面开口和近表面缺陷的无损检测方法。

从表 1-1、表 1-2 中可以明显看出，不同的表面检测技术有不同的能力范围、特点，并且不能检测所有缺陷，都有一定的局限性。比如，表 1-2 中的点状腐蚀、焊瘤、咬边等缺陷，利用目视检测、磁粉检测及渗透检测都能检测出来，但在实际检测过程中，这 3 种检测方法不是任选一种都可以检测出缺陷的，具体选择哪一种表面检测技术，还需结合被检设备的特点、材质、现场环境、后续工作流程、客户需求等众多综合因素来考虑，对于初学者或者对几种技术不是非常了解的检测人员来说，比较复杂，不能很好地选择。为了能更准确地选择某种表面检测技术以满足实际检测的需要，在碰到需要选择某种表面检测技术进行检测时，主要考虑或把握以下几点原则。

（1）除了考虑被检对象的材质、结构、形状、尺寸，还要考虑需要检测缺陷的种类、形状、走向以及缺陷的大概位置等。

（2）能检测表面开口缺陷和近表面缺陷的表面检测方法有磁粉检测和涡流检测。磁粉检测主要用于铁磁性材料，涡流检测主要用于导电金属材料。检测铁磁性材料表面或近表面缺陷应优先采用磁粉检测，因结构形状等原因不能采用磁粉检测时方可采用其他无损检测方法。

（3）仅能检测表面开口缺陷的表面检测方法有渗透检测和目视检测。渗透检测主要用于非多孔性材料，目视检测主要用于宏观可见缺陷的检测。

1.2.2 表面检测技术在电网中的应用

1. 目视检测技术

目视检测（VT）是指通过肉眼直接观察或者借助如放大镜等简单辅助器材对待检工件的宏观状态、结构尺寸、表面缺陷等进行检测的方法。目视检测通常作为其他无损检测实施前的一项重要步骤，对待检工件进行宏观目视检查，确认待检工件状态，排除宏观可见的缺陷，应用得当可以大大减少后续检测的工作量。目视检测具有操作简单、便于实施的特点，是最基本也是最重要的表面检测方法之一。

根据是否使用器材、观察方式等，目视检测可分为直接目视检测、间接目视检测、透光目视检测三类。直接目视检测是指不借助目视辅助器材（照明光源、反光镜子、放大镜除外），用眼睛直接进行观察的一种目视检测技术；间接目视检测是指借助反光镜、望远镜、内窥镜、光导纤维、照相机、视频系统、自动系统、机器人、无人机以及其他适合的目视辅助器材，对距离过远、空间狭小、环境恶劣等不适合直接进行目视检测的被检部位或区域进行观察的一种目视检测技术，当然，间接目视检测也必须具有直接目视检测相当的分辨能力；透光目视检测是指借助人工照明，观察透光叠层材料厚度变化的一种目视检测技术，由于透光目视检测技术在电力行业中很少涉及，因此，本书只探讨直接目视检测和间接目视检测这两种检测技术。

目前，目视检测技术广泛应用于电网变电站钢管构支架焊缝、金具焊缝、钢管构支架内壁腐蚀情况以及输电线路缺陷检测等。

2. 磁粉检测技术

磁粉检测（MT）是利用磁现象来检测铁磁性材料工件表面及近表面缺陷的一种无损检测方法，又称为磁粉检验或磁粉探伤。

当铁磁性材料工件被磁化后，由于不连续性的存在，使工件表面和近表面的磁感应线发生局部畸变而产生漏磁场，吸附施加在工件表面的磁粉，在合适光照下形成目

视可见的磁痕,从而显示出不连续性的位置、大小、形状、走向及严重程度,如图 1-1
所示。与其他无损检测方法相比,磁粉检测具有以下特点。

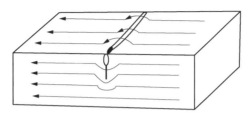

图 1-1　磁粉检测基本原理示意

(1) 优点:①可检测出铁磁性材料表面和近表面的缺陷;②能直观地显示出缺陷
的位置、形状、大小及走向;③具有很高的检测灵敏度,可检测微米级宽度的缺陷;
④检测速度快,工艺简单,成本低廉,污染少;⑤采用合适的磁化方法,几乎可以检测
到工件表面的各个部位,基本上不受工件大小和几何形状的限制;⑥缺陷检测重复
性好。

(2) 局限性:①不能检测奥氏体不锈钢材料、焊缝及其他非铁磁性材料;②只能
检测表面和近表面缺陷;③检测灵敏度与磁化方向有很大关系,若缺陷方向与磁化方
向近似平行或缺陷与工件表面夹角小于 30°,则难以检出;④表面浅而宽的划伤、锻造
皱折也不易检出;⑤受几何形状影响,易产生非相关显示。

目前,磁粉检测技术主要应用于电网设备的隔离开关机构操作箱钢构支架焊缝、
电化学储能电站预制舱焊缝、变压器蝶阀管座角焊缝、输电线路钢管杆挂线板焊缝、
变压器不同结构部件焊缝、输电线路角钢塔塔角板焊缝等。

3. 渗透检测技术

渗透检测(PT)是利用液体在固体表面的毛细作用原理和光致发光效应检测非
多孔性固体材料表面开口缺陷的一种无损检测方法。渗透检测只能检出表面开口
缺陷。

将含有荧光染料或者着色染料的渗透剂施加在经过预清洗或预处理的被检工件
表面,在毛细管的作用下,渗透剂渗入工件表面开口缺陷中,经过一定时间,用水或清
洗剂清除工件表面上多余的渗透剂,经干燥后,再在工件表面施加显像剂,缺陷中的
渗透剂在毛细现象的作用下被显像剂吸附到工件表面上,形成放大了的缺陷显示,在
可见光(着色渗透检测法)或黑光(荧光渗透检测法)下即可观察到在缺陷处存在红色
显示或黄绿色荧光,从而检测出缺陷的形貌和分布状态,其基本操作步骤如图 1-2
所示。

渗透检测和磁粉检测都是检测工件表面缺陷,并且都是把缺陷显示图放大后以

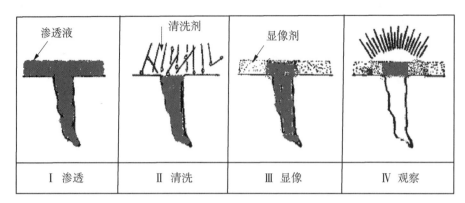

| Ⅰ 渗透 | Ⅱ 清洗 | Ⅲ 显像 | Ⅳ 观察 |

图1-2 渗透检测的基本操作步骤示意

目视检测技术观察、检测缺陷的检测方法,与其他无损检测方法相比,渗透检测有以下特点。

(1) 优点:①不受材料类型及化学成分的限制,可检测金属材料、非金属材料、焊接质量等;②不受缺陷尺寸、方向和形状的限制,可检查各种取向和形状的缺陷;③显示直观,具有较高的灵敏度,能检测开口度小于 0.1 μm 的缺陷;④使用简便,如喷罐着色渗透检测,在无水源、电源或高空作业的现场都能使用,十分方便。

(2) 局限性:①只能检出表面开口的缺陷;②不适于检查多孔性疏松材料制成的工件和表面粗糙的工件,也不适用于喷丸、喷砂处理的工件;③检测工序多,速度慢,完成全部工序一般要 20~30 min,大型工件和形状复杂的工件耗时更长;④只能检出缺陷的表面分布,难以确定缺陷的实际深度,因而很难对缺陷做出定量评价;⑤检出结果受操作人员的影响较大,渗透检测缺陷的重复性较差;⑥渗透检测所用的检测剂大多易燃,必须采取有效措施保证安全;⑦必须注意工作场所通风,以及对眼睛和皮肤的保护。

目前,渗透检测技术在电网设备中主要应用于检测调相机转子轴瓦、避雷器支撑瓷套、变电站压缩型设备线夹焊缝、柱上断路器绝缘拉杆、气体绝缘金属封闭开关设备(gas insulated switchgear,GIS)筒体本体及支架焊缝、输电线路耐张线夹焊缝、变压器油箱和散热器连通管伸缩节、500 kV 换流站换流变阀侧套管顶部载流结构件、变压器低压升高座内部焊缝等。

4. 涡流检测技术

涡流检测(ET)是以电磁感应原理为基础,利用交变磁场在导电材料中所感应涡流的电磁效应来评价被检工件的一种无损检测方法,如图1-3所示。

当载有交变电流的检测线圈靠近导电工件时,由于激励线圈磁场的作用,工件中会产生涡流,与涡流伴生的感应磁场会与原磁场叠加,使得检测线圈的复阻抗发生改变。由于导电体内感生涡流的幅值、相位、流动形式以及其伴生磁场不可避免要受导电体的物理以及其制造工艺性能的影响,因此,通过监测检测线圈阻抗的变化即可非破坏地评价被检材料或工件的物理或工艺性能及发现某些工艺性缺陷。

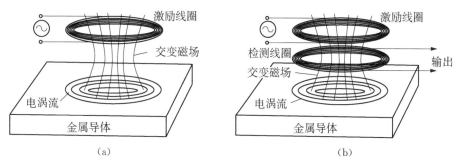

图 1-3　涡流检测基本原理示意

(a)单线圈检测;(b)双线圈检测

涡流渗入被检材料或工件的深度与其频率的 1/2 次幂成反比,一般来说,常规涡流检测使用的频率较高(数百到数兆赫兹),渗入深度通常较浅,因此,常规涡流检测是一种适用于导电性金属材料表面或近表面的无损检测方法。相比于其他无损检测方法,涡流检测技术有其自身的特点。

(1) 优点:①对导电材料表面和近表面缺陷的检测灵敏度较高;②可测参量多,应用范围广,对影响感生涡流特性的各种物理和工艺因素均能检测;③在一定条件下,可提供裂纹深度的信息,能对疲劳裂纹进行监控;④不需要用耦合剂,检测时与工件不接触,所以检测速度快,易于对管、棒、线材实现高速、高效的自动化检测;⑤可在高温、薄壁管、细线、工件内孔表面等其他检测方法不适用的场合实施检测;⑥不仅可以探伤,还可以揭示工件尺寸变化和材料特性,例如电导率和磁导率的变化,利用这个特点可综合评价容器消除应力热处理的效果,检测材料的质量、测量厚度及检查尺寸与形状等。

(2) 局限性:①受趋肤效应的限制,涡流检测只适合导电材料表面和近表面的检测,很难发现工件深处的缺陷,不能用于绝缘材料的检测;②缺陷的类型、位置、形状、大小不易估计,需辅以其他无损检测方法来进行缺陷的定位和定性;③对形状复杂的工件,涡流检测的效率相对较低;④干扰因素较多,需要特殊的信号处理技术。

目前,涡流检测技术广泛应用于电厂及电网设备的输、变、配等各个方面,比如检测高压电缆附件铅封、变压器铜铝线材、变压器变电站的 GIS 筒体焊缝、GIS 筒体漆层、户外柱上断路器接线端子、火力发电厂的凝汽器铜管等。

第 2 篇　目视检测技术

第 2 章　目视检测理论基础

目视检测技术分为直接目视检测技术和间接目视检测技术,其中,直接目视检测技术与可见光、人眼密切相关,间接目视检测技术与望远镜、内窥镜、机器人、无人机等设备器材密切相关,因此,在具体讲解目视检测技术前,本章先对与目视检测相关的光学、光源及人眼视力等一些基础知识进行介绍。

2.1　目视检测的物理基础

2.1.1　光学

光与人们生活密切相关,"人眼怎么看到事物?""光的本质是什么?"一直是人们关心的话题。古罗马时期的学者卢克莱修(Lucretius)在其著作《物性论》中认为,人们之所以能看到物体是因为光是从光源直接到达人的眼睛的。公元 1000 年左右,阿拉伯学者阿尔·哈森(Al-hazen)认为人们之所以能够看到物体,是由于光从物体上反射到人的眼睛里,并用小孔成像实验来支撑自己的观点,这也是最早的关于光成像原理的正确解释。

历史上关于光的性质讨论存在两种观点:一种认为光是由于介质的振动而产生的一种波,即波动说;另外一种认为光是一种微小的粒子,即微粒说。1905 年,爱因斯坦提出了光电效应的光量子解释,人们开始意识到光同时具有波和粒子的双重性质,即光具有波粒二象性。虽然光同时具有波动性和粒子性,但在不同的环境条件下,某种性质会更为突出,如当光学系统的元件尺寸远大于光的波长时,光的波动性就不明显。

1. 光和光线

光源发出的光波具有波粒二象性,具有电磁波的特性,因此,可以用频率、波长、相位等参数来描述光的性质。如人眼可感知的可见光的波长为 $400 \sim 760 \, \mathrm{nm}$,频率为 $380 \sim 750 \, \mathrm{THz}$。实际光源发射的光包含多种频率的电磁波,即复色光。为了简化研究,通常以单色光(单一频率)作为研究对象。光源发射出的单色波,在某一时刻由相位相同的点所形成的面称为该光波的波面,波面可以是平面、曲面或其他形状,取决于光源形式、传播介质性质等,如单色点光源的波面为球面,单色线光源的波面为柱面。同一波面的光线束称为光束。波面的法线方向就是光的传播方向,通常用波矢量描述。

光在空间传播时,光学系统的尺寸远大于光的波长时,光的衍射可以忽略,或者说光的波动性不明显,此时光可以看成"光线",用光线来描述光的传输问题的方式称为光线光学或几何光学。

几何光学将光的概念和几何中的点、线、面的概念相结合。可以辐射光能的物体称为光源,实际的光源都有一定的体积,当光源的大小和其辐射的距离相比可以忽略不计时,将光源看作一个无体积的发光点,即点光源。

光的传播路径其实是光能量的传播路径,几何光学中用一条线来表示光的传播路径,称为光线。光线是为了简化光能量在空间传播方向而引入的模型,是无直径的几何线,光线的切线方向表示光波能量的传播方向。

2. 光的特性

几何光学以实验定律为基础,形成了多个基本定律,主要包括光的直线传播定律、光的独立传播定律、光的反射和折射定律、费马原理和马吕斯定律等。

1)光的直线传播定律

光的直线传播定律是指光在各向同性的均匀介质中沿着直线传播。在均匀介质中,遇到的障碍物大小或通过的孔径尺寸比光的波长大得多,则光的衍射可以忽略,可以认为光沿着直线传播。但当光遇到另一介质(均匀介质)时方向会发生改变,改变后依然沿着直线传播。而在非均匀介质中,光一般是按曲线传播的。

2)光的独立传播定律

光的独立传播定律是指两列或两列以上的光波不管它们是否重叠,都各自按照单独存在时的方式独立传播,互不干扰。基于光的独立传播定律,在研究某条光线的时候可以不考虑其他光线的影响,从而有效简化对光的传播规律的研究。

3)光的反射和折射定律

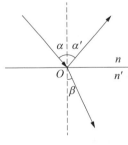

光在不同介质中的传播速度不同,将光在真空中的传播速度与光在介质中的传播速度之比称为该介质的绝对折射率(简称"折射率",常用 n 表示)。在可见光的范围内,由于光在真空中传播的速度最大,故其他介质的折射率都大于1。一般水的折射率为1.33,玻璃的折射率为1.52。

当光传播到异质界面时,将在界面上发生反射和折射,如图2-1所示。

图2-1 光的反射和折射示意

异质界面两侧的介质绝对折射率分别为 n 和 n',入射光

线、反射光线和折射光线的传播方向的关系最早由实验进行了确认,即

$$n\sin\alpha = n\sin\alpha' = n'\sin\beta \tag{2-1}$$

式中,n、n' 为异质界面两侧介质的绝对折射率;α 为入射角,即入射光线与法线的夹角;α' 为反射角,即反射光线与法线的夹角;β 为折射角,即折射光线与法线的夹角。

由式(2-1)可以看出,当光线沿着反射光线反方向入射时,反射光线将沿着原来入射光线的反方向出射,当光线沿着折射光线的反方向从折射率为 n' 的介质一侧入射时,折射光线将沿着原来入射光线的反方向出射,这就是光路的可逆性。

当光从光密介质进入光疏介质时($n > n'$),光线向着远离法线的方向折射。随着入射角不断增大,折射角也会增大,当折射角达到 90°时发生全反射,此时的入射角称为光密介质对光疏介质的临界角。由式(2-1)可知,当光线从玻璃进入空气时,对应的临界角约为 41°,当光线从水中进入空气时,对应的临界角约为 48.6°。

4) 费马原理

费马原理(Fermat principle)最早由法国科学家皮埃尔·德·费马在 1662 年提出:光传播的路径是光程取极值的路径。这个极值可能是极大值、极小值,甚至是函数的拐点。该原理最初提出时,又称为最短时间原理:光线传播的路径是需时最少的路径。后来费马原理又有另外一个称呼:最小光程原理(principle of least optical path length)。无论传播介质是否均匀,都可以基于费马原理确定光线的传播路径。

光程是一个折合量,可理解为在相同时间内光线在真空中传播的距离。在传播时间相同或相位改变相同的条件下,把光在介质中传播的路程折合为光在真空中传播的相应路程。在数值上,光程等于介质折射率 n(均匀介质)乘以光在介质中传播的路程 S,即 $L = nS$,如图 2-2 所示。

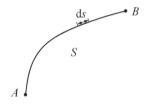

图 2-2 光在介质中的传播路径示意

如果光在非均匀介质中传播,可以将光路分割为任意小的线元 ds,采用积分方式计算光程,表示为

$$L = \int_A^B n(s)\mathrm{d}s \tag{2-2}$$

线元 ds 的光程可以表示为

$$L = n\mathrm{d}s = c\mathrm{d}s/v = c\mathrm{d}t \tag{2-3}$$

式中,v 为光在介质中的传播速度;c 为光在真空中的传播速度;t 为光的传播时间。

由式(2-3)可知,光线在介质中从 A 点到 B 点的光程等于传播时间和光速的乘积。

费马原理是几何光学的基本定理。用微分或变分法可以从费马原理导出 3 个几何光学定律:光的直线传播定律、光的反射定律、光的折射定律。

从 A 点到 B 点的光路可以有无数条,每一条路径对应一个光程。费马原理指出,光沿着光程为极值的路径传播,也就是光程中的极小值、极大值或某个稳定值。由于两点之间直线最短,则由费马原理可以得到在均匀介质中光沿直线传播,因为此时光程最小。

由费马原理还可以推导光的反射定律、折射定律,可以参考几何光学相关书籍,在此不进行赘述。

5)马吕斯定律

马吕斯定律是法国物理学家艾蒂安-路易·马吕斯在 1808 年提出的,后来由杜平等人推广。马吕斯定律指出,垂直入射波面的入射光束,经过任意次数的反射和折射后,出射光线束仍然垂直于出射波面,并且在入射波面和出射波面间所有光路的光程都相等。

3. 光学物理量

1)光通量

光通量(luminous flux)是按照国际规定的标准,人眼视觉特性评价的辐射通量的导出量,以符号 Φ(或 Φ_r)表示,即人眼所能感觉到的辐射功率,它等于单位时间内某一波段的辐射能量和该波段的相对视见率的乘积。光通量的单位是流明,符号是 lm,绝对黑体在铂的凝固温度下,从 5.305×10^3 cm^2 面积上辐射出来的光通量为 1 lm。

2)发光强度

发光强度(luminous intensity)简称为光强或光度,表示光源发光的强弱。用光源给定方向上单位立体角内光通量来表示,国际单位为坎德拉,简称为坎,又称为烛光、支光,符号为 cd。1979 年第 16 届国际计量大会将坎德拉定义为发出 540×10^{12} Hz 频率的光(波长为 555 nm)的单色辐射源在给定方向上的发光强度,该方向上的辐射强度为 1/683 W/sr。

点光源辐射的光能在某一方向上一个微小的立体角 dω 范围内的光通量 dΦ 为其发光强度,即

$$dI = d\Phi / d\omega \qquad (2-4)$$

式中,dI 为发光强度(cd);dΦ 为光通量(lm);dω 为立体角(sr)。

对于均匀发光的光源,其发光强度为常数,即 $I = \Phi / \omega$。

3)亮度

实际光源具有一定的尺寸,仅用发光强度不能全面表征光源的发光特性,因此引入了亮度的概念。

亮度是指发光体发光强度与光源面积之比,单位是坎/平方米(cd/m²)或尼特(nit)。

4) 光照强度

光照强度是指单位面积上所接受可见光的光通量,简称为照度,单位为勒克斯(lux 或 lx)。相对于发光强度,在目视检测中更关注照度的大小,照射在待检物体表面的光通量的多少更能代表检测环境的优劣。

对于均匀照明情况,照度可表示为

$$E = \Phi/S \tag{2-5}$$

式中,E 为照度(lx);Φ 为光通量(lm);S 为面积(m²)。

在《建筑照明设计标准》(GB 50034—2013)中将照度标准值按 0.5、1、2、3、5、10、15、20、30、50、75、100、150、200、300、500、750、1 000、1 500、2 000、3 000、5 000 lx 分级。在直接目视检测标准中,一般推荐照度不低于 500 lx。

(1) 照度的第一定律。在用点光源照明时,与光线垂直的物体表面上的照度与光源的发光强度成正比,与被照亮的面到光源的距离平方成反比。

点光源周围整个空间的立体角为 4π,根据发光强度的定义,点光源向四周发出的总光通量为 $\Phi = I\omega = 4\pi I$。则距离点光源 r 处的球面上的照度 E 为

$$E = \Phi/S = 4\pi I/4\pi r^2 = I/r^2 \tag{2-6}$$

照度第一定律只适用于点光源,实际光源具有一定尺寸,但一般情况下在光源尺寸不大于到物体表面距离的 1/10 时,可以认为照度遵循平方反比定律。

(2) 照度的第二定律。用平行光线照射物体时,物体表面上的照度与光线的入射角的余弦成正比。

照度的大小与受照面法线和光线的夹角有关,如图 2-3 所示。平行光束照射在面积为 S 的截面上,其沿着光线方向的投影面积为 S_0,两者夹角为 θ,则有 $S_0 = S\cos\theta$。两个截面的光通量均为 Φ,其照度分别为

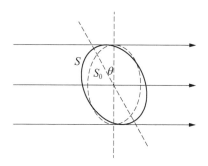

图 2-3　照度的第二定律示意

$$E = \Phi/S \tag{2-7}$$

$$E_0 = \Phi/S_0 \tag{2-8}$$

则 $\qquad E/E_0 = S_0/S = \cos\theta$，或 $E = E_0\cos\theta$。

结合照度的第一、第二定律，在距离点光源 r 处的一个很小的截面上产生的照度与光线入射角余弦成正比，与距离 r 的平方成反比，即

$$E = I\cos\theta/r^2$$

4. 光学成像

几何光学研究光学系统成像的方式是分析光源发出的多条特征光线的光路，分析出射光束中光线的空间分布情况。常见的光学系统多数为球面光学系统，光学系统成像实际是光线连续经过若干个球面反射和折射。光学成像系统还会用到平面镜和棱镜，可以看作是特殊的球面光学系统。

1）球面成像

球面可以实现对光线的反射、折射，还可以多个球面系统一起使用实现不同成像功能。为方便计算，先介绍几何光学中的符号法则。

图 2-4 所示为单个球面折射成像的示意，球面两侧介质的折射率分别为 n 和 n'，C 为球心，球面曲率半径为 r，AB 所在直线为光轴。A 为物体与光轴交点，A 到球面顶点 O 的距离称为物方截距 L，入射光线与光轴的夹角 U 称为物方孔径角。光线经球面折射后与光轴相交于 A'，以 L' 和 U' 表示像方截距和像方孔径角。

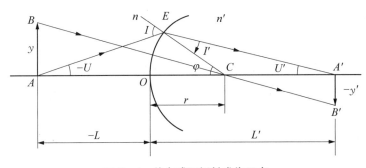

图 2-4 单个球面折射成像示意

方向的规定：通常以光线从左到右的传播方向为正方向。

线量的规定：线量包括光轴方向和垂直光轴方向的线量，分别称为轴向线量和垂轴线量。在光轴上选择参考点，参考点右边的点相对参考点沿光轴方向的线度为正，左边为负。光轴以上的点到光轴的垂轴线度为正，光轴以下为负。在图 2-4 中，以球面顶点 O 为参考点，像方截距 L' 为正，物方截距 L 为负，B 点垂轴线度 y 为正，B' 点垂轴线度 y' 为负。

角量的规定：几何光学中光线、光轴、法线两两之间的夹角可以为负值，但大小均

为锐角。光线与光轴的夹角:光轴按照锐角旋转到光线的方向,顺时针旋转则夹角为正,逆时针为负。光线和法线的夹角:光线按照锐角旋转到法线方向,顺时针旋转则夹角为正,逆时针为负。法线和光轴的夹角:光轴按照锐角旋转到法线的方向,顺时针旋转则夹角为正,逆时针为负。

(1) 球面折射成像。

针对单个球面折射成像光学系统,物方截距 L、球面曲率半径 r、球面两侧介质折射率 n 和 n' 均为已知的,单个球面折射成像光路计算主要包括入射角 I、折射角 I'、像方孔径角 U'、像方截距 L' 等。相关公式推导可查阅几何光学相关书籍,在此仅给出结果。

入射角 I

$$\sin I = \frac{L-r}{r}\sin U \tag{2-9}$$

折射角 I'

$$\sin I' = \frac{n}{n'}\sin I \tag{2-10}$$

像方孔径角 U'

$$U' = I + U - I' \tag{2-11}$$

像方截距 L'

$$L' = r + r\frac{\sin I'}{\sin U'} \tag{2-12}$$

由式(2-9)~式(2-12)可知,像方孔径角 U' 和像方截距 L' 均为物方孔径角 U 的函数。当 A 为光轴上点光源时,同心光束到达球面时具有不同的物方孔径角 U,因此经折射后将会有不同的像方截距 L' 和像方孔径角 U',也就是说像方的光束并不能在光轴上会聚到一点,这种成像缺陷称为像差。

式(2-9)~式(2-12)并不适用所有光路,存在两种例外情况,即物方截距无穷大和像方截距无穷大。

物方截距无穷大,即物体位于物方光轴上无穷远时,物体发出的光束是平行于光轴的,此时有 $L=-\infty$,$U=0$,不能用 L 和 U 表示入射光线参数,如图 2-5 所示。入射角的计算式(2-9)不再适用,需按照式(2-13)计算:

$$\sin I = \frac{h}{r} \tag{2-13}$$

式中，h 为入射光线相对于光轴的高度。

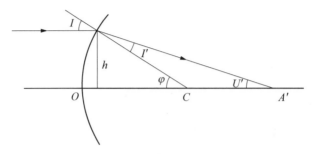

图 2-5 物方截距无穷大时的光路计算示意

像方截距 L' 无穷大时，即出射光线平行于光轴时，不能用 L' 和 U' 表示出射光线参数，计算像方截距的式(2-12)不再适用，而是用出射光线相对于光轴的高度 h 来描述：

$$h = r\sin I' \tag{2-14}$$

如果将物方孔径角 U 限制在一个很小的范围，即从 A 点发出的光线距离光轴都很近，这样的光线称为近轴光。由于 U 很小，对应的 I、I' 和 U' 也很小，此时可以用弧度替代正弦值简化计算，为了区分，所有符号用小写字母来表示。式(2-9)~式(2-12)可以改写为

$$i = \frac{l-r}{r}u \tag{2-15}$$

$$i' = \frac{n}{n'}i \tag{2-16}$$

$$u' = i + u - i' \tag{2-17}$$

$$l' = r + r\frac{i'}{u'} \tag{2-18}$$

几何光学证明近轴光成像质量可以得到有效提高，由物体发出的近轴区同心光束经过球面折射后仍为同心光束，存在以下关系：

$$\frac{n'}{l'} - \frac{n}{l} = \frac{n'-n}{r} \tag{2-19}$$

物方截距无穷大，即入射光线平行于光轴时，式(2-13)可以改写为

$$i = \frac{h}{r} \tag{2-20}$$

此时，$l=-\infty$，入射光线平行光轴入射，经球面折射后与光轴相交，这个交点称为像方焦点，到球面顶点 O 的距离称为像方焦距 f'，可以用式(2-21)计算：

$$f'=l'=\frac{n'}{n'-n}r \qquad (2-21)$$

像方截距无穷大，即出射光线平行于光轴时，式(2-14)可改写为

$$h=ri' \qquad (2-22)$$

此时，$l'=\infty$，出射光线平行光轴，物点所在的位置称为物方焦点，到球面顶点 O 的距离称为物方焦距 f，可以用式(2-23)计算：

$$f=l=-\frac{n}{n'-n}r \qquad (2-23)$$

可以看出，单个球面折射成像时，像方焦距和物方焦距的比值与两侧介质的折射率之比有关，符号表示两者位于球面顶点两侧。

实际物体并不是无体积的点，而是具有长、宽、高三维尺寸的，不仅要关注经球面折射成像后的位置，还需要确定像的相对大小、虚实、方向等。成像前后厚度之间的关系用轴向放大率表示，符号为 α。像的高度和物体高度的比值称为垂轴放大率，用 β 表示。像方孔径角和物方孔径角的比值称为角放大率，用 γ 表示。轴向放大率、垂轴放大率、角放大率可以描述为

$$\alpha=\frac{nl'^2}{n'l^2}, \; \beta=\frac{nl'}{n'l}, \; \gamma=\frac{l}{l'} \qquad (2-24)$$

（2）球面反射成像。

球面反射成像时遵从反射定律，可以看成折射定律在 $n'=-n$ 时的特殊形式，计算公式与球面折射成像类似。

球面反射成像时物方焦点与像方焦点重合，位于球心和球面镜顶点的中点位置，即 $f'=f=r/2$。凸球面镜和凹球面镜的焦点如图 2-6 所示。

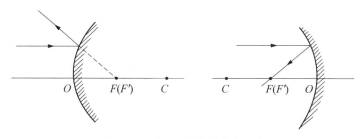

图 2-6 球面反射镜的焦点示意

(3) 共轴球面光学系统。

实际使用的光学成像系统通常不会单独使用球面镜,而是多个折射或反射球面镜组合使用,且光轴重合,通过结构设计使前一个球面镜的像作为下一个球面镜的物。

共轴球面光学系统的轴向放大率、垂轴放大率和角放大率的定义和单个球面光学系统类似,可以证明共轴球面光学系统的放大率等于各个球面相应放大率的乘积。也就是说,通过将多个球面系统共轴使用,可以得到进一步放大的像。

2) 透镜成像

透镜是采用透明材料制作的具有两个曲面的透明体,由于球面对称性高、易加工,透镜的两个曲面通常为球面。将通过透镜曲面球心且与曲面垂直的直线定义为透镜的光轴,光轴与两个球面的交点定义为透镜的前顶点和后顶点,两个顶点的距离就是透镜的厚度。从结构上来说,中间厚两边薄的透镜称为凸透镜,中间薄两边厚的透镜称为凹透镜。如果透镜的厚度相对于焦距较小且对成像的质量影响较小时,透镜的厚度可以忽略,则该类透镜称为薄透镜,否则就是厚透镜。根据透镜对光束起到发散还是会聚作用,透镜可分为正透镜和负透镜。在特殊情况下,若将其中一个曲面加工成平面,则称为平透镜。常见的透镜类型如图 2-7 所示,根据透镜外形可知,双凸透镜、平凸透镜、正弯月透镜为正透镜,可以会聚光束;双凹透镜、平凹透镜和负弯月透镜为负透镜,可以发散光束。

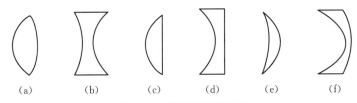

图 2-7　常见的透镜类型

(a)双凸透镜;(b)双凹透镜;(c)平凸透镜;(d)平凹透镜;(e)正弯月透镜;(f)负弯月透镜

薄透镜成像可以看作两个球面折射系统的合成,每个折射面都可以看作一个光学系统。薄透镜两个球面的曲率半径分别为 r_1 和 r_2,透镜材料的折射率为 n_0,透镜所在空间介质折射率为 n,其结构和曲率半径的关系如表 2-1 所示。

表 2-1　透镜结构和曲率半径关系

透镜类型	双凸透镜	双凹透镜	平凸透镜	平凹透镜	正弯月透镜	负弯月透镜
曲率半径	$r_1 > 0$ $r_2 < 0$	$r_1 < 0$ $r_2 > 0$	$r_1 > 0$ $r_2 = \infty$	$r_1 < 0$ $r_2 = \infty$	$r_1 r_2 > 0$ $r_1 < r_2$	$r_1 r_2 > 0$ $r_1 > r_2$

薄透镜中前后两个顶点重合,称为薄透镜的光心,作为光轴上的参考点。薄透镜成像时,光线经过透镜第一个球面时物距为 l,像距为 l_1',经过第二个球面时,物距为 l_2,像距为 l'。显然 $l_1' = l_2$,由式(2-19)可得

$$\frac{n}{l'} - \frac{n}{l} = \frac{n_0 - n}{r_1} + \frac{n - n_0}{r_2} \qquad (2-25)$$

当光轴上物点位于无穷远时,即 $l = \infty$ 时,像点相对光心的线度即为像方焦距 f',由式(2-25)可得

$$f' = \frac{n}{n_0 - n}\left(\frac{1}{r_1} - \frac{1}{r_2}\right)^{-1} \qquad (2-26)$$

当光轴上像点位于无穷远时,即 $l' = \infty$ 时,物点相对光心的线度即为物方焦距 f',由式(2-25)可得

$$f = -\frac{n}{n_0 - n}\left(\frac{1}{r_1} - \frac{1}{r_2}\right)^{-1} \qquad (2-27)$$

由式(2-26)和式(2-27)可知,薄透镜两个焦点对称于光心分布在两侧,即物方焦距和像方焦距大小相等、符号相反。对于正透镜,像方焦距大于零,对于负透镜,像方焦距小于零,这与常见的凸透镜使光会聚成实像、凹透镜使光发散成虚像的现象相一致。

3) 平面成像

实际光学系统中也常用到平面成像系统,利用平面的折射和反射现象,如平凸透镜、平凹透镜、棱镜系统等,与球面成像系统最大的不同就是平面成像系统曲率半径无穷大。

(1) 平面折射成像。

平面折射成像计算光路时可以看成曲率半径无穷大的球面折射系统,光路计算如图 2-8 所示,平面两侧介质折射率分别为 n 和 n',光线发生折射后,可以得到

$$I = -U, \ \sin I' = \frac{n}{n}\sin I; \ U' = -I', \ L\tan U = L'\tan U' \qquad (2-28)$$

像方截距 L' 为物方孔径角 U 的函数,也就是说,光轴上同一物点发出的同心光线经平面折射后并不能会聚到一点,即不能形成完善像。

平面折射成像时,将入射光线限制在近轴区,则可得到

$$l' = l\frac{n'}{n} \qquad (2-29)$$

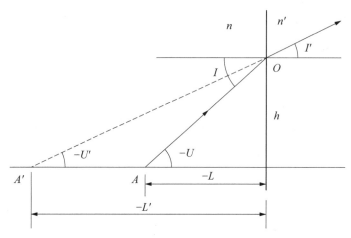

图 2-8　平面折射成像示意

根据折射球面放大率，可以得到折射平面近轴区成像的放大率为

$$\beta = 1, \ \alpha = \frac{n'}{n}, \ \gamma = \frac{n}{n'} \tag{2-30}$$

由此可见，平面折射可以形成一个正立等高的像。

（2）平面反射成像。

平面反射常用的光学元件是平面镜，实际为曲率半径无穷大的球面反射镜，单个平面镜成像原理如图 2-9 所示。物点 A 发射出的同心光束经平面镜反射后，光线不能会聚，而是形成一个以 A' 为顶点的同心光束，也就是实物得到了一个虚像。如果射向平面镜的是一束以 A 点为顶点会聚的同心光束，经平面镜反射后光束会聚在 A' 点，也就是虚物得到了一个实像。

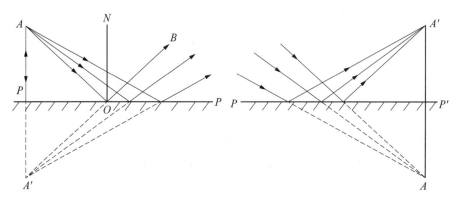

图 2-9　单个平面镜成像示意

不管是哪种成像方式,平面镜反射成像过程中,物和像始终是对称的,因此,平面反射成像的放大率为

$$\beta = 1, \ \alpha = -1, \ \gamma = -1 \qquad (2-31)$$

当入射光线方向不变,使平面镜转动 α 角度时,反射光线将转动 2α 角,此性质利用几何关系很容易证明,在此不再给出证明。利用平面镜该性质可以实现对光线转角的放大。

利用单平面镜成像特性,将两个平面镜成一定夹角组合使用,就构成了双平面镜系统。由于单平面镜可以形成完善像,因此双平面镜也形成完善像,物体发出的光线在双平面镜系统发生多次反射,会形成多个像。

4) 棱镜成像

棱镜是光学系统中常用的元件,通常采用玻璃制作,多个平面相交而成棱柱形。棱镜两个折射面的交线称为折射棱,两个折射面间的夹角为棱镜的折射角,垂直于折射棱的平面称为主截面。通过对棱镜结构设计使得光线在反射棱镜内反射时有较高的反射率,一般使入射角大于临界角,使光线发生全反射,或者通过镀膜方式增加反射率。

根据用途不同,棱镜可以分为反射棱镜、折射棱镜、色散棱镜等。根据结构不同,反射棱镜可以分为普通棱镜、屋脊棱镜、复合棱镜。等腰直角棱镜、五角棱镜、30°直角棱镜等都是普通棱镜。复合棱镜是由两个或两个以上的普通棱镜组成的。加工有屋脊面的棱镜称为屋脊棱镜。根据反射面的多少,棱镜可以分为一次反射棱镜、二次反射棱镜、三次反射棱镜等。

（1）反射棱镜。

图 2-10 所示为一次反射棱镜和二次反射棱镜的工作原理,该棱镜的主截面是

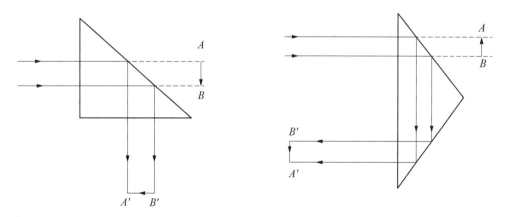

图 2-10　反射棱镜的工作原理

等腰三角形。光线从棱镜直角边垂直入射时,进入棱镜内相对于斜边的入射角为 45°,由于光线由玻璃进入空气的临界角一般不大于 42°,此时满足全反射条件,光线从另一个直边出射,出射光线相对于入射光线偏转了 90°。

光线从棱镜斜边垂直入射时,进入棱镜内相对于直角边的入射角为 45°,大于临界角,发生两次全反射,光线从斜边出射,相对于入射光线偏转了 180°,此时像与物体是上下颠倒的。

(2)折射棱镜。

图 2-11 所示为折射棱镜的工作原理。光在棱镜中发生两次折射,出射光线相对于入射光线发生了偏转,偏转角度为 δ。

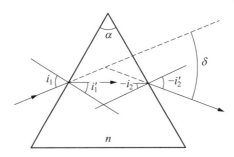

图 2-11 折射棱镜的工作原理

折射棱镜相关参数间的关系为

$$\sin\frac{1}{2}(\alpha+\delta) = \frac{n\sin\frac{1}{2}\alpha\cos\frac{1}{2}(i'_1+i_2)}{\cos\frac{1}{2}(i_1+i'_2)} \tag{2-32}$$

对于给定的折射棱镜,顶角 α 和折射率 n 为定值,偏向角 δ 只与入射角 i_1 有关。当 $i_1 = -i'_2$ 时,可以得到最小偏向角 δ_m:

$$\sin\frac{1}{2}(\alpha+\delta_m) = n\sin\frac{\alpha}{2} \tag{2-33}$$

折射棱镜可以用来测定材料的折射率,将被测材料做成棱镜,顶角 α 取值为 60° 左右,测得最小偏向角 δ_m 后,可以通过顶角 α 的精确值计算该材质的折射率。

折射棱镜的另一个用途就是做成光楔,即将折射面夹角 α 设置得比较小,此时棱镜近似为平板,偏向角 δ 也很小,通过近似简化计算,可得

$$\delta = \alpha(n-1) \tag{2-34}$$

此时,光楔的偏向角 δ 仅取决于光楔的折射率 n 和夹角 α。

在光学仪器中,光楔通常成对使用以产生不同的偏向角,如图 2 - 12 所示。两个光楔相邻的工作面平行,并可以相对转动。当两个光楔的夹角 α 在同侧时,如图 2 - 12(a)和(c)所示,产生的偏向角最大;当两个光楔的夹角 α 在相反方向时,如图 2 - 12(b)所示,此时相当于一个平板,偏向角为零。

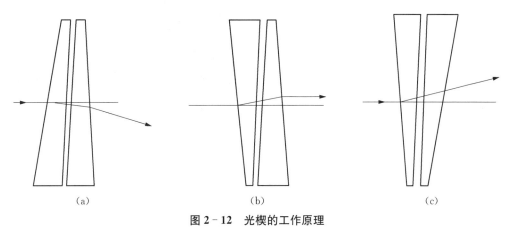

(a)   (b)   (c)

图 2 - 12　光楔的工作原理

(a)楔角同向位置(最大正偏向角);(b)楔角反向位置(偏向角为 0);(c)楔角同向位置(最大负偏向角)

当两个光楔的主截面不平行,且以不同角度、不同方向旋转时,可以产生不同的扫描花样。

(3) 色散棱镜。

在目视检测过程中,常用的照明光源为白光,很少用到单色光。白光是不同颜色光的混合,包含了不同波长的光,在经过棱镜时,不同波长的光由于折射率的不同将会产生不同的折射角,从而导致光的分散。图 2 - 13(a)给出了不同材料对可见光的折射率随波长变化的曲线,即色散曲线,可以看出,对于同一介质,光的波长越短,其折射率越大。

根据式(2 - 10)可知,折射率越大,产生的偏向角越大,因此,一束混合光入射到棱镜后,出射光线会因波长的不同而产生分离,如图 2 - 13(b)所示。在可见光中,紫光的波长最短,红光波长最长,因此,白光在经过棱镜后,出射光线会按照红、橙、黄、绿、蓝、靛、紫的顺序排列,其中紫光偏向角最大。

5. 光的吸收和散射

除了真空外,光在介质中传播会发生吸收和散射现象,这是光与传播介质相互作用的结果。

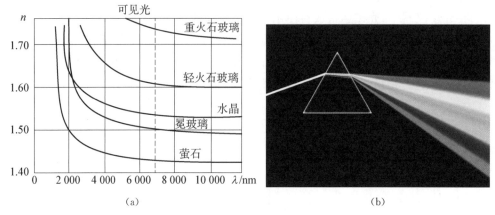

(a)　　　　　　　　　　　　(b)

图 2 - 13　常见材料的色散曲线及色散现象

(a)色散曲线;(b)色散现象

1) 光的吸收

光波通过介质后光强度减弱的现象称为光的吸收。光吸收是介质的普遍性质,除了真空,没有介质能对任何波长的光波完全透明,只能是对某一波长范围的光透明。被吸收的光能量转化为介质的内能或热能。

假设一束平行光初始光强为 I_0,经过均匀介质后的出射光线的光强为 I,如图 2 - 14 所示,朗伯(Lambert)总结了大量试验结果,认为 $\dfrac{\mathrm{d}I}{I}$ 与介质薄层的厚度 $\mathrm{d}l$ 成正比,即

$$\frac{\mathrm{d}I}{I} = -K\mathrm{d}l \tag{2-35}$$

式中,K 为吸收系数(m^{-1})。

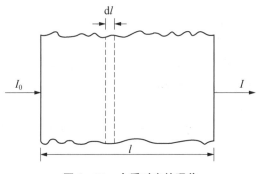

图 2 - 14　介质对光的吸收

求解式(2-35),可得

$$I = I_0 e^{-Kl} \qquad (2-36)$$

式(2-36)即为朗伯定律,也称为光的吸收定律。该定律指出,随着传播距离的增加,光强度是呈指数衰减的。

实验表明,在相当宽的光强范围内,吸收系数保持不变,称为光的线性吸收定律。但不同材料的光吸收系数差别很大,对于可见光,金属的吸收系数 K 约为 10^6 cm^{-1},玻璃的吸收系数 K 约为 10^{-2} cm^{-1},空气的吸收系数 K 约为 10^{-5} cm^{-1},因此,对于可见光来说,金属是不透明的,而玻璃是透明的。

吸收系数是波长的函数,根据变化规律的不同,可以分为一般性吸收和选择性吸收。一般的玻璃对可见光吸收较小,且不随波长变化,属于一般性吸收。有色玻璃则是选择性吸收,如红色玻璃对红光和橙色光吸收较少,而对绿光、蓝光和紫光全部吸收。因此,白光照射到红色玻璃上时只有红光可以透过,玻璃显示红色,如果用单色绿光、蓝光或紫光照射,玻璃会将光线几乎全部吸收,较少光线可以反射到人眼,此时玻璃看起来是黑色的。

2)光的散射

(1)瑞利散射。

1869 年,英国物理学家约翰·丁达尔(John Tyndall)发现当一束光线透过胶体时,从侧面(与光束垂直的方向)可以观察到胶体里出现的一条光亮的"通路",这种现象称为丁达尔效应,是一种用来区分胶体和溶液的常用物理方法。即光通过溶液时,从侧面几乎看不到光束,因为溶液是均匀透明介质。胶体则悬浮着大量微粒(浑浊体),光学不均匀性的介质尤其是微粒尺寸比光的波长小的介质,会对光产生散射,这种散射称为瑞利散射。瑞利散射一般发生在微粒尺寸不大于 0.2λ 时。研究表明,这种散射主要有以下几个特点:

a. 散射光强度和入射光波长的四次方成反比,即

$$I(\theta) \propto \frac{1}{\lambda^4} \qquad (2-37)$$

其中,$I(\theta)$ 为与入射光线成 θ 角的散射光强度。式(2-37)表明,光的波长越短,散射光强度越大。

b. 散射光强度与观察方向有关,自然光入射时,$I(\theta)$ 与 $(1+\cos^2\theta)$ 成正比。

c. 散射光是偏振光,偏振度与观察方向有关。

瑞利散射理论可以用来解释天空是蓝色、夕阳呈现红色等自然现象,这是因为大气对自然光中不同颜色(波长)的光散射强度不同。

（2）米氏散射。

米氏对金属的胶体溶液引起的散射现象进行了研究，并于 1908 年提出了散射粒子的尺寸接近或大于光的波长的散射理论。大粒子的散射也称为米氏散射，目前该理论研究还不完善。米氏散射的主要特点如下：

a. 散射光强与偏振特性随散射粒子的尺寸变化。

b. 散射光强与波长 λ 的较低幂次成反比，即

$$I(\theta) \propto \frac{1}{\lambda^n} \tag{2-38}$$

式中，$n=1, 2, 3$。n 的具体取值取决于微粒尺寸。

c. 散射光的偏振度随微粒线度和波长的比值 r/λ 的增加而减小。

d. 散射粒子的尺寸接近或大于光的波长时，散射光强度对于光矢量振动平面的对称性被破坏，随着散射粒子尺寸增加，沿入射光线方向的散射光强大于逆入射方向的散射光强。

利用米氏散射可以解释白云为什么是白色的，这是因为组成白云的微小水滴线度和可见光波长相近，此时的散射属于米氏散射，散射光强和波长关系不大，所以白云呈现白色。

（3）分子散射。

在纯净介质中，因为光学性质的不均匀产生光的散射，称为分子散射，这种不均匀包括分子热运动引起的密度起伏，或因分子各向异性引起的取向起伏，或溶液中浓度起伏介质等。

分子热运动引起密度起伏导致折射率不均匀区域的线度比可见光波长小得多，散射光强和散射角的关系与瑞利散射相同。因分子各向异性引起取向起伏而产生的分子散射光强度相对弱得多。

（4）拉曼散射。

根据瑞利散射原理，散射光和入射光频率应相同，也就是说，瑞利散射不会改变波的频率。印度物理学家拉曼和苏联科学家曼杰利斯塔姆分别在研究液体和晶体散射时，发现散射光中出现了与入射光频率不同的散射光线。拉曼对此进行了大量研究，1928 年，拉曼采用单色光作为光源，从入射光的垂直方向上观察散射光，看到在蓝光和绿光的区域里，有两根以上的尖锐亮线，每一条入射谱线都有相应的频率改变的散射光线。人们把这一种新发现的现象称为拉曼效应，也称为拉曼散射（Raman scattering），相应的散射光线称为拉曼线。1930 年，美国光谱学家伍德（R. W. Wood）将拉曼线中频率小于入射光频率的谱线取名为斯托克斯线，频率大于入射光频率的谱线称为反斯托克斯线。

拉曼散射的特点如下：①每一条入射光谱线旁边都伴有散射线，斯托克斯线及反斯托克斯线各自和原始光谱线的频率差相同，反斯托克斯线相对出现得少且强度弱；②频率差的大小和入射光波长无关，只与散射介质有关；③拉曼散射造成的频率差与散射介质的分子振动频率有关，可以用来研究分子结构。

2.1.2　光源

光是一种电磁波，能发出一定波长范围的电磁波（包括可见光以及紫外线、红外线和 X 射线等不可见光）的物体称为光源。目视检测只涉及可见光光源，紫外线、红外线、X 射线等光源不在本书讨论范围内，本章只讨论可见光电光源。

可见光光源根据产生方式可以分为自然光源和人造光源两种。自然光源包括恒星（太阳）发光、生物发光、闪电等，其发光时间、强度等难以控制。人造光源包括火把、蜡烛、电光源等人造产物，是方便获取又可控的。在目视检测领域，常常需要使用人造光源进行补充照明。

根据发光原理，电光源主要分为热辐射发光光源、气体放电发光光源和其他发光光源三类，如图 2-15 所示。

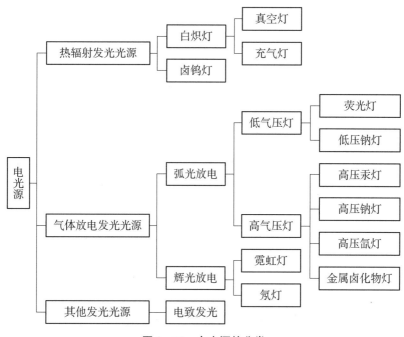

图 2-15　电光源的分类

1. 热辐射发光光源

热辐射发光光源是发光物体在热平衡状态下将热能转化成光能的光源,是一种非相干的光源,常见的热辐射发光光源有白炽灯、卤钨灯等。

1) 白炽灯

白炽灯一般由灯头、灯丝、玻璃泡壳、填充的惰性气体、支架等组成。典型的白炽灯结构如图 2-16 所示。

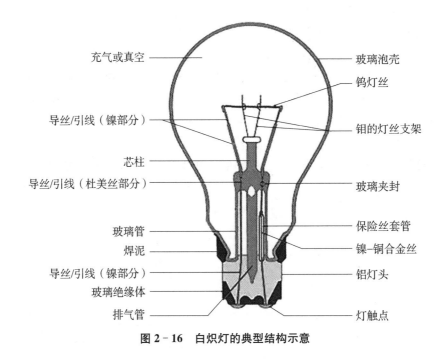

图 2-16 白炽灯的典型结构示意

(1) 灯头,主要起固定灯泡和导电的作用,常见形式有螺口灯头、聚焦灯头、插口灯头等。插口灯头接触面积小,适合功率较小的白炽灯。螺口灯头接触面积大,适合功率较大的白炽灯。

(2) 灯丝,是白炽灯的核心组件,目前主要采用钨丝制作,在电流作用下灯丝加热到白炽状态(温度可达 3 000℃),高温下的灯丝辐射出人眼可感受的光。灯丝的形状和长度对白炽灯的使用寿命、发光效率等有直接影响。一般灯丝采用螺旋结构以降低热损耗,从而提高发光效率。

(3) 玻璃泡壳,一般采用透明玻璃加工制作,也有磨砂玻璃或乳白玻璃制作的泡壳,部分泡壳会在靠近灯头的部位蒸镀一层反光铝膜,从而提高光束指向性。泡壳主要起到隔离空气和透光的作用,不论是抽真空的白炽灯还是充惰性气体的白炽灯,其泡壳的加工质量和密封性直接影响使用寿命。

白炽灯是低色温光源,色温一般为 2 300～2 900 K,显色性好,且具有连续的光谱能量分布,使用方便,在其他电光源普及之前是最常用的照明光源。白炽灯的缺点是高温下钨丝会蒸发成气体,在灯泡表面玻璃上沉积,使灯泡变黑,影响使用。由于大部分电能用于加热灯丝,只有少部分转化成光能,白炽灯的电能转化效率很低,只有 2%～4%,是所有电光源中效率最低的。白炽灯由于耗电量大,寿命短(约 1 000 小时),正逐步退出全球市场。2011 年 11 月 14 日,国家发改委等五部委发布"中国逐步淘汰白炽灯路线图",根据路线图,2016 年 10 月 1 日起,中国禁止销售和进口 15 W 及以上普通照明用白炽灯。

2）卤钨灯

为克服白炽灯灯丝易蒸发、寿命短的缺点,人们在白炽灯泡壳内填充含有部分卤族元素或卤化物的气体,利用卤钨循环的原理来解决白炽灯发黑的问题。其原理是在泡壳内充入溴碘等卤族元素或卤化物,在适当的温度条件下,从灯丝蒸发出来的钨原子向泡壁区移动并不断降温,钨蒸气冷却到 800℃ 左右后会和卤素物质反应形成卤钨化合物。卤钨化合物不稳定,遇热易分解,因此,当卤钨化合物扩散到较热的灯丝周围区域时又分化为卤素和钨。释放出来的钨部分回到灯丝上,弥补被蒸发掉的部分,而卤素继续参与循环过程。

氟、氯、溴、碘等各种卤素都能参与到钨的再生循环,只是所需的温度不同、参与反应的程度不同。

为了使卤钨循环得以进行,必须缩小泡壳的尺寸,从而使泡壁温度足够高,一般要求碘钨灯的玻壳温度为 250～600℃,溴钨灯的玻壳温度为 200～1 100℃,普通玻璃会因高温变形不能良好密封,因此,卤钨灯灯泡需要采用耐高温的石英玻璃或硬质玻璃制作。

卤钨灯的结构与白炽灯类似,卤钨灯的典型结构如图 2-17 所示。

相对于白炽灯,卤钨灯具有发光效率高、体积小、寿命长等优点,但石英玻璃价格昂贵,且玻璃管壁上的油污会影响卤钨再生循环过程,从而影响灯的寿命。石英玻璃不能隔断紫外线,卤素灯会发射紫外波段的不可见光线,使用时需要额外的防护。

2. 气体放电发光光源

气体放电发光光源是指将电流通过气体、金属蒸气或几种气体和蒸气的混合物后,主要以原子辐射的形式产生光能的一种光源。常用的气体放电发光光源有辉光放电光源和弧光放电光源两种,霓虹灯、氖灯属于辉光放电光源,荧光灯、钠灯、氙灯、汞灯和金属卤化物灯等属于弧光放电发光光源。

1）辉光放电光源

辉光放电(glow discharge)最早由法拉第(Michael Faraday)发现,是指稀薄气体中的自持放电现象。

辉光放电时,在放电管两极电场的作用下,电子和正离子分别向阳极、阴极运动,

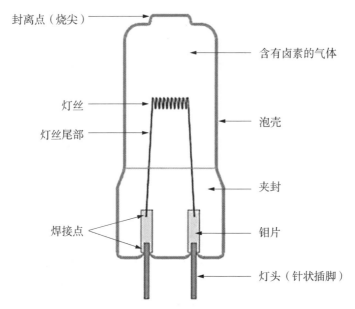

图 2 - 17 卤钨灯的典型结构示意

并堆积在两极附近形成空间电荷区。因正离子的漂移速度远小于电子,故正离子空间电荷区的电荷密度比电子空间电荷区大得多,使得整个极间电压几乎全部集中在阴极附近的狭窄区域内。这是辉光放电的显著特征,而且在正常辉光放电时,两极间电压不随电流变化。

利用气体辉光放电效应制作的光源称为辉光放电光源,通常采用填充了一些低气压的气体的玻璃管制作,在两端电极施加电压后气体放电辐射辉光。辉光的颜色取决于管内所充气体的成分,如氖显红色,氩显浅紫色,汞显淡蓝色,氦显粉红色等,正是由于这一特性,辉光放电光源常用来做霓虹灯。

2) 弧光放电光源

弧光放电是指呈现弧状白光并产生高温的气体放电现象,是气体放电中应用最广泛的一种放电形式,大多数照明光源都应用弧光放电原理设计而成。常见的弧光放电光源有荧光灯、钠灯等。

(1) 荧光灯。

荧光灯是一种利用气体弧光放电现象和荧光现象的光源,在灯管内壁涂有一层荧光粉,灯管内充有低压汞蒸气,通电时汞蒸气产生弧光放电释放紫外线,荧光粉在紫外线作用下产生可见光光能。

荧光灯发光效率高,发光面积大,光线柔和,使用寿命长,可以使光色近似日光色或其他各种光色,是一种良好的室内照明光源。荧光灯的典型结构如图 2 - 18 所示,荧光灯主体采用玻璃管制作,两侧装有钨丝电极,管内壁涂有荧光粉,管内抽真空后充入低压汞蒸气和惰性气体。

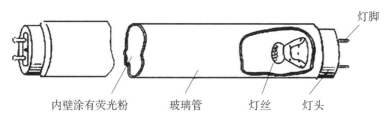

图2-18　荧光灯的典型结构示意

荧光灯工作时,在交流电源作用下,灯管两端的电极交替起到阴极和阳极的作用,被电场加速的电子和汞原子碰撞并将动能传递给汞原子,使汞原子进入激发态,激发态的原子以电磁辐射的形式释放能量回到基态。释放的电磁辐射约63%是波长在254～185 nm的紫外辐射,约3%的能量直接转化成可见光。荧光粉吸收紫外线,并辐射出人眼可感知的可见光。荧光粉的性质决定了荧光灯的发光特性,荧光粉不同,产生的光的色温、显色指数就不同。单独使用某一种荧光粉只能得到一种颜色的光,若想制造产生白光的荧光灯,根据RGB(red, green, blue)三原色理论,产生红色、绿色、蓝色的三种荧光粉需要按照一定比例混合。1974年,飞利浦首先研制成功了红、绿、蓝三基色荧光粉,混合了可以辐射峰值波长分别为611 nm的红光荧光粉(氧化钇)、541 nm的绿光荧光粉(多铝酸镁)、450 nm的蓝光荧光粉(多铝酸镁钡),色温为2 500～6 500 K。

荧光灯的一个显著特点是需要使用辉光启动器和镇流器。

(2) 钠灯。

钠灯是利用钠蒸气放电产生可见光的光源。根据钠蒸气压力大小的不同,又可以分为高压钠灯和低压钠灯。

a. 低压钠灯。

低压钠灯发明于20世纪30年代,其钠蒸气气压一般为几帕,只能发射波长为589.0 nm和589.6 nm(钠双线)的可见光,与人眼最敏感的555.0 nm的绿色光波长相近。低压钠灯具有较高的发光效率。低压钠灯辐射光谱纯正、稳定、无杂散光,发射出的黄色光可作为旋光仪、折射仪、偏振仪等光学仪器中的单色光源,但作为室内照明应用往往受限。黄色光"透雾性"强的特点使得低压钠灯特别适合对光色没有要求的场所,如太阳能路灯、隧道照明及高原高寒等特殊环境地区使用。

b. 高压钠灯。

自透光多晶氧化铝发明以来,人们尝试将其用于制作钠灯的灯泡,并提高钠灯的蒸气压,于20世纪60年代制成了高压钠灯,其钠蒸气压力大于0.01 MPa,可以弥补低压钠灯单色性太强、显色性差等缺点。高压钠灯灯管中充有少量的钠(1~8 mg)和较多的汞(钠的4~9倍)和惰性气体。钠作为主要放电物质,汞用于缓冲,惰性气体可以帮助灯管启动。高压钠灯工作时,其钠蒸气压很高,电子与钠原子的碰撞频繁,使共振辐射谱线加宽,出现其他可见光谱的辐射(金白色的光),而不再是单色光,因此,高压钠灯的光色优于低压钠灯。

3. 其他发光光源——电致发光

电致发光(electroluminescent)是将电能直接转化成光能的发光现象,又称为场致发光。目前常用的电致发光材料有发光二极管(light emitting diode,LED)、有机发光显示器件(organic light emitting diode,OLED)等。

1) 发光二极管(LED)

发光二极管的核心是P-N结,是由P型半导体和N型半导体组成的特殊结构,如图2-19所示。P-N结具有单向导电的特性,两段加正电压(P型半导体电压高)时,空穴和电子在电场作用下移动,从P区注入N区的空穴与N区的电子复合,从N区注入P区的电子与P区的空穴复合,从而以光的形式辐射出能量。此时辐射出的光的波长与组成P-N结的材料特性有关,发射光子的能量近似为半导体的禁带宽度,即导带与价带之间的带隙能量,波长可以用式(2-39)计算得出。

$$\lambda = \frac{1\,240}{E_g} \tag{2-39}$$

式中,λ 为发射光子波长(nm);E_g 为禁带宽度(带隙)(eV)。

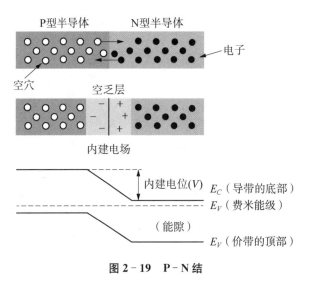

图2-19 P-N结

因此,要得到 460 nm 的蓝光 LED,就需要半导体材料的禁带宽度在 2.7 eV 以上。在室温下,硅(Si)、砷化镓(GaAs)和氮化镓(GaN)的禁带宽度分别为 1.24 eV、1.42 eV 和 3.40 eV。

由此可知,P-N 结不可能产生连续谱线的白光,只能辐射出单色光,若想得到白光 LED,则需要将能辐射出红光、绿光和蓝光的 P-N 结按照一定比例混合在一起,这也就是为什么最晚出现的蓝光 LED 成了制约半导体照明进展的重要因素。

半导体发光具有节能环保、寿命长、体积小等特点,且基于三原色原理可随意调整光的颜色,称为第四代照明光源或绿色光源,是目前最理想的光源之一。

2) 有机发光二极管

有机发光二极管(organic light-emitting diode,OLED)是一种电流型的有机发光器件,基于有机电致发光现象制作,即利用载流子的注入和复合而发光的现象,其发光强度与注入的电流成正比,其结构如图 2-20 所示,每层薄膜结构的功能如下。

(1) 阳极,用于向有机层注入空穴。

(2) 空穴注入层,促进空穴注入传输层。

(3) 空穴传输层,用于辅助空穴的传输,并起到阻挡电子以及阻止激子能量转移的作用。

(4) 有机发光层,激子的形成以及辐射光子的地方。

(5) 电子传输层,用于辅助电子的传输,并起到阻挡空穴以及阻止激子能量转移的作用。

(6) 电子注入层,促进电子注入传输层。

(7) 金属阴极,用于向有机层注入电子。

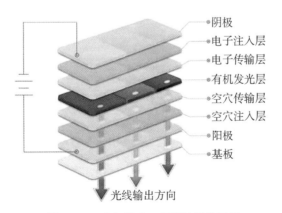

图 2-20　有机发光二极管的结构示意

为进一步提升器件性能,研究者们提出了多层器件结构,引入了空穴注入层

(hole injection layer，HIL)、电子注入层(electron injection layer，EIL)等有机功能层，进一步降低了势垒，是目前最常用的器件结构。随着技术的发展，有机发光二极管在照明领域、显示器领域、生物医学领域应用广泛。

2.1.3　视力

视力是指人眼分辨影像的能力，分为中心视力和周边视力。良好的视力是保证目视检测质量的前提，因此，有必要了解人眼结构、人眼成像及视力检查等相关知识。

1.人眼结构

人眼是天然的凸透镜成像系统，与照相机类似，晶状体起到镜头的作用，视网膜起到电荷耦合器件/互补金属氧化物半导体器件(CCD/CMOS)传感器的作用。眼睛的结构如图 2-21 所示，主要包括角膜、前房、虹膜、晶状体、玻璃体、视网膜、黄斑、盲区等。

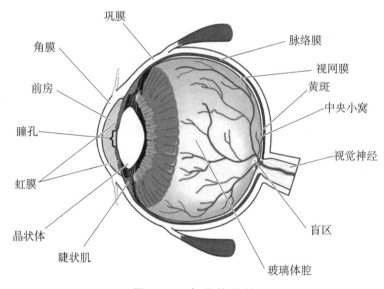

图 2-21　人眼的结构

(1) 角膜。眼睛前段的一层透明薄膜，由无血管的结缔组织构成，呈椭圆形。角膜厚度各部分不同，中央部最薄，平均为 0.5 mm，周边部约为 1 mm。光线进入眼睛时首先经过角膜，其折射率约为 1.376。

(2) 前房。角膜后方与虹膜、晶状体之间的空腔，称为前房。前房内充满房水，房水折射率约为 1.337。

(3) 虹膜。虹膜位于晶状体的前面，中央是一个圆孔，能限制进入眼睛的光束孔径，称为瞳孔。虹膜的主要功能是根据外界光线的强弱，相应地使瞳孔缩小或扩大，以调节进入人眼内的光能量，保证视网膜上的成像。瞳孔大小与年龄、屈光状态、精神状态等因素有关,直径一般为 2.5~4 mm。

（4）晶状体。晶状体呈双凸透镜形状,位于虹膜后方、玻璃体前方,是眼睛屈光系统中的重要组成部分,也是唯一具有调节能力的屈光间质,可以在睫状肌的作用下调整屈光度,从而使得焦点落在视网膜上。晶状体前面的曲率半径约为 10 mm,后面的曲率半径约为 6 mm。

（5）玻璃体。玻璃体是透明的凝胶,充满玻璃体腔。玻璃体前面的凹面正好能容纳晶状体,称为玻璃体凹。玻璃体的折射率与房水的折射率相差不大,约为 1.336。

（6）视网膜。视网膜是眼睛中的感光部分,位于眼睛后方的内壁,与玻璃体紧贴,是由视神经末梢组成的膜。视网膜结构复杂,自外向内可以分为 10 层。

（7）黄斑。黄斑位于人眼的视力轴线的投影点,是人眼的光学中心区。黄斑区富含叶黄素,比周围视网膜颜色暗些。黄斑中央的凹陷称为中央凹,是视觉最敏锐的地方。当眼睛观察外界物体时,会本能地转动眼球使像成在中央凹上。

（8）盲区。盲区也称为盲点,是视神经细胞的出口,没有感光细胞,因此不产生视觉。通常人们感觉不到盲点的存在,是因为眼球在眼窝内不时地转动。

在正常情况下,人们采用双眼视物,难以发觉盲区的存在,这是因为盲点位于双眼视野内,一只眼睛看不到的盲区会被另一只眼睛看到,也就是说大脑能根据从两个眼睛得到的信息消除彼此的盲点,形成完整的图像。即使闭上一只眼,视觉仿佛也不受影响,这是因为人的大脑会根据盲点周边的信息和以往的记忆自动补全图像。

盲点的测试可以采用图 2-21 所示的盲点测试图。具体操作步骤:用图 2-22 上图中的测试图,遮住或闭上右眼,左眼注视图中的十字,前后移动图像,在某个位置图中的黑色圆圈将消失,这个位置就是左眼的盲点。为了证明人的大脑会对看到的影像进行补充完善,可以采用图 2-22 下图中的测试图,同样遮住或闭上右眼,左眼注视图中的十字,前后移动图像,在某个位置图中的线段将是连续的,而不是断续的。

图 2-22　盲点测试图

在目视检测过程中若因结构、位置限制只能用一只眼睛观察的时候要特别慎重。

2. 人眼成像

人眼成像是物体的反射光通过角膜、晶状体、玻璃体等折射成像于视网膜上,再由视觉神经感知传给大脑。人眼成像原理类似凸透镜成像,在视网膜上成的是倒立的实像,在大脑神经系统作用下,将人眼看到的物体调整成正像。

人眼成像的质量受到诸多因素影响,常见的影响因素有观察距离、光的颜色(波长)、亮度、视角等。

1) 观察距离

为使不同距离的物体都能在视网膜上清晰地成像,随着物体距离的改变,相应地改变眼睛中晶状体的折光度,这个过程称为眼睛的调节。当肌肉完全放松时,眼睛所能看清的最远点称为远点,远点距离以 r 表示,单位为 m;当肌肉最紧张时,眼睛所能看清的最近的点称为近点,近点距离以 p 表示,单位为 m。远点距离和近点距离的倒数分别称为远点和近点的发散度,即 $P=1/p$,$R=1/r$,单位为折光度(或屈光度,用符号 D 表示),眼睛的调节能力用发散度之差表示:

$$\overline{A}=R-P=\frac{1}{r}-\frac{1}{p} \tag{2-40}$$

正常人眼的远点在无穷远处,近点约为 $100\,\mathrm{mm}$,在一般情况下观察和阅读的最适宜距离是 $250\,\mathrm{mm}$ 左右。

正常的眼睛在肌肉完全放松的自然状态下,理论上能看清无限远的物体,即眼睛的远点在无限远处($r=\infty$,$R\approx 0$),此时像方焦点和视网膜重合。

对于近视眼,即远点在眼睛前方的有限距离处,无限远处物体成像在视网膜前,只有眼前有限距离的物体才能成像在视网膜上,即人眼只能看清一定距离内的物体。为矫正近视眼,需佩戴负透镜(近视眼镜),其作用是将人眼的远点矫正到无限远。

对于远视眼,就是其近点变得很远,即使肌肉最紧张,$250\,\mathrm{mm}$ 以内的物点也成像在视网膜之后。为矫正远视眼,需佩戴正透镜,其作用是将明视距离的物成像在眼睛的近点处,相当于将眼睛的近点由明视距离外矫正到明视距离的位置。

2) 光的颜色(波长)

依照波长的长短、频率以及波源的不同,电磁波谱可大致分为无线电波、微波、红外线、可见光、紫外线、X 射线和 γ 射线等,如图 2-23 所示。可见光是一种特殊的电

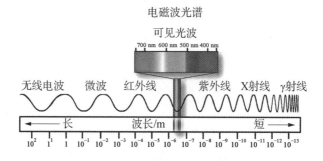

图 2-23　电磁波波长分布

磁波,具有波的性质,且可以被人眼感知。可见光的波长范围为 $780 \sim 400 \, \text{nm}$,频率在 $380 \sim 750 \, \text{THz}$ 范围,不同波长的可见光具有不同的颜色,详细见表 $2 - 2$。

表 2－2　不同颜色光波长及频率

颜色	红	橙	黄	绿	蓝、靛	紫
频率/THz	$385 \sim 482$	$482 \sim 503$	$503 \sim 520$	$520 \sim 610$	$610 \sim 659$	$659 \sim 750$
波长/nm	$780 \sim 622$	$622 \sim 597$	$597 \sim 577$	$577 \sim 492$	$492 \sim 455$	$455 \sim 400$

人眼对不同颜色的光的敏感度不同,一般情况下人眼对波长为 $555 \, \text{nm}$ 的黄绿光最敏感,对光谱两端的红色和紫色敏感性低得多,红外线和紫外光则不能引起视觉反应。人眼对光谱不同区域视觉感受性不同的特点,称为光谱视亮度或光谱感受性,并可以用函数来表示,称为光谱相对视亮度函数。其函数对应的曲线就是光谱相对视亮度曲线,也称为视见函数(visibility function),视见函数根据英文描述不同具有很多翻译名称,如光谱视亮度函数(spectral luminosity function)、光谱视亮度因素(spectral luminosity factors)、相对发光效率函数(relative luminous efficiency function)、平均相对发光效率曲线(mean relative luminous efficiency curve)等。

早在 19 世纪初,人们就对光谱不同区域的视觉特性进行了研究。1817 年,夫琅禾费(Fraunhofer)首次对阳光通过棱镜折射后产生的光谱进行了视觉比较。1883 年,兰利对光谱能量进行了测定。1887 年,斯坦格指出人眼对光谱中绿色的视亮度最高。1905 年,戈德哈默(Goldhammer)提出用函数值来表示单色光辐射与视亮度之间的关系。1923 年,吉布森和廷德尔综合了前人的研究成果,绘出了一条人眼光谱视亮度曲线,并于 1924 年被国际照明协会(International Commission on Illumination,法语简称为 CIE)第六次会议正式采纳。1931 年,该曲线与 CIE 标准观察者和色度坐标系统合为一体,称为 1931 年 CIE 光敏度曲线。

人们把人眼最敏感的波长为 $555 \, \text{nm}$ 的黄绿光视见函数规定为 1,即 $V(555) = 1$。将一个辐射波长为 λ 的发光体 A 和 $555 \, \text{nm}$ 黄绿光的发光体 B 放在相同距离处进行观察,假如两个发光体在观察方向上的辐射强度相等,人眼对 A 的视觉强度和对 B 的视觉强度之比称为 λ 波长的视觉函数 $V(\lambda)$,或者当人眼对发光体 A 和 B 产生同样亮暗感觉时,两者辐射光通量之间的比值,即

$$V(\lambda) = \frac{\Phi(555)}{\Phi(\lambda)} \tag{2-41}$$

式(2－41)表明,在引起强度相等的视觉条件下,若所需要的某一单色光的辐射通量越小,则人眼对该单色光的视觉灵敏度越高。夜间的视见函数 $V(\lambda)$ 的极大值朝短波

(蓝色)方向移动。在月色朦胧的夜晚,人们感觉周围的一切笼罩着一层蓝绿的色彩,便是这个缘故。

为了避免不同人观察引入的误差,1971 年,CIE 在大量测定的基础上规定了视觉函数的国际标准,其曲线如图 2-24 所示。由图可知,波长为 600 nm(橙色)的视觉函数为 0.631,即若想达到 555 nm 黄绿光的视觉强度,橙色光的辐射强度应为 555 nm 黄绿光的 $1/0.631 \approx 1.6$ 倍。

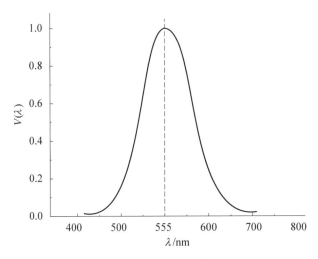

图 2-24 视觉函数曲线

3)亮度

人眼除了能看清不同距离的物体外,还能适应不同亮暗条件,眼睛能适应的光亮度的范围可达 $10^{12}:1$。眼睛对光亮度的适应能力分为暗适应和亮适应。

暗适应是从亮处到暗处,瞳孔逐渐变大,使进入人眼的光线增加,以看清物体。在暗处停留的时间越长,暗适应能力越好,对光的敏感度增高,在 $50\sim60$ min,敏感度达到极限值。人眼能感受到的最低照度约 10^{-6} lx,相当于一支蜡烛在 30 km 远处所产生的光照度。

亮适应是指从暗处到亮处,会产生炫目现象,人眼需要一定时间去适应,此时瞳孔缩小以减少进入眼睛的光线。亮适应的时间一般为几分钟。

因此,在目视检测过程中,当现场亮度不能满足观察条件,或者亮度变化较大时,一定要先适应一段时间,以保证人眼具有良好的敏感度。

4)视角

眼睛能分辨开两个很靠近的点的能力,称为眼睛的分辨率。刚刚能分辨开的两点对眼睛物方节点所张的角度,称为角分辨率。角分辨率值越小,眼睛的分辨本领越高。

由于光的衍射,一个物点经过眼睛在网膜上形成的不是一个点,而是一个光斑,即艾里斑。只有在物空间两个物点距离足够远,其两个艾里斑分别落在两个不同的视神经细胞上时,两个物点才能够分辨开来。所以,眼睛的角分辨率的大小由两个主要因素决定,即视网膜上艾里斑的大小和视神经细胞的大小,两者比较接近。

下面基于光的衍射给出眼睛的分辨率。由物理光学可知,对于通光孔径为 D 的光学系统,极限角分辨率 α 为

$$\alpha = \frac{1.22\lambda}{D} \tag{2-42}$$

对于人眼,通光孔径为瞳孔直径。在良好照明条件下,α 为 $50'' \sim 120''$,一般认为人眼能分辨的视角为 $\alpha = 60'' = 1'$。在目视检测中,一般视角需要 $2' \sim 4'$。

3. 视力检查

从事目视检测及其他无损检测的人员应进行视力检查,检查应依据相关检测标准中对视力的要求进行,或按照《无损检测　无损检测人员视力评价》(GB/T 40117—2021)进行。《承压设备无损检测　第 7 部分:目视检测》(NB/T 47013.7—2012)中规定,目视检测人员应每 12 个月检查一次视力,对辨色力有要求的需补充辨色力测试。

1) 视力检查

目视检测人员未经矫正或经矫正的近(距)视力和远(距)视力应不低于 5.0(小数记录值为 1.0)。

在进行矫正视力测试时,GB/T 40117—2021 特别强调"测试时,被测试人员应佩戴日常无损检测中使用的相同眼镜,如个人防护装备和/或矫正镜片。不允许在眼科检查期间采用或佩戴日常不使用的镜片。"此规定是为了避免目视检测人员为通过视力检查而佩戴日常不会使用的镜片,从而导致从事目视检测工作时视力达不到要求。

2) 辨色力

先天性色觉障碍通常称为色盲,它不能分辨自然光谱中的各种颜色或某种颜色;而对颜色的辨别能力差的称为色弱,色弱者虽然能看到正常人所看到的颜色,但辨认颜色的能力迟缓或很差,在光线较暗时,有的几乎和色盲差不多,或表现为色觉疲劳,它与色盲一般不易严格区分。

色盲分为全色盲和部分色盲(红色盲、绿色盲、蓝黄色盲等)。色弱包括全色弱和部分色弱(红色弱、绿色弱、蓝黄色弱等)。

色盲和色弱的检查大多采用主觉检查,一般在较明亮的自然光线下进行,常用检查方法有假同色图、色线束试验、颜色混合测定器等。

（1）假同色图。通常称为色盲本，它是利用色调深浅程度相同而颜色不同的点组成数字或图形，色觉障碍者辨认困难、辨错或不能读出，可对照色盲表的规定来确认属于何种色觉异常。

（2）色线束试验。把颜色不同、深浅不同的毛线束混在一起，令被检查者挑出与标准线束相同颜色的线束。此法颇费时间，且仅能大概定性，不能定量，不适合于大面积的筛选检查。

（3）颜色混合测定器。它可以定量地记录红绿光匹配所需的量，以判定红绿色觉异常，此法既能定性又能定量。

3）视力记录

视力水平的表达方式称为视力记录，常用的有分数记录、小数记录、对数记录、5分记录等方式。

（1）分数记录。同时以检查距离（分子）和设计距离（分母）表达视力，即 d/D，其实质是以视角的倒数表达视力。

（2）小数记录。以视角的倒数表达视力，视角单位为分（$'$），公式表述为

$$V = \frac{1}{\alpha} \tag{2-43}$$

（3）对数记录。以视角的对数表达视力，即 $\lg \alpha$。

（4）5分记录。5分记录也称为缪氏记录法，是我国独创的视力记录方式，是一种对数记录。将正常视力规定为5，无光感规定为0，所有视力等级连成一个完整的数值系统。和视角的关系：以5分减去视角的对数值表达视力，即

$$L = 5 - \lg \alpha \tag{2-44}$$

由式（2-43）和式（2-44）可知，小数记录和5分记录之间的关系为

$$L = 5 + \lg V \tag{2-45}$$

2.2 目视检测的分类

1.2.2节提到过，在电力行业，从检测技术的宏观角度来分，目视检测主要分为直接目视检测和间接目视检测两大类。根据检测的对象不同，目视检测又可分为零部件及原材料目视检测、焊接接头目视检测、在役设备目视检测等。一般情况下，由于零部件及原材料的目视检测以及焊接接头的目视检测无须使用特殊器材，因此可以归为直接目视检测范畴。对于在役设备的目视检测，根据检测对象的不同，两种目

视检测方式均有涉及,如在输电线路巡检中,可以直接目视检测,也可以使用望远镜辅助观察或者采用线路巡检机器人、无人机等间接目视检测。

2.2.1　直接目视检测

具体来说,直接目视检测是指对可接近被检物体表面 600 mm 以内且视线与被检物体之间夹角不小于 30° 的检验,其检测结果经常受使用的光源、检测距离、视角、亮度等多种因素的影响,因此,在进行直接目视检测时要保证有充足照明,如果有存在不利于检查的转角或孔洞,则可以使用反光镜等,较小的缺陷可以使用放大镜辅助检查。

从检测的内容或对象分,直接目视检测还可以分为铸件直接目视检测、锻件直接目视检测、焊接件直接目视检测、紧固件直接目视检测、涂镀层直接目视检测等。

1. 铸件直接目视检测

铸件是将融化的液态金属浇注在一定形状、尺寸的铸型中,冷却后得到与铸型空腔相匹配的工件。根据浇注的金属材料不同,铸件有铸钢、铸铁、铸铝、铸铜等;根据浇注方式不同,可以分为砂型铸造、金属型铸造、离心铸造、压铸、连续铸造等。铸造具有对铸件形状和尺寸适应性强、材料适用范围广、成本低、工艺灵活等特点,是电气设备的常用加工成型技术之一。

1) 常见的铸件表面缺陷

(1) 粘砂。砂型的砂粒粘附在铸件表面形成的缺陷,如图 2 - 25(a)所示。

(2) 气孔。铸件表面上的凹陷,如图 2 - 25(b)所示。

(3) 缺肉。金属液体没有完全填满型腔,造成铸件不完整,如图 2 - 25(c)所示。

(4) 缩孔和疏松。金属液体凝固过程中因体积收缩造成的空洞,大而集中的称为缩孔,细小而分散的称为疏松,如图 2 - 25(d)所示。

(5) 冷隔。在铸造过程中,由于温度过低,金属液体流到凝结的金属上而没有熔合产生的缺陷,如图 2 - 25(e)所示。

(6) 裂纹。金属完全凝固前因收缩受到限制而形成的裂纹,如图 2 - 25(f)所示。

2) 产生铸件缺陷的影响因素

(1) 金属材料的熔点、凝固特性等。

(2) 冷却条件。

(3) 工件的形状复杂度和尺寸。

(4) 造型材料特征等。

3) 铸件目视检测的相关要求

部分铸件的目视检测方式和质量要求通常在其产品标准中有规定,如铜及铜合金、砂型铸钢件等。

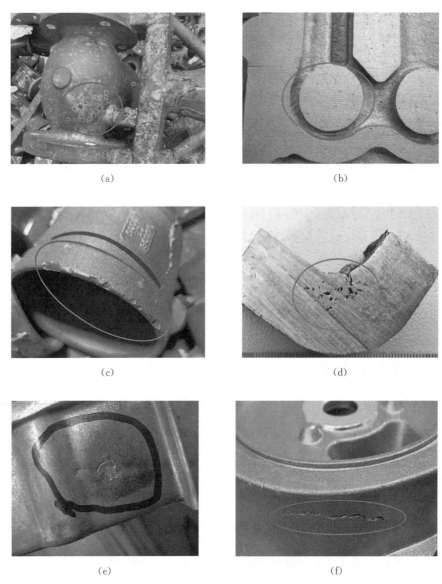

图 2‑25　铸 造 缺 陷

(a)表面粘砂;(b)气孔;(c)缺肉;(d)缩孔;(e)冷隔;(f)裂纹

(1) 铜及铜合金。

《铜及铜合金铸件》(GB/T 13819—2013)规定了铜及铜合金铸件的表面质量要求,其表面粗糙度检测依据《铸造表面粗糙度　评定方法》(GB/T 15056—2017)要求使用视觉或触觉的方式进行对比,采用与铸件材质、工艺方法相近的样块进行比对。视觉比对应在光照强度不低于 350lx 的条件下进行,也可借助放大镜观察比对,放大镜倍数为 1～5 倍。当视觉比对无法精确判定表面粗糙度时,可采用触觉比对确认,用手指在被检铸造表面和相近 2 个参数值等级比较样块表面触摸,获得同样感觉的那个等级即为被检铸造表面粗糙度。当表面粗糙度值介于比较样块两级参数值之间时,依据数值较大的等级进行评定。

(2) 砂型铸钢件。

砂型铸钢件表面质量目视检测依据《砂型铸钢件　表面质量目视检测方法》(GB/T 39428—2020)进行,目视检测应在照明度不低于 1 000 lx 的条件下进行。在特定条件下可用手提照明灯辅助照明。检测较大的平面时可借助直角尺、卷尺、卡板等检测工具。当检测部位不利于直接观察时,可使用放大倍数不超过 1 倍的光学辅助仪器进行检测。砂型铸件的表面粗糙度和表面不连续采用标准规定的比对照片进行对比评定。

2. 锻件直接目视检测

锻件是指对金属坯料进行锻造变形得到的工件。根据锻造温度的不同,分为冷锻和热锻。冷锻一般是在室温下加工,热锻是在高于金属坯料的再结晶温度下加工。根据锻造方式的不同,可以分为自由锻造、模锻、轧制等。

锻造产生的表面缺陷可能来自前段工序的固有缺陷,也有可能是在锻造成型过程中引入的,如重皮、氧化、脱碳、裂纹等。

1) 常见的锻件表面缺陷

(1) 毛细裂纹。在锻造成型的过程中,铸锭内的气泡在压力作用下破裂,形成毛细裂纹。

(2) 裂纹。锻件表面常见裂纹有冷却裂纹、腐蚀裂纹、发纹等。裂纹可以是因为锻造变形、热处理、成分偏析等原因造成的,如图 2-26(a)所示。

(3) 折叠。锻造成型过程中氧化的表层和金属混合在一起形成折叠,如图 2-26(b)所示。

(4) 气孔。金属冷却过程中气体析出导致气孔,如图 2-26(c)所示。

(5) 非金属夹渣。铸锭中原有的熔渣、氧化物、硫化物等即为非金属夹渣,如图 2-26(d)所示。

(6) 尺寸偏差。锻造不足或过度等导致锻件尺寸和设计存在偏差,如图 2-26(e)所示。

(7) 过烧。金属坯料加热温度超过始锻温度过多,使晶粒边界出现氧化及熔化,如图 2-26(f)所示。

2) 产生锻件缺陷的影响因素

(1) 铸锭的质量、杂质含量等。

(2) 锻造方式。

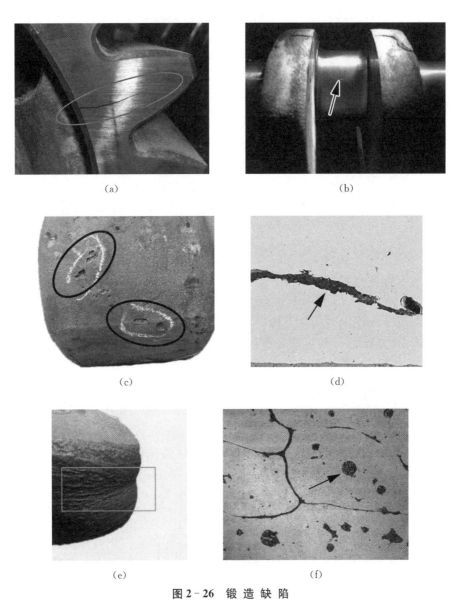

图 2-26 锻 造 缺 陷

(a)裂纹;(b)折叠;(c)表面气孔;(d)氧化物夹渣(金相);(e)尺寸偏差;(f)铝合金过烧组织(400 倍)

(3)温度。

(4)材料本身特性。

3)锻件目视检测的相关要求

锻件成型后通常要对表面质量进行目视检测,最常用的方式是进行直接目视检测,或者借助测量工具进行辅助检测,如测量产品尺寸是否符合要求等。

（1）锻件的尺寸检测可以用直尺、卷尺、卡尺等通用量具进行测量，检测结果应符合产品设计要求。

（2）对锻件的表面质量通常采用目视检测方式，观察锻件表面是否存在裂纹、折叠、白点、过烧等缺陷。必要时可以采用磁粉检测、渗透检测等其他表面检测手段。

随着三维几何测量技术的发展，锻件甚至其模具的几何尺寸测量采用三维光学检测系统更加快捷，测量主要依据《锻压制件及其模具三维几何量光学检测规范》（GB/T 25134—2010）进行，常见的测量技术有工业近景摄影测量技术、三维光学面扫描测量技术两种。

a. 工业近景摄影测量技术。

使用高分辨率数码相机拍摄被测对象周围多幅照片，并通过计算机辅助测量软件计算出被测对象粘贴的标志点中心三维坐标。工业近景摄影测量系统一般组成为相机、标志点、标尺、适配器、计算机辅助测量软件等。

b. 三维光学面扫描测量技术。

三维光学面扫描测量技术是一种立体视觉测量技术，通过向被测对象投射白光编码条纹或激光，由相机拍摄图像，并根据光学三角法原理，计算出被测对象表面轮廓点云。

c. 工业近景摄影测量技术与三维光学面扫描测量技术的综合应用。

测量锻压制件及其模具的复杂曲面轮廓，可综合运用工业近景摄影和三维光学面扫描两种测量技术，即首先采用工业近景摄影测量方法，测量并计算出被测曲面周围非编码标志点中心的三维坐标，将它们导入三维光学面扫描系统，再从多个视角扫描被测对象表面，通过局部和全部非编码标志点的自动匹配，实现多视角点云的自动拼接，将局部点云自动拼接生成整体曲面的完整点云。

测量锻压制件及其模具的几何特征或曲面轮廓点云后，可利用计算机辅助测量软件将它们与设计系统中相应的 CAD 数模进行比对，并由此生成色谱偏差图和偏差检测报告。也可将测量数据导入三维 CAD 软件对锻压制件及其模具进行反求（逆向）设计。

3. 焊接件直接目视检测

将两种或两种以上的材料（同种或者异种），通过原子之间或分子之间的联系与质点的扩散作用，造成永久性连接的工艺过程称为焊接。焊接是电气设备成型过程中运用最多的加工技术，例如 GIS 筒体的焊接、变电设备构架和支架的焊接、变压器油箱的焊接、金具的焊接、铁塔的焊接等。

根据工作原理的不同，焊接可以分为熔化焊、压力焊、钎焊等。熔化焊是电网设备焊接中最常用的焊接方式，分为手工电弧焊、埋弧自动焊、气体保护焊等；压力焊可以分为电阻焊、摩擦焊、扩散焊、超声波焊、爆炸焊、冷压焊、旋弧焊和磁力脉冲焊等，其中电阻焊是应用最为广泛的一种;根据钎料熔化温度的不同,钎焊可分为硬钎焊和软钎焊两种,其中将钎料熔化温度大于等于450℃的称为硬钎焊,熔化温度小于450℃的称为软钎焊,钎焊加热温度低,焊接变形和应力小,钎料可以有多种选择,适用于异种金属和难熔金属的连接,但是焊接强度一般低于母材。

焊接中,由于焊件的厚度、相对位置,施工及使用条件的不同,接头及坡口形式也不同,常见的焊接接头形式主要分为四类,即对接接头、搭接接头、角接接头、T形接头,如图 2-27 所示。除上述四类之外,还有特殊的接头形式,如十字接头、端接接头、卷边接头、套管接头、斜对接接头、锁底对接接头。

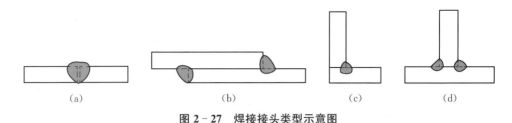

(a)   (b)   (c)   (d)

图 2-27 焊接接头类型示意图

(a)对接接头;(b)搭接接头;(c)角接接头;(d)T形接头

1) 常见的焊缝表面缺陷

常见的焊缝表面缺陷主要有焊缝尺寸不符合要求、咬边、弧坑、焊瘤、内凹、未填满、焊穿、错边、成形不良、表面气孔、严重飞溅等,如图 2-28 所示。

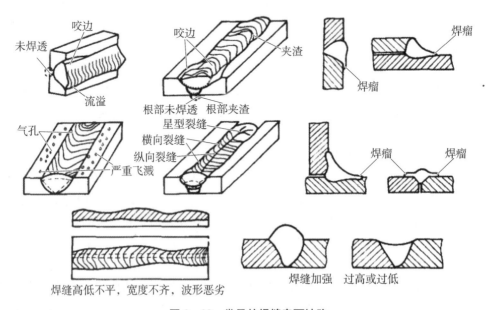

图 2-28 常见的焊缝表面缺陷

（1）咬边，是指沿着焊趾在母材部分形成的凹陷或沟槽，是由于电弧将焊缝边缘的母材熔化后熔敷金属没有及时补充而留下的缺口。

（2）焊瘤，指焊缝中的液态金属流到加热不足未熔化的母材上或焊缝根部溢出，冷却后形成的未与母材熔合的金属瘤。

（3）内凹，是指焊缝表面低于母材的部分。

（4）未焊满，是指由于填充金属不足，在焊缝表面形成的连续或断续的沟槽。

（5）错边，是指两个工件在厚度方向上错开一定距离。

（6）成形不良，是指焊缝的外观几何尺寸不符合要求，主要有焊缝余高过高、表面不光滑、焊缝过宽等。

（7）烧穿，是指在焊接过程中熔深超过母材厚度，熔化金属自焊缝背面流出形成的穿孔形缺陷。

2）焊接件目视检测的相关要求

焊接是相对成熟的成型工艺，不同金属、非金属材料的焊接标准非常多，一般焊接接头表面质量要求、目视检测方法等在焊接规范中会给出明确要求，以《焊缝无损检测　熔焊接头目视检测》（GB/T 32259—2015）为例，目视检测要求表面光照度至少达到 350 lx，推荐光照度为 500 lx。对于直接目视检测，要求在待检表面 600 mm 之内，应提供人眼足够的观测空间，且检测视角不小于 30°。不能满足检测要求或相关应用标准规定时，应考虑采用镜子、内窥镜、光纤电缆或相机进行间接目视检测。可采用辅助光源以提高缺欠和背景之间的对比度和锐度。

4. 紧固件直接目视检测

紧固件作为广泛应用的连接件，在电力设备中应用广泛，输电线路铁塔、变电设备构架等均大量使用紧固件，通常情况下螺栓和螺母配套使用。

1）常见的紧固件表面缺陷

螺栓的表面缺陷主要有裂缝、原材料缺陷、凹痕、皱纹、切痕、损伤等；螺母的表面缺陷主要包括裂缝、剪切爆裂、爆裂、裂纹、皱纹、凹痕、切痕、损伤等。《紧固件表面缺陷　螺栓、螺钉和螺柱　一般要求》（GB/T 5779.1—2000）给出了螺栓常见表面缺陷及其定义，螺栓部分表面缺陷如图 2-29 所示；《紧固件表面缺陷　螺母》（GB/T 5779.2—2000）给出了螺母常见表面缺陷及其定义，螺母部分常见表面缺陷如图 2-30 所示。

（1）裂缝。裂缝是一种沿金属晶粒边界或横穿晶粒的断裂，并可能含有外来元素的夹杂物，通常是金属在锻造或其他成型工序或热处理的过程中，由于受到过高的应力而形成的，也可能在原材料中即存在裂缝。工件再次加热时，通常由于氧化皮的剥落而使裂缝变色。裂缝包括淬火裂缝、锻造裂缝、锻造爆裂、剪切爆裂等。

（2）凹痕。凹痕是在锻造或镦锻过程中，由于金属未填满而呈现在表面上的浅坑或凹陷。

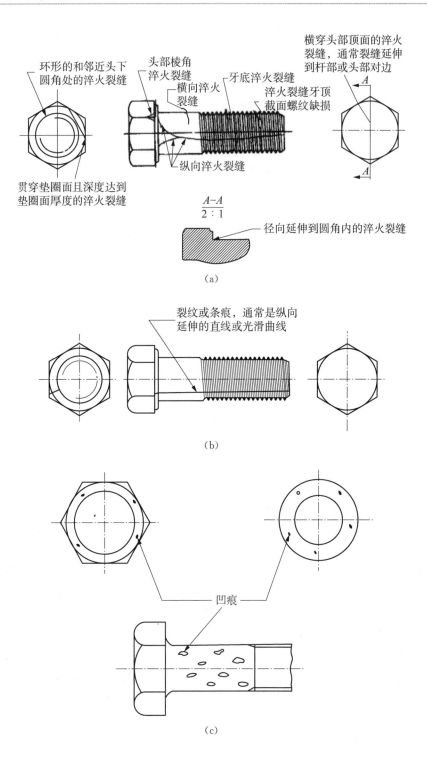

环形的和邻近头下圆角处的淬火裂缝

头部棱角淬火裂缝

横向淬火裂缝

牙底淬火裂缝

淬火裂缝牙顶截面螺纹缺损

横穿头部顶面的淬火裂缝，通常裂缝延伸到杆部或头部对边

纵向淬火裂缝

贯穿垫圈面且深度达到垫圈面厚度的淬火裂缝

$\dfrac{A-A}{2\,:\,1}$

径向延伸到圆角内的淬火裂缝

（a）

裂纹或条痕，通常是纵向延伸的直线或光滑曲线

（b）

凹痕

（c）

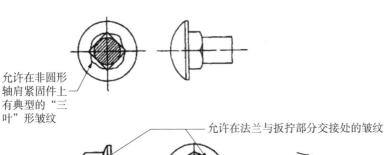

图 2‑29 螺栓常见表面缺陷

(a)裂缝;(b)原材料缺陷;(c)凹痕;(d)皱纹

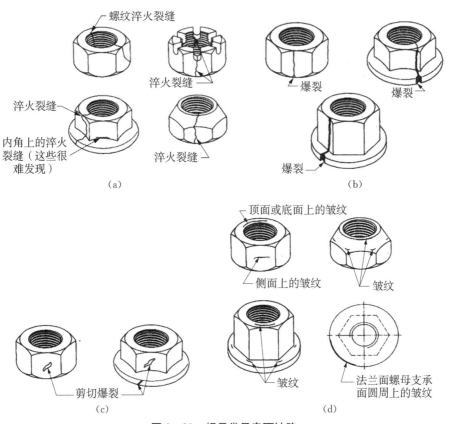

图 2‑30 螺母常见表面缺陷

(a)淬火裂缝;(b)爆裂;(c)剪切爆裂;(d)皱纹

（3）皱纹。皱纹是在锻造过程中呈现在紧固件表面的金属折叠。

（4）切痕。切痕是纵向或圆周方向浅的沟槽。

（5）损伤。损伤是指紧固件任何表面上的刻痕，表现为没有准确的几何形状、位置或方向，也无法鉴别外部影响的因素。

（6）爆裂和剪切爆裂。爆裂和剪切爆裂都是金属表面的开裂，区别在于剪切爆裂方向和紧固件的轴心线夹角约为 $45°$。

2）紧固件目视检测的相关要求

紧固件的表面缺陷类型和外观可参考 GB/T 5779.1—2000 和 GB/T 5779.2—2000。在目视检查中，若发现有任何部位上的淬火裂缝、皱纹、爆裂等不允许存在的缺陷，则应拒收该批次紧固件。

5. 涂镀层目视检测

电力设备为延缓腐蚀，常采用热浸镀锌、电镀锌、喷涂防腐漆等方式隔绝腐蚀介质，从而达到延长电力设备金属部件使用寿命的目的。涂镀层的缺陷会降低电力设备防腐性能，目视检测是及时发现涂镀层缺陷的重要手段。

1）色漆和清漆的目视检测

色漆和清漆的目视检测条件可依据《色漆和清漆　涂层目视评定的光照条件和方法》（GB/T 37356—2019），在规定的光照条件下，对样板的老化区域、斑点或其他缺陷进行目视评定。可使用该标准进行的目视评定有划格试验、耐冲击试验、抗石击性、耐化学介质性、涂膜缺陷、耐划痕性、弯曲试验、干燥试验、耐磨细度、拉开法附着力试验、抗流挂性、耐湿擦洗性、与涂装过程有关的涂层体系性能评价等。

自然日光或人造日光均可用于日常评定。由于自然日光不稳定，易受周围环境影响，仲裁评定应使用精确控制的人造光源，即装有能向下反射光线的镀铝反射膜的广角光源，色温为 $6\,500\,K$，显色度为 9（对应显色等级为 1A）。

（1）自然日光下的评定。

最好在局部多云天气下的散射日光下进行，样板朝北放置（在南半球朝南放置）。用不低于 $2\,000\,lx$ 的光照度对待评定区域及其周围均匀照射，避免阳光直射。

（2）人造日光下评定。

在评定时，离光源一定的距离托起样板，使样板表面的光照度不小于 $750\,lx$。评定时可向任何方向倾斜，在灯光产生的明暗交界处检查样板最易识别老化区和斑点。

2）镀锌层的目视检测

热镀锌也称为热浸镀锌，是钢铁构件浸入熔融的锌液中获得金属覆盖层的一种方法。近年来随高压输电、交通、通信行业的迅速发展，对钢铁件的防护要求越来越高，热镀锌的需求量也不断增加。变电站及线路上的紧固件、结构件通常都使用了热镀锌技术。

钢铁制件的镀锌层质量和试验方法可参照《金属覆盖层　钢铁制件热浸镀锌层技术要求及试验方法》(GB/T 13912—2020)。对其外观进行验收时,采用正常或矫正视力在 1 m 以上距离目测所有热浸镀锌制件,其主要表面应平滑,无滴瘤、粗糙和锌刺(锌刺会对人体造成伤害),无起皮(下层无固体金属的凸起区域),无漏镀,无残留的溶剂渣。

只要镀层厚度大于规定值,被镀制件表面允许存在暗灰色或浅灰色的色彩不均匀区域(如网状花纹或暗灰色的区域)。在潮湿条件下储存的镀锌制件,表面允许有白锈(以碱式氧化锌为主的白色或灰色产物)存在。热浸镀锌制件表面不允许残存熔剂渣。可能影响热浸镀锌制件的使用或耐蚀性能的部位不应有锌瘤和锌灰。在交叠表面焊接中因使用不连续焊接而使镀层美观受到影响(如焊缝渗流)不应视为拒收的理由。

《电网金属技术监督规程》(DL/T 1424—2015)对热镀锌件有如下要求:

(1) 常用钢结构件应热浸镀锌。钢结构件热浸镀锌的技术指标应符合《输电线路铁塔制造技术条件》(GB/T 2694—2018)第 6.9 条的要求;紧固件热浸镀锌的技术指标应符合 DL/T 284—2012 第 5.5 条的要求。

(2) 不宜对热浸镀锌后的构件再切割或开孔。对运输和安装中少量损坏部位,可采用含锌量大于 70% 的富锌涂料修复,或按 GB/T 2694—2018 第 6.9.6 条执行。

2.2.2　间接目视检测

间接目视检测主要有望远镜检测、内窥镜检测、视频系统检测、巡检机器人检测、无人机检测等。

1. 望远镜检测

望远镜可以把远处物体很小的张角按一定倍率放大,使之在像空间具有较大的张角,使本来无法用肉眼看清或分辨的物体变得清晰可辨。如电网巡视过程中常用望远镜观察输电线路铁塔、导线、金具等的运行状态。常用的望远镜有单目望远镜、双目望远镜,放大倍数为 3～12,放大倍数过大视野会变小,因抖动难以观察,需使用三脚架等固定。为了减小体积和翻转倒像,双筒望远镜常使用棱镜系统,如图 2-31 所示。

有的望远镜加入了激光测距功能,在观察的同时可以进行距离测量,在一定程度上拓展了目视检测的功能。

望远镜种类繁多,常用的双目望远镜分类和技术参数可以参照《双目望远镜》(GB/T 17117—

图 2-31　望远镜

2008)中的相关规定,如表 2-3 所示。

表 2-3　双目望远镜光学性能指标

序号	项目名称		允差			
			棱镜式双目望远镜			伽利略式双目望远镜
			Ⅰ类	Ⅱ类	Ⅲ类	
1	放大率		±5%	−5%ᵃ		±8%
2	左、右支光学系统放大率差		1.5%	2%		2%
3	视场		±5%	−5%ᵃ		±10%
4	出瞳直径		±5%	−10%ᵃ	−15%ᵃ	—
5	视度零位		±1 屈光度	±2 屈光度		±2 屈光度
6	像倾斜		≤1°	≤1°30′	≤2°	—
7	相对像倾斜		≤30′	≤40′		—
8	出射光束平行度	垂直方向	≤20′	≤30′	≤45′	≤40′
		水平发散	≤60′	≤100′	≤120′	≤120′
		水平会聚	≤20′	≤40′	≤60′	≤50′
9	视场中心分辨力		$\leqslant\dfrac{280''}{D^{\mathrm{b}}}$	$\leqslant\dfrac{350''}{D^{\mathrm{b}}}$	$\leqslant\dfrac{420''}{D^{\mathrm{b}}}$	$\leqslant\dfrac{420''}{D^{\mathrm{b}}}$

注:a 上偏差不限;b D 表示人瞳直径。

2. 内窥镜检测

内窥镜最早应用于医学领域,目前根据使用领域不同,内窥镜检测系统主要分为医学内窥镜和工业内窥镜两大类。在电网行业,工业内窥镜检测常用于输变电设备隐蔽部位的目视检测,如 GIS 内部结构、变压器内部结构、输电线路钢管杆及变电设备钢管构支架内部状态等。

现代电子视频内窥镜检测系统集成了图像传感器、光学镜头、光源照明、机械装置等,是集成传统光学、人体工程学、精密机械、现代电子、数学、软件等一体的检测系统,除了具备观察、记录功能外,大部分厂商的内窥镜的镜头还具备转向功能,可以实现不同角度的观察。当在待检设备中发现了不应存在的异物时,部分内窥镜还在镜头上安装了机械手,可以实现抓取操作,从而将内部异物"打捞"出来。

3. 视频系统检测

视频系统检测,也就是常说的工业视频系统检测,也称为工业电视检测,主要用于对远方或人眼不能看到的地方进行监视、控制和测量。工业视频系统检测主要是针对工业现场复杂的环境条件而设计,可以实现车间、厂区等关键场所和设备的实时视频监视,同时还具有关键设备运行参数监控、报警等功能。

近年来,随着计算机、互联网、人工智能的不断发展,智能工业视频系统应用越来越广泛,主要集中在对行为的分析和对特征的识别两个方面。在电网安全运行方面,除了用于电网设备状态监控外,智能工业视频系统还可以用于现场人员违章(行为违章、着装不规范等)的识别、遗留物的识别等。

4. 巡检机器人检测

巡检机器人主要用于替代人工巡检,同时可以发现设备的异常状态,因此巡检机器人至少应具备行走和感知的功能。目前,国内外对机器人的定义各不相同,中国机器人学者一般将机器人定义为一种自动化的机器,这种机器具备一些与人或生物相似的智力能力,如感知能力、规划能力、动作能力和协同能力,是一种具有高度灵活性的自动化机器。

随着机器人技术、图像传感器技术、无线通信技术、控制技术等不断发展和完善,巡检机器人在电力行业中得到逐步应用。尤其是近年来电网数字化、智能化、无人化水平的要求越来越高,巡检机器人在变电站、输电线路中的应用也越来越广泛,比如在输电、变电、配电、用户侧等领域就形成了架空输电线路巡检机器人、变电站巡检机器人、配电系统带电作业机器人、电动汽车换电机器人等,替代或辅助电力员工进行巡检、带电抢修和维护作业。

巡检机器人通常携带相机、红外等常用检测设备,用于电网设备状态目视检测。

5. 无人机检测

无人机在民用行业发展迅猛,在航拍、农业、植被保护、快递运输、灾难救援、野外观察、测绘、新闻报道、电力巡检、救灾、影视拍摄等各行各业都得到了广泛的应用。严格地说,在工业应用方面,无人机是巡检机器人的一种,只不过是可以飞行的机器人。

无人机检测是通过使用无人机携带各种检测设备来实现的。在电力行业中,无人机可以携带可见光、红外、紫外、激光雷达、声纹相机等设备对电网设备进行日常巡检、通道扫描、缺陷诊断等,是电力系统运维巡检中不可或缺的技术手段。目前,国家电网有限公司针对不同的应用场景开发了不同的无人机巡检系统,如移动机场、固定机场、单人检测系统等。

2.3　目视检测的影响因素

目视检测作为无损检测技术的一种,也会涉及"人、机、料、法、环"等关键要素,因此,其检测结果和精度受到检测人员、仪器设备、原材料、检测方法、检测环境等因素的影响。

1. 检测人员的影响

检测人员作为目视检测的实施主体,其检测能力、判断能力是影响检测结果可靠性的重要因素,有研究人员对各行各业目视检测的人为因素进行了大量研究,并提出了研究人为因素的常用理论,如 1972 年 Elwyn Edwards 提出的"SHEL"(soft、hardware、environment、liveware)概念,1990 年 James Reason 提出的 REASON 模型(瑞士奶酪模型)等。在 2007 年 William B. Johnson 等人提出"PEAR"(people、environment、actions、resources)模型,直观地指出了在航空维修领域的人因模式,详细展开了人、环境、动作、资源 4 个模块的例子,其中人的模块涉及身体、生理、心理、社会心理因素等,环境模块涉及照明、内外部位置、噪声等因素。

国内相关目视检测标准中对人员的要求多集中在视力方面,基本上所有目视检测相关标准都对视力或辨色力提出了明确要求,但对人员的专业能力、工作经验、疲劳程度等鲜有提及。

1) 视力因素

视力、辨色力对目视检测结果有着直接影响,进行目视检测的人员应严格按照相关行业的标准进行视力检查。如承压设备目视检测依据《承压设备无损检测 第 7 部分:目视检测》(NB/T 47013.7—2012)中规定,目视检测人员未经矫正或经矫正的近(距)视力和远(距)视力应不低于 5.0(小数记录值为 1.0),测试方法应符合《标准对数视力表》(GB 11533—2011)中的相关规定。检测人员每 12 个月检查一次视力,以保证正常的或正确的近距离分辨能力。如果检测可能对辨色力有特别要求,经合同各方同意,检测人员宜补充辨色力测试,以保证必要的辨色力。

2) 专业能力

不管何种无损检测手段,只有检测人员充分了解待检工件的结构形式、加工与成型工艺、原材料性质、可能出现的缺陷性质和位置等相关信息,必要时还需要对所使用的检测设备的原理、精度、分辨力、误差等充分了解,才能在检测中及时发现缺陷及隐患,可以说检测人员的专业能力是影响目视检测的重要因素之一。

检测人员的专业能力难以量化评价,目视检测相关标准规定也比较少。在一般情况下,要求检测人员有相关行业背景,如从事焊缝目视检测人员应由有资格和能力的人员进行,推荐检测人员按照《无损检测 人员资格鉴定与认证》(GB/T 9445—2015)或相关工业门类合适水平的等同标准进行资格鉴定,且检测人员应具备金属材料相关基础知识,对原材料特性、焊接工艺和方法、焊接接头常见缺陷等有一定认识,经过一定学时的相关专业培训并取得合格证书。

3) 疲劳程度

疲劳是影响检测效率和精度的因素之一,即使是专业的检测人员,在疲劳状态下检测也会出现漏检、误判等现象。疲劳的因素有很多,比如睡眠不足、连续长时间工作、工作环境噪声的影响、昼夜排班、心理因素等都会导致检测人员疲劳。为研究疲劳对目视检测的影响,需要人为造成检测人员疲劳,从而观察检测情况,常用的疲劳模拟方式有睡眠剥夺、模拟驾驶、连续作业等。有研究人员研究了民航维修领域目视检测疲劳因素的影响,发现疲劳程度的增加会导致缺陷检出率的降低,尤其是小尺寸的损伤,因此,有必要对检测人员的精神疲劳状态进行监测或采取措施改善检测人员的疲劳程度。

4) 主观因素

由于目视检测的特殊性,对检测人员的责任心和认真程度要求更为严格。只有检测人员在从事检测时足够认真,才能准确发现被检工件表面的缺陷和其他细节问题。相同资格等级的目视检测人员在检测环境相同的情况下,对于同一工件上的同一缺陷,不同的人可能会有不同的检测结果。即使是同一个人在不同的时间段对同一工件缺陷的检测结果也不尽相同,这与检测人员的认真程度、责任心及环境影响均有密切关系。

2. 仪器设备的影响

1) 检测设备的使用条件

目视检测在以下情况时需使用检测设备:①被测物是可视的或由于环境因素不可接近,需要接近观察;②检测灵敏度不够;③需要图像记录。

2) 检测设备的选用原则

目视检测过程中使用的设备质量对检测结果有直接影响,选择设备时应按照《无损检测仪器　目视检测设备》(JB/T 11601—2013)中规定的原则进行选择。

(1) 一般设备的选择应符合下列条件:遵从适用的安全规程;附件部分是安全的;机械强度适合工作需要;温度范围适合工作需要。

(2) 设备用于水下或腐蚀环境中时,还需注意抗腐蚀;预期浸入深度的水密性;避免玻璃界面在水里聚集气泡;水下操作的方法。

(3) 设备用于电离辐射环境中时,还需注意考虑暴露在电离辐射环境中,应以节省时间的方式操作;消除污染;在所选择的材料使用中,对预期水平电离辐射的抵抗力,特别是玻璃和电子/电元件;电离辐射对图像质量的影响,以及如何采取相应的措施减少这种影响(如屏蔽)。

(4) 其他设备,如照明设备、分辨率板、分划板、反射镜和透镜、内窥镜、纤维镜和电子镜、照相和摄像机、视频监视器、图像记录设备、远程系统等的选择,参考《无损检测仪器　目视检测设备》(JB/T 11601—2013)中的条款 6.2~6.11。

3. 原材料的影响

被检工件的位置、可接近性、几何形状、表面状况以及工件本身的颜色等,都会对目视检测结果造成一定影响。

工件表面会被污染物覆盖从而影响检测结果,因此,目视检测前要对工件表面进行适当的处理,如除油除锈、打磨、抛光等,以达到检测要求。表面处理方法要慎重考虑,比如打磨、抛光等使用不当,会造成原本张开的不完整性由于塑性变形而被覆盖。

4. 检测方法的影响

针对预期发现的缺陷类型、工件特性、环境等条件,综合考虑相关影响因素,从而选择合适的检测方法,如在昏暗的环境下,选择荧光类的检测技术比非荧光技术具有更高的灵敏度。

5. 检测环境的影响

(1) 任何检测都应在保障检测人员人身安全的前提下进行,因此,要求检测环境不应存在威胁人身安全的危险源。

(2) 检测时光照尽量柔和,避免过强的光照对检测人员的眼睛造成伤害,或者由于炫光导致检测精度下降。

(3) 在使用仪器设备时,要注意温湿度是否会对设备造成不良影响。

(4) 在使用电子设备时要注意防电磁干扰。

第3章　目视检测设备及器材

直接目视检测主要依靠肉眼观察或简单器材辅助,间接目视检测更多依靠检测设备,虽然两者在应用场景、检测成效方面存在差异,但前提条件都是要借助一定的检测设备和器材才能完成甚至取得最佳检测效果。因此,为了能更好地开展目视检测工作,本章重点对目视检测所必需的检测设备及器材等方面做进一步的讲解。

3.1　直接目视检测设备及器材

直接目视检测主要依靠人眼进行观察,因此,在照明不足、观察细小缺陷、测量尺寸、去除表面简单障碍物、位置受限等情况下必须采用一些简单的辅助工具来进行检测。常用的直接目视检测设备及器材主要有照明光源、放大镜、检测手锤、测量工具、反光镜等。

3.1.1　照明光源

合适的照明光源或照明条件是保障直接目视检测顺利进行的重要因素,在选择光源的时候要综合考虑光源照明特性、使用条件、光源寿命、经济性等几个方面。在固定的检测场所,还可以根据使用的光源、建筑面积等进行照明计算,确保进行目视检测的区域具有合理的照明条件。在通常情况下,目视检测需要在安装使用现场进行,场所不固定,因此,一般目视检测标准中对照明计算不做要求,只对待检工件表面的光照度进行了规定,如不低于 500 lx 等。

目视检测现场通常需要人工光源进行补充照明,常用的照明设备有手电筒、头灯、行灯、防爆灯等,如图 3-1 所示。

检测对象也是选择合适光源时需要考虑的因素之一。待检工件表面积较大时,宜选择照射面积大的光源;待检工件表面积小或检测工件的某个区域时,宜使用聚光效果好的光源;现场有易燃易爆物品时,应使用防爆光源;进入容器内部或潮湿区域,使用行灯时应保证安全电压。

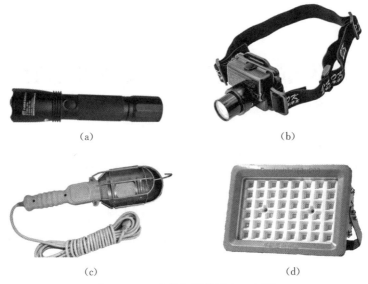

图 3-1　目视检测用常见人工光源

(a)手电筒;(b)头灯;(c)行灯;(d)防爆灯

图 3-2　照度计

　　为了确保现场检测光照满足相关目视检测标准规定的照度等要求,一般采用照度计对待检工件表面的照度进行检测,照度计如图 3-2 所示。

　　照度计通常由光度头(包括余弦修正器、$V(\lambda)$ 修正滤光器、光电接收器)和显示器(数字式或指针式)两部分组成。当光电接收器接收到通过余弦修正器、$V(\lambda)$ 修正滤光器的光辐射时,将光信号转化成电信号,经过信号处理转化成光照度值,并在显示器上显示出来。光照度计是计量器具,应进行定期检定或计量,检定按照《光照度计检定规程》(JJG 245—2005)标准进行,检定项目包括外观、相对示值误差、余弦特性误差、非线性误差、换挡误差等。

3.1.2　放大镜

　　放大镜是一种可获得放大虚像的简单光学器具,在直接目视检测过程中,常用来观察物体的微小细节,其实质是焦距比人眼的明视距离小得多的会聚透镜。根据《无损检测　目视检测辅助工具　低倍放大镜的选用》(GB/T 20968—2007),用于表面检测的低倍放大镜主要有单镜片放大镜、多镜片放大镜、双系统放大镜及凹透镜放大镜四种。

（1）单镜片放大镜，典型放大率达 4 倍（A 型）。

（2）多镜片放大镜，典型放大率达 10 倍（B 型）。

（3）双系统放大镜，典型放大率达 15 倍（C 型），分为双筒镜和双目镜两种：①双筒镜，通常有长工作距离（C.1 型）；②双目镜，装有细调或其他附件，用于立体观察（C.2 型）。

（4）凹透镜放大镜，装有前表面反射镜，典型放大率为 6 倍（D 型）。

目前常用的放大镜为单镜片放大镜和双镜片放大镜，如图 3‑3 所示。

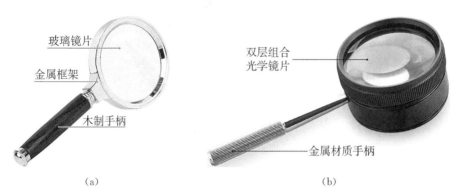

图 3‑3　单镜片和双镜片放大镜

(a)单镜片放大镜；(b)双镜片放大镜

放大镜的透镜用光学玻璃制造，或使用尺寸稳定、颜色不因年久而改变的光学性能相当的塑料材料制造。透镜应无细纹、条纹或其他制造缺陷。整个观察区应无变形和条纹。

3.1.3　检测手锤

检测手锤在直接目视检测过程中用于辅助检查，通过敲击紧固件发出的声音来判断是否存在松动。通过敲击声音、手感、锤头回弹程度等，判断钢结构等是否存在裂纹。一般来说，锤击时发出清脆声音，且锤头弹跳情况良好，表示被锤击部位没有重大缺陷；若锤击声音沉闷，可能被锤击部位存在重皮、折叠、夹层或裂纹等缺陷。检测手锤还可以用于检测连接件是否松动、检测钢结构有无失效及去除工件表面的铁锈从而避免腐蚀物遮挡缺陷等。

根据使用目的的不同，检测手锤可以分为检车锤、敲锈锤、焊工锤、木工锤、防爆检查锤等，在电力行业中，常用的是焊工锤和防爆检查锤。

1）焊工锤

焊工锤主要用于电焊过程中的除渣，图 3‑4 所示为 A 型焊工锤。焊工锤的手柄通常采用反震设计,为了防止锤击焊缝过程中出现脱落现象,要求锤头和锤柄连接牢固,在承受2000N拉力时不出现松动和拉脱现象,钢锤材质、硬度、表面质量等技术指标详见《钢锤通用技术条件》(GB/T 13473—2008)。

图3-4 焊工锤(A型)

2)防爆检查锤

为了防止锤击过程中产生火花引发事故,在易燃易爆区域应使用防爆检查锤,如图3-5所示。防爆检查锤分为尖头型(A型)和扁头型(B型)两种,采用铍青铜、铝青铜等铜合金制作。由于铜的良好导热性能及几乎不含碳的特质,防爆检查锤在与被检工件摩擦或撞击时,产生的热量被吸收及传导,而且铜材质相对较软,摩擦和撞击时有很好的退让性,不易产生微小金属颗粒。

(a)   (b)

图3-5 防爆检查锤

(a)尖头型(A型)防爆检查锤;(b)扁头型(B型)防爆检查锤

3.1.4 测量工具

在直接目视检测过程中经常需要对被检工件本身或缺陷的尺寸进行测量,这就需要一些测量工具,常用的测量工具有直尺、卷尺、游标卡尺、千分尺、塞尺、焊接检验尺、测厚仪等。由于直尺、卷尺等长度测量类工具使用比较简单,以及在《电网设备厚度测量技术与应用》中也有对测厚仪进行非常详细的讲解,因此,本节在此不再做具体介绍。本节主要介绍游标卡尺、千分尺、塞尺、焊接检验尺等测量工具的相关内容。

1. 游标卡尺

游标卡尺是刻线直尺的延伸和拓展,可用于测量长度、内外径、深度等。游标卡尺起源于中国,"新莽铜卡尺"是全世界发现最早的卡尺,制造于公元 9 年,距今 2 000 多年。根据读数方式不同,游标卡尺可以分为机械卡尺、数显卡尺、带表卡尺三种,如图 3 - 6 所示。根据测量方式不同还可以分为卡尺、高度卡尺、齿厚卡尺、中心距卡尺、深度卡尺、异形卡尺等,如图 3 - 7 所示。

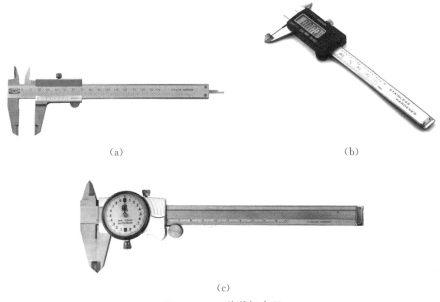

(a)　　　　　　　　　　　　　　　(b)

(c)

图 3 - 6　三种游标卡尺

(a)机械卡尺;(b)数显卡尺;(c)带表卡尺

游标卡尺由主尺和附在主尺上能滑动的游标两部分构成,主尺一般以毫米为单位,而游标上则有 10、20 或 50 个分格,根据分格的不同,游标卡尺可分为十分度游标卡尺、二十分度游标卡尺、五十分度游标卡尺等。十分度的游标卡尺可精确到 0.1 mm,二十分度的游标卡尺可精确到 0.05 mm,而五十分度的游标卡尺可精确到 0.02 mm。

游标卡尺的主尺和游标上一般有两副活动量爪,使用时施加适当力度使量爪贴紧待测物体。以机械卡尺为例,读数前需要先确定卡尺的精度,然后读出游标尺零刻

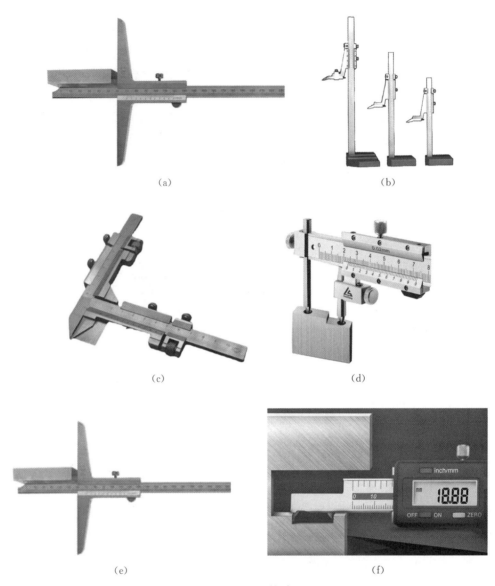

图 3‑7 不 同 的 卡 尺

(a)卡尺;(b)高度卡尺;(c)齿厚卡尺;(d)中心距卡尺;(e)深度卡尺;(f)异形卡尺(内槽宽卡尺)

度线左侧的主尺整毫米数(x),随后找出游标尺与主尺刻度线"正对"的位置,并在游标尺上读出对齐线到零刻度线的小格数 n(不要估读),根据下述方式来确定测量值 L:

$$测量值(L) = 主尺读数(x) + 游标尺读数(n \times 精确度)$$

游标卡尺是计量器具,需要定期计量。检定的标准依据是《通用卡尺》(JJG 30—2012),检定内容包括外观、各部分相互作用、各部分相对位置、标尺标记的宽度和宽度差、测量面的粗糙度、测量面的平面度、圆弧内量爪的基本尺寸和平行度、刀口内量爪的平行度、零值误差、示值变动性、漂移、示值误差和细分误差等。

2. 千分尺

千分尺又称为螺旋测微器,是比游标卡尺更精确的测量工具,一般分为机械千分尺和数显千分尺。机械千分尺利用精密螺纹副螺旋放大原理进行测量,即螺母旋转1周,螺杆沿着旋转轴线方向前进或后退1个螺距的距离,沿轴线方向的微小距离即可用圆周上的读数来表示。数显千分尺相对于机械千分尺多了传感器模块和数显模块,传感器模块通常采用电容式或感应式测量方式,将测量长度转化为电信号输出,数显模块直接显示测量结果。传感器模块需要与零位、标定桥等部件相匹配,以确保精度和可靠性。

根据使用用途不同,千分尺还可以分为外径千分尺、内径千分尺、公法线千分尺、深度千分尺、壁厚千分尺等,常见的千分尺如图3-8所示。

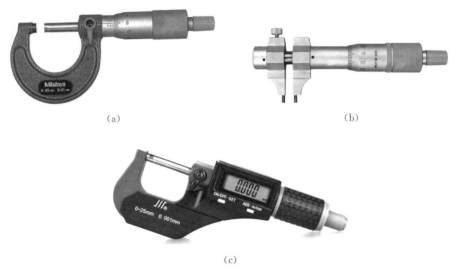

(a)

(b)

(c)

图3-8　千分尺实物图

(a)外径千分尺;(b)内径千分尺;(c)数显千分尺

千分尺是计量器具,需要定期计量。检定的标准依据《千分尺检定规程》(JJG 21—2008),检定内容主要包括外观、各部件相互作用、测微螺杆的轴向串动和径向摆动、测砧与测微螺杆测量面的相对偏移、测力、刻线宽度及宽度差、指针与刻线盘的相对位置、微分筒锥面的端面与固定套管毫米刻线的相对位置、测量面的平面度、数显外径千分尺的示值重复性、数显外径千分尺任意位置时数值漂移、两测量面的平行度、示值误差、数显外径千分尺细分误差等。

3. 塞尺

塞尺由一系列厚度为0.02～1.00mm的薄钢片组成,长度为100～300mm,主要用来检查两结合面之间的缝隙,也称为厚薄规,其技术规范应符合《塞尺》(GB/T 22523—2008)的要求。塞尺的厚度有两个系列,如表3-1所示,典型塞尺实物如图3-9所示。塞尺一般采用65Mn钢或同等性能的材料制造,硬度为360～600HV。

表3-1 塞尺的厚度尺寸

厚度尺寸系列/mm	间隔/mm	数量/片
0.02, 0.03, 0.04, …, 0.10	0.01	9
0.15, 0.20, 0.25, …, 1.00	0.05	18

图3-9 塞 尺

使用塞尺时,将合适尺寸的塞尺塞进被测间隙,来回拉动塞尺,若感到有阻力,则说明该间隙值接近塞尺厚度;若阻力过大或过小,则说明该间隙值小于或大于塞尺厚度值。

塞尺为计量器具,需要定期计量。检定的标准依据《塞尺检定规程》(JJG 62—2017),检定内容有外观、各部分相互作用、工作面的表面粗糙度、厚度偏差、弯曲度等。

4. 焊接检验尺

焊接检验尺可以用来测量焊接件的坡口角度、焊缝宽度、高度、间隙等,是焊接接头目视检测中常用的测量工具,其材质一般是碳钢、工具钢、不锈钢等。根据读数方式分为游标焊接检验尺、数显焊接检验尺两种。根据标准《焊接检验尺》(JB/T 12201—2015)中的规定,焊接检验尺分为Ⅰ～Ⅵ类,常见的焊接检验尺如图3-10所示。

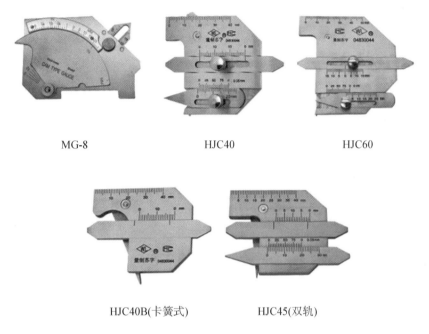

MG-8　　　　　　HJC40　　　　　　HJC60

HJC40B(卡簧式)　　　　HJC45(双轨)

图 3 - 10　不同型式的焊接检验尺

焊接检验尺可以用来测量焊缝高度、焊脚尺寸、咬边深度、角焊缝厚度、焊缝长度、坡口角度、焊接间隙等,不同条件下的使用情况如图 3 - 11 所示。

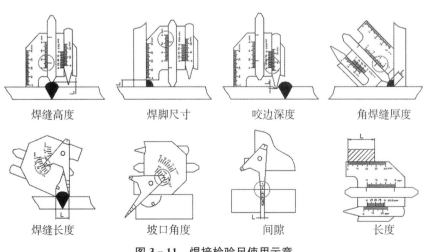

焊缝高度　　　　焊脚尺寸　　　　咬边深度　　　　角焊缝厚度

焊缝长度　　　　坡口角度　　　　间隙　　　　长度

图 3 - 11　焊接检验尺使用示意

3.1.5 反光镜

反光镜可以用在一些空间狭小、直接目视难以达到的地方,主要由反射镜、握把等组成。根据检测需要,还可以配置照明光源、磁吸拾取器等。

反射镜一般为平面镜,也可以由凸面反光镜(广角镜)制成,以拓展观察视野。为了适应不同的检测需求,握把一般做成伸缩型,也可以做成可弯曲的。不同形式反光镜和磁吸拾取器如图 3-12 所示。

图 3-12 反光镜及磁吸拾取器

3.2 间接目视检测设备及器材

早期的间接目视检测辅助工具只是利用透镜、反光镜等简单的光学元器件,如望远镜、光学直杆内窥镜等,随着视频传感器、无线传输、人工智能技术的发展,用于间接目视检测的设备不仅可以对图像进行显示、放大、记录,还可以通过数据学习对缺陷进行辅助判断,且检测设备小型化到可以搭载在民用无人机、小型机器人上,极大地丰富了目视检测手段。

3.2.1 望远镜

1608 年,荷兰米德尔堡眼镜师汉斯·李波尔(Hans Lippershey)把两块透镜装在一个筒子里,造出了世界上第一架望远镜,自此人们不断改进望远镜结构,在天文、军事中发挥了巨大作用。

目视光学仪器的通用要求是仪器应出射平行光,成像在无穷远处,因此,望远镜可以看作一个将无限远目标成像在无限远处的无焦系统。对于无限远的物体,如果通过一定焦距的透镜成像在像方焦平面上,此时并不能构成望远镜,如果再加上一组目镜,将前面透镜像方焦平面与目镜物方焦平面重合,则可以构成一个无焦系统。在分析望远镜成像时,可以将物镜和目镜分别看作薄透镜,这种无焦系统有两种构成方式,即伽利略望远镜和开普勒望远镜。

1. 伽利略望远镜

伽利略望远镜结构如图 3 - 13 所示,物镜为正透镜,目镜为负透镜。该种结构的望远镜不是伽利略发明的,而是伽利略最早将它用于天文观察并发现了木星的卫星,因此称为伽利略望远镜。

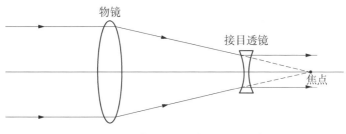

图 3 - 13 伽利略望远镜的结构示意

伽利略望远结构紧凑,筒长短,系统成正像。但是该系统的目镜是负透镜,当物镜为孔径光阑时,出瞳位于目镜前,很难和眼睛重合,因此,该系统作为助视光学仪器时,眼睛常为孔径光阑,物镜为视场光阑,导致该系统存在渐晕现象。同时,由于它不存在中间的实像,以及不可以设置分划板进行物体线度的测量等,逐渐被开普勒望远镜所替代。

2. 开普勒望远镜

开普勒于 1611 年在其光学著作中描述了该望远镜结构,并于 1615 年制造出来。与伽利略望远镜不同的是,开普勒望远镜物镜和目镜均为正透镜,如图 3 - 14 所示。

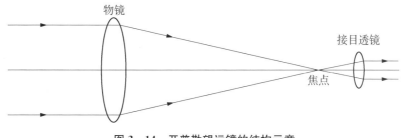

图 3 - 14 开普勒望远镜的结构示意

在开普勒望远镜中,因镜筒内存在实像,可以在物镜的实像面上设置视场光阑和分划板进行物体尺寸测量。但开普勒望远镜成的是倒像,在天文观察中影响不大,但用于一般观察时,需要加入正像系统。正像系统分为两类,即棱镜正像系统和透镜正像系统。常见的前宽后窄的典型双筒望远镜就是采用了双直角棱镜正像系统,这种系统的优点是在正像的同时将光轴两次折叠,从而大大减小了望远镜的体积和重量。透镜正像系统采用一组复杂的透镜来将像倒转,成本较高。

为了使得双筒望远镜成正立像,常用的棱镜有保罗棱镜、反保罗棱镜和屋脊棱镜等。

(1) 保罗棱镜。保罗棱镜的横截面是一个等腰直角三角形,3 个夹角分别是 45°、45° 和 90°,通过它可以将物镜所成的倒像再次上下颠倒变成正像。但使用保罗棱镜的望远镜入射光线和出射光线并不在一条线上,物镜中心间距大于目镜中心间距,如图 3 - 15 所示。

图 3 - 15 保罗棱镜的结构示意

(2) 反保罗棱镜。反保罗棱镜则是将棱镜反过来布置使用,此时目镜间距大于物镜间距,体积缩小很多,与保罗棱镜望远镜的对比如图 3 - 16 所示。

普通保罗望远镜

山鹰反保罗望远镜

图 3 - 16 反保罗棱镜和保罗棱镜望远镜的对比示意

(3) 屋脊棱镜。屋脊棱镜的作用也是把物镜所成的倒像再次上下左右颠倒变成正像,由于结构特点,射入屋脊棱镜的入射光线和射出屋脊棱镜的出射光线在一条直线上,因此,使用屋脊棱镜的望远镜的物镜间距和目镜间距相等,但尺寸比使用保罗棱镜的望远镜更小,如图 3 - 17 所示。

图 3 - 17 屋脊棱镜的结构示意

3.2.2　内窥镜

1. 内窥镜的发展史

内窥镜最早用于医学检查,后逐步应用于工业生产。1795 年,Philipp Bozzini 首先提出内窥镜的设想,利用烛光做光源观察直肠。1806 年,对外展示了由花瓶状光源、蜡烛和一系列镜片组成的器械,即内窥镜的前身。电灯发明后,进一步改善了内窥镜的观察效果。早期的内窥镜采用透镜、棱镜、反光镜等传统的光学系统,用金属管作为外壳,其结构如图 3-18 所示,由于该内窥镜不可弯曲,故也称为刚性内窥镜。1932 年,德国科学家 Schindler 和 Wolf 合作研制了半软性胃镜,也称为半可屈式内窥镜,这是内窥镜发展史上的重要突破。20 世纪 50 年代,纤维光学的出现进一步推动了内窥镜的发展。1957 年,美国制造出第一台实用的纤维光学内窥镜,它采用细而柔软的玻璃纤维束代替传统的透镜、棱镜等,在弯曲机构作用下,内窥镜头部可以方便地上下左右移动,且纤维束导光性好,配合外部冷光源的使用可以获得清晰的图像。1983 年,美国公司研制的由微型图像传感器替代光纤传像束的电子视频内窥镜诞生,通过光电耦合器件进行光电信号转换,最后在监视器上进行图像显示,还可配备辅助装置进行信息的输入和诊断处理工具等。

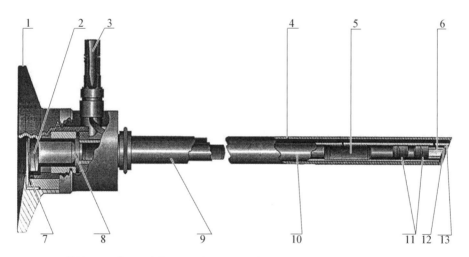

1—目镜罩;2—目镜;3—光椎;4—照度光纤;5—棒状镜;6—视向角 30°棱镜;7—目镜窗;8—视场光阑;9—外镜管;10—内镜管;11—物镜;12—负透镜;13—保护片。

图 3-18　刚性内窥镜成像系统示意

电子视频内窥镜可实时显示,并可以保存图像、视频,加上 LED 光源的广泛使用,极大地拓展了目视检测的范围,在电力、航空等工业领域起到了举足轻重的作用。

采用传统光学系统进行目视检测时,检测人员的紧张和眼睛疲劳是影响检测可靠性的重要因素之一,电子视频内窥镜可以对检测图像放大、存储,可多人一起观察,目前基本可以取代刚性内窥镜和纤维光学内窥镜。

2. 内窥镜测量技术

电子视频内窥镜的另一个优势是可以对物体进行实时尺寸测量。随着技术的发展,单纯地对缺陷大致位置进行观察记录已经不能满足检测需求,人们还希望精确获取缺陷的长度、深度等信息,于是基于工业电子视频内窥镜的三维测量技术逐渐发展起来。

日本的 Kazuhide Hasegawa 等人在 2001 年提出一种三维内窥镜系统,采用双光路设计,使用电荷耦合器件(CCD)传感器采集图像,通过激光扫描与空间编码器相结合的方式实现三维测量。经试验验证,该内窥镜的测量精度取决于内窥镜探头与待测物体之间的距离,间距在 $20 \sim 40\,mm$ 时系统误差在 1% 左右。2006 年,Michele M. Fenske 等人提出一种单路光学系统的内窥镜,它采用了一种晶体反射结构,通过电压控制改变晶体反射方向从而实现三维扫描。2011 年,Anton Schick 等人基于主动式三角测量原理和结构光学原理提出了一种微型的三维扫描内窥镜,它采用双通道结构,每个通道均包含一个摄像机和成像透镜系统。

根据是否使用光源可以将内窥镜成像三维测量技术分为被动式和主动式两大类。被动测量技术通过成像系统采集待测物体的二维图像来计算三维数据,不需要额外增加光源。

1) 被动式测量

利用待测物体周围的光线照明,根据采用的摄像头数量可以分为单目式、双目式、多目式等。

(1) 单目式系统。

单目式系统利用单个摄像头对物体进行测量,通常需要借助一些其他手段对待测物体图像进行特征化从而实现三维重构,结构比较简单但应用受限。单目镜测量内窥镜常用的测量方法是在探头的前部加工一条黑色刻线,通过光源照射将黑线阴影投射到物体上,探头与物体距离不同,黑线的宽度也不同,另外由于透镜接受光线的角度、光源照射角度是固定的,黑线的阴影与图像边界的距离和探头与待测物体的距离是相关的,因此,检测时需要先对黑线阴影尺寸进行标定以达到三维测量的目的,其检测原理如图 3-19 所示。

(2) 双目式系统。

双目式系统是最常用的被动式三维测量技术,模仿人眼双目视觉成像的原理,参数完全相同的左右相机位置互相对齐,光轴互相平行,形成一个共面的成像平面,然后对得到的两幅图像进行立体匹配,即在两幅图像中识别出空间同一点对应的像素点。通过将图中的像素点进行匹配,然后再根据三角测量的原理即可计算出图像中

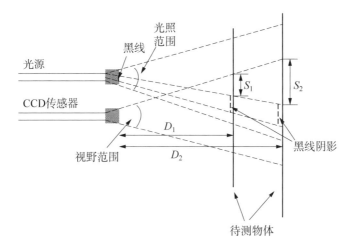

图 3 - 19　单物镜阴影测量的技术原理

各像素点的深度信息,从而实现对物体的三维重建。双目式系统通常需要对相机进行标定,标定相机的各种参数、畸变、两个相机位置关系等。双目式系统的测量精度受限于立体匹配的精度,立体匹配的效果越好,重建精度越高。

双目式系统测量原理如图 3 - 20 所示。图中被检物体上任一点 P,在两台摄像机成像平面上的映射点分别为 P_1 和 P_2,若只有一个摄像机 O_{c1},则 P 点的深度信息无法获得,因为 P 点可能位于 O_{c1} 和 P_1 连线上任一点。增加一个摄像机 O_{c2},则 P 点也位于 O_{c2} 和 P_2 连线上,根据三角形相似原理即可计算出 P 点深度信息(两台摄像机距离固定且已知)。

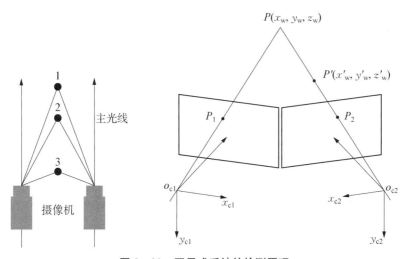

图 3 - 20　双目式系统的检测原理

双目式系统的优点是不用考虑镜头与观察物体间的位置与角度,就可对任意两点间距离进行测量,双镜头具有人眼一样的立体定位能力,是一种立体测量镜头,具有广泛的测量能力。缺点是使用双物镜镜头对物体进行观察时,由于双镜的影响,观察效果不理想,一般利用非测量探头进行观察找到测量点后再用双物镜探头进行测量,使用不方便。

(3)多目式系统。

多目式系统是为了弥补双目式系统中存在的视野缺陷,通常采用 3 个或者更多的相机对待测物体进行拍摄。多目测量的方法会使得立体匹配更加容易,提高了立体匹配的精度,但同时系统为了装置更多的相机,硬件系统的设计会变得更加复杂。

2)主动式测量

主动式三维测量技术主要采用结构光投影的方法,将光源携带的特征信息投射到物体表面,然后通过相机采集物体表面图像,并对图像上结构光的特征信息进行解码,从而得到物体的三维信息。根据结构光的编码方式,结构光可以分为顺序投影模式结构光、连续变化投影模式结构光、条纹模式结构光、网格模式结构光和混合模式结构光等。

2010 年,美国韦林推出的 XLG3 型工业视频内窥镜采用了三维立体相位扫描测量技术,这就是一种主动式测量。其原理是镜头上有两个可见光 LED 光栅矩阵,将频闪发射的多条平行阴影线交叉叠加投影到被测物体表面,物体表面几何形状的变化会导致条纹畸变,反映了物体的三维信息。由视频内窥探头前端的 CCD 摄像头摄取扫描这些畸变条纹的图像信息,三维立体相位扫描测量系统对这些图像进行相应的处理,得到有关条纹的二维信息,然后再根据相应的数学转换模型和重构算法对物体的轮廓进行重构,就可以得到被测物体表面的三维轮廓数据信息,即通过向被测物体投射多幅移相的光栅,得到含有相关相位的条纹图像,对这些条纹图像进行相位分析,得到物体轮廓表面上的相位,再运用相位高度转换算法,最终得到物体轮廓的三维数据信息。其原理如图 3-21 所示。

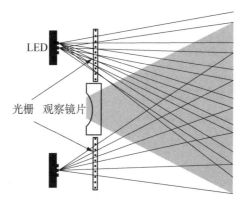

LED

光栅 观察镜片

图 3-21 三维立体相位扫描测量技术的原理示意

单物镜三维立体相位扫描检测可以实现在单一物镜全屏显示画面的情况下,无须更换专门的测量镜头以及重新定位缺陷,即可以开始测量,可以对被检测区域表面进行全方位的光栅相位扫描,并建立被检测区域表面的三维立体点云模型,并将缺陷表面的三维轮廓清晰地还原出来,且可从任意角度观看,使缺陷的形状和特征变得更加清晰,便于检测人员对被检测物的可用性做出更准确的判断。单物镜三维立体相位扫描检测还可以进行深度剖面测量,对被检测区域缺陷的某一个位置进行精确的垂直剖面(切片)视图显示,有助于使凹陷、裂缝或者腐蚀部分显示更加清晰,剖面视图也可以用于测量截面部分点的深度。

3. 内窥镜的分类

根据结构形式,内窥镜可以分为光学直杆(刚性)内窥镜、光导纤维内窥镜、电子视频内窥镜,如图 3-22 所示,前两种内窥镜采用光学物镜成像,后置光源,通过目视直接观察,但可以加装光电视频转换和显示系统,实现类似电子视频内窥镜的功能。三种视频内窥镜的结构和性能对比可以参照《无损检测　工业内窥镜目视检测　第 1 部分:方法》(GB/T 41856.1—2022)附录相关条款,具体内容详见表 3-2。

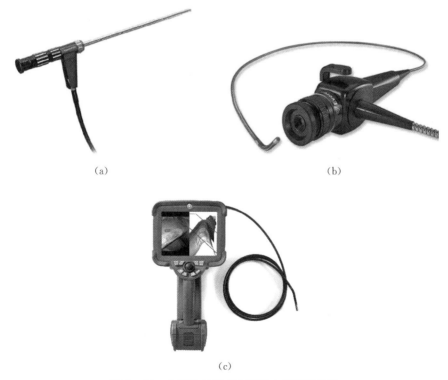

(a)　　　　　　　　　　　　　　　　　(b)

(c)

图 3-22　北京韦林意威特三种内窥镜实物图

(a)光学直杆内窥镜;(b)光导纤维内窥镜(含光源);(c)电子视频内窥镜

表 3-2　三种类型内窥镜检测系统结构和性能对比

序号	项目	光学直杆内窥镜	光导纤维内窥镜	电子视频内窥镜
1	适用范围	短距离的小直孔或交错孔检测	多用于防爆、防静电环境,需弯曲进入的空间检测	适用范围广,弥补另外两种窥镜不适用的各种环境,具备远距离观察与操作功能
2	成像结构	光学物镜成像,胶合镜组或柱镜传导图像,目镜观察	光学物镜成像,光导纤维传导图像,目镜观察,受光导纤维数量的影响,成像有蜂窝现象	光电转换:采用 CCD 电荷耦合器件或 CMOS 互补金属氧化物半导体成像,电子信号传输,显示器观察
3	照明光源	后置光源,光导纤维传光	后置光源,光导纤维传光	前置 LED 照明或后置照明光源通过光导纤维传光
4	观察方式	目视,可外加光电视频转换和显示系统	目视,可外加光电视频转换和显示系统	外加光电视频转换和显示系统
5	耐用性	耐高温和腐蚀,避免磕碰、挤压变形	传光束和传像束易折断,避免挤压、拧紧,过度弯曲	电子器件对高温、低温、静电、强光、强电流工作环境有要求,避免油液及腐蚀性液体浸泡、腐蚀
6	测量功能	不具备	不具备	可配置比较式测量或绝对式测量功能
7	图像采集和存储功能	外加视频转换后增加软件和存储媒介实现	外加视频转换后增加软件和存储媒介实现	可直接进行图像采集、回放、存储、处理
8	内窥镜探头	硬性直管,不可弯曲,端部不可摆动	柔性,可弯曲,端部可上、下、左、右四个方向摆动	柔性,可弯曲,端部可上、下、左、右或周向旋转
9	探头有效工作直径	$\geqslant\phi1.0\,mm$	$\geqslant\phi0.35\,mm$	$\geqslant\phi1.7\,mm$
10	探头有效工作长度	通常几十至几百毫米	受传像束影响,常规在 3m 以内	通常 1~3 m,特殊用途的可更长
11	镜头视向角	0°、30°、70°、90°、120°	0°、90°	0°、90°
12	镜头互换	不可换	不可换,特殊定制可更换	可更换

当前,工业视频内窥镜已趋于便携手持一体化设计,集成度更高,功能更强大,同时也在向"人工智能""数字化"方向发展。与传统的内窥镜相比,全新的工业视频内窥镜具有以下优点。

（1）百万以上（≥120 万）原生 CCD 像素值，可更清晰、更迅速地完成检测。

（2）可单手指控制进行 360°全方位连续纯电动导向。

（3）可搭载人工智能辅助缺陷判断系统（assisted defect recognition，ADR）、旋转部件智能计数分析功能。

（4）可配置观察与测量功能二合一的单物镜相位扫描三维立体测量系统，测量镜头视野范围为 100°以上，焦距范围最近可达 2 mm、最远可达 250 mm 以上。

（5）可进行弧面区域深度剖面测量、空间平面缺失测量、间隙距离智能自动测量、大尺寸空间 3D 拼接缝合测量、材料弧度半径计测量、旋转部件偏转角度自动测量等测量模式。

（6）具有智能化的软件解决方案，如可根据检测任务自定义检测流程、设定流程化检测对象，可在检测过程中进行标注，引导操作者完成检测并自动生成 Word 版和 PDF 版检测报告。

（7）整机一体化手持机式便携型设计，可更换不同规格与用途的视频探头（如气动导向、电动导向、2.2 mm/2.8 mm 直径视频探头、内置机械手通道、UV 紫外等多功能的探头）。

全新的工业视频内窥镜比较典型的设备有北京韦林意威特工业内窥镜有限公司的 Everest Mentor Visual iQ 系列及 Everest Mentor Flex 系列内窥镜，如图 3 - 23、图 3 - 24 所示。

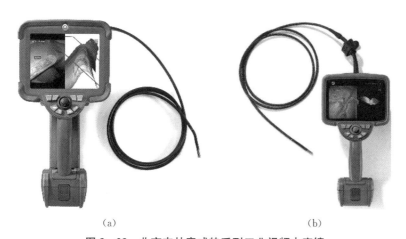

（a）　　　　　　　　　　　　　　　　（b）

图 3 - 23　北京韦林意威特系列工业视频内窥镜

(a)Everest Mentor Visual iQ 系列；(b)Everest Mentor Flex 系列

(a)   (b)

图 3 - 24　Everest Mentor Visual iQ 系列工业视频内窥镜连接不同设备情况

(a)连接气动导向探头;(b)与光学直杆镜连接

3.2.3　视频系统

视频监控技术经历了几十年的发展,监控的功能已经从原来简单的实时监视、历史查看发展为实时监视、控制前端设备、历史查看、资源管理等,可以满足不同行业的定制化需求。

视频监控技术广泛应用于多个行业、领域,电力行业全面引入视频监控技术及产品开始于 2000 年,最早应用在变电站无人值守。面向电网安全生产的视频监控技术先后经历了全模拟、混合监控、全数字、智能化等阶段。

第一阶段是全模拟监控时代。视频信号从采集、控制、传输到播放、存储各个环节都基于模拟信号之上,其典型特点是视频质量差、存储成本高、传输距离短、设备投资大。基本能够满足变电站范围内的简单监控需求。

第二阶段是混合监控时代。视频信号由模拟和数字信号相结合,站端摄像机的模拟信号通过视频电缆、基本网络卡(bayonet nut connector,BNC)接口连接到嵌入式或 PC 式的硬盘录像机上,再由硬盘录像机将模拟数据转化成数字信号,再进行编码压缩、存储回放。

第三阶段是全数字监控时代。前端信号采集以网络摄像机为主,直接输出数字视频信号,后端存储单元和管理单元对视频数据进行编码压缩,仅负责存储、管理、回放、调度等工作。

目前,应用于电网的视频监控已经进入智能化时代,不断向着"智能、高清、无线、辅助电网生产"方向发展。随着 5G 等技术的不断发展,视频系统不再局限于变电站设备,也可以应用在输电线路上。

1. 变电站远程监控系统

变电站远程监控系统需要实时采集变电站关键部位的运行参数和特征,需要使用传感器和视频监控设施实时监控变电站关键部位。为了监测放电、发热等异常信号,通常在视频监控系统中集成音频采集、红外测温等功能。变电站远程监控系统的技术方案框架和系统架构如图 3 - 25 所示。

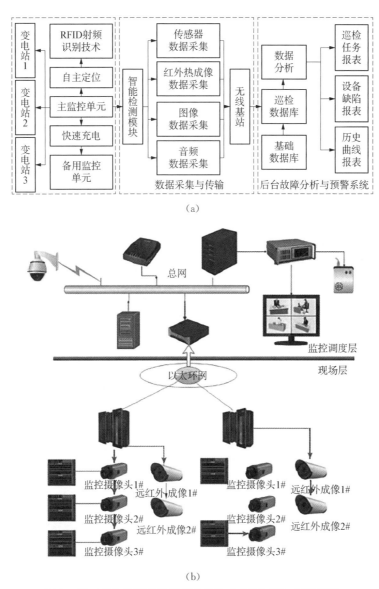

(a)

(b)

图 3 - 25　变电站远程监控系统的技术方案框架和系统架构

(a)技术方案框架;(b)系统架构

变电站远程监控系统主要由设备端、数据采集与传输子系统、后台故障分析与预警系统三个部分组成。

（1）设备端由主监控单元、备用监控单元、充电锂电池等组成，监控单元采用一用一备方式，用于应对监控单元因损坏而无法及时获取图像的问题，大容量可充电锂电池为整个监控单元提供电能。

（2）数据采集与传输子系统由数据检测传感器、红外热成像仪、图像数据采集以及音频数据采集等组成，用于检测变电站设备运行状态的各项参数，检测的参数通过无线基站模块发送到后台监控系统。

（3）后台故障分析与预警系统将获取的故障信息形成巡检数据库，并与基础数据库融合，以便分析故障特征。当变电站出现故障时，此系统将会获取故障信号并发送到后台监控系统，再由后台故障处理软件判断故障特征，得到设备的异常信息，并自动生成历史曲线和故障报表。

2. 输电线路视频系统

输电线路视频系统和变电站远程监控系统类似，也基本分为监测数据获取模块、网络通信模块、后台数据处理系统三部分，不同之处在于输电线路视频系统由于地处户外，多采用太阳能电池板供电，信号传输多采用无线方式。

输电线路视频监控系统一般不单独使用，而是配合输电线路原有的各种监测传感器使用，如用于导线舞动监测的拉力传感器、倾角传感器、微气象传感器等，输电线路在线监测综合系统方案框架如图3-26所示。传感器采集的数据可以作为启动视频系统

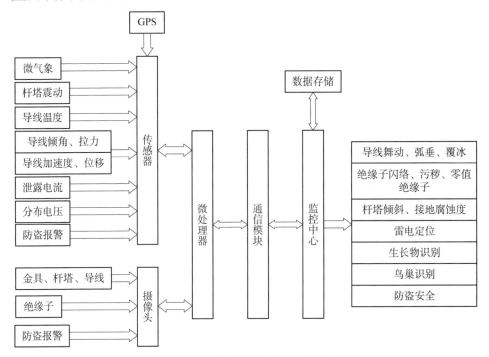

图 3-26 输电线路在线监测综合系统方案框架

的依据,如当由传感器监测的气象信息显示气候条件恶劣到设定条件时,或者出现塔材被盗情况时,防盗报警器发送信号至终端,立即启动视频系统对现场进行视频采集。

这种传感器与视频系统结合的信号采集技术较有效地缓解了架设传感器给输电线路带来的负担,充分利用了系统的综合优势,基本实现了对现场信息的采集,并且在一定程度上减轻了输电线的压力,相应地也简化了图像处理技术的多参数复杂度,是输电线路在线监测技术未来发展的趋势。

3.2.4　巡检机器人

机器人在各行各业都有应用,按照应用环境可以分为工业机器人和特种作业机器人等。工业机器人多为面向工业领域的机械手等,如装配机器人、焊接机器人、物流机器人等;特种作业机器人则是用于非制造业、服务于人类的各种先进机器人,如水下机器人、核工业机器人、消防机器人、攀爬机器人、巡检机器人等。机器人在电力行业中应用广泛,如火力发电厂水冷壁攀爬机器人、管道检测机器人以及电网行业中的输电线路除冰机器人、带电作业机器人等。

电网企业中主要应用巡检机器人替代人工作业,尤其是近年来电网数字化、智能化、无人化水平要求越来越高,巡检机器人在变电站、输电线路中应用广泛。用于目视检测的巡检机器人可以根据服务对象的不同分为变电站室内外巡检机器人、电缆隧道巡检机器人、输电线路巡检机器人等,如图 3-27 所示。

(a)　　　　　　　　　　　　　　　　　(b)

(c)　　　　　　　　　　　　　　　　　(d)

图 3-27　电网用巡检机器人

(a)变电站室外巡检机器人;(b)变电站室内巡检机器人;(c)电缆隧道巡检机器人;(d)输电线路巡检机器人

1. 变电站巡检机器人的发展

1954 年,美国 George C. Devol 设计并制作了世界上第一台机器人实验装置并申请了专利。20 世纪 60 年代,机器人产品正式问世,美国 Consolidated Control 公司根据 Devol 的专利研制出第一台机器人样机。20 世纪 70 年代,机器人发展为专门的学科。美国军方在 1984 年研制出了世界上第一台地面自主的车辆,1995 年卡内基梅隆大学的机器人在自动驾驶横跨美国的试验中,实现了时速可达 80 km 的无人驾驶车辆。2003 年,日本学者首先提出了变电站巡检机器人的研究方案,并在 2003 年完成了实验室的模拟实验。随后 2005 年,美国学者 A. Birk 等人也研制出了轨道式变电站巡检机器人,并投入美国西部电力公司应用,通过机器人完成了对变电站电气设备的红外测温任务。

早在 2001 年,山东电力科学研究院第一次提出了利用移动机器人进行变电站设备巡检的想法。2002 年,该项目被正式列为"国家 863 计划"重点项目,此后到 2005 年,该项目通过了"国家 863 计划"项目的验收,同时,"长清变电站"产品样机在现场进行了实际应用,为机器人在无人值守变电站的推广应用提供了技术手段。国内关于变电站巡检机器人的研究、开发与应用取得了显著成果,并颁布了一系列变电站巡检机器人标准规范,如《变电站机器人巡检系统通用技术条件》(DL/T 1610—2016)、《变电站室内轨道式巡检机器人系统通用技术条件》(DL/T 2241—2021)等。目前国内常用的变电站巡检机器人包括轨道式机器人、移动巡检机器人等,如图 3-28 所示。

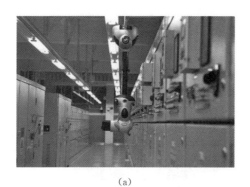

(a)   (b)

图 3-28 变电站巡检机器人实物图

(a)轨道式机器人;(b)移动巡检机器人

变电站巡检机器人主要功能是携带可见光、红外等检测设备,对变电站内的变压器、开关柜等重要设备进行可见光巡检、红外测温等,并将检测数据实时传输至后台供运维人员参考。自主式移动机器人可以根据预先设定的任务目标,对地图实行智能规划,并根据运行过程中实时收到的环境信息自主决策,从而可靠地完成工作,可以满足变电站智能运检的需求。

2. 输电线路巡检机器人的发展

输电线路巡检机器人的研究始于 20 世纪 80 年代末,日本、加拿大、美国等发达国家先后开展了巡检机器人的研究工作。1988 年,东京电力公司的 Sawada 等人首先研制出了具有初步自主越障能力的光纤复合架空地线巡检移动机器人,如图 3 - 29 所示。该机器人用于架空地线行走,自带弧型导轨,在遇到线夹时,先张开弧形手臂,手臂两端勾住线塔两边的地线,形成一个导轨,然后本体小车通过导轨滑到线塔另一侧;等待小车夹紧轮夹紧对侧的地线之后,再收回弧形手臂,完成越障动作。这一机器人的出现使得机器人巡检线路成为可能。但是由于机器人需要携带越障导轨,导轨较重,给机器人行走增加了负担,样机整体质量达到了 100 kg。导轨较长,控制不方便,庞大的结构尺寸限制了该机器人的进一步发展。尽管该机器人的样机从未在实际领域应用,但时间证明它在巡检机器人领域有着开拓性的意义,为后来的越障巡检机器人开发者提供了新的思路。

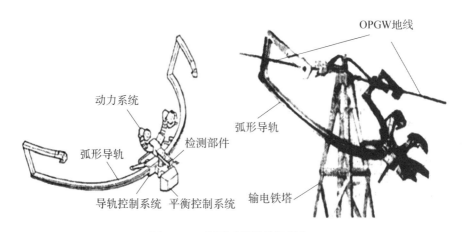

图 3 - 29 弧形手臂巡检机器人

加拿大魁北克水电研究院的 Monta-mbault 等人于 2000 年研制出了名为 HQ LineROVer 的巡检机器人,如图 3 - 30 所示。LineROVer 巡检机器人的结构紧凑,质量仅为 25 kg,具有较强的负载能力且可攀爬 25°的斜坡。该机器人使用模块化设计,可通过装配不同的模块实现相应的线上作业,如检测红外放电情况、压接头状

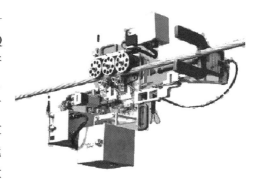

图 3 - 30 HQ LineROVer 巡检机器人

态、输电线损伤情况等。

20世纪90年代末,在"十五"国家高技术研究发展计划(863计划)的支持下,武汉大学、湖南大学、中国科学院沈阳自动化研究所、中国科学院自动化研究所,以及山东大学等相继展开输电线路巡检机器人的相关研究工作,使国内巡检机器人技术取得了长足的发展。

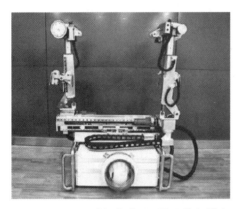

早在1998年,武汉大学吴功平教授的研发团队就开始研究用于高压线检测的机器人,研制出了可越障的巡线小车。在此基础上,该团队又研制出高压线自动爬行机器人和自主巡检机器人,如图3-31所示。

2005年,中国科学院沈阳自动化研究所面向电力部门的需求,开展了"沿500 kV地线行走的巡检机器人"的研制,研究团队攻克了超高压环境下机器人机构、数据图像传输和电磁兼容等多项关键技术,在野外复杂环境下进行了多次带电实验并在国内多个地方和电力单位进行了推广应用。该款机器人通

图3-31 武汉大学研制的巡检机器人

过调节下方的配重箱来实现越障,如图3-32所示。

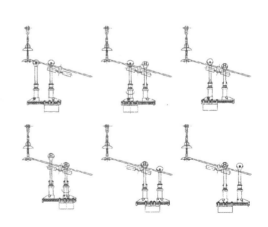

图3-32 中国科学院研制的巡检机器人

从国内外巡检机器人的发展历史来看,巡检机器人必须具有行走和越障两种功能,还可以在巡检机器人上搭载各种检测和维护装置,从而完成对线路的巡检与维护工作。

　　从目视检测角度来看,线路巡检机器人需携带摄像系统在输电线路的地线或相线上行走,拍摄地线、相线、金具、铁塔等部位,观察是否存在螺栓松动脱落、腐蚀、倾斜等危害线路运行的缺陷。但随着无人机技术的不断应用发展,相比之下,线路巡检机器人就显得笨重和效率低下,目前线路巡检机器人更多应用在导线修复、金具更换、除冰等特殊作业领域,从而代替人工作业,降低登高人员作业风险。

3.2.5　无人机

1. 无人机的发展

　　无人机的诞生可以追溯到 1914 年。第一次世界大战期间,英国的卡德尔和皮切尔两位将军向英国军事航空学会提出了研制无人驾驶飞机的建议,然而试验均以失败告终。1917 年,自动陀螺稳定仪的发明促进了无人驾驶飞机的诞生,美国海军将柯蒂斯 N-9 式教练机改装成了世界上首架无线电控无载人飞行器。1935 年,“蜂后”无人机问世,它是现代无人机历史上的“开山鼻祖”,开启了无人机时代。1944 年,德国工程师弗莱舍设计的“复仇武器 1”号无人机是现代巡航导弹的先驱。1951 年,美国制造了世界上第一款喷气式动力无人机“火蜂”的原型机 XQ-2,用于执行情报收集和监听。1966 年 12 月 6 日,中国的第一架无人靶机“长空一号”首飞成功,如图 3-33 所示。1982 年,中国西北大学研制出民用 D-4 型无人机并试飞成功,开创了国内无人机“军转民”的先河。1983 年,日本雅马哈公司采用摩托车发动机研发用于喷洒农药的首台植保无人直升机,并于 1989 年首次试飞成功。1997 年,澳大利亚研发出一款气象无人机,“气象侦察兵”投入使用。2003 年,美国宇航局牵头成立世界级无人机应用中心,专门研究装有高分辨率相机、传感器的商用无人机。2006 年,中国大疆创新无人机品牌创立。同年欧洲制定并实施了“民用无人机发展路线图”,

图 3-33　“长空一号”无人靶机

拟成立一个"泛欧民用无人机协调组织"。2009年,中国巡检无人机的开端,国家电网正式立项研制无人机巡检系统。2012年,大疆生产世界首款航拍一体无人机精灵系列,无人机航拍正式走向大众。2013年,亚马逊首次披露无人机送货计划。

随着无人机结构设计、飞行系统、控制系统、动力系统、挂载平台等不断完善发展,技术愈发成熟,民用无人机近年来发展迅速,在电力巡检、农业维保、航空拍摄等方面应用广泛。针对民用无人驾驶航空器,国家标准《民用无人驾驶航空器系统分类及分级》(GB/T 35018—2018)从平台构型、起飞降落方式、动力及能源、控制方式、导航方式、感知与规避能力、最大设计使用高度、最大真空速、续航时间、遥控距离、用途、操作可视性、应急处置、运营许可、身份识别、坠撞危害等方面对无人机进行了明确分类。

2. 无人机巡检系统

无人机巡检系统是一个复杂的一体化系统,除了包括无人机主体在内的飞行平台外,还需要飞行控制系统、地面监控系统、检测作业系统、信息传输系统、保障系统等,涉及电子通信、地理信息、导航定位、图像采集与处理等多个学科。

(1) 飞行平台包括无人机主体、动力系统、电气系统、云台以及其他保证飞行平台正常工作的设备和部件。

(2) 飞行控制系统主要包括GPS接收机、惯性导航系统、气压传感器、转速传感器等。

(3) 地面监控系统主要有图像监视系统、飞行数据监控系统等。

(4) 检测作业系统用于获取、存储、传输检测数据信息,包括可见光、红外、激光扫描等,用于目视检测的目前以可见光为主。

(5) 信息传输系统实时传输飞行数据和发送控制指令,实时传输检测数据。

(6) 保障系统包括作业工器具和保障车辆等。

目前电力系统常用的无人机有多旋翼无人机和固定翼无人机两种。多旋翼无人机具有操作简单、机动性强、可以垂直起降、成本低、特种作业能力强等优点,但飞行速度慢、续航时间短,需要中继或采用蛙跳式进行电力线路巡检。固定翼无人机具有速度快、滞空时间长、飞行半径大等优势,但存在操作难度大、只能按照固定航线飞行、不能悬停、成本高、起飞受场地和环境的限制等缺点。近年来出现了一种结合了多旋翼无人机和固定翼无人机优点的垂直起降固定翼无人机,将多旋翼机特有的旋翼系统叠加到固定翼机身上,构成独立的起飞系统以提供升空动力。达到起飞高度后,尾推发动机开始工作,变换无人机飞行方式,最终采用固定翼的飞行模式。垂直起降固定翼无人机在固定翼的基础上,结合了多旋翼可以垂直起降的优势,降低了起飞和降落场地的限制。

用于电力行业巡检的常见无人机平台及设备如图3-34所示。

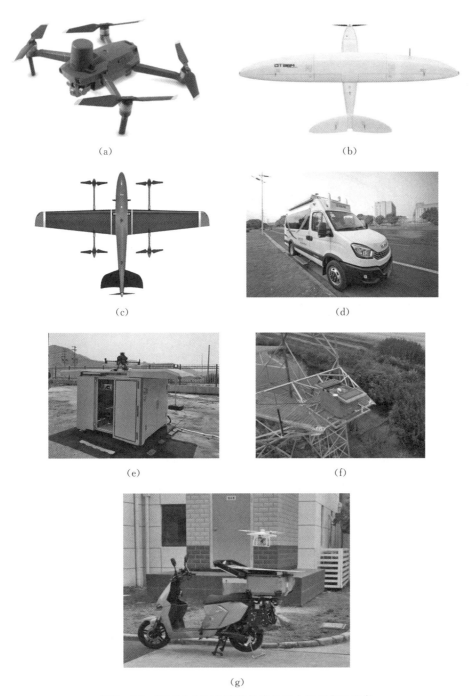

图 3 - 34　用于电力行业巡检的常见无人机平台及设备

(a)多旋翼无人机；(b)固定翼无人机；(c)垂直起降固定翼无人机；(d)"网际天鹰"移动机场；(e)固定机巢；
(f)输电线路分布式机巢；(g)单人移动作业平台

第4章 目视检测通用工艺

目视检测通用工艺是依据相关检测标准,根据不同的检测方法和检测对象制定的,主要内容包括但不限于检测工艺的制定、检测前的准备、检测实施、结果记录与评价、报告编写等。本章主要介绍焊接接头目视检测、工业内窥镜检测及无人机检测等电力行业常用的目视检测通用工艺要点内容。

4.1 目视检测通用工艺要求

1. 通用工艺包括的内容

根据《无损检测 目视检测 总则》(GB/T 20967—2007)的要求,进行目视检测前应编写操作指导书,需要时(如产品标准、合同有规定)应按需求准备书面工艺规程。书面工艺规程可采取通用格式,无须顾及各种未列入的产品或部位,从而减少书面工艺规程的总数,具体来说,主要包括但不完全限制于以下内容:①被检工件、位置、可接近性和几何形状;②被测覆盖范围;③进行检测的技术和顺序;④表面状况;⑤表面准备;⑥进行检测时的制造阶段和使用寿命;⑦人员要求;⑧验收准则;⑨照明(类型、等级和方向);⑩使用的目视检测设备;⑪检测后的文件。

2. 通用工艺的验证

使用实际试件对工艺规程进行验证,实际试件在相对光反射性、表面结构、反差比和可接近性方面应尽可能地接近被检工件,宜在测试区最难以辨别处验证工艺规程。实际试件可由被检工件替代,或由一个经认可的参考系统替代。

3. 检测设备的变化或更换

如果设备改变和检测装置细节改变对灵敏度等级没有不利影响,则不要求重新检测验证规程。

4. 图像记录应与通用工艺规定的标准一致

4.2　焊缝目视检测通用工艺

焊缝目视检测通用工艺根据检测对象、检测要求及《焊缝无损检测　熔焊接头目视检测》(GB/T 32259—2015)进行制定,其主要检测步骤包括检测前的准备、仪器设备的选择、检测实施、结果记录与评价、报告编写等相关内容。

1. 检测前的准备

(1) 根据本章 4.1 节编写通用工艺并进行验证。

(2) 检测前要去除影响目视检测结果的污渍、灰尘、氧化层、熔渣、焊剂、焊接飞溅等。

2. 仪器设备的选择

(1) 直接目视检测设备主要有照明设备(如手电筒、头灯、行灯、防爆灯)、放大镜、测量工具、检测手锤、反光镜等,不满足直接目视检测条件时,应采用间接目视检测。

(2) 间接目视检测设备有内窥镜、光纤电缆或相机等。

3. 检测实施

焊接接头的目视检测包括焊接前的目视检测、焊接过程中的目视检测、焊接成型后的目视检测、返修焊缝的目视检测(如有)四部分内容。

1) 焊接前的目视检测

焊接前的目视检测主要检测接头,包括:①焊缝坡口的型式和尺寸满足焊接工艺规程的要求;②熔合面及其临近表面清洁,并且根据应用或产品标准进行任何必要的表面处理;③待焊部件根据图纸或规程要求相互装配正确。

2) 焊接过程中的目视检测

焊接过程中的目视检测主要检测焊缝,包括:①每条焊道或焊层在下一道焊层覆盖前应清理干净,特别要注意焊缝金属和熔合面的结合处;②无可见的缺欠,如裂纹或空穴,如发现缺欠,应在下一步焊接前采取补修措施;③焊道之间、焊缝与母材之间的过渡成型应良好,便于完成下一道焊接;④为确保焊缝金属按规定完全去除,根据焊接工艺规程(welding procedure specification,WPS)或比较原先坡口形状,确定清除的深度和外形;⑤在任何必要的返修/补修措施之后,焊缝需符合原先 WPS 的要求。

3) 焊接成型后的目视检测

焊接成型后焊缝检测应判定焊缝是否满足应用或产品标准要求或其他供需双方协商认可的验收条件,如满足验收条件,则检测内容一般包括清理和修磨、外形和尺寸、焊缝根部和表面、焊后热处理等。

（1）清理和修磨检测内容：①以人工或机械方式去除所有焊渣，避免掩盖任何缺欠；②无工具印记或敲击痕迹；③当需要修磨焊缝时，避免因打磨引起的接头过热，修磨痕迹和不平整的表面；④对于修磨角焊缝和对接焊缝，接头和母材圆滑平整过渡。

（2）外形和尺寸检测内容：①焊缝外形和焊缝余高满足验收标准要求；②焊缝表面规整，焊波形状和间距呈现均匀一致和满意的目视表现；③整个接头的焊缝宽度基本一致，满足焊接图纸或验收标准；④对接焊缝应检查焊缝坡口，确保其完全焊满。

（3）焊缝根部和表面检测内容：①对于单面对接焊缝，整个接头的熔透性、根部凹陷、烧穿或缩沟符合验收标准规定的范围；②任何咬边符合验收标准要求；③位于焊缝表面或热影响区的任何缺欠如裂纹或气孔，符合适当的验收条件，必要时可采用光学辅助检测；④去除任何为便于构件拼装或装配而临时焊接到工件上，和完成焊接后影响工件使用或检测工作的辅件，核查安装辅件的位置无裂纹；⑤任何弧击符合验收标准规定。

（4）焊后热处理后可要求进一步进行目视检测。

4）返修焊缝的目视检测（如有）

当整条或部分焊缝不符合验收条件且需要返修时，在补焊前重复焊接前的目视检测、焊接过程中的目视检测两个过程，且每条返修焊缝应按原焊缝的要求进行复检。返修焊缝分部分返修焊缝和完全返修焊缝两大类。

（1）部分返修焊缝。焊缝金属挖补应足够深和长，以便去除所有缺欠。补挖口的侧面和底部应有一定的坡度。挖补部分的宽度和外形应满足补焊要求。

（2）完全返修焊缝。当有缺陷焊缝完全去除后，不论是否需要增加新的衬垫，焊接坡口的形状和尺寸均应满足原焊缝的规定要求。

4. 结果记录与评价

对检测结果进行记录，目视检测记录如表4-1所示。不符合标准规定要求的显示，要对其数量、尺寸、性质、形状等进行描述、记录并给出评价。

目视检测存在异议时，可做其他表面无损检测方法进行验证。

5. 报告编写

根据相关技术标准要求及规定，完成检测报告的编写、审核及批准。

表 4 - 1　目视检测记录表

记录编号：　　　　　　　　　　　　　　　　　　　　　　　　　第　页　共　页

任务单编号		试验编号	
委托单位		工作日期	
		工作地点	
试件名称及编号			
规格		数量	
借助器具	○5×放大镜　○	照明条件	○强光电筒　○
表面状况	○运行后状态　○简单去灰除锈　○喷砂喷丸处理　○		
试验条件确认（打勾确认）	□仪器设备状况　□环境条件　□被测对象状态		
检验依据			
检查部位			

检验结果：

检查人员：检查日期：		复核人员：复核日期：	

4.3　内窥镜目视检测通用工艺

工业内窥镜目视检测通用工艺是根据检测对象、检测要求及相关检测标准进行制定的,其主要步骤包括检测工艺规程的编制、检测前的准备、仪器设备的选择、检测实施、结果评价、记录与报告等相关内容。

1. 检测工艺规程的编制

在检测前应编制相应的检测工艺规程或检测作业文件,其内容主要包括:①被检件信息,被检范围(检测的区域、部位和取向);②引用文件及验收要求;③检测人员资格;④检测步骤;⑤检测仪器型号、内窥镜探头规格(尺寸)和照明要求(方向);⑥检测时机;⑦检测结果的评价;⑧如有需要,还包括检测后的处理方法;⑨检测记录的形式、报告和资料存档要求;⑩编制、审核和批准人员姓名及日期。

2. 检测前的准备

检测前应去除被检件表面的杂质及腐蚀性物体,去除影响检测评价的多余物,以确保被检件表面的真实状态。

3. 仪器设备的选择

根据被检工件内部结构特点和检测需求,选择内窥镜探头的型号和规格。检测前严格按照仪器操作说明书或操作规程操作,确保仪器的正常开机,展开并连接检测系统,检查电源的可靠接地、仪器的平稳放置。

4. 检测实施

由前述章节可知,工业内窥镜分为光学直杆内窥镜、光导纤维内窥镜、电子视频内窥镜三种,目前前两种内窥镜使用较少,因此,本部分只介绍电子视频内窥镜的检测实施。

1)检测步骤

根据是否具备测量功能、是否携带工具(机械手、夹具),电子视频内窥镜又可分为常规电子视频内窥镜、可测量电子视频内窥镜、带工具电子视频内窥镜,下面对这三种视频内窥镜目视检测操作步骤分别进行介绍。

(1)常规电子视频内窥镜。

常规电子视频内窥镜目视检测步骤包括:①开启显示器、图像记录传输系统、处理器和光源,更换内窥镜探头时,应先调弱或关闭光源;②操作内窥镜探头检查时,被检部位的弯曲半径不应小于探头允许的最小弯曲半径,当检查或经过弯曲通道时,应控制好探头方向,保持正确走向,需要时采用有硬性导管的工装加以控制,避免过度扭动方向控制按钮,不使用时,探头方向控制按钮应处于释放位置;③处理分析采集的图像;④关机时,则按步骤①的相反顺序操作;⑤清洁内窥镜探头(镜体)。

(2)可测量电子视频内窥镜。

可测量电子视频内窥镜目视检测步骤除了满足上述常规电子视频内窥镜检测步骤外,还应包括以下步骤:①选择测量模式;②使用参考几何测量基准;③测试时,图像取较大的放大倍数;④对同一测量对象应重复测量,取其平均值作为测量值。

(3)带工具电子视频内窥镜。

带工具电子视频内窥镜目视检测步骤除了满足上述常规电子视频内窥镜检测步骤外,还应包括以下步骤:①当机械手(夹具)进入内窥镜工作通道时,应处于收紧状态,且内窥镜探头伸直;②根据多余物的材质和形状,正确选用机械手取出多余物。抓取时,机械手不应损坏被检产品,不应将多余物推入不可抓取的位置。

2)注意事项

对于仪器设备在操作过程中还应注意以下要素:①避免内窥镜探头的镜头跌落、碰撞、轧压;②避免内窥镜探头的线缆轧压或锐物割伤;③检测前检查内窥镜探头的连接是否牢固,内窥镜探头表面是否完好;④避免被检件内异物、障碍物或边口毛刺对内窥镜探头造成损伤或被卡。

5. 结果评价

按照《无损检测 工业内窥镜目视检测 第2部分:图谱》(GB/T 41865.2—2022)对确定的图像和检测图像进行对比,识别缺欠类型。需要测量时,根据检测需求选用测量模式和参考几何测量基准。

根据验收要求评价缺欠的类型及测量数据,给出接受、返修或拒收的结论。

6. 记录与报告

按相关技术标准要求,做好原始检测记录与检测报告的编制审批。目视检测记录如表 4 - 1 所示。

4.4　无人机目视检测通用工艺

目前电网输电线路无人机的目视检测,也就是常说的无人机巡检,其主要依据是执行《架空输电线路无人机巡检作业技术导则》(DL/T 1482—2015)中的相关要求,主要包括巡检方式、巡检方法、巡检模式、巡检内容四个方面,巡检方式分为单侧巡检、双侧巡检、上方巡检;巡检方法分为杆塔巡检、档中巡检;巡检模式分为精细巡检、通道巡检、故障巡检、特殊巡检;巡检内容根据线路运行情况、巡检要求,可以选择搭载可见光相机/摄像机、红外热像仪、紫外成像仪、三维激光扫描仪等设备对输电线路设备、设施等进行检查。

输电线路无人机目视检测主要采用搭载可见光相机/摄像机的方式进行,其主要步骤包括检测前的准备、仪器设备的选择、检测实施、资料整理及移交等相关内容。

1. 检测前的准备

(1)资料收集。收集输电线路杆塔、金具、导线型号以及检测当天的风力、能见度等相关信息。

(2)制定巡检作业流程。无人机巡检作业流程如图 4 - 1 所示。

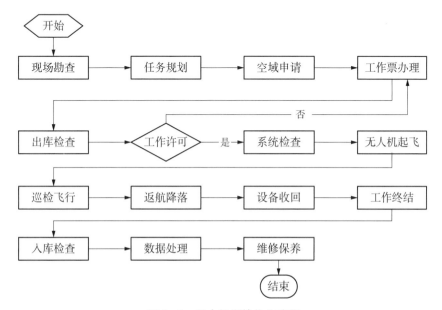

图 4 - 1　无人机巡检作业流程

（3）制定巡检内容。输电线路无人机可见光相机/摄像机目视巡检内容如表 4-2 所示。

表 4-2　输电线路无人机可见光相机/摄像机巡检内容

巡检对象		巡检内容	巡检任务设备
线路本体	地基与基面	回填土下沉或缺土、水淹、冻胀、堆积杂物等	可见光相机/摄像机
	杆塔基础	明显破损、酥松、裂纹、露筋等； 基础移位、边坡保护不够等	
	杆塔	杆塔倾斜、塔材变形、严重锈蚀； 塔材、螺栓、脚钉缺失，土埋塔脚； 混凝土杆未封杆顶、破损、裂纹、爬梯变形等	
	接地装置	接地体断裂、严重锈蚀、螺栓松脱； 接地体外露、缺失，连接部位有雷电烧痕等	
	绝缘子	伞裙破损、锁紧销缺损，绝缘子串严重倾斜； 铁帽裂纹、断裂，钢脚严重锈蚀或蚀损、有放电痕迹等	
		严重污秽	可见光相机/摄像机、紫外成像仪
	导线、地线、引流线、光纤复合架空地线（opitical fiber composite overhead ground wire，OPGW）	散股、断股、损伤、断线	可见光相机/摄像机、红外热像仪、紫外成像仪
		放电烧伤、严重锈蚀；悬挂漂浮物、覆冰；舞动、风偏过大等	可见光相机/摄像机
		弧垂过大或过小，导线异物缠绕，导线对地及交叉跨越距离不足	可见光相机/摄像机、激光扫描仪
	线路金具	线夹断裂、裂纹、磨损、销钉脱落、严重锈蚀； 均压环、屏蔽环烧伤、螺栓松动； 防震锤跑位、脱落、严重锈蚀、阻尼线变形、烧伤； 间隔棒松脱、变形或离位、悬挂异物； 联板、连接环、调整板损伤、裂纹等	可见光相机/摄像机
附属设施	防雷装置	线路避雷器异常，计数器受损、引线松脱； 放电间隙变化、烧伤等	可见光相机/摄像机
	防鸟装置	固定式：破损、变形、螺栓松脱等； 活动式：动作失灵、褪色、破损等； 电子、光波、声响式：损坏	
	监测装置	缺失、损坏、断线、移位	

（续表）

巡检对象		巡检内容	巡检任务设备
附属设施	航空警示器材	高塔警示灯、跨江线彩球等缺失、损坏、失灵	
	防舞防冰装置	缺失、损坏等	
	全介质自承式光缆（all dielectric self supporting，ADSS）	损坏、断裂、驰度变化	
	杆号、警告、防护、指示、相位等标志	缺失、损坏、字迹或颜色不清、严重锈蚀等	
通道及电力保护区	建（构）筑物	有违章建（构）筑物，导线与之安全距离不足等	可见光相机/摄像机、激光扫描仪
	树木（竹林）	有超高树木（竹林），导线与之安全距离不足等	
	交叉跨越变化	出现新建或改建电力及通信线路、道路、铁路、索道、管道等	
	山火及火灾隐患	线路附近有烟火现象	可见光相机/摄像机、红外热像仪、紫外成像仪
		有易燃、易爆物堆积等	可见光相机/摄像机
	违章施工	线路下方或保护区有危及线路安全的施工作业等	可见光相机/摄像机
	防洪、排水、基础保护设施	大面积坍塌、淤堵、破损等	
	自然灾害	地震、山洪、泥石流、山体滑坡等引起通道环境变化	
	道路、桥梁	道路、桥梁损坏等	
	污染源	出现新的污染源或污染加重等	
	采动影响区	出现新的采动影响区、采动区出现裂缝、塌陷对线路影响等	
	其他	线路附近有人放风筝、有危及线路安全的漂浮物、采石（开矿）、射击打靶、藤蔓类植物攀附杆塔	

2. 仪器设备的选择

仪器设备可选用无人机、望远镜，无人机应具有厂家出厂合格证。

3. 检测实施

根据巡检作业流程及巡检内容，开展现场无人机目视检测相关工作。

4. 资料整理及移交

巡检人员应将新发现的建筑和设施、鸟群聚集区、空中限制区、人员活动密集区、无线电干扰区、通信阻隔区、不利气象多发区等信息进行记录和更新。

巡检作业完成后,巡检数据应至少由一名人员核对。数据处理主要包括备份、汇总、分析等。作业人员应填写无人机巡检系统使用记录单(见表4-3),交由工作负责人签字确认后,方可移交至线路运行维护单位。如有疑似但无法判定的缺陷,运行维护单位应及时核实。

表4-3　无人机巡检系统使用记录单

编号:			巡检时间:　　年　　月　　日				
巡检线路							
任务类型①							
使用机型		天气		风速		气温	
工作负责人		架次		每架次作业时间			
操控人员		程控人员		机务人员			
系统状态②							
航线信息③							
任务信息④							

记录人:_____　工作负责人:_____(签名确认)

注:①此栏填写线路巡视、缺陷核实、消缺复查、故障点查找等;②此栏记录无人机设备检查中发现的异常情况,飞行中飞行平台、任务系统等异常状况及航后检查情况;③此栏记录飞行中航线的变更信息,包括起降点、航迹周边环境等的变化等;④此栏记录使用何种任务设备,距离目标物在什么位置记录了什么信息等。

巡检数据应妥善处理并至少保存两年。

5. 报告

根据相关技术标准要求及规定,完成检测报告的编制、审批、签发等。

第5章 目视检测技术在电网设备中的应用

前述章节已经提到,目视检测主要分直接目视检测和间接目视检测两种,并且在电网设备中都有相应的应用。本章接下来所要讲解的案例,如变电站钢管构支架焊缝目视检测、变电站用金具焊缝质量目视检测属于直接目视检测,变电站钢管构支架内壁腐蚀内窥镜检测、输电线路缺陷无人机检测则属于间接目视检测。

5.1 变电站钢管构支架焊缝直接目视检测

变电站构支架是电力设备、导线的主要支撑结构。按照材质类型,变电站构支架一般分为现场预制钢筋混凝土构支架、钢筋混凝土柱钢梁构件、钢管构支架、角钢构支架以及薄壁离心钢管混凝土构支架。其中,钢管构支架具有外表美观、承载力高、施工方便等特点,是目前变电站最常用的结构之一。

变电站钢管构支架通常采用钢板卷制焊接而成,其焊缝分级及质量要求参照《输变电钢管结构制造技术条件》(DL/T 646—2012),钢管纵向焊缝(应完全熔透)为三级焊缝,其外观质量部分要求如表 5-1 所示。

表 5-1 三级焊缝外观质量要求

单位:mm

项目	质量要求
未焊满 (指不足设计要求)	$\leqslant 0.2+0.02t$ 且 $\leqslant 1.0$,每 100.0 焊缝内缺陷总长$\leqslant 25.0$
裂纹	不允许
未焊透	不允许
未熔合	不允许
咬边	$\leqslant 0.1t$ 且 $\leqslant 1.0$,长度不限
弧坑裂纹	允许存在个别长度$\leqslant 5.0$ 的弧坑裂纹
接头不良	缺口深度 $\leqslant 0.1t$ 且 $\leqslant 1.0$

项 目	质 量 要 求
焊瘤	不允许
表面夹渣	深≤0.2t；长≤0.5t，且≤20.0
表面气孔	每50.0焊缝内允许有直径≤0.4t，且≤3.0的气孔2个，孔距≥6倍孔径

注：表5-1中t为钢管壁厚，单位mm。

注意：DL/T 646—2021为最新版标准，但案例为2017年检测，故案例中仍依据DL/T 646—2012标准检测。

2017年，江苏方天公司对江苏省内某500 kV变电站扩建工程进行金属专项技术监督检查，对电抗器构支架等钢管构支架焊缝表面质量进行了检查，目视检测依据《焊缝无损检测　熔焊接头目视检测》（GB/T 32259—2015），磁粉检测依据《焊缝无损检测　磁粉检测》（GB/T 26951—2011）。

1. 检测前的准备

（1）资料收集。收集钢管构支架生产厂家等相关信息，明确抽检部位和数量。

（2）表面状态确认。焊缝表面无影响目视检测的焊渣、工具印记或敲击痕迹。表面镀锌层影响目视检测时应采用磁粉检测。开展磁粉检测时，被检区域应无氧化皮、机油、油脂、焊接飞溅、机加工刀痕、污物、厚实或松散的油漆和任何能影响检测灵敏度的外来杂物。必要时，可用砂纸或局部打磨来改善表面状况，以便准确解释显示。

（3）检测时机。在到货验收阶段或安装调试阶段进行现场检测。

（4）检测环境。表面光照度应不低于350 lx，推荐光照度为500 lx。待检表面600 mm之内具有足够的观测空间，且检测视角不小于30°。

2. 检测设备与器材

（1）检测设备：深圳中昌ZCM-GNDA1203型磁粉探伤仪、放大镜、钢直尺。

（2）器材：磁膏、喷壶、水。

3. 检测实施

对电抗器钢管构支架纵向焊缝进行目视检查，发现1根电抗器构支架焊缝表面存在宏观裂纹，如图5-1（a）所示。

依据DL/T 646—2012中条款8.5.1.3要求，对该批构支架同类焊缝进行了100%表面无损检测（磁粉检测），发现该焊缝存在两条裂纹，分别长约30 mm、150 mm，如图5-1（b）所示。

4. 检测结果与评定

该三级焊缝表面存在两处宏观裂纹，且经过磁粉检测复核确认，排除了表面镀锌层影响，该构支架焊缝质量不符合DL/T 646—2012相关要求。

（a）　　　　　　　　　　　　　　（b）

图 5 - 1　电抗器钢管构支架焊缝裂纹

（a）焊缝表面裂纹目视检测结果；（b）焊缝表面裂纹磁粉检测结果

5. 记录与报告

根据相关技术标准要求及规定，做好原始检测记录及检测报告的编制、审批、签发等。

5.2　变电站用金具焊缝质量直接目视检测

变电站用设备线夹作为连接导线和电力设备用的重要金具，主要起到连接和导电作用，通常采用铝合金制作。按照连接方式不同，设备线夹分为螺栓型线夹和压缩型线夹；按照连接导线数量不同，可以分为单导线线夹和双导线线夹。连接导线的铝管和连接设备接线端子部分通常采用焊接方式，铝合金具有较大的热导率和线膨胀系数，且氧化膜影响焊接性能，热处理强化的铝合金在焊接过程中具有较大的热裂倾向，因此，有必要对铝合金金具焊缝进行检测。

2017 年，根据国网总部的要求，江苏省对新建变电工程设备线夹、耐张线夹及引流板按照总量 10% 进行抽检检测，如图 5 - 2 所示。采用目视配合五倍放大镜进行观察，必要时采用渗透检测的方法进行验证，检测合格试件仍可用于工程使用。质量判定依据《电力金具通用技术条件》（GB/T 2314—2008）第 3.7.3 条要求"铝制件表面应光洁、平整、焊缝外观应为比较均匀的鱼鳞形，不允许存在裂纹等缺陷"。

1. 检测前的准备

（1）资料收集。收集线夹型号、数量、生产厂家等相关信息，明确抽检型号和

图 5-2 现场抽检的金具

数量。

（2）表面状态确认。焊缝表面无影响目视检测的焊渣、工具印记或敲击痕迹。

（3）检测时机。设备到货开箱之后进行检测。

（4）检测环境。表面光照度应不低于 350 lx，推荐光照度为 500 lx。待检表面 600 mm 之内具有足够的观测空间，且检测视角不小于 30°。

2. 检测设备与器材

低倍放大镜、钢直尺等。

3. 检测实施

对变电站内设备线夹按照每个厂家每种型号抽检 10% 的比例，对焊缝表面质量进行宏观目视检测。检测发现多个线夹焊缝存在收弧裂纹，如图 5-3 所示。

图 5-3 存在弧坑裂纹的金具

4. 检测结果与评定

线夹存在收弧裂纹,不满足 GB/T 2314—2008 第 3.7.3 条要求,检测结果不合格。

5. 记录与报告

根据相关技术标准要求及规定,做好原始检测记录及检测报告的编制、审批、签发等。

5.3　变电站钢管构支架内壁腐蚀内窥镜检测

变电站钢管构支架在长期运行过程中若维护不当,容易因疏水孔堵塞导致积水,造成内壁镀锌层失效或腐蚀减薄。内壁腐蚀在日常巡检中难以发现,存在一定的安全隐患,因此,对变电站钢管构支架开展专项检查是有必要的。

2018 年,江苏省电力公司对省内运行 15 年以上的变电站开展了老旧钢管构支架内壁腐蚀专项抽检,抽检了 600 根老旧钢管构支架,采用从疏水孔内窥镜检测方式,根据腐蚀状态将检测结果分为无异常、疏水孔堵塞、锌层泛锈、锌层局部失效、铁锈条带状分布 5 种情况,具体检测情况如表 5-2 所示。

表 5-2　老旧钢管构支架内窥镜检测情况

缺陷描述	数量/根	占比/%
无异常	463	77.17
疏水孔堵塞	54	9
锌层泛锈,无铁锈	38	6.33
锌层局部失效,出现铁锈	31	5.17
铁锈条带状分布	14	2.33

无异常状态表示内壁镀锌层完好,锌层未出现白锈也未失效;疏水孔堵塞表示因泥沙、试块堵塞疏水孔导致内窥镜检测无法进行;锌层泛锈表示锌层表面存在白锈,但还有镀锌层存在,碳钢基体还未出现铁锈;锌层局部失效表示部分锌层因腐蚀而露出碳钢基体,且碳钢腐蚀出现红色铁锈;铁锈条带状分布表示雨水沿着钢管内壁流过处镀锌层失效,碳钢基体的铁锈沿着雨水路径呈现条带状分布。

针对镀锌层局部失效的构架,如图 5-4 所示,拟采用带有测量功能的电子视频内窥镜对铁锈面积进行测量。

1. 检测前的准备

(1)资料收集。收集钢管构支架生产厂家、服役年限等相关信息。

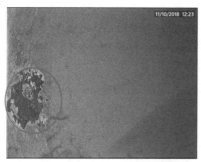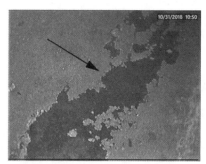

图 5-4   内壁存在锌层失效的构支架内窥镜检测效果

（2）检测环境确认。疏水孔在构架底部，检测无须停电，但检测时应做好安全防护措施，与带电体保持安全距离。

2. 检测设备与器材

（1）检测设备：北京韦林意威特工业内窥镜有限公司的 Everest Mentor Visual iQ 电子视频内窥镜，具备单物镜相位扫描三维立体测量功能。

（2）辅助器材：硬质导管、检测手锤、卷尺等。

3. 检测实施

（1）使用检测手锤清理疏水孔附近杂物、泥沙等，保证硬质导管和内窥镜探头可以伸入钢管内。

（2）使用观察内窥镜对钢管内壁进行目视检测，观察是否存在镀锌层失效、出现铁锈等情况。

需要对铁锈进行面积测量时，无须更换测量镜头，可直接使用观察与测量功能二合一的单物镜相位扫描三维立体测量功能进行面积测量，同时测量时尽量保持镜头稳定对着待测区域，测量选点时可实时查看点云图，及时进行选点校验，检测结束后及时保存检测数据。

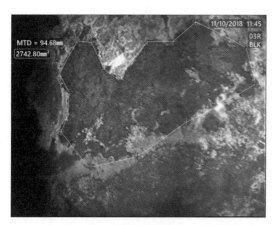

图 5-5   构支架内壁腐蚀面积内窥镜测量结果

4. 检测结果

测量结束时，记录检测的钢管构支架编号和保存在内窥镜里的数据编号。在内窥镜上或专用软件上对锈蚀面积进行测量，测量具体参数如图 5-5 所示。经检测，某构支架内壁锈蚀面

积为 $2742.8\,\mathrm{mm}^2$。

5. 记录与报告

根据相关技术标准要求及规定,做好原始检测记录及检测报告的编制、审批、签发等。

5.4　输电线路缺陷无人机检测

输电线路是连接各级变电站电力传输的通道,在长期户外运行过程中会因大气环境腐蚀、风力导致振动、阳光暴晒、野生动植物等外在条件影响产生各种不利于电网运行安全的隐患,因此,需要定期对输电线路进行巡检。通常情况下巡检由人工进行,采用直接目视、望远镜、登高检查等方式检查输电线路是否存在锈蚀、金具掉落、紧固件松动等问题,人工巡检不但效率低、人力需求大,而且由于树木、杆塔本身构架遮挡,容易出现漏检。

随着无人机技术的不断迭代更新,电力系统设备尤其是输电线路无人机巡检技术逐渐推广,不仅在很大程度上节约了人力、物力,还可以观察到一些人工巡检难以观测的部位。

2023 年,江苏方天公司采用无人机搭载可见光设备对江苏省内某输电线路进行目视巡检。

1. 检测前的准备

1)资料收集

收集输电线路杆塔、金具、导线型号等相关信息。

2)检测环境

(1)风力:不大于 5 级(10 m/s)。

(2)能见度:不低于 200 m。

(3)起降地点:应远离公路、铁路、重要建筑、人口密集区及禁飞区域。

3)人员要求

(1)无人机超视距飞行的飞手应取得由中国航空器拥有者及驾驶员协会(Aircraft Owners and Pilots Association of China, AOPA-China)颁发的无人机驾驶员合格证,等级为"超视距驾驶员";

(2)地面工作人员应熟悉电力设备、电力安规等内容。

4)安全要求

(1)使用无人机进行巡检时,应按照作业指导书的要求,严格遵守操作规程,明确使用机型的操作步骤。

(2)起飞和降落时,现场所有人员应与无人机保持安全距离,作业人员不得站在无人机起飞和降落航线下。

（3）巡检作业人员应正确佩戴安全帽、穿戴个人防护用品。

（4）现场禁止使用可能对无人机巡检系统造成通信干扰的电子设备。

（5）巡检作业过程中，无人机要与带电线路保持安全距离，一般不低于5 m。

5）设备要求

巡检用的无人机应具有厂家出厂合格证，并购买保险。

2. 检测设备与器材

（1）检测设备：大疆 Mavic 3 无人机。

（2）器材：望远镜。

3. 检测实施

1）现场勘察

收集线路信息，对于沿线输电线路密集、交跨物多或者地形复杂的巡检区域，应组织现场勘察。勘察内容应包括地形地貌、线路走向、交跨情况、杆塔坐标、起降环境、交通条件、危险点等。

根据勘察结果确定合适的起降点，并编写勘察记录。

2）航线规划和空域申报

根据勘察结果制定合理的巡检航线，并向相关部门报备巡检计划。飞行高度120 m 以下、500 m 范围内的可视飞行无须报备。

3）编制"三措一案"

根据工作计划和勘察记录，编制"三措一案"，合理选择作业人员。作业人员应身体健康、精神状态良好。

"三措一案"中应明确作业内容、危险点、预控措施等内容。

4）工作票签发

编制工作票，明确工作负责人、工作组成员、作业范围和内容、作业时间等，并完成工作票签发。

5）检测实施

（1）安全交底。

工作前履行工作许可手续，并进行现场交底，围好围栏，做好安全防护措施，必要时测试现场风速是否超过允许范围。

（2）无人机检查。

检查无人机巡检系统是否满足作业要求，包括电池续航能力、无人机各部件运行情况、遥控器操作杆等，并进行通电检查。

低空复检。操作无人机飞至低空悬停，观察无人机响应情况，判断无人机工作状态是否正常。

（3）飞行巡检。

操作无人机对输电线路进行可见光目视巡检。巡检内容包括线路绝缘子、挂点和金具、导线、地线等。

（4）设备回收。

巡检结束，无人机降落到地面后，及时检查无人机各部分结构及电气连接情况，观察有无损坏。关闭电源，取出电池，将无人机设备装箱。

（5）工作终结。

完成检测作业，汇报工作许可人，终结工作。

4. 检测结果

通过无人机搭载可见光设备对输电线路进行目视巡检，发现告示牌图文不清、导线散股、防震锤锈蚀、铁塔顶部存在鸟窝、紧固件闭口销脱落、通道下方树木距导线过近、绝缘子串污秽、塔基泡水 8 类典型缺陷，具体如图 5-6 所示。

（a）

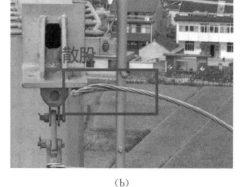

（b）

（c）

（d）

（e）　　　　　　　　　　　　　　　（f）

（g）　　　　　　　　　　　　　　　（h）

图 5 - 6　输电线路无人机可见光目视巡检发现的典型问题

（a）告示牌图文不清；（b）导线散股；（c）防震锤锈蚀；（d）铁塔顶部鸟窝；（e）紧固件闭口销脱落；（f）通道下方树木距导线过近；（g）绝缘子串污秽；（h）塔基泡水

5. 记录与报告

根据相关技术标准要求及规定，做好原始检测记录及检测报告的编制、审批、签发等。

第 3 篇　磁粉检测技术

第6章 磁粉检测理论基础

磁粉检测是五大常规无损检测方法之一,它利用磁场和检测介质来检测铁磁性材料表面和近表面的不连续,其主要涉及的一些理论基础知识基本上都与电、磁等物理知识相关。因此,本章从最基本的磁现象入手,在讲解铁磁性材料、磁场的特点、磁场的产生、磁路与磁场等理论基础知识的基础上,重点介绍磁粉检测所必须掌握的各种磁化电流的特点、磁化方法的选择以及磁化规范的制定等相关内容。

6.1 磁粉检测的物理基础

6.1.1 磁现象与磁场

1. 磁现象

自然界中经常见到磁现象,比如磁铁吸引铁钉、铁屑等,如图6-1所示。一般来说,磁铁吸引磁性材料的性质称为磁性,它是物质的一种基本属性,按材料的磁性来划分,材料分为铁磁性材料、顺磁性材料和抗磁性材料。相对磁导率远大于1的材料称为铁磁性材料,如铁、钴、镍及其合金。相对磁导率略大于1的材料称为顺磁性材料,如金属铂(白金)、半导体材料。相对磁导率小于1的材料称为抗磁性材料,如金、银、铜、锌及其合金。磁粉检测的对象主要是由铁磁性材料制作的设备。

图6-1 磁现象

通常将吸引磁性材料的物体都称为磁体。如果将条形磁体的中心用线悬挂起来,以保证它能够在水平面内自由转动,则磁体两端极总是分别指向南北方向,通常将磁体(或磁针)指向北端称为北极,用N表示,指向南端称为南极,用S表示,每个磁体都存在南北极(S极和N极)。如果将两个磁体相互靠拢,就会发现磁体同性磁极相互排斥,异性磁极相互吸引。这种磁体吸引磁性材料、磁体相互吸引和排斥的现象称为磁现象。

磁现象的本质是物体核外的电子做绕核运动时,形成环绕原子核的电流环,电流环产生磁场,原子就具有磁性,物体中的每个原子都是一个小磁体。一般来说,物体内部所有小磁体(原子)排列是杂乱无章的,它们的磁性互相抵消,对外不显示磁性。当物体内部小磁体(原子)南、北极排列整齐时,物体的两端就形成南极(S极)和北极(N极),物体就具有磁性。物体磁化的过程就是使其内部的原子按一定方向排列的过程。在磁粉检测中,对被检测工件进行磁化及退磁处理都是磁化过程,是磁粉检测的关键工序,直接影响检测灵敏度及检测质量。

2. 磁场

磁体能够吸引铁磁性物质,磁体相互吸引和排斥,这种磁体间的相互作用是通过磁场来实现的。

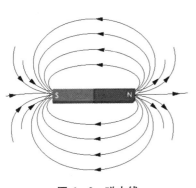

图 6-2　磁力线

磁场是传递实物间磁力作用的场,简单地说,是指具有磁力作用的空间。磁场是物质的一种形态,它看不见、摸不着,是由运动电荷形成的。磁场传递运动电荷或电流之间的相互作用,同时对产生场中其他运动电荷或电流发生力的作用,存在于磁体或通电导体的内部和周围。磁场和电场密不可分,磁场的特征是对运动电荷(或电流)产生作用力,同时磁场的变化也会产生电场。

磁场的大小、方向和分布常用磁力线来表示(见图 6-2)。磁力线是虚拟的闭合曲线,曲线上任何一点的切线方向与该点的磁场方向一致,单位面积的磁力线数量与磁场大小相关。

磁场中的磁力线具有以下特点:

(1) 磁力线是闭合曲线。磁体外部的磁力线从北极(N极)出来,回到磁体的南极(S极),再从磁体内部的南极(S极)到北极(N极)。

(2) 任意两条磁力线不相交。

(3) 磁力线上每一点的切线方向都表示该点的磁场方向。

(4) 磁力线的疏密程度表示磁场大小。磁力线越密,磁场就越大;磁力线越稀,磁场就越小。

(5) 磁力线在不同材料中传播时,在异质界面上方向会发生畸变,并且磁力线沿磁阻最小路径通过。

3. 磁场的特征量

描述磁场的特征量主要有磁场强度、磁通量、磁感应强度、磁导率和磁化强度等。

1）磁场强度

磁场强度,是表征磁场强度大小和磁场方向的物理量,用符号 H 表示,是指在磁场中任意一点放一个单位磁极（N 极）,作用于该单位磁极的磁力大小表示该点的磁场大小,磁力线上每一点的切线方向即是该点磁场的方向。

在国际单位制中,磁场强度的单位为安培/米（A/m）,即一根处于空气中通有 1 A 直流电的无限长直导线,在距离该导线 r 为 $\dfrac{1}{2\pi}$ m 处所产生的磁场强度为单位磁场强度（1 A/m）。

在工程应用中,磁场强度单位为奥斯特（O_e）,两者之间的换算关系为

$$1 \text{安培} / \text{米}(A/m) = 4\pi \times 10^{-3} \text{奥斯特}(O_e)$$

2）磁通量

磁通量,即磁感应通量,简称为磁通。在磁场中,通过某一给定曲面的总磁力线,称为通过该曲面的磁通量,用 ϕ 表示,单位为 $T \cdot m^2$ 或 Wb。在曲面上取面积元 dS,如图 6-3 所示,dS 的法线方向与该点磁感应强度方向之间夹角为 θ,则通过 dS 面积的磁通量为

$$d\phi = B dS \cos\theta$$

也就是

$$\phi = \int_s d\phi = \int_s B dS$$

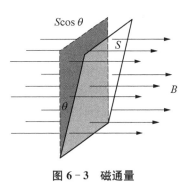

图 6-3　磁通量

式中,ϕ 为磁通量;B 为磁感应强度;S 为单元面积。

对于闭合曲面,一般规定向外的指向为正法线的指向,从闭合面穿出处的磁通量为正,穿入处的磁通量为负。由于磁感应线是闭合线,穿入闭合曲面的磁感应线数必然等于穿出闭合曲面的磁感应线数,所以通过任意一闭合曲面的总磁通量必然为零,即

$$\phi = \int_s B dS = 0$$

在国际单位制中,磁通量单位为韦伯（Wb）,工程上单位为麦克斯韦（M_x）,一般情况下,把 $1 M_x$ 称为 1 根磁力线。它们之间换算关系为

$$1 \text{韦伯}(Wb) = 10^8 \text{麦克斯韦}(M_x)$$

3）磁感应强度

将原来不具有磁性的铁磁性材料放入外加磁场中得到磁化,除了原来的外加磁场外,在磁化状态下铁磁性材料自身还产生一个感应磁场,这两个磁场(外加磁场和磁感应磁场)叠加起来的总磁场,称为磁感应强度,用符号 B 表示。

通常用磁感应线来描述磁场分布,磁感应强度的大小可以通过磁场中某处垂直于磁感应强度矢量的单位面积的磁感应线数量描述,磁感应强度的方向可以用该点磁感应线的切线方向来确定,所以,磁感应强度又称为磁通密度。

在国际单位制中,磁感应强度单位为特斯拉(T),工程应用中单位为高斯(G_s),不同单位之间换算关系为

$$1 \text{ 特斯拉(T)} = 10^4 \text{ 高斯}(G_s)$$

$$1 \text{ 特斯拉(T)} = 1 \text{ 牛顿每安培米}(N/A \cdot m) = 1 \text{ 韦伯} / \text{米}^2 (Wb/m^2)$$

4）磁导率

磁感应强度 B 与磁场强度 H 的比值称为磁导率,又称为绝对磁导率,用符号 μ 表示,即 $\mu = \dfrac{B}{H}$。

磁导率是表示材料被磁化的难易程度的物理量,它也反映了材料的导磁能力。在国际单位制中,磁导率的单位是亨利/每米(H/m)。

在真空中,磁导率是一个恒量,用 μ_0 表示,$\mu_0 = 4\pi \times 10^{-7}$ H/m。

在外磁场中,磁导率不是一个常数,它会随磁场大小的不同而改变。常用某种材料的磁导率与真空磁导率的比值,即材料的相对磁导率 μ_r 来表示材料磁化能力,用公式表示为

$$\mu_r = \frac{\mu}{\mu_0}$$

相对磁导率 μ_r 是一个纯数,只与电流有关系,无单位。在磁粉检测中,通常将空气中的磁场值看成是真空中的磁场值,$\mu_r = 1$。

5）磁化强度

所谓磁化强度(M),就是单位体积内所有分子磁矩(P_m)的矢量和($\sum P_m$),即 $M = \dfrac{\sum P_m}{\Delta V}$,单位为 A/m。

在无外加磁场时,磁介质内任意一单位体积元 ΔV 内所有分子磁矩的矢量和为零,即 $\sum P_m = 0$;当磁介质处于外加磁场中时,每一个分子都受到一个力矩,该力矩使得分子磁矩与外加磁场方向一致,因此在外磁场作用下,任意一单位体积元 ΔV 内

所有分子磁矩的矢量和不为零,即 $\sum P_\mathrm{m} \neq 0$,即磁介质对外显示磁性。

对于各向同性的磁介质,在磁介质中任意一点磁化强度 M 与磁场强度 H 成正比,即 $M = x_\mathrm{m} H$,其中,x_m 为物质的磁化率,不同物质磁化率不同,铁磁质材料的磁化率为正值,且比较大,顺磁质材料的磁化率也为正值但非常小,抗磁质材料的磁化率为负值。

磁化强度 M 不仅与磁介质性质有关,还与磁介质所处的磁场有关,因此,磁感应强度 B 可表示为

$$B = \mu_0 H + \mu_0 M = \mu_0 H + \mu_0 x_\mathrm{m} H = (1 + x_\mathrm{m}) \mu_0 H$$

令 $\mu_\mathrm{r} = (1 + x_\mathrm{m})$,于是

$$B = \mu_0 \mu_\mathrm{r} H = \mu H$$

对于各向同性的磁介质,x_m、μ_r 都是无量纲常数。

6.1.2　铁磁性材料

1. 磁畴与磁介质

1) 磁畴

在铁磁性材料中,相邻原子中的电子间存在着非常强的交换耦合作用,这个相互作用促使相邻原子中电子磁矩平行排列起来,形成一个自发磁化达到饱和状态的微小区域,这些自发磁化的微小区域,称为磁畴。当铁磁性材料未磁化时,虽然铁磁性材料中每个磁畴内的原子磁矩都整齐地排列,但各个磁畴的磁矩分别取不同的方向,因此材料中的磁矩叠加起来仍然为零,即总磁矩为零,也就是磁化强度为零时,铁磁性材料对外不显示磁性,如图 6-4 所示。

磁畴与磁畴之间存在过渡层,称为畴壁,其厚度约等于几百个原子间距,显微镜下可以清晰地观察到磁畴和畴壁,如图 6-5 所示。

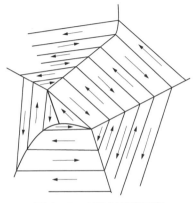

图 6-4　未磁化磁畴示意

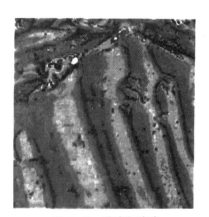

图 6-5　磁畴和畴壁

铁磁性物质被磁化后具有很强的磁性,温度会影响材料磁特性,随着温度的升高,金属分子热运动的加剧会影响磁畴磁矩的有序排列,当温度升高到能够完全破坏磁畴磁矩的整齐排列时,物质平均磁矩变为零,铁磁物质的磁性消失,变成顺磁物质,这个温度称为居里温度或居里点。居里温度是铁磁性材料使用的极限温度,也是材料强磁性和顺磁性转变温度。任何物质都具有一定的居里温度,常见铁磁性材料的居里温度如表 6-1 所示。

表 6-1　常见铁磁性材料的居里温度

金属名称	居里温度/℃	金属名称	居里温度/℃
Fe	770	Fe_3O_4	575
Co	1 120	Fe_2O_3	620
Ni	358	热轧硅钢	690
Fe_3C	215	冷轧硅钢	700
FeS	320	软磁铁氧体	50~600

注:温度单位 K 与℃之间的换算关系为 K = 273 + ℃。

铁的居里温度是 1 043 K,因此,铁磁性物质在高温下,应做好相关措施确保检测条件,或者在提前进行试验验证的基础上进行磁粉检测。

2) 磁介质

在磁场作用下,其内部状态发生变化,并反过来影响磁场存在或分布的物质,称为磁介质。按磁化性质的不同,磁介质分为抗磁体(抗磁质)、顺磁体(顺磁质)、铁磁体(铁磁质)三大类。

抗磁体(抗磁质),又称为逆磁质,其相对磁导率 μ_r 略小于 1。在不存在外磁场作用时,抗磁体分子的固有磁矩为零,当施加外磁场后,由于电磁感应,每个分子感应出与外磁场方向相反的磁矩,所产生的附加磁场在介质内部与外磁场方向相反,表现为抗磁性,此时磁介质中的磁感应强度稍小于外加磁场强度,在外加磁场中呈现微弱磁性,常见的抗磁体有铜(Cu)、氯化钠(NaCl)等。

顺磁体,又称为顺磁质,其相对磁导率 μ_r 略大于 1。顺磁体分子的固有磁矩不为零,在不存在外磁场作用时,由于热运动而使分子磁矩的取向作无规律分布,宏观不显示磁性。当施加外磁场后,分子磁矩趋向于与外磁场方向一致的排列,所产生的附加磁场在介质内部与外磁场方向一致,表现为顺磁性,顺磁性磁介质中的磁感应强度稍大于外加磁场强度,在外加磁场中呈现微弱磁性,常见的顺磁体有铝(Al)、钠(Na)、钨(W)等。

铁磁体,又称为铁磁质,其相对磁导率 μ_r 远远大于 1。铁磁性介质与顺磁性介质类似,但磁化后介质中的磁感应强度远大于外加磁场强度。在外加磁场中呈现很强的磁性,产生的附加磁场与外加磁场方向相同,常见的铁磁体有铁(Fe)、钴(Co)、镍(Ni)及其大多数合金等。

2. 磁化过程

图 6-6 所示为铁磁性物质被磁化的过程。当不存在外加磁场时,物质不同的区域内,磁矩的方向不同,使得物质总磁化强度为零,如图(a)所示。当铁磁性物质处在外磁场中,在外磁场 H 作用下,铁磁性物质中那些自发磁化方向和外磁场方向成小角度的磁畴磁矩逐渐转向外磁场方向,与外磁场方向接近的磁畴数量增加,其他磁畴数量减小,物质对外呈现与外磁场方向一致的磁性和磁化强度增大,如图 6-6(b)所示。随着外磁场强度变大,物质对外呈现与外磁场方向一致的磁性及磁化强度变大,当外磁场强度 H 增加到一定程度时,铁磁性物质所有磁畴磁矩的磁化方向全部与外磁场方向完全一致,此时,铁磁性物质磁化强度不再变大,即铁磁性物质达到磁饱和状态,如图 6-6(c)所示。当铁磁性物质离开外磁场时,物质中磁畴出现局部转动,但仍保留一定的剩余磁性,如图 6-6(d)所示。

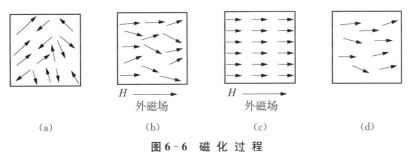

图 6-6　磁　化　过　程

(a)磁化强度为零;(b)磁化强度增大;(c)磁饱和状态;(d)剩磁状态

3. 磁化曲线(磁特性曲线)

磁化曲线是表征铁磁性材料磁场强度 H 与磁感应强度 B 或磁场强度 H 与磁化强度 M 之间的关系曲线,常用 $M-H$ 或 $B-H$ 来表示。如图 6-7 所示。

铁磁性材料典型磁化曲线($M-H$ 或 $B-H$ 曲线)反映了铁磁性材料共同磁化特点。

磁化前,铁磁性材料表现为磁中性,即对外不显示磁性,$H=0$,$M=0$。

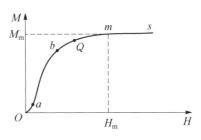

图 6-7　铁磁性材料的磁化曲线

当外加磁场逐渐增加时,M 随 H 的增加而增加,表现为刚开始增加较为缓慢,即

图 6-7 的 Oa 段曲线,此状态下的磁化是可逆的,若是减小外加磁场,则出现磁化强度随之减小的情况,在这个阶段起主要作用的是可逆的磁畴畴壁位移,而由于外加磁场较小,磁畴磁矩的可逆转动作用还未出现明显的方向改变。

当外加磁场继续增加时,M 随 H 的增加而出现急剧的增加,即图 6-7 的 ab 段,此时若减小外加磁场,磁化强度将不再随之出现较大的减小,此段中起主要作用的是不可逆的畴壁位移,同时,也出现磁畴磁矩方向改变较明显的情况,导致 M 急剧增大,称为巴克豪森效应,通过实验发现,最大磁导率就出现在这个阶段。

随着外加磁场达到一定值,M 不再随着 H 的增加而急剧地增加,即增速缓慢,即图 6-7 的 bQ 段和 Qm 段,bQ 段中起主要作用的是磁畴磁矩的转动,称为旋转磁化区;Qm 段磁畴磁矩方向已基本与外加磁场方向一致,所以称为近饱和区。

当外加磁场达到 m 点后,若继续增加外加磁场 H,则磁化强度不再随之变化,维持在饱和磁化强度 M_m,出现磁化饱和效应,即图 6-7 的 ms 段,此状态下磁畴磁矩方向已完全与外加磁场方向一致,所以称为饱和区。

图 6-7 的 Om 曲线段组成初始磁化曲线,需要注意的是初始磁化曲线与磁滞回线是不同的。初始磁化曲线是研究铁磁性材料磁化特性所必备的方式,针对不同的铁磁性材料,其各自产生的初始磁化曲线也是不一样的,但大致的走势都与图 6-7相似,我们在磁粉检测仪中就是利用初始磁化曲线来选取周向磁化磁场的大小,需要注意的是在使用连续法磁化时,保持磁化处于 bQ 段,最好能够保持在 Qm 段,这样才能保证磁化效果,保证磁粉检测仪的检测灵敏度。

4. 磁滞回线

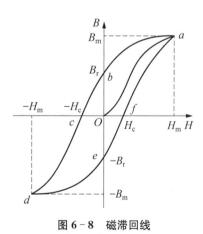

图 6-8　磁滞回线

当施加外磁场强度 H 周期性变化时,铁磁性材料产生磁滞现象的闭合磁化曲线,称为磁滞回线,如图 6-8 所示的 a-b-c-d-e-f-a 这一封闭曲线,即材料内的磁感应强度 B 是按照一条对称于坐标原点的闭合磁化曲线,并且只有交流电才会产生。磁滞回线可以阐述铁磁性材料反复磁化过程中磁感应强度 B 与磁场强度 H 之间的关系。

将铁磁性材料置于外加磁场中,磁场强度 H 从 0 开始逐渐增大,磁感应强度 B 将沿图 6-8 中 Oa 曲线逐渐增加,直至到达磁饱和状态 B_m。若继续增大 H,材料的磁化状态将保持不变,此时,磁感应强度达到饱和值 B_m 对应的磁场强度为 H_m,Oa曲线称为初始磁化曲线。

此后若减小磁场,磁化曲线从 B_m 点开始并不沿原来的起始磁化曲线返回,这

表明磁感应强度 B 的变化滞后于 H 的变化,这种现象称为磁滞。当 H 减小为零时, B 并不为零,而等于剩余磁化强度 B_r,简称剩磁。要使 B 减到零,必须加一反向磁化场,而当反向磁化场加强到 $-H_c$ 时, M 才为零, H_c 称为矫顽力。

如果反向磁化场的大小继续增大到 $-H_m$ 时,铁磁性材料将沿反方向磁化到达饱和状态 d,对应的磁感应强度饱和值为 $-B_m$, d 点和 a 点相对于原点对称。

若使反向磁化场减小到零,然后又沿正方向增加到 H_m。铁磁性材料磁化状态将回到正向饱和磁化状态 B_m。

5. 铁磁性材料及特点

1) 铁磁性材料的分类

矫顽力 H_c 是反映材料磁化和退磁的难易程度,根据矫顽力 H_c 大小,铁磁性材料分为软磁材料和硬磁材料两大类。一般认为, $H_c < 100\,A/m$ 的材料为软磁材料, $H_c \geqslant 100\,A/m$ 的材料为硬磁材料,其磁滞回线如图 6-9 所示。

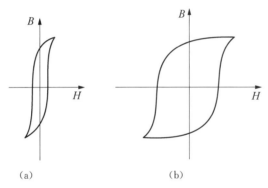

图 6-9　不同材料的磁滞回线

(a)软磁材料;(b)硬磁材料

由图 6-9 可以看出,软磁材料是指磁滞回线狭长,具有高磁导率、低剩磁、低矫顽力和低磁阻的铁磁性材料,磁粉检测时容易磁化,也容易退磁,常用的软磁材料有低碳钢、电工用纯铁和软磁铁氧体等材料。

硬磁材料是指磁滞回线肥大,具有低磁导率、高剩磁、高矫顽力和高磁阻的铁磁性材料,磁粉检测时难以磁化,也难以退磁,常见的硬磁材料有铝镍钴、稀土钴和硬磁铁氧体等材料。

2) 铁磁性材料的特点

(1) 高导磁性。铁磁性材料的磁导率很高,能在外加磁场中强烈地被磁化,产生很强的附加磁场。

(2) 磁饱和性。由于磁化产生附加磁场,铁磁性材料磁感应强度不会随外加磁场增加而无限增加,当外加磁场达到一定程度后,铁磁性材料中全部磁畴的方向与外磁场方向一致,磁感应强度不再增加,此时达到磁饱和。

(3)磁滞性。当外加磁场的方向发生变化时,铁磁性材料磁感应强度的变化滞后于磁场强度的变化,导致剩磁存在,即使外磁场强度减小到零时,仍然保持一定的剩磁。

3)影响铁磁性材料磁特性的因素

磁粉检测的对象基本上是钢铁,而钢铁材料的磁性主要受其化学成分及杂质含量、材料组织结构、热处理工艺及其他加工工艺的影响。

(1)化学成分及杂质含量的影响。

按化学成分,钢分为碳素钢和合金钢。一般情况下,碳素钢随着含碳量的增加,磁性将"硬化";合金钢随着合金元素种类和含量的增加,磁滞回线也逐渐变得"肥大",使材料磁性变"硬",但硅作为专用组元加入时除外,如硅钢,则使得磁性变"软"。另外,钢中杂质元素硫、磷等的失常也将使磁性变"硬"。

(2)组织结构的影响。

钢的组织结构主要是指金相组织和晶体结构。不同晶体结构磁特性不一样,面心立方的 γ 铁是非磁性的,不能被磁化,但体心立方的 α 铁是铁磁体,能被磁化。

(3)热处理工艺的影响。

不同热处理条件下,各种组织成分含量不同,因此磁性也不相同,居里温度也不一样。一般情况下,淬火后随着回火温度的升高,最大磁导率、饱和磁感应强度变大,矫顽力降低,磁滞回线变狭窄,磁性变软。

(4)加工工艺的影响。

不同的加工工艺(如冷拔、冷轧、冷挤压)会造成加工方向和非加工方向上存在磁性差异。一般情况下,冷加工后表面会硬化,表面硬度增加,材料磁性减弱,磁性变"硬"。

另外,材料或者工件的形状对磁性也有很大的影响,主要是因为退磁因子和退磁场的作用,详细内容见"6.1.4 磁路与磁场 3.退磁场"。

6.1.3 电流与磁场

电流能够产生磁场,变化的磁场在闭合导体回路中产生电流和电动势。感应电流在线圈中流动时,也要产生磁场,这种磁场称为感应磁场,其方向与外加磁场方向相反,对激励磁场的变化起反向的阻碍作用。感应电动势只能在磁通发生变化的磁场中产生,当磁通没有变化时,就不会产生感应电动势和感应电流。

1.通电圆柱导体产生的磁场

1)磁场方向及磁场强度

(1)磁场方向。

通电导体内部及周围都存在磁场,这种现象称为电流的磁效应。当电流流过圆柱导体时产生的磁场是以导体中心轴线为圆心的同心圆,如图 6 - 10 所示,磁场方向是这些同心圆的切线方向,通常称为周向磁场,符合右手螺旋定则,即用右手握住导体,拇指指向电流方向,其余四指弯曲的指向就是磁场的方向,如图 6 - 11 所示。

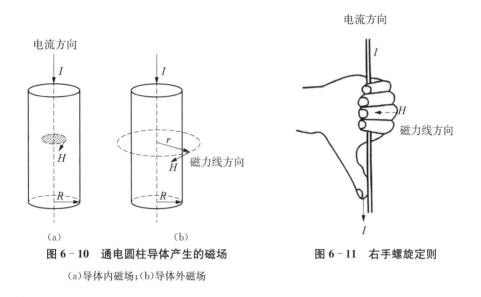

图 6 - 10　通电圆柱导体产生的磁场

(a)导体内磁场;(b)导体外磁场

图 6 - 11　右手螺旋定则

(2) 磁场强度。

根据安培环路定理 $\oint H \mathrm{d}l = \sum I$,若采用国际单位制(SI),则通电圆柱导体周围的磁场强度为

$$H = \frac{I}{2\pi R} \tag{6-1}$$

式中,H 为磁场强度(A/m);I 为电流强度(A);R 为圆柱体半径(m)。

若采用高斯单位制(CGS),$1O_e \approx 80\,\mathrm{A/m}$,$R$ 单位为 cm,则式(6-1)变为

$$H = \frac{1}{80} \times \frac{I}{2\pi R/100} = \frac{100}{800 \times 2\pi} \times \frac{I}{R} = \frac{0.2I}{R} \text{ 或 } I = 5RH \tag{6-2}$$

式中,H 为磁场强度(O_e);I 为电流强度(A);R 为圆柱体半径(cm)。

如果把式(6-2)进一步变化,用导体直径 D 代替半径 R,且单位为 mm,则变为

$$I = \frac{HD}{4} \tag{6-3}$$

式中,H 为磁场强度(O_e);I 为电流强度(A);D 为导体直径(mm)。

在国际单位制下,

$$I = \frac{HD}{320} \tag{6-4}$$

式中,H 为磁场强度(A/m);I 为电流强度(A);D 为导体直径(mm)。

a. 圆柱导体内部 r 处 $(r < R)$ 的磁场强度,如图 6-10(a)所示,根据安培环路定理,与电流 I 成正比,与该点至导体中心轴线的距离 r 成反比,与导体半径 R 的平方成反比,即

$$H = \frac{Ir}{2\pi R^2} \tag{6-5}$$

b. 圆柱导体外部 r 处 $(r > R)$ 的磁场强度如图 6-10(b)所示,根据安培环路定理,与电流 I 成正比,与该点至导体中心轴线的距离 r 成反比,即

$$H = \frac{I}{2\pi r} \tag{6-6}$$

2) 应用及特点

(1) 磁化规范的确定。

例如,使用连续法检测时,表面磁场强度应达到 $2.4 \sim 4.8\,\text{kA/m}(30 \sim 60\,\text{Gs})$,即磁场强度为 $2\,400 \sim 4\,800\,\text{A/m}$,代入式(6-4)得

$$I = \frac{HD}{320} = \frac{(2\,400 \sim 4\,800)D}{320} = (7.5 \sim 15)D \approx (8 \sim 15)D$$

这也就是"表 6-2 中轴向通电法和中心导体法"中连续法磁化规范公式的由来。

(2) 钢棒通电法磁化。

钢棒通交流电、直流电磁化后的磁场强度、磁感应强度分布情况如图 6-12 所示。

a. 交流电、直流电通电磁化同一钢棒时磁场强度分布及特点,如图 6-12(a)所示。

共同之处:钢棒中心处的磁场强度为零;钢棒表面磁场强度最大;离开钢棒表面,磁场强度随 r 的增大逐渐减小。

不同之处:直流电磁化从钢棒中心点到表面,磁场强度呈直线上升到最大值;交流电磁化,由于集肤效应,只有在钢棒近表面才出现磁场强度并缓慢上升,在接近表面时迅速上升到最大值。

b. 交流电、直流电通电磁化同一钢棒时磁感应强度分布及特点,如图 6-12(b)所示。

与图 6-12(a)不同之处:由于钢棒磁导率 μ 高,根据公式 $B = \mu H$ 得知 B 远大于 H,B_m 远大于 H_m;离开钢棒表面,$\mu_\text{r} \approx 1$,$B \approx H$,故磁感应强度突降后与磁场强度

曲线相重合。

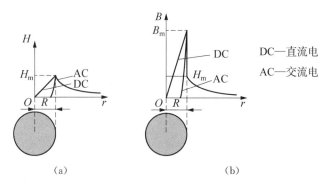

图 6‑12　钢棒通交流电、直流电磁化后的磁场强度和磁感应强度分布示意

（a）磁场强度；（b）磁感应强度

2. 通电钢管产生的磁场

（1）磁场方向。通电钢管产生的磁场方向与通电圆柱导体产生的磁场方向一样用右手螺旋定则来确定。

（2）磁场强度。钢管通交流电、直流电时内部和周围磁场分布情况如图 6‑13 所示，其分布特点如下：

a. 通直流电时，从内表面到外表面，磁场从零开始均匀增加，到外表面达到最大，其值为 μH。

b. 通交流电时，磁场强度和方向都在不断变化。在内表面和外表面之间，从内表面磁场为零开始到接近外表面时，磁场急剧增加，到外表面达到最大，其值为 μH。可以看出，对于检测钢管内表面缺陷，该方法不适宜。

因此，常采用直流电或三相全波整流电中心导体法来检测钢管内表面缺陷。直流电中心导体法磁化钢管时内部和周围磁场分布情况见图 6‑14 所示。

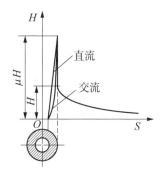

图 6‑13　钢管通交流电、直流电后内部和周围磁场分布示意

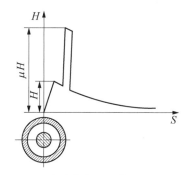

图 6‑14　直流电中心导体法磁化钢管时内部和周围磁场分布示意图

由图 6 - 14 可以看出,磁场在中心导体的轴中心为零,到达外表面时达到最大值 H,随着与导体轴中心的距离增加,磁场逐渐减小;当空心工件置于中心导体的磁场中时,其内表面磁场急剧增大到最大值 μH;随着工件壁厚的增加,磁场略有降低,到外表面时降低到 H_1(略小于 H),随着与工件轴中心距离增加,磁场逐渐减小。可根据式(6 - 1)计算中心导体法磁化电流。

3. 通电线圈产生的磁场

1) 磁场方向及磁场强度

(1) 磁场方向。

通电线圈产生的磁场是与线圈轴平行的纵向磁场,磁场方向可以用右手螺旋法则确定:用右手握住线圈,四指指向电流方向,与四指垂直的拇指所指的方向就是线圈内部的磁场的方向,如图 6 - 15 所示。

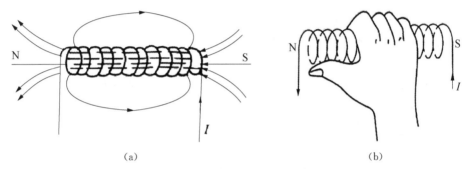

图 6 - 15　通电线圈产生的磁场及方向示意图

(a)通电线圈的磁场;(b)右手螺旋法则

(2) 磁场强度。

对于长度为 L 的空载通电线圈,如图 6 - 16 所示,对于中心上任意一点 P 的磁场强度计算公式为

$$H = \frac{NI}{2L}(\cos\beta_1 - \cos\beta_2) = \frac{NI}{L}\cos\beta = \frac{NI}{\sqrt{L^2 + D^2}} \tag{6 - 7}$$

式中,H 为磁场强度(T);N 为线圈总匝数;L 为线圈长度(m);I 为通过线圈的电流(A);β_1 为 P 点处轴线与线圈一端的夹角;β_2 为 P 点处线圈两端的夹角;NI 为线圈的磁通势,简称磁势,单位为安匝(AN);D 为线圈直径(或线圈内径)(m);β 为线圈对角线与轴线间的夹角。

2) 线圈分类

(1) 按结构不同,线圈分为固定式和缠绕式。固定式线圈是将绝缘导线按螺旋

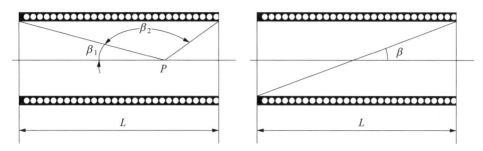

图 6‑16　通电线圈产生的磁场示意图

方式缠绕在专用骨架上的圆筒形线圈,分为单层和多层绕组两种;缠绕式线圈是用软电缆缠绕在工件上的线圈。

(2) 按工件截面在通电线圈截面内的填充系数不同,线圈分为低填充系数线圈、中填充系数线圈、高填充系数线圈,具体内容详见"6.2.3　磁化规范　2.常见几种磁化方法的磁化规范　4)线圈法的磁化规范"。

(3) 按通电线圈长度 L 与直径 D 之比不同,线圈分为短螺管线圈($L<D$)、有限长螺管线圈($L>D$)、无限长螺管线圈($L\gg D$)。

a. 短螺管线圈在实际检测中经常用到,内部中心轴线上磁场分布极不均匀,中心比两端强,如图 6‑17(a)所示。

b. 有限长螺线管在实际检测中的应用场合较短螺线管次之,内部中心轴线上磁场分布均匀,向端部靠近逐渐减弱,两端磁场强度约为中心的 1/2,如图 6‑17(b)所示。

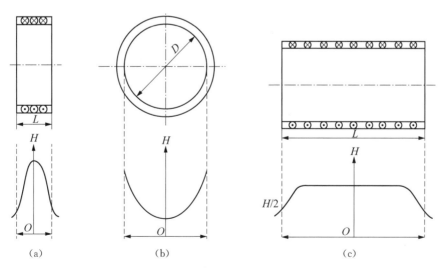

图 6‑17　螺管线圈的磁场分布示意

(a)短螺线管线圈轴线的磁场分布;(b)螺线管横截面的磁场分布;(c)有限长螺线管轴线的磁场分布

c. 无限长螺管线圈在实际检测中很少用,线圈内部磁场分布均匀且只存在于线圈内部。

在线圈横截面上,对于所有螺管线圈,靠近线圈内壁的磁场强度都比线圈中心强,如图 6-17(c)所示。

6.1.4 磁路与磁场

1. 磁路与磁阻

1)磁路

磁力线(磁感应线)通过的闭合路径称为磁路,它是由磁力线通过的铁磁性材料及空气隙(或其他弱磁质)所组成的闭合回路。比如,当一个两极电磁轭放在铁磁性材料表面上进行磁化时,磁极-工件-磁极就构成了电磁轭的外磁路。

在磁通量恒定的情况下,除磁饱和情况外,磁路中的磁感应强度大小与磁路的横截面积大小成反比,磁路截面越小,磁感应强度越大,单位面积中通过的磁力线就越多,这也是标准中规定交流磁轭的提升力小于直流磁轭提升力的原因,因为,在同样安匝数的电磁轭条件下,由于交流电有趋肤效应,磁路截面积小于直流电磁轭激发这种情况,因此交流电磁化能得到的磁感应强度较强。

2)磁阻

磁路与电路类似,因此可用电路来模拟磁路,如图 6-18 所示。

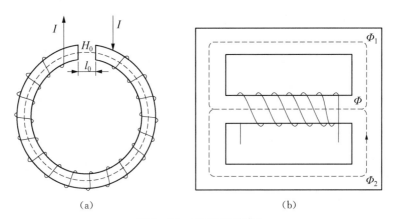

(a)   (b)

图 6-18 磁路示意图

(a)串联磁路;(b)并联磁路

根据磁路定理,磁通量等于磁动势与磁阻之比,即

$$\phi = \frac{\mu SIN}{L} = \frac{IN}{R_m} = \frac{F}{R_m} \qquad (6-8)$$

式中, μ 为磁导率; S 为磁路的截面积; L 为磁路的长度; F 为磁势; R_m 为磁阻, $R_m = \dfrac{L}{\mu S}$。

a. 串联磁路。如图 6-18(a)所示,串联磁路的磁阻等于串联各部分磁阻之和,即

$$R_m = R_{m1} + R_{m0} \tag{6-9}$$

式中, R_{m1} 为铁环的磁阻; R_{m0} 为空气隙的磁阻。

因此,根据式(6-8),得出串联电路磁通量为

$$\phi = \frac{IN}{R_{m1} + R_{m0}} = \frac{F}{R_m} \tag{6-10}$$

b. 并联磁路。如图 6-18(b)所示,并联磁路磁阻的倒数等于各支路磁阻的倒数之和,即

$$\frac{1}{R_m} = \frac{1}{R_{m1}} + \frac{1}{R_{m2}} \tag{6-11}$$

因此,根据式(6-8),得出并联电路磁通量为

$$\phi = \frac{IN}{R_m + R_{m\phi}} \tag{6-12}$$

式中, R_{m1}、R_{m2}、$R_{m\phi}$ 为各分支路及中部磁路的磁阻。

2. 漏磁场

当铁磁性工件被外磁场磁化后,在工件表面或近表面缺陷处、磁路的截面突变处等的磁力线发生畸变,从而逸出工件表面形成的磁场,称为漏磁场,如图 6-19 所示。

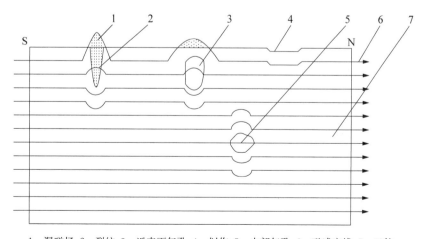

1—漏磁场;2—裂纹;3—近表面气孔;4—划伤;5—内部气孔;6—磁感应线;7—工件。

图 6-19　不连续性处漏磁场分布

1) 缺陷漏磁场形成的原因

空气或其他非磁性材料的磁导率远低于铁磁性材料比如钢铁的磁导率,当存在缺陷的铁磁性工件被磁化时,则磁感应线优先通过磁导率高的工件,从缺陷下部基体材料的磁路中"压缩"通过,另一部分则从缺陷进入空气再回到工件,形成漏磁场。

2) 影响缺陷漏磁场的因素

影响缺陷漏磁场的因素主要有外加磁场、磁化电流、工件材料及状态、工件表面覆盖层和缺陷位置及形状等。

(1) 外加磁场的影响。外加磁场越大,缺陷处漏磁场越大,磁粉检测时一般要求被检工件中产生的磁感应强度大于等于被检材料饱和磁感应强度 B_m 的80%。

(2) 磁化电流的影响。由于集肤效应,交流电磁化时表面磁场最大,检测表面缺陷最灵敏,随着深度的增加,磁场显著变弱;直流电磁化时渗透深度最深,能检测埋藏较深的缺陷,对近表面缺陷,直流电产生的漏磁场比交流电的大。

(3) 工件材料及状态的影响,主要包括晶粒大小、含碳量、合金元素、热处理、冷加工5部分内容。

a. 晶粒大小的影响。晶粒越小,磁导率越小,矫顽力越大,漏磁场越大;相反,晶粒越大,磁导率越大,矫顽力越小,漏磁场越小。

b. 含碳量的影响。对热处理相近的碳钢,含碳量增加,其矫顽力呈线性增加,相对磁导率下降,漏磁场增加。

c. 合金元素的影响。合金元素的加入使得材料硬度增加,矫顽力增加,漏磁场增加,比如正火状态下的 40♯ 钢和 40Cr 钢,矫顽力分别为 584 A/m、1 256 A/m。

d. 热处理的影响。对于钢材的淬火,可提高矫顽力和剩磁,漏磁场增大;淬火后随着回火温度升高,材料变软,矫顽力降低,漏磁场降低。

e. 冷加工的影响。冷加工如冷拔、冷轧、冷挤压等加工工艺使得材料表面硬度增加,矫顽力增大,剩磁增大,漏磁场增大。

(4) 工件表面覆盖层的影响。表面非磁性覆盖层如油漆、电镀层、腻子等会导致漏磁场的减小,当覆盖层达到一定程度时,漏磁场不能穿透覆盖层,不吸附磁粉,没有磁痕显示,因此,在磁粉检测前应尽量打磨工件表面,清除工件表面的油漆、铁锈等。对于表面覆盖层的要求,不同标准会有相关规定,比如《承压设备无损检测　第4部分:磁粉检测》(NB/T 47013.4—2015)规定:"被检工件表面有非磁性涂层时,如能保证涂层厚度不超过 0.05 mm,并经检测单位(或机构)技术负责人同意和标准试片验证不影响磁痕显示后可带涂层进行磁粉检测,并归档保存验证资料。"

(5) 缺陷位置及形状的影响,主要包括缺陷的走向、缺陷埋藏深度及缺陷深宽比。

a. 缺陷的走向。缺陷走向与磁场方向平行或夹角小于 $30°$ 时几乎不产生漏磁场,不能检出缺陷;缺陷走向与磁场方向垂直时产生漏磁场最大,最有利于缺陷的检出,灵敏度最高。

b. 缺陷的埋藏深度。同样的缺陷,埋藏深度的加大所产生的漏磁场急剧减小。

c. 缺陷深宽比。在一定范围内,缺陷深宽比越大,漏磁场也越大,缺陷越容易被检出,比如横向裂纹产生的漏磁场比气孔产生的大,就更容易被检出;深宽比越小,缺陷处溢出的磁力线就越少,形成的漏磁场就越小,这就是工件表面划伤或宽的沟槽不容易形成磁痕显示的原因。

3. 退磁场

所谓退磁场是指铁磁性工件被外加磁场 H_0 磁化时在工件中产生的磁场,又称为反磁场,用符号 H_d 表示。退磁场 H_d 大小与材料的磁极化强度 J 成正比,方向相反,即

$$H_d = -N_d \times \frac{J}{\mu_0} \tag{6-13}$$

式中,N_d 为退磁因子,只与工件的几何形状有关,负号表示退磁场方向与磁化磁场方向相反;$J = B_0 - \mu_0 H$,与材料磁性相关。

退磁场对外加磁场起到抵消作用,真正用于磁化工件的有效磁场 H 在数值上等于外加磁场 H_0 减去退磁场 H_d,即

$$H = H_0 - H_d = H_0 - N_d \times \frac{B_0 - \mu_0 H}{\mu_0} \tag{6-14}$$

影响退磁场的因素很多,常见的有

(1) 外加磁场的影响。外磁场强度越大,退磁场也越大。

(2) 工件几何形状的影响。退磁因子越大,退磁场越大。

(3) 工件长径 L/D 的影响。长径比 L/D 越大,退磁场越小;对于钢管或空心圆柱体的退磁场,也按长径比来计算,此时 D 应该是 D_{eff},$D_{eff} = 2\sqrt{\frac{S}{\pi}}$,$S$ 为有效截面积,即:①对于钢管:$D_{eff} = 2\sqrt{\frac{(S_1 - S_2)}{\pi}}$,其中,$S_1$、$S_2$ 分别为钢管外围面积和中空面积;②对于空心圆柱体:$D_{eff} = 2\sqrt{D_1^2 - D_2^2}$,其中,$D_1$、$D_2$ 分别为空心圆柱体外直径和中空直径。

(4) 对于同一工件,交流电比直流电产生的退磁场小。

(5) 磁化尺寸相同的钢管和钢棒,钢管比钢棒产生的退磁场小。

6.2 磁化电流、磁化方法和磁化规范

6.2.1 磁化电流

1. 磁化电流的分类

磁粉检测中的磁场是用电流来产生的。所谓磁化电流就是指为了在被检工件上产生磁场而采用的电流。磁粉检测所采用的电流有交流电、整流电、直流电和冲击电流四大类,其中冲击电流因其使用性能的限制目前应用比较少,仅在一些特殊场合使用。

1) 交流电

(1) 基本知识。

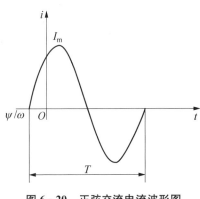

图 6-20 正弦交流电流波形图

不同于直流电,交流电的电压、电流的大小和方向会随着时间发生改变。常用的交流电(alternating current,AC)波形为正弦曲线,它是指电压、电流的大小和方向随时间按正弦规律交变的电流,如图 6-20 所示。交流电流瞬时值 i 一般可表示为

$$i = I_m \cos(\omega t + \varphi) \qquad (6-15)$$

式中,I_m 为交流电的峰值;ω 为角频率(rad/s);φ 为初相位(rad);t 为时间(s)。

交流电的电流和电压瞬时值会随时间而变化,在实际工程中,常采用交流电的有效值来衡量其大小。在相同的电阻上分别通以直流电流与交流电流,经过一个交流周期的时间,如果它们在电阻上所损失的电能相等,我们将该直流电流的大小作为交流电流的有效值。正弦交流电电流的有效值 I 为

$$I = \frac{I_m}{\sqrt{2}} \approx 0.707 I_m \qquad (6-16)$$

同理,正弦交流电电压的有效值 U 为

$$U = \frac{U_m}{\sqrt{2}} \approx 0.707 U_m \qquad (6-17)$$

式中,U_m 为交流电压的峰值。

在工程实际中,通常标注正弦交流电电压、电流的大小都是指其有效值。

正弦交流电流的平均值 I_a 是指一个周期内电流绝对值的平均值,由于正弦交流电流波形正负半周电流绝对值是一样的,因此,正弦交流电流的平均值 I_a 等于正半周期的平均值,即

$$I_a = \frac{2}{\pi} I_m \approx 0.637 I_m \qquad (6-18)$$

同理,正弦交流电电压的有效值 U_a 为

$$U_a = \frac{2}{\pi} U_m \approx 0.637 U_m \qquad (6-19)$$

(2)交流电的特点。

a. 交流电的优点:趋肤效应使得工件表面电流密度最大,从而磁通密度也最大,表面缺陷漏磁场多,因此表面缺陷的检测灵敏度高;设备结构简单,有利于现场检测;便于实现复合磁化和感应磁化;因交流电产生的磁场集中在被检工件表面,加上交流电本身不断地变化方向,因此很容易将被检工件上的剩磁退掉;磁化变截面工件的时候磁场分布较均匀,退磁场小;由于交流电方向不断变化,产生的磁场方向也不断改变,有利于磁粉迁移,磁痕形成速度比较快;交流电磁化时工序间不用退磁;用于鉴别直流电或整流电磁化发现的磁痕显示是表面缺陷还是近表面缺陷;便于现场检测在役工件表面疲劳裂纹,且灵敏度高。

b. 交流电的局限性。受趋肤效应的影响,检测深度较小,对近表面缺陷检测灵敏度不如整流电;用剩磁法检验时,受交流电断电相位的影响,剩磁大小不够稳定,缺陷容易漏检,因此应配备断电相位控制器。

(3)交流电的断电相位。

正弦交流电与产生剩磁的关系如图 6‑21 所示。

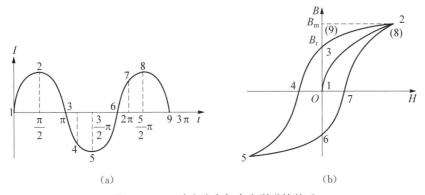

(a)　　　　　　　　　　　　　　　(b)

图 6‑21　正弦交流电与产生剩磁的关系

(a)正弦交流电随时间变化的曲线;(b)正弦交流电磁滞回线

如果在正弦周期 $\frac{\pi}{2}\sim\pi$(图 6-21 中位置 2、3)、$\frac{3\pi}{2}\sim2\pi$(图 6-21 中位置 5、6),及对应磁滞回线的 2~3 和 5~6 段范围内断电时,能够得到最大剩磁 B_r;而如果在正弦周期 $0\sim\frac{\pi}{2}$(图 6-21 中位置 1、2)、$\pi\sim\frac{3\pi}{2}$(图 6-21 中位置 3、5)断电时,每次断电后的剩磁大小都不一样,甚至有可能正好在零位断电时剩磁为零,不能满足剩磁检测的需求,工件中可能完全没有剩磁,造成检测灵敏度降低甚至漏检,因此,此时电流的反向起退磁作用,尤其是 3~4 和 6~7 正好对于磁滞回线的矫顽力即 4~O 和 7~O 段。

因此,剩磁法检测时配备断电相位控制器就是为了保证剩磁的稳定,即通过逻辑电路的控制保证磁化交流电在 $\frac{\pi}{2}\sim\pi$ 或 $\frac{3\pi}{2}\sim2\pi$ 范围内断电,使得在被检工件上获得稳定的最大剩磁,从而满足检测灵敏度的要求。

2)整流电

整流电是通过对交流电的整流得到的,包括单相半波整流电、单相全波整流电、三相半波整流电和三相全波整流电四种,其中最常用的是单相半波整流电和三相全波整流电。磁粉检测缺陷深度从高到低排列为三相全波整流电、三相半波整流电、单相全波整流电、单相半波整流电。

(1)单相半波整流电。

单相半波整流电是通过整流将单相正弦交流电的负向去掉,保留正向电流,形成直流脉冲,每个脉冲持续半周,在各脉冲时间间隔里没有电流的流动。单相半波整流电主要用于局部磁化如磁轭法或触头法的检测,并与干粉结合使用,以达到一定的检测深度。

单相半波整流电的优点:既有直流电的透入性,又有交流电的脉动性,兼顾了表面和近表面缺陷的检测灵敏度,有利于近表面缺陷的检测,同样能促使磁粉在被检工件表面跳动聚集,有利于磁粉迁移,磁痕形成速度较快,而且退磁也比较容易,剩磁稳定,不需配备断电相位控制器。

单相半波整流电的局限性主要体现在退磁比较困难,这是由于电流渗入深度大于交流电,另外,检测深度不如三相全波整流电和直流电。

(2)三相全波整流电。

交流电经过三相全波整流得到三相全波整流电。三相全波整流电的脉冲程度比单相全波整流电更小,接近直流电。

三相全波整流电的优点:具有很大的渗透性和很小的脉动性,可检测表面埋藏较深的缺陷;剩磁稳定,不需要断电相位控制器;设备输入功率小;适用于检测焊件、带涂镀层工件、铸钢件、球墨铸铁毛坯的近表面缺陷。

三相全波整流电的局限性:退磁困难,要先使用超低频或直流换向衰减退磁设备退磁,然后再经过交流电退磁才能彻底退磁,设备复杂,退磁效率低;由于磁场深入比交流电深,尤其是纵向磁化时,产生的退磁场大;对变截面工件的磁化不均匀;由于没有脉动,磁粉迁移比较困难,因此不适用于干粉法;周向和纵向磁化工序间要退磁。

3) 直流电

大小和方向不随时间变化的电流称为恒定电流,也称为直流电,通常使用蓄电池组或直流发电机供电。稳恒直流不存在纹波系数问题。

直流电的优点:磁场渗入深度大,缺陷的检测深度在各种电流中最大,甚至可达到 6~8 mm;剩磁稳定;适于检测镀铬层下的裂纹、闪光电弧焊中的近表面裂纹和焊接件根部未焊透及未熔合。

直流电的局限性:直流电磁化后的工件退磁困难,需要专门的退磁装置;不适用于干粉法检测;退磁场大;周向磁化和纵向磁化工序间要退磁。

4) 冲击电流

一般通过电容器的充放电获得的电流称为冲击电流。冲击电流的优点是磁化设备体积可以做得很小,但能得到很高的输出电流(瞬间可达 10~30 kA);缺点是每次通电时间比较短(0.01 s),在通电时间内完成磁粉施加并向缺陷处迁移困难,因此,只适用于剩磁法检测。

2. 磁化电流的选择

不同电流对工件磁化效果不同,即使磁化电流值相同,磁化场的幅值和分布可能不同。因此,在实际工作中一定要根据具体检测对象和要求,综合考虑多种因素来进行选择,具体来说,可以参考以下一些因素。

(1) 对表面细小缺陷检测灵敏度要求高的检测,采用交流湿法。

(2) 对深度比较深的缺陷,用整流电和直流电。

(3) 交流电剩磁法检测时,为了得到稳定的剩磁,需要配备断电相位控制器。

(4) 交流电磁化,连续法与交流电有效值有关,剩磁法与电流的峰值有关。

(5) 整流电流中,三相全波整流电、三相半波整流电、单相全波整流电、单相半波整流电所含交流分量逐渐增高,直流分量逐渐减少,三相全波整流电接近直流。交流成分越大,检测近表面缺陷能力越小;相反,直流成分越大,探测近表面缺陷能力越强。

(6) 单相半波整流电结合干粉法检测,对工件近表面缺陷检测灵敏度高。

(7) 冲击电流只能用于剩磁法和专用设备。

6.2.2 磁化方法

1. 磁场方向的选择

工件中的缺陷能否检测出，除了与磁场大小有关外，还与缺陷的大小、形状、位置及延伸方向有关。当缺陷延伸方向与磁力线垂直时，缺陷处的漏磁场最大，检测灵敏度最高，缺陷磁痕显示最清晰，检测效果最好；当缺陷延伸方向与磁场方向平行时，不产生磁痕显示，不能发现缺陷；当缺陷延伸方向与磁场方向夹角为45°时，缺陷可以显示，但灵敏度明显降低。

在实际检测中，由于缺陷的性质、走向等都未知，在选择磁场方向的时候有一定的难度，因此，为了尽可能地检测出缺陷，需要综合考虑以下一些因素。

(1) 根据过往同类设备的失效情况及受力情况，综合分析可能产生缺陷的位置和方向。

(2) 磁场方向的选择应尽量与(1)中分析的可能产生的缺陷方向垂直；如果对缺陷位置及方向分析没有把握，则应至少对该工件在两个互相垂直的方向进行磁化两次。

(3) 对工件表面有突起、凹槽、孔洞的检测，应注意磁场方向在这些部位可能会发生畸变产生的非相关显示（具体内容详见"第8章 磁粉检测通用工艺 4.磁痕的观察与记录 1)磁痕的分类 (2)非相关显示。"），因此，检测前最好进行试验验证。

(4) 磁场方向的选择还应考虑退磁场的影响，尽可能选择退磁场小的方向进行磁化。

(5) 被检工件的材质、表面状态及热处理状态等。

2. 磁化方法分类及特点

磁化分类方法有多种，比如按照磁化电流是否通过被检工件，可分为通电磁化法和通磁(磁感应)磁化法，通电磁化时磁化电流直接流经工件产生周向磁场，通磁磁化时工件中通过感应产生磁场而不需要与工件进行电接触，通磁磁化在工件中可以产生周向、纵向或多方向磁场；按照磁场方向对于工件轴线方向位置，以及是否在工件内产生闭合磁场，可分为周向磁化、纵向磁化、复合磁化(多向磁化)及辅助通电法四大类，这也是目前最常用的分类方法。

1) 周向磁化

所谓周向磁化是指电流直接通过工件或者使电流通过贯穿空心工件孔中的导体从而在工件中产生封闭磁场的磁化方法，也称为横向磁化法或环形磁化法，常用来检测与工件轴线或母线方向平行或者夹角小于45°的线性缺陷。周向磁化产生的磁力线方向与磁化电流方向垂直，并沿工件的周向分布，所形成的磁场方向按电流方向以右手定则确定。

根据磁场建立方式的不同，周向磁化可分为直接通电法、中心导体法、偏置芯棒法、触头法、感应电流法、环形件绕电缆法等，如图6-22所示。

```
              ┌轴向通电法：磁化电流沿工件轴向通过的磁化方法
      ┌直接通电法─┤夹钳通电法：通过夹钳夹持工件进行通电的磁化方法
      │         └直角通电法：电流垂直于工件轴向通过的磁化方法
      ├中心导体法：穿棒法、芯棒法、电流贯通法
周向磁化─┤偏置芯棒法：偏心导体法
      ├触头法：支杆法、手持电极法
      ├感应电流法：磁通贯通法
      └环形件绕电缆法：绕电缆法的特例
```

图 6‑22　周向磁化的分类

（1）直接通电法。

直接通电法又称为夹头通电法,是指利用一对能通过电流的接触夹头,使磁化电流直接流过工件并在工件中产生周向磁场的磁化方法。直接通电法主要用来检测与电流方向平行的缺陷,适用于小型或大型的空心或实心工件如焊接件、轴类、锻件、管子、钢坯、机加工件和铸件等。常见的直接通电法如图 6‑23 所示。

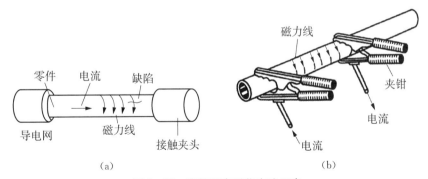

（a）　　　　　　　　　　　　　　（b）

图 6‑23　直接通电磁化方法示意

（a）轴向通电法；（b）夹钳通电法

a. 直接通电法的优点:①磁化方便、快速,不管工件结构简单与否,只要能够夹持,通过在不同方向上的一次或多次通电即可完成整个工件的磁化;②磁化规范计算简单,只与工件截面尺寸有关,所需电流与长度无关,不需考虑工件长度;③用大电流可在短时间内进行大面积磁化;④工艺简单,检测效率高;⑤工件端头无磁极,没有退磁场产生;⑥在整个电流通路的周围产生周向磁场,并且基本上都在工件表面和近表面,磁场沿工件表面均匀分布。

b. 直接通电法的局限性:①工件两端面无法检测;②细长或薄工件夹持时容易变形;③空心工件内表面缺陷无法检测,因为内表面的磁场强度为零;④容易产生电弧打火与烧伤。工件与磁化夹头接触部位有铁锈、氧化皮,磁化电流过大,夹持压力

不足以及在磁化夹头通电时夹持或松开工件等都有可能产生打火烧伤;因此,为了避免在工件上产生电弧打火与烧伤,电极接触部位的铁锈、油漆和非导电涂层要清理干净,必要时在电极上安装带有软橡胶垫的铜编织衬垫,选用合适的磁化电流,在夹持良好的情况下通电,夹持或松开工件时要断电。

（2）中心导体法。

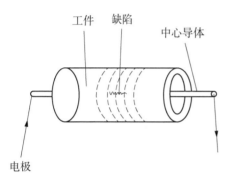

图6-24 中心导体法示意

中心导体法是指将导体穿过空心工件的孔中,并置于孔的中心,电流从导体上通过,形成周向磁场,工件就在导体形成的磁场中得到感应磁化,如图6-24所示。

中心导体法属于感应磁化,主要用来检测空心工件内、外表面与电流方向平行或夹角小于等于45°的纵向缺陷及端面径向缺陷(注意:内表面比外表面的磁感应强度大),适用于管子、空心焊接件和各种有孔的工件比如螺帽、空心圆柱、环形件等。

a. 中心导体法的优点:①磁化电流不从工件上直接流过,不会产生打火(电弧)烧伤工件,不会造成工件过热;②工艺简单,检测效率高,检测灵敏度较高;③空心工件内、外表面及端面都产生周向磁场,能检测空心工件内、外表面和端面缺陷;④磁化规范的计算不需考虑工件长度,所需电流与长度无关;⑤一次通电,工件全部都得到周向磁化,因此,许多重量轻的小工件可穿在芯棒上一次磁化。

b. 中心导体法的局限性:①工件内外表面检测灵敏度不一致,对于厚壁工件,内表面检测灵敏度比外表面高很多;②导体直径要大并且能承受所需的电流,一般要求至少是所检测孔径的80%,导体要置于孔的中心,以保证各部分检测灵敏度一致;③检测大直径空心工件时,所需磁化电流超过中心导体承受极限值或者磁化设备功率不足,则要将导体靠近孔壁,即采用偏置芯棒法,需要转动工件进行多次磁化。

（3）偏置芯棒法。

偏置芯棒法是中心导体法的一种特殊情况。对于直径不大的空心工件,一般将导体置于工件的中心,以便在工件内外壁都能获得所要求的磁场强度。当空心工件直径太大时,检测仪所提供的磁化电流不足以使工件表面都达到所要求的磁场强度,就需要采用偏置芯棒法,即将导体穿入空心工件内孔中并贴近工件内壁放置,电流从导体上通过形成周向磁场。如图6-25所示。

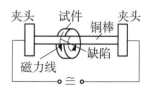

图6-25 偏置芯棒法示意

偏置芯棒法主要用于局部检测空心工件内、外表面与电流方向平行的缺陷和端面径向缺陷,适用于中心导体法检测设备功率达不到的大小环形件和管件。

偏置芯棒法的主要优点是可以充分利用磁化设备的有限功率检测较大型工件,其缺点就是检测效率比较低。

(4) 触头法。

触头法是一种对工件实施局部磁化的方法,用两支杆式触头电极与工件表面紧密接触,通电磁化,在工件上产生一个畸变周向磁场,用于检测与两触头连线平行方向的缺陷,适用于平板对接焊缝、T 形焊缝、管板焊缝、角焊缝及大型铸件、锻件和板材的局部检测。值得指出的是,为了不漏检,当第一次检测完毕后,触头的第二次检测位置必须与第一次检测的位置相差 90°。

触头法分为间距固定式触头磁化和间距非固定式触头磁化两种,如图 6-26 所示。触头电极材料宜用铅、钢或铝,最好不要用铜,因为如果操作不当,容易在工件表面产生电弧打火使得铜渗入工件表面导致金相损伤如软化、硬化、裂纹等,影响材料性能,如果一定要采用铜作为触头电极,则最好在支杆端头包裹铜编织衬垫。

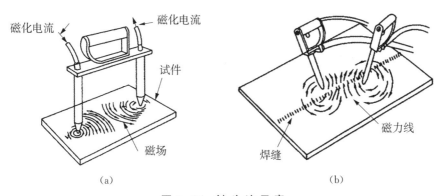

图 6-26 触头法示意

(a)间距固定式触头磁化;(b)间距非固定式磁化

a. 触头法的优点:①设备轻,适于现场检测;②由于多采用交流电,因此,表面缺陷的检测灵敏度比较高;③灵活方便,通过改变触头位置,可将周向磁场集中在经常出现缺陷的区域进行有针对性的检测。

b. 触头法的局限性:①一次磁化只能检测较小区域,每一次磁化区域至少要做互相垂直的两次磁化,对大型铸件、锻件等大面积工件检测时,要分区累积检测,耗时多,检测效率低;②接触不良时容易产生打火(电弧)烧伤工件,电流过大导致工件局部过热;③要根据触头间距来选择磁化电流的大小,即在检测时需要控制好触头间距。

（5）感应电流法。

感应电流法通常指变压器法，是指利用初级线圈产生的磁通经过作为次级线圈套在磁路上的环形工件产生感应电流，进而产生磁场用于检测。感应电流法可检测工件内、外圆表面及侧壁圆周方向与感应电流方向平行的缺陷，如图 6-27 所示。感应电流法适用于直径与壁厚之比大于 5 的薄壁环形件、齿轮和不允许产生电弧及烧伤的工件。

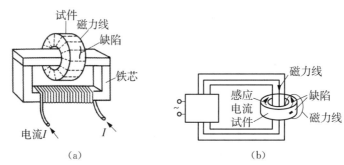

图 6-27　感应电流法示意

(a)感应电流法；(b)变压器法

a. 感应电流法的优点：①不烧伤工件；②能一次磁化整个工件表面，检出工件内、外圆表面及侧壁圆周方向与感应电流方向平行的缺陷；③工件不与磁极或夹头接触，因此，不会因机械压力产生变形。

b. 感应电流法的局限性：①检测工件种类有限，不适合尺寸较大的工件，只能检测环形件及其圆周方向缺陷；②内、外圆周表面灵敏度有差异，内圆表面磁场强度大，检测灵敏度高。

（6）环形件绕电缆法。

环形件绕电缆法是指用软电缆穿绕环形件，通电磁化，产生沿环形件圆周方向的磁场，主要用于检测环形工件内、外表面及侧壁上沿圆周方向的缺陷，适用于大尺寸环形工件的磁粉检测，如图 6-28 所示。

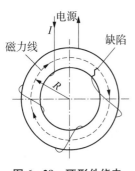

图 6-28　环形件绕电缆法示意图

a. 环形件绕电缆法的优点：①无直接电接触，不烧伤工件；②磁场在工件内是闭合的，无磁极或退磁场的产生。

b. 环形件绕电缆法的局限性：检测时需要缠绕电缆，效率低，不适合批量检测。

2）纵向磁化

所谓纵向磁化是指磁场方向与被检工件纵轴平行的磁

化方法,常用来检测与工件轴线或母线方向垂直或者夹角大于或等于 45°的线性缺陷。

　　产生纵向磁场的磁化方法有很多,常见的有线圈法、磁轭法和永久磁铁法,如图 6 - 29 所示。

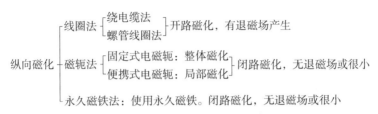

图 6 - 29　纵向磁化的分类

　　所谓开路磁化,是把需要磁化的工件放在线圈中进行的磁化,或者对大型工件进行绕电缆法的磁化。线圈法磁化的磁化力用安匝数表示为 NI。

　　所谓闭路磁化,也称为磁轭法闭路磁化,是把线圈绕在铁心上变成电磁轭或者交叉磁轭对工件进行的磁化。使用磁轭法磁化以提升力来衡量导入工件的磁感应强度或者磁通。

　　(1) 线圈法。

　　线圈法是指将被检工件置于通电线圈中或用软电缆绕在被检工件上,通电,磁化,产生纵向磁场(磁场方向由右手定则确定:用右手握住线圈,四指指向电流方向,拇指方向即为磁场方向),用于检测工件上的横向缺陷(周向缺陷),适用于轴、棒材、管材、铸件、锻件、焊接件等纵长工件检测。线圈法工作原理如图 6 - 30 所示,线圈法的常见种类如图 6 - 31 所示。

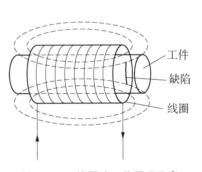

图 6 - 30　线圈法工作原理示意

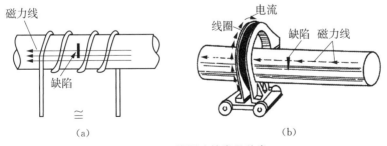

图 6 - 31　线圈法的常见种类

(a)绕电缆法;(b)螺管线圈法

a. 线圈法的优点：①工艺简单，操作方便，直接把工件置于线圈内即可进行检测，检测效率高；②非电接触，不会产生打火(电弧)烧伤工件；③对于大型工件，当线圈过小或进出不方便时，直接用缠绕电缆法就可以得到纵向磁场进行磁化。

b. 线圈法的局限性：①工件端面检测灵敏度较低，缺陷易漏检；②长工件、形状复杂的工件要分段或多次磁化，比较麻烦；③工件端头有退磁场，当工件长径比(L/D)小于2时要考虑在工件端头增加延伸块或加长块。

（2）磁轭法。

磁轭法又称为极间法，是指用电磁轭产生的磁场对被检工件进行整体或局部磁化的方法，如图6-32所示。

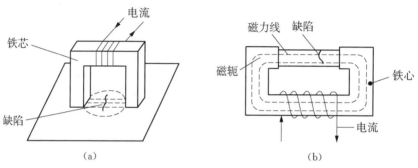

图6-32 磁轭法示意
(a)便携式电磁轭；(b)固定式电磁轭

磁轭法主要用于检测与两极连线方向垂直的缺陷。对于固定式电磁轭(整体磁化)，适用于工件横截面小于磁极横截面的纵长工件的检测；对于便携式电磁轭(局部磁化)，主要适用于如大型铸件、锻件、板材及对接焊缝、T型焊缝、角焊缝、管板焊缝等的局部检测。

a. 磁轭法的优点：①非电接触，避免了打火(电弧)烧伤工件或工件局部过热；②便携式电磁轭体积小，重量轻，非常适合现场检测；③电磁轭可以变换不同检测位置，实现任何方向缺陷的检测，不漏检；④在一定条件下可对有一定漆层厚度且漆膜完整的工件进行检测。

b. 磁轭法的局限性：①磁磁化时，磁极与工件必须接触良好，否则由于空气间隙的存在会增大磁阻，使得有效磁场减弱，灵敏度降低；②对复杂形状或结构的工件检测比较困难；③便携式电磁轭检测区域小，对于大面积工件还要分区、累积检测，检测效率低；④由于缺陷位置、走向等不确定，为了不漏检，必须多方向磁化(至少两次在互相垂直方向进行检测)。

（3）永久磁轭法。

永久磁轭法是指用永久磁铁产生的磁场进行磁化的方法，可用于对工件的局部磁化,主要适用于没有电源和不允许产生电弧引起易燃易爆的场所。

a. 永久磁轭法的优点:不需要电源,不产生打火(电弧)烧伤工件。

b. 永久磁轭法的局限性:①只能局部磁化且磁场大小不能调节,对于大面积工件的检测效率低,不能提供足够的磁场强度以得到清晰的磁痕显示;②如果磁场太强,检测时磁极的移动和提离比较困难,磁极上容易吸附磁粉,并且难以清除,干扰和影响缺陷磁痕的显示。

3) 复合磁化

复合磁化又称为多向磁化,是指两个或两个以上的磁场同时作用于某一工件,在工件中叠加产生一个大小、方向随时间呈圆形、椭圆形或其他形状轨迹变化的组合磁场的一种磁化方法。由于复合磁化能产生多方向的磁场,因此,可以检测到被检工件上所有方向上的缺陷,但复合磁化只能用于连续法的磁粉检测。

复合磁化主要有交叉磁轭法、交叉线圈法、直流电磁轭与交流通电法、直流线圈与交流磁轭法、直流线圈与交流通电法等。

(1) 交叉磁轭法。

常见的交叉磁轭有两个磁极,如同 6 - 33 所示。

磁化时,只能发现与两磁极连线垂直的和成一定角度的缺陷,不能检测平行于两磁极连线方向的缺陷,主要适用于平板对接焊缝或管子直径 $D \geqslant 1\,000\,\text{mm}$ 的对接焊缝磁粉检测。

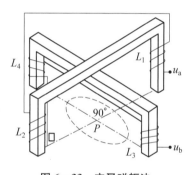

图 6 - 33　交叉磁轭法

交叉磁轭法的特点是能在被检工件上形成旋转磁场,即将两个电磁轭垂直交叉放置在被检工件上,各自通以幅值、频率相同,具有一定相位差的交流电时,将会在磁轭极间中心处的工件表层产生旋转磁场。若电流相位差为 $90°$,则形成圆形的旋转磁场;若电流相位差为 $120°$,则形成椭圆形的旋转磁场。

a. 交叉磁轭法的优点:①一次磁化能检测出工件表面各个方向的缺陷,不漏检;②检测灵敏度和效率很高。

b. 交叉磁轭法的局限性:①只适用于连续法检测,不适用于剩磁法检测,操作要求严格;②交叉磁轭的 4 个磁极磁化工件时要在一个平面,否则灵敏度大幅降低,造成漏检。

(2) 交叉线圈法。

交叉线圈法与交叉磁轭法的原理一样,都能在被检工件表面上形成旋转磁场,不同之处在于交叉线圈法形成的磁场是空间立体旋转磁场,多用于将小型工件放进线圈内磁化进行全表面检测,而交叉磁轭法多用于大型工件表面的局部检测,是在被检工件表面形成旋转磁场。

（3）直流电磁轭与交流通电法的复合磁化。

工件用直流电磁轭纵向磁化的同时用交流通电法进行周向磁化，如图6-34所示。此时直流电磁轭产生纵向磁场大小不变，交流通电产生的周向磁场随时间而变化，其合成磁场就是一个在±45°之间不断摆动的摆动磁场，在被检工件上产生的是一个方向随纵向轴摆动的螺旋形磁场，如图6-35所示。交流磁场值与直流磁场值相差越大，则摆动的范围也越大。

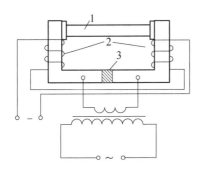

1—被检工件；2—磁化线圈；3—绝缘片。

图6-34 直流电磁轭与交流通电法的复合磁化

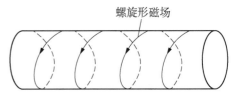

螺旋形磁场

图6-35 工件中的螺旋形磁场

直流电磁轭与交流通电法的复合磁化的优点是在某一瞬间可检测工件任何方向上的缺陷，缺点是工件不同部位上的磁场大小和方向不相同，检测灵敏度不一样。

（4）直流线圈和交流磁轭组合法。

直流线圈和交流磁轭组合法是指周向磁化采用宽带闭路交流磁轭、纵向磁化采用直流双线圈对工件进行复合磁化的一种方法，其产生的合成磁场也是螺旋形磁场。其优点是一次磁化可全部检测工件各方向上的表面缺陷。

4）辅助通电法

辅助通电法是指把通电导体放在被检工件需要检测的位置上进行局部磁化的一种检测方法，如平行电缆法（也称为近导体法、直电缆法）、铜板平行磁化法，一般用于其他磁化方法难以磁化的工件和部位。

（1）平行电缆法。

平行电缆法是指把一根或者多根表面绝缘的通电电缆平行放在待检工件部位的上方对工件进行局部磁化的方法，如图6-36所

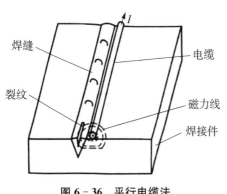

焊缝
裂纹
电缆
磁力线
焊接件

图6-36 平行电缆法

示,主要用于检测与电缆平行的缺陷。检测时,要注意通电电流应为单一方向,避免不同方向磁场相互抵消或受到影响,通电回路电缆也应尽可能远离被检区域。

a. 平行电缆法的优点:①非电接触,避免了工件烧伤、过热;②检测范围大,通电电缆附近区域均能有效磁化。

b. 平行电缆法的局限性:①检测灵敏度低,并且只能检测与电缆平行方向的缺陷;②检测范围大,通电电缆附近区域均能有效磁化。

（2）铜板平行磁化法。

所谓铜板平行磁化法,是指夹持薄壁或者细长工件进行通电法磁化时,工件容易变形或者尖端易烧损,因此,用厚铜板夹持在两个磁化夹头之间,再将被检工件放在铜板上,利用对铜板通电产生周向磁场来检测工件上下表面与铜板通入电流方向相同的缺陷的一种检测方法。

铜板平行磁化法的优点是检测时能避免较薄工件变形或烧伤、过热。

铜板平行磁化法的局限性:①检测灵敏度低;②检测效率低,一次只能检测与铜板电流方向相同的缺陷,并且需要翻动工件和改变工件方向进行多次磁化。

以上主要介绍了常见的一些磁化方法及其特点、适用范围,在实际磁粉检测工作中,如果工序当中需要考虑退磁的情况,则为了退磁方便,一般情况下,先周向磁化,最后纵向磁化,如果一个工件上的横截面尺寸不均匀,则周向磁化时的电流值应分别计算,先磁化小直径,后磁化大直径。

6.2.3 磁化规范

1. 磁化规范的制定

磁场强度过大,对于某些磁化方法来说会产生打火（电弧）烧伤工件,或产生过度背景（过度背景,是指妨碍磁痕分析或评定的磁痕背景,一般是由于工件表面太粗糙、工件表面污染,过高的磁场强度或过高的磁悬液浓度产生的）,出现虚假背景显示从而掩盖相关显示;磁场强度过小,磁痕显示不清晰,难以发现缺陷,容易漏检。因此,对于工件的磁粉检测,在检测前非常有必要制定磁化规范。

磁化规范,是指磁粉检测时根据被检工件的材料、形状、尺寸、缺陷可能走向以及相关检测标准等来确定磁化方向、磁化方式和工艺参数等,也就是在对工件磁化时磁化电流值或磁场强度值在选择过程中所必须遵循的规则。

1）制定磁化规范应考虑的因素

（1）被检工件的规格、表面状态及缺陷性质、大小、大概走向,确定磁化方法、磁化电流种类、磁场强度、有效磁化区以及采用干粉法检测还是湿法检测、荧光磁粉还是非荧光磁粉等。

（2）被检工件材料（材质）、热处理状态和磁特性,确定是采用连续法还是剩磁法。

2）制定磁化规范的方法

制定磁化规范的方法常见的有经验公式计算法、标准试片（块）法、磁场强度计测量法及磁特性曲线法四种。实际磁粉检测中，我们常选择一种或者综合四种方法来确定。

（1）经验公式计算法。根据相关标准规定的磁化规范经验计算公式来进行计算确定，比如下文中"常见的几种磁化方法的磁化规范"，其部分内容依据或来源于NB/T 47013.4—2015及其他相关参考文献或资料来确定的。

（2）标准试片（块）法。用标准试片（块）上的磁痕显示来确定磁化规范，尤其对复杂形状的工件，计算法难以求得磁化规范时，把标准试片贴在磁化工件不同的部位，只要磁痕显示出3/4圆周即可确定大致理想的磁化规范。

（3）磁场强度计测量法。用磁场强度计测量施加在被检工件表面的切向磁场强度。连续法检测时应达到 $2.4 \sim 4.8\,\text{kA/m}$（$30 \sim 60\,\text{Gs}$），剩磁法检测时应达到 $14.4\,\text{kA/m}$。

（4）磁特性曲线法。利用已知材料的磁特性曲线或实际测绘被检铁磁性材料的磁特性曲线及参数（B、B_r、H_c、μ 等），根据这些参数与外加磁化磁场强度 H 的关系、工件达到磁饱和时的磁感应强度等来确定磁化规范。一般情况下，周向磁化时，剩磁法所需要的磁场强度是连续法的3倍左右；对于采用线圈法纵向磁化，由于存在退磁场且各处退磁因子及产生的退磁场都不同，工件内的有效磁场不等于磁化磁场，因此，不能用该方法来确定纵向磁化规范。

2. 常见的几种磁化方法的磁化规范

1）轴向通电法和中心导体法的磁化规范

轴向通电法和中心导体法的磁化规范根据表6-2中的公式进行计算确定。

表6-2　轴向通电法和中心导体法磁化规范

检测方法	磁化电流计算公式	
	交流电	直流电、整流电
连续法	$I = (8 \sim 15)D$	$I = (12 \sim 32)D$
剩磁法	$I = (25 \sim 45)D$	$I = (25 \sim 45)D$

注：D 为工件横截面上最大尺寸，单位为 mm；I 为电流值，单位为 A。

使用中心导体法进行外表面检测时应尽量使用直流电或整流电；对于管子、空心件或类似的工件，如果是需要同时检测内、外表面缺陷，电流值按外径计算，如果只需检测内表面缺陷，则电流值应按内径计算。

对于工件横截面最大尺寸 D 的计算问题举例说明。比如,一长方形工件,其截面尺寸为 40 mm×60 mm,则工件截面最大尺寸:$D=\sqrt{40^2+60^2}=72.11\text{mm}$。

2) 偏心导体法的磁化规范

对于大直径环形或空心圆柱形工件,当使用中心导体法时,如电流不能满足检测要求,则应采用偏心导体法进行分区域检测,即将导体靠近内壁放置,依次移动工件与导体(芯棒)的相对位置来进行分区域检测。每次外表面有效检测区长度约为 4 倍导体(芯棒)直径 d,如图 6-37 所示,且有一定的重叠,重叠区长度应不小于有效检测区长度的 10%。其磁化电流按表 6-2 中公式计算,式中 D 的数值取导体(芯棒)直径加 2 倍工件壁厚。导体与内壁接触时应采取绝缘措施。

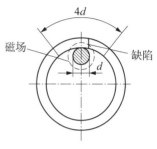

图 6-37　偏心导体法检测区长度示意

例 1:采用直流电或整流电连续法检测一钢管,钢管规格为 $\Phi200×18×1\,200$ mm,用偏心导体法(偏置芯棒法)检测该钢管内、外表面的纵向缺陷,导体(芯棒)直径为 30 mm,求解其磁化电流值,并且计算需要磁化多少次才能完成钢管全部表面检测?

解:磁化电流 I:$I=(12\sim32)D=(12\sim32)×(30+2×18)=(792\sim2\,112)(\text{A})$;

磁化次数 N:$N=\dfrac{\pi\Phi}{4D(1-10\%)}=\dfrac{3.14×200}{4×30×(1-10\%)}=5.8$ 次 ≈6 次。

3) 触头法的磁化规范

当采用触头法局部磁化工件时,触头间距 L 应控制在 75~200 mm,其检测有效宽度为触头中心线两侧各 1/4 极距,两次磁化区域间应有不小于 10% 的磁化重叠;检测时通电时间不应太长,电极与工件之间应保持良好接触,以免烧伤工件;磁化电流可根据表 6-3 计算,并经标准试片验证。

表 6-3　触头法磁化电流选择

工件厚度 T/mm	电流值 I/A
<19	(3.5~4.5)L
≥19	(4~5)L

注:I 为磁化电流(A);L 为触头间距(mm)。

例 2:采用触头间距为 150 mm 的磁粉检测仪,检测一厚度为 16 mm 的平板对接焊缝的表面缺陷,需要多大的磁化电流?

解:磁化电流 I:$I=(3.5\sim4.5)L=(3.5\sim4.5)\times150=(525\sim675)(A)$。

4)线圈法的磁化规范

(1)连续法检测的线圈法磁化规范。

线圈法有效磁化区域:低充填因数线圈法为从线圈中心向两侧分别延伸至线圈端外侧各一个线圈半径范围内;中充填因数线圈法为从线圈中心向两侧分别延伸至线圈端外侧各 100 mm 范围内;高充填因数线圈法或缠绕电缆法为从线圈中心向两侧分别延伸至线圈端外侧各 200 mm 范围内。超过上述区域时,应采用标准试片确定。

当被检工件太长时,应进行分段磁化;每次磁化有效磁化范围不超过其有效磁化区域,且应有一定的重叠,重叠区长度应不小于分段检测长度的 10%。检测时,磁化电流应经标准试片验证。

下述公式或者计算方法对于长径比 $(L/D)<2$ 的被检工件不适用;对于长径比 $(L/D)<2$ 的被检工件,若要使用线圈法时,可利用磁极加长块来提高长径比 (L/D) 的有效值或采用标准试片实测来决定电流值;对于长径比 $(L/D)\geqslant15$ 的被检工件,公式中长径比 (L/D) 取 15。

a. 低充填因数线圈。线圈的横截面积与被检工件横截面积(含中空部分)之比≥10 倍时:

工件偏心放置(紧贴线圈内壁放置)。线圈磁化电流 $I=\dfrac{45\,000}{N(L/D)}$ 或线圈的安匝数 $IN=\dfrac{45\,000}{(L/D)}$,(±10%)。

工件正中放置。线圈磁化电流 $I=\dfrac{1\,690R}{N[6(L/D)-5]}$ 或线圈的安匝数 $IN=\dfrac{1\,690R}{[6(L/D)-5]}$,(±10%)。

其中,I 为施加在线圈上的磁化电流(A);N 为线圈匝数;L 为工件长度(mm);D 为工件直径或横截面上最大尺寸(mm);R 为线圈半径(mm)。

b. 高充填因数线圈或缠绕电缆法。线圈横截面积与被检工件横截面积(含中空部分)之比≤2 倍时:

线圈磁化电流 $I=\dfrac{35\,000}{N[(L/D)+2]}$ 或线圈的安匝数 $IN=\dfrac{35\,000}{[(L/D)+2]}$,(±10%)

c. 中充填因数线圈。线圈横截面积与被检工件横截面积之比大于 2 倍小于 10 倍时:

线圈磁化电流 $I=\dfrac{I_h(10-Y)+I_1(Y-2)}{8N}$ 或线圈安匝数 $IN=$

$$\frac{(IN)_h(10-Y)+(IN)_l(Y-2)}{8}。$$

其中,$(IN)_h$ 为高充填因数线圈计算的 IN 值;$(IN)_l$ 为低充填因数线圈的工件偏心放置或工件正中放置情况计算的 IN 值;Y 为线圈的横截面积与工件横截面积之比。

d. 空心工件检测时的有效直径 D_{eff} 代替 D 情况。

对于 a. 低充填因数线圈、b. 高充填因数线圈或缠绕电缆法中的计算公式中,D 应由 D_{eff} 来代替:

圆筒形工件　　　　　　$D_{eff}=[(D_0)^2-(D_i)^2]^{1/2}$

式中,D_0 为圆筒外直径(mm);D_i 为圆筒内直径(mm)。

非圆筒形工件　　　　　$D_{eff}=[4(A_t-A_h)/\pi]^{1/2}$

式中,A_t 为工件总的截面积(mm^2);A_h 为工件中空部分的截面积(mm^2)。

用高、中、低充填因数线圈磁化同一被检工件,所需安匝数逐渐递增,也就是说,低充填因数线圈需要的磁化电流更大。

(2)剩磁法检测的线圈法磁化规范。

紧固件螺栓用材料一般经过淬火处理,其剩磁和矫顽力满足剩磁法检测的条件,对于其根部横向缺陷一般采用线圈法磁化剩磁法检测。考虑到长径比(L/D)的影响,推荐采用空载线圈中心的磁场强度不小于表 6-4 中所列数值。

表 6-4　空载线圈中心的磁场强度值

长径比/(L/D)	磁场强度/(kA/m)
>2~5	28
>5~10	20
>10	12

5)磁轭法的磁化规范

采用磁轭法磁化工件时,其磁化规范应经标准试片验证。

磁极间距应控制在 75~200 mm,其有效宽度为两极连线两侧各 1/4 极距的范围内,磁化区域每次应有不少于 10% 的磁化重叠。

采用磁轭法磁化时,检测灵敏度可根据标准试片上的磁痕显示和电磁轭的提升力来确定。磁轭法磁化时,两磁极间距 L 一般应控制在 75~200 mm。当使用磁轭最大间距时,交流电磁轭至少应有 45 N 的提升力;直流电磁轭至少应有 177 N 的提升力;交叉磁轭至少应有 118 N 的提升力(磁极与工件表面间隙为 0.5 mm)。采用便携式电磁轭磁化工件时,其磁化规范应根据标准试片上的磁痕显示来验证;如果采用固定式磁轭磁化工件时,应根据标准试片上的磁痕显示来校验灵敏度是否满足要求。

交叉磁轭的四个磁极分别由两相具有一定相位差的正弦交变电流激励,当两个磁轭的几何夹角与两相激励电流的相位差点均等于 90°时,其合成磁场就以与激励电流同样的频率,在四个磁极所在平面不停旋转,形成圆形旋转磁场,在一个周期内磁场的轨迹为圆形。

交叉磁轭检测一般只用几何中心点附近的磁场进行磁化,因为交叉磁轭的磁场无论在四个磁极的内侧还是外侧,其分布都是极不均匀的,只有在几何中心点附近很小的范围内,其旋转磁场的椭圆度变化不大。而离开中心点较远的其他位置,其椭圆度变化很大,甚至不能形成旋转磁场,且四个磁极外侧仍然存在旋转磁场,有效磁化范围较小。

6)感应电流法的磁化规范

连续法 $\qquad I = 5C$

剩磁法 $\qquad I = 16C$

式中,I 为变压器输入电流,A;C 为工件径向截面周长,mm。

感应电流法磁化规范确定后,还要用标准灵敏度试片上的磁痕显示或用毫特斯拉计测量工件表面切向磁场强度来验证。

7)环形件绕电缆法的磁化规范

环形件绕电缆法的磁力线都是同心圆,圆上各处的磁感应强度数值相等,方向是绕环圆周方向,与该处磁力线的圆弧相切。

磁场大小 $\qquad H = \dfrac{NI}{2\pi R} = \dfrac{NI}{L}$

式中,H 为圆环内的磁场强度(A/m);N 为线圈匝数;I 为电流(A);R 为圆环的平均半径(m);L 为圆环的平均长度(m)。

8)平行电缆法(近导体法)的磁化规范

通过电缆的电流有效值为

$$I = 4\pi \times d \times H$$

式中,I 为电流的有效值(A);d 为电缆与被检工件表面的距离(mm);H 为切向磁场强度(kA/m)。

当检测圆柱形工件或者支管接头(如管座与集箱焊缝)的圆弧状拐角时,电缆可环绕在工件或支管表面,并且可紧密地绕数圈。此种情况下,被检表面距电缆或线圈的距离应在 d 的范围内,此时 $d = \dfrac{NI}{4\pi H}$,NI 为安匝数。

第7章　磁粉检测设备及器材

磁粉检测设备是产生磁场,对被检铁磁性材料或工件实施磁化并完成检测工作的专用装置;磁粉检测器材是除完成磁粉检测工作的专用装置外的其他一些必须器材,比如磁粉、磁悬液、反差增强剂、标准试片和标准试块及其他一些辅助器材。

7.1　磁粉检测设备

7.1.1　磁粉检测设备的分类

根据不同的标准或依据,磁粉检测设备分类不同。比如,按照设备的组合方式可分为一体型设备和分立型设备两大类,一体型是磁化电源、磁化线圈、工件夹持装置、磁粉或磁悬液施加装置、照明(观察)装置、退磁装置等组成一体的设备,分立型则是各组成部分按功能单独组成的分立装置,在检测时组合成系统使用的设备;按照重量和可移动性,可分为固定式、移动式、便携式三种。固定式磁粉检测设备属于一体型,移动式和便携式磁粉检测设备属于分立型。

1. 固定式磁粉检测设备

固定式磁粉检测设备一般安装在固定场所,又称为床式设备,体积和重量都比较大,可分为卧式(平放式)和立式两种,一般用卧式,如图7-1所示。最大磁化电流从1 000 A到10 000 A,可用直流电和交流电,当采用直流电时,常用低压大电流经过整流获得直流电。随着使用电流的增大,设备的输出功率、外形尺寸和重量都相应增大。

固定式磁粉检测设备装有一个低电压大电流的磁化电源和可移动的线圈(或固定线圈形成磁轭),可以对被检工件进行多种方式的磁化。如对工件进行直接通电周向磁化,或电流穿过中心导体使工件周向磁化,或用通电线圈及磁轭对工件进行纵向磁化,或产生合成磁场对工件进行各种形式的多向磁化,还能用交流电或直流电对工件退磁。在磁化时,工件水平(卧式)或垂直(立式)夹持在磁化夹头之间,磁化电流可从零至最大激磁电流之间调节。设备所能检测工件的最大截面受最大激磁电流的限

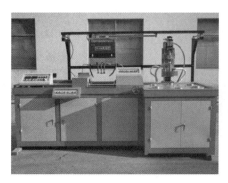

图 7-1　固定式磁粉检测设备

制。设备的夹头距离可以调节,以适应不同长度工件的夹持和检测,但所能检测的工件长度及最大外形尺寸受到磁化夹头的最大间距和夹头中心高的限制。

固定式磁粉检测设备通常用于湿法检查。设备有储存磁悬液的容器及搅拌用的液压泵和喷枪。喷枪上有可调节的阀门,喷洒压力和流量可以调节。这类设备还常常配有支杆触头和电缆,以便对搬上工作台有困难的大型工件实施支杆通电法或电缆缠绕法检测。

2. 移动式磁粉检测设备

移动式磁粉检测设备是一种分立式的检测装置,其实质是一个中小功率的磁化电流发生器,具有较大的灵活性和良好的适应性。它的体积较固定式磁粉检测设备小,重量比固定式轻,一般装有滚轮、可推动,或者可以吊装在车上运到检验现场对大型工件进行检测。

移动式检测设备的额定磁化电流一般为 500~8000A。主体是磁化电源,可提供交流和单相半波整流电的磁化电流。通常配有支杆式触头、简易磁化线圈(或电磁轭)、软电缆等附件。图 7-2 所示为典型的移动式磁粉检测仪。

图 7-2　移动式磁粉检测设备

3. 便携式磁粉检测设备

便携式磁粉检测设备具有体积小、重量轻和携带方便的特点,磁化电流和退磁电流一般为500~2 000 A,非常适合于野外无电源现场操作以及不能进入的容器、桥梁、管道等的现场检测。

便携式磁粉检测设备分类方式很多,按磁化方式分为电磁轭检测仪、旋转磁场检测仪;按电流分为交流、直流、交直流两用型等磁粉检测仪,直流供电电源为可充电电池,一次充电可连续工作时间6小时以上。常见的便携式磁粉检测设备有便携式电磁轭检测仪、便携式旋转磁场检测仪、便携式环型检测仪,如图7-3~图7-5所示。

图7-3 便携式电磁轭检测仪

图7-4 便携式旋转磁场检测仪

图7-5 便携式环型检测仪

目前,便携式磁粉探伤仪已经逐步向数字一体化方向发展,与传统的磁粉探伤仪相比,数字式磁粉探伤仪有以下优点:①带显示屏、摄像头,可实时观察缺陷;②能全程录像、拍照、存储检测记录、打印检测报告;③可自动测量缺陷长度;④实时标注缺陷位置,仪器可以内置检测工件图形;⑤可进行无线传输,实时连接手机或电脑,实现远程数据传输;⑥智能识别磁化,按触工件,自动磁化,离开工件磁化停止,无须按钮,操作更简单;⑦具有自动识别及控制功能,保证在空载时的稳定性;⑧仪器具备智能启动、停止功能;⑨一机两用,白光、荧光可变换。

数字式磁粉探伤仪比较典型的设备有秦皇岛市盛通无损检测有限责任公司制造的STC型系列,如图7-6~图7-9所示。

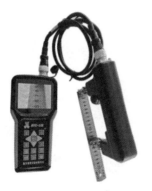

图7-6 数字智能便携式磁粉探伤仪

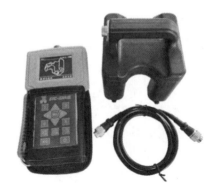

图7-7 数字智能多功能旋转磁场探伤仪

图7-8 便携式交直流磁粉探伤仪

图7-9 智能一体式旋转磁场探伤仪

7.1.2 磁粉检测设备的主要组成

磁粉检测设备一般由电流发生器、工件夹持装置、显示与控制装置、磁粉或磁悬液施加装置、照明装置和退磁装置等组成。

1. 电流发生器

电流发生器的作用是产生磁场、磁化工件,是磁粉检测设备最核心的部分,常用的有低电压大电流式、电容充放电式及逆变方波式三种。

1)低电压大电流式

目前绝大多数的固定式磁粉检测设备采用的都是低电压、大电流模式,其低电压大电流式电流发生器输出的电压一般低于30 V,安全性好、可靠性高。它利用变压器将普通供电的工频交流电转换成低电压、大电流输出,实现对工件的周向磁化,也可通过线圈实现对工件的纵向磁化,可以进行交流磁化,也可经过整流后实现直流电磁化。其工作原理是:由普通电源输入的交流电(380 V 或 220 V)通过调压器改变后供给降压变压器,降压变压器将其变为低电压、大电流输出,可直接对工件进行交流磁化,也可再通过整流器变成整流电对工件进行磁化。如图 7 - 10 所示。

对于移动式磁粉检测设备的磁化电源,则单独采用大电流发生器。

图 7 - 10　低电压大电流式电流发生器工作原理

2) 电容充放电式

电容充放电式电流发生器利用电容充电储能,通过接触器、晶闸管或引燃管等控制负载放电回路瞬间接通,产生脉冲式(可为单脉冲、多脉冲)冲击电流,在瞬间获得较大的磁化电流,常用于剩磁法检测。

3) 逆变方波式

逆变方波式电流发生器是利用电池包提供电源,通过逆变电路,将低压直流电源逆变转换为高压方波电源,主要提供给磁轭和小线圈使用,常用在便携式磁粉检测设备中。逆变电路组成及工作原理如图 7 - 11 所示。

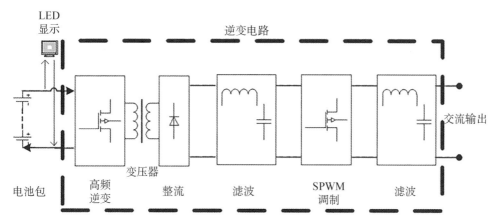

图 7 - 11　逆变电路组成及工作原理

由图 7 - 11 可以看出,电池包提供的直流电压首先由高频逆变电路,通过高频金氧半场效晶体管(metal-oxide-semiconductor field-effect transistor, MOSFET)开关管逆变为低压高频脉冲,并经过变压器升压形成高压脉冲,由整流、滤波电路将高压脉冲进行整流和滤波处理转换为直流高压,将电池提供的直流电压转换为高压直流电压。再经过 SPWM 调制电路将高压直流电压转换为 50 Hz 交流波形,并经过低频滤波电路对波形进行滤波处理,形成交流输出电压提供给电磁轭线圈。

2. 工件夹持装置

夹持装置用于夹紧工件,使其通过电流的电极或通过磁场的磁极装置。固定式磁粉检测设备一般都有工件夹持装置,通常称为磁化夹头或触头。为了满足不同规格工件的检测需要,夹头或触头间距可调,调节方式有手动、气动、电动等。手动调节是利用齿轮与导轨上的齿条配合传动,使磁化夹头沿导轨移动,或者用手来推动磁化夹头在导轨上移动,夹紧工件后自锁;气动调节是将压缩空气通入气缸中推动活塞带动夹紧工件;电动调节是利用行程电机和传动机构使夹头在导轨上来回移动,由弹簧配合夹紧工件,限位开关控制可动磁化夹头停止移动。目前,绝大多数夹头都可 360° 旋转,以保证工件周向各部位有相同的检测灵敏度;为了防止通电时发生打火和烧伤工件,有的还在夹头上包裹铜编织衬垫或铅衬垫。

移动式和便携式磁粉检测设备没有工件夹持装置。移动式磁粉检测设备是一种与电缆相连并将磁化电流导入和导出工件的手持式棒状电极,与工件接触用人工压力或电磁吸头;便携式磁粉检测设备利用磁轭自身接触工件。

3. 显示与控制装置

显示装置主要指电流表及有关工作状态的指示灯;控制装置是控制磁化电流产生和磁粉检测装置使用过程的电气装置的组合,分主控电路和辅助电路,主控电路控制磁化电流产生、磁化动作及退磁需要的电流,辅助电路是液压泵、夹头移动电动机、照明及其他所需的电路。目前,磁粉检测设备采用了晶闸管变流技术和 PLC 程序控制对检测过程进行机电一体化控制,已实现磁粉检测设备的半自动和自动检测。

4. 磁粉或磁悬液施加装置

固定式磁粉检测设备有固定的磁悬液施加装置,由磁悬液槽、液压泵、输液管、喷嘴及回液盘组成。工作时,液压泵将磁悬液槽中的磁悬液搅拌均匀后以一定的压力通过输液管将磁悬液输送到喷嘴并喷淋到被检工件表面,而多余的磁悬液通过回液盘收集后再回流到磁悬液槽中,一般回液盘上还装有过滤网以防止杂物流入磁悬液槽中。喷嘴喷淋方式有手动式和自动式,自动式喷淋由程序控制喷洒系统定时定量多喷嘴同时喷淋磁悬液。

移动式和便携式磁粉检测设备没有固定的搅拌施加装置。湿法检测时,通过使用电动喷壶或手动按压喷壶或喷罐进行手动喷洒磁悬液到被检工件表面;干粉检测时,可用电动式送风器或压缩空气瓶或手动压缩橡皮球等方式通过手动方式将磁粉喷洒到被检工件表面。

5. 照明装置

固定式磁粉检测设备一般都配置照明装置;移动式和便携式磁粉检测设备一般

不配置照明装置,检测时需要另外携带或集成到设备上。照明装置主要有白光灯和黑光灯两种。

关于被检工件表面所需白光和黑光的相关规定及要求详见本书"第 8 章　磁粉检测通用工艺　4.磁痕的观察与记录　2)磁痕的观察"中相关部分内容,在此不作重复阐述。

6.退磁装置

退磁装置可以包含在磁粉检测设备中,也可单独作为一个退磁装置或设备存在。固定式磁粉检测设备一般都有退磁装置;对于移动式磁粉检测设备,有的也内置了可自动变换方向和衰减的直流退磁装置;对于便携式磁粉检测设备,目前也有厂家已经实现了把衰减交流退磁线圈整合在设备中。当采用独立退磁设备时应考虑对电源的特殊要求。

使用退磁设备时应注意退磁方法(交流线圈退磁、交流电衰减退磁、电磁轭退磁或直流衰减退磁等)和电流调节类型(交流电、直流电、超低频电流)以及退磁时的最大场强(若用线圈则在空心线圈中心)。这里简单介绍几种常用的退磁装置或退磁设备。

(1)交流线圈退磁设备。适用于中小型工件的批量退磁,可以采用远离法退磁方式,也可采用衰减法退磁方式。远离法交流退磁线圈利用交流电的自动换向,离开线圈后磁场强度逐渐衰减的原理进行退磁;衰减法交流退磁线圈利用交流电的自动换向,通过控制电路控制磁化电流强度逐渐衰减的原理进行退磁。

对于远离法交流退磁线圈,大型固定式的退磁线圈装有轨道和载物小车,退磁时将工件放在小车上,接通电源后从线圈中通过,并沿轨道由近及远地离开线圈,在距离线圈 1.5 m 以外切断电源,有的设备还装有定时器、开关和指示灯,方便控制退磁进程。

对于衰减法交流退磁线圈,把工件放在线圈内,将线圈中的电流幅值逐渐降到零进行退磁。

(2)直流超低频退磁设备。退磁机内装有集成时序逻辑电路控制的衰减式超低频自动退磁装置,退磁电流在 0～6 000 A 内连续可调,用数字式电表显示;退磁电流能自动调节并可保持大小基本不变;退磁电流频率分 0.39 Hz、1.56 Hz 和 3.12 Hz 三档,退磁一次时间分为 0～15 s、0～30 s、0～60 s 三档。

(3)交叉磁轭、交流电磁轭、交流线圈磁化设备退磁。交流法磁粉检测工作结束后,磁粉检测设备带电离开工件并慢慢远离,完成退磁。

7.2　磁粉检测器材

磁粉检测器材主要有磁粉、载液、磁悬液、反差增强剂、试片与试块及其他辅助器材等。

7.2.1 磁粉

磁粉是磁粉检测的显示介质，主要由高磁导率、低矫顽力和低剩磁的 Fe_3O_4、Fe_2O_3 和工业纯铁粉等组成。磁粉质量的优劣直接影响磁粉检测灵敏度，对检测结果至关重要。

1. 磁粉的分类

磁粉的种类很多，按磁痕观察方式的不同，分为荧光磁粉和非荧光磁粉，且常以干粉状态供货，但用于湿法检测时还可以磁膏或浓缩液形式出售，检测时按一定比例稀释即可；按磁粉施加方式的不同，分为干法用磁粉和湿法用磁粉，干法用磁粉是将磁粉分散在空气中喷撒到工件表面上检测的磁粉，湿法用磁粉是将磁粉悬浮于液体中喷洒到工件表面上检测的磁粉。

1）荧光磁粉

许多原来在可见白光下不发光的物质，在紫外线的照射下能发光，这种现象称为光致发光。光致发光的物质，在外界光源移去后，经过很长时间才停止发光，这种光称为磷光，这种物质称为磷光物质；在外界光源移去后立即停止发光，这种光称为荧光，这种物质称为荧光物质。

在黑光下观察磁痕显示所用的磁粉称为荧光磁粉，一般以磁性氧化铁粉、工业纯铁粉或羰基铁粉为核心颗粒，在外面用环氧树脂包裹一层荧光物质，或将荧光染料化学处理在铁粉表面制作而成。荧光磁粉一般用于湿法荧光磁粉检测。

荧光磁粉在波长范围 320～400 nm 的长波紫外线（俗称黑光）辐照下能发出波长范围 510～550 nm 且人眼在黑暗条件下接受最敏感的色泽鲜明的黄绿色荧光，与黑光照射下成深蓝紫色的工件表面形成非常高的对比度，使得缺陷磁痕的显示更加清晰，检测灵敏度非常高，发现微小缺陷能力很强，常用于检测灵敏度要求高的工件表面磁粉检测，比如螺纹根部及易产生应力腐蚀裂纹的设备等。

2）非荧光磁粉

非荧光磁粉是指在可见光下进行磁痕显示观察的磁粉。为了让不同背景颜色下的工件在磁粉检测时得到更高的对比度，从而使缺陷磁痕显示更清晰，非荧光磁粉常制成多种不同颜色。日常常用的有 Fe_3O_4 黑磁粉和 γ-Fe_2O_3 红褐色磁粉，这两种磁粉干法和湿法检测均适用，前者更适用于背景为浅色或光亮的工件，后者多适用于背景较暗的工件。以工业纯铁粉等为原料，使用黏合剂或涂料包覆在粉末上制成的白磁粉或经氧化处理的蓝磁粉等非荧光色磁粉只适用于干法检测。

除此之外，还有其他一些特殊用途或在特别环境条件下使用的特种磁粉，比如空心球形磁粉和高温磁粉。JCM 系列空心磁粉，密度为 $0.71～2.3$ g/m^3，是铁铬铝的复合氧化物,在高温下不氧化,并且在 400℃上下还能使用,适用于干粉法磁粉检测;高温磁粉是在纯铁中添加铬、铝和硅制成的,适用于温度在 300～400℃下的磁粉检测。

2. 磁粉的性能

磁粉的性能主要包括磁特性、粒度、形状、流动性、密度及识别度等。

(1)磁特性。磁粉应具有高磁导率、低矫顽力和低剩磁的特性。高磁导率可以让磁粉更好地被缺陷产生的微小漏磁场磁化和吸附;低剩磁使磁粉相互不会吸引结团,易分散清理,不会形成过度背景,掩盖相关显示;低矫顽力,便于磁粉的多次使用。

(2)粒度。磁粉颗粒尺寸的大小即粒度,其大小直接影响磁粉在磁悬液中的悬浮性和缺陷处漏磁场对磁粉的吸附能力。磁粉检测灵敏度随粒度的减小而提高。

磁粉检测中,需要根据缺陷的性质、尺寸、埋藏深度及磁粉的施加方式来选择磁粉粒度。一般情况下,对于工件表面缺陷的检测选用粒度细的磁粉,工件表面下的缺陷选用粒度较粗的磁粉,因粗磁粉磁导率比细磁粉高;检测小缺陷选用粒度细的磁粉,因细磁粉缺陷磁痕线条清晰,定位准确,检测大的缺陷要用较粗的磁粉,粗磁粉可跨接大的缺陷;湿法检测选用粒度较细的磁粉,因为磁粉悬浮性能好,干法检测时采用较粗磁粉,因为粗磁粉易在空气中散开。

实际检测中,往往需要发现工件表面和近表面各种大小不同的缺陷,因此,应选择使用含有各种粒度的磁粉,从而对各类缺陷获得较均衡的检测灵敏度。在磁粉检测中,一般推荐干法用 80～160 目的粗磁粉,湿法用 300～400 目的细磁粉。

(3)形状。磁粉的形状主要有条形(长锥形)、球形(圆形)或其他不规则形状,一般来说,最好是各种形状的磁粉按一定比例混合使用,有利于在缺陷处更好地"搭桥"形成可观察到的磁痕显示。例如,条形磁粉移动性差,但在漏磁场中易于磁化形成磁极,容易在缺陷处聚集;球形磁粉流动性好但缺乏形成和保持磁极的倾向,如果两者按照一定的比例进行混合,则更容易跨接漏磁场,形成明显的磁痕。

(4)流动性。磁粉的流动性与 3 个因素有关,即磁粉的形状、磁化电流及施加方式。湿法检测利用磁悬液的流动性带动磁粉向缺陷漏磁场处流动;干法检测通过微风吹动磁粉,加上交流电方向不断变化或单相半波整流电的强烈脉动性对磁粉的搅动作用,促进了磁粉的流动,直流电因为不利于磁粉的流动所以不能采用干法检测。

(5)密度。若磁粉密度过大,则流动性或表面跃迁能力降低,并且难以被弱磁场吸附,在磁悬液中也容易沉淀,悬浮性差,检测灵敏度降低。一般湿法所用的黑磁粉和红磁粉密度约为 $4.5\,\mathrm{g/cm^3}$;干法用纯铁粉密度约为 $8\,\mathrm{g/cm^3}$,空心球形磁粉的密度为 $0.7～2.3\,\mathrm{g/cm^3}$。

(6)识别度。磁粉的识别度主要包括非荧光磁粉的颜色、荧光磁粉在黑光辐照下发出的荧光亮度以及磁痕和工件表面背景色的对比度(也称为衬度、反差)。对于非荧光磁粉,磁粉的颜色与工件表面的颜色对比度越大,缺陷磁痕越明显;对于荧光磁粉,在黑光激发下的荧光亮度越大,色泽越鲜明,越有利于观察和识别磁痕显示。

以上6个方面构成了磁粉的使用性能,这6个方面相互关联、相互制约,只有综合考虑各个因素才能获得最佳效果。在实际工作中,常用综合性能试验(系统灵敏度试验)的结果来衡量磁粉的性能。

7.2.2 载液

载液,是针对湿法检测来说的。所谓载液,是指用来悬浮磁粉的液体,也称为载体、分散介质、分散剂。常用的载液有油基载液和水基载液,此外,还有特殊用途的载液,比如无水乙醇载液、重油载液等。

1. 油基载液

油基载液一般用无味煤油或普通煤油,或者变压器油+煤油。在实际使用中,推荐使用无味煤油或普通煤油作为载液,如果为了适当提高油基载液的黏度以利于磁粉的悬浮,也可以将变压器油与无味煤油按一定比例混合作为载液使用。

1) 油基载液的要求

为了保证使用安全和载液在工件表面的迅速分散,油基载液应当具有高闪点、低黏度、无荧光、无臭味和无毒性等特点。

(1) 闪点。闪点是指易燃物质挥发在空气中产生的蒸气能够燃烧时的最低温度,一般不低于94℃。闪点越高越安全。一般情况下,同一液体,其闪点低于燃点。

(2) 黏度 η。黏度是指液体流动时内摩擦力的量度,随温度的升高而降低,分动力黏度和运动黏度两种。在一定温度范围内,尤其是在温度较低的情况下,如果油的黏度减小,磁悬液流动性就好,检测灵敏度高。

动力黏度是指液体在单位速度梯度下流动时单位面积上产生的内摩擦力。在 SI 制中,单位为牛顿秒每平方米($N \cdot s/m^2$)或帕·秒($Pa \cdot s$)。

运动黏度是指液体在重力作用下流动时内摩擦力即流动阻力的量度,其值为相同温度下该液体的动力黏度与密度之比。在 SI 制中,单位为 m^2/s。在 38℃时其黏度不大于 $3.0\,mm^2/s$,在最低使用温度下不大于 $5.0\,mm^2/s$。

2) 油基载液的应用场合

(1) 在水基不适用的地方,比如用水基可能引起电击,或者在水基中浸泡可能引起某些高强度钢和金属材料的氢脆或腐蚀。

(2) 对腐蚀应严加防范的某些铁基合金,如精加工的某些轴承和轴承套等。

2. 水基载液

水基载液以水为基本液体,但水不能单独作为载液使用,必须要在水中添加一定的润湿剂、防锈剂、消泡剂等添加剂。

1）各添加剂的作用

（1）润湿剂。润湿剂用于保证水基载液对被检工件表面具有适当的润湿性,以利于在工件表面润湿铺展和均匀流动,润湿剂的润湿性能用水断试验来评价。水断试验,也称为水磁悬液润湿性能试验,其试验方法是:将水磁悬液施加在略微倾斜的被检工件表面,停止施加磁悬液后,如果被检工件表面磁悬液的薄膜是连续不断的,在整个被检工件表面连成一片,说明该磁悬液的润湿性能良好,能够完全润湿工件表面;如果被检工件表面的磁悬液薄膜是断开的,被检工件表面有未被水覆盖的部分（水断表面）,说明该磁悬液的润湿性能不合格,此时需要在该磁悬液中添加润湿剂或清洗被检工件表面,使之达到完全润湿状态。

（2）防锈剂。防止在检测中和检测后一定时间内水基磁悬液对被检工件产生腐蚀和生锈。

（3）消泡剂。防止和抑制水磁悬液在搅拌和喷洒到工件表面时产生的泡沫,以便于磁痕的形成和观察。

2）水基载液的性能要求

水基载液的性能要求主要有分散性、润湿性、防腐蚀或防锈性、消泡性及稳定性5个方面的内容。

（1）分散性。能均匀地分散磁粉,在有效期内,磁粉不结团。

（2）润湿性。检测时能迅速地润湿工件表面,以便于磁粉的移动和吸附。

（3）防腐蚀或防锈性。对工件或设备无腐蚀性。

（4）消泡性。能在较短时间内自动消除搅拌引起的泡沫,保证正常的检测。

（5）稳定性。在规定的储存期间,使用性能不发生变化。

3. 特殊载液

在某些特殊工况下的检测需要采用特殊的载液,常见的特殊载液有无水乙醇载液和重油载液。无水乙醇载液常用于磁粉检测-橡胶铸型法、缺陷磁痕的记录,闪点低,产生着火可能性比其他载液大;重油载液由于黏度大,使得磁性涂料不会很快从工件表面流失,多用于垂直面、顶面或水下等特殊场合的检测,因此,这种检测方法也称为磁性涂料法。

7.2.3　磁悬液

把磁粉和载液按一定比例均匀混合而成的悬浮液体称为磁悬液。磁悬液分油基磁悬液和水基磁悬液两种。

1. 磁悬液的性能要求

（1）合适的黏度,以便在工件表面流动,使磁粉具有较好的悬浮性能,能均匀分布在载液中。

（2）合适的浓度，保证检测的可靠性和灵敏度，以及工件表面适当的背景。

（3）色度要透明、清澈。

（4）闪点要高，挥发率和含硫量要低。

（5）无毒、无臭味，以及有良好的防腐蚀性能。

（6）水基磁悬液有良好的润湿性、防锈性及消泡性等。

2. 磁悬液的浓度

磁悬液的浓度分为磁悬液配制浓度和磁悬液沉淀浓度两种。磁悬液配制浓度，是指每升磁悬液中所含磁粉的重量（g/L），在实际工作中，由于磁悬液的使用是一次性的，所以，磁悬液的配制浓度应用场景相对来说比较多一些；磁悬液沉淀浓度，是指每 100 mL 磁悬液沉淀出磁粉的体积（mL/100 mL），可回收、重复使用，一般情况下多用于实验室的固定式磁粉探伤机上。

磁悬液的浓度要适宜。磁悬液浓度过低，影响漏磁场对磁粉的吸附量，磁粉在缺陷处的聚集不足，磁痕不清晰，细小缺陷容易漏检；磁悬液浓度过高，在工件表面滞留很多磁粉，形成过度背景，降低背景与缺陷磁痕显示的对比度，小缺陷易漏检。

磁悬液浓度的大小与磁粉的种类、粒度、磁悬液的施加方式和被检工件的表面状态等因素有关。对于光亮的工件采用黏度和浓度较大的磁悬液；对于表面粗糙的工件采用黏度和浓度较小的磁悬液。磁粉检测-橡胶铸型法非荧光磁悬液是用乙醇配制的低浓度黑色磁粉，其配制浓度推荐值为 $4\sim10\,g/L$。一般采用的磁悬液浓度如表 7-1 所示。

表 7-1　磁悬液的浓度

磁粉类型	配制浓度/(g/L)	沉淀浓度/(mL/100 mL)
非荧光磁粉	10~25	1.2~2.4
荧光磁粉	0.5~3.0	0.1~0.4

从表 7-1 也可以看出，荧光磁粉与非荧光磁粉相比，一般荧光磁粉的磁悬液浓度低于非荧光磁粉的磁悬液浓度。

3. 磁悬液的配制

（1）磁粉-磁悬液的配制。

配制时，按照说明书，选取一定量的磁粉和载液（水基或油基），根据相关标准要求的浓度进行配制。油基磁悬液的配制，先取少量的油基载液与磁粉混合，让磁粉全部润湿，搅拌成糊状，再按比例加入余下的油基载液搅拌均匀即可；水基磁悬液的配制，先取少量的水基载液与磁粉混和均匀，然后加入余量的水载液，最后再加入亚硝酸钠。采用荧光磁粉磁悬液的水载液应进行严格的选择和试验，不应使荧光磁粉结团、剥离或变质。

（2）磁膏-水磁悬液的配制。

先取少量的水，在水中挤入磁膏，搅拌成稀糊状，再按该软管磁膏所指示的比例加入余量的水后搅拌均匀即可。使用时，除应进行综合性能试验外，还必须测量磁悬液的浓度和进行水断试验。

（3）喷罐-磁悬液。

生产厂家将配制浓度合格的磁悬液装进喷罐中，使用前只需轻轻摇动喷罐，将磁悬液摇匀，即可直接喷洒，特别适合高空、野外和仰视检测，如图 7-12 所示。喷罐磁悬液可以是水基的，也可以是油基的。在磁粉检测前，也要先用标准试片（或标准试块）进行综合性能试验，合格后才可进行检测，不需要测量浓度。

图 7-12　喷罐式磁悬液

7.2.4　反差增强剂

为提供磁粉显示与工件表面颜色的对比度，磁粉检测前，可在工件表面上先喷上或涂上一层白色悬浮液，该悬浮液就称为反差增强剂。反差增强剂是以快干溶剂为载体的白色粉末（如二氧化钛，即钛白粉）悬浮液，适用于非荧光磁粉检测，使用前需要经标准试片（标准试块）验证。

对表面粗糙的焊缝及铸钢件进行磁粉检测时，由于其表面凹凸不平、颜色灰暗，缺陷磁痕与工件背景颜色对比度较低，缺陷磁痕显示识别困难，易漏检。为了提高缺陷磁痕与工件表面颜色的对比度，降低工件表面粗糙度对磁悬液流动的影响（反差增强剂能填平工件表面的细微凹凸），磁粉检测前先在工件表面涂或喷上厚度约为 25～45 μm 的一层反差增强剂，待干燥后再进行磁化、喷洒磁悬液，这样检测出的缺陷磁痕显示就非常明显，易辨识。

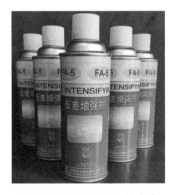

图 7-13　反差增强剂喷罐

对于整个工件的磁粉检测，用浸涂法施加反差增强剂；对于局部工件的磁粉检测，可用喷涂法或刷涂法，喷涂法采用反差增强剂喷罐，如图 7-13 所示。

反差增强剂喷罐具有携带和使用方便，涂层成膜迅速、均匀、附着力强、颜色洁白，无强刺激性气味等特点。其操作步骤：先把喷罐充分摇匀，手持喷罐，在喷嘴距离工件表面 250～300 mm 处，对着工件表面斜向喷涂成一层薄而均匀的膜，待膜干燥后再进行磁化、施加磁悬液。注意，由于反差增强剂主要成分是易燃的有机溶剂，操作时必须严格防火。

7.2.5　试片与试块

试片和试块是磁粉检测必需的器材,常用的试片和试块分为带有自然缺陷的试件和人工制造的标准缺陷试件两种。前者就是自然缺陷试块,后者又分为带有人工缺陷的标准试片和标准试块两种,这也是磁粉检测中常用的,尤其是标准试片。

1. 试片和试块的作用

1) 标准试片

磁粉检测标准试片又称为磁粉检测灵敏度试片,是在 DT4A 超高纯低碳纯铁经轧制而成的薄片上进行单面刻槽制成人工缺陷,刻槽大多在试片的深度方向 U 形槽或近似 U 形,外形为圆、十字线、直线等。标准试片的主要作用如下:

(1) 检验磁粉检测设备、磁粉和磁悬液的综合性能,确定综合因素所形成的系统灵敏度是否符合要求。

(2) 确定被检工件表面的磁场方向、有效磁化范围及大致的有效磁场强度。

(3) 考察所采用的磁粉检测工艺规程和操作方法是否妥当。

(4) 对几何形状比较复杂的工件大致确定比较理想的磁化规范,因为复杂工件各部分磁场强度分布不均匀,用公式无法计算磁化规范,磁场方向也难以确定,而用小而柔软的标准试片贴在需要检测的部位即可解决这一难题。

2) 标准试块

跟标准试片不一样,标准试块不能确定被检工件的磁化规范及被检工件表面的磁场方向和有效磁化范围。标准试块的主要作用如下:

(1) 检验磁粉检测设备、磁粉和磁悬液的综合性能(系统灵敏度)。

(2) 考察磁粉检测试验条件和操作方法是否恰当。

(3) 检测各种磁化电流及磁化电流大小不同时产生的磁场在标准试块上大致的渗入深度。

3) 自然缺陷试块

自然缺陷试块是指在以往磁粉检测中发现的,材料、状态和外形具有典型代表性的,并具有最小临界尺寸、在生产制造和设备服役过程中由于某些原因自然产生的缺陷所制作而成的试块。其主要作用有:用自然缺陷试块按规定的磁化方法和磁场强度进行检测,如果所有该显示的缺陷磁痕都能清晰显示,说明系统综合性能符合要求,否则应检查影响显示的原因,并调整相关因素使综合性能符合要求。值得指出的是,自然缺陷试块只能作为验证某种特定产品的磁粉检测设备、磁粉和磁悬液的综合性能,由于各个单位自制的自然缺陷试块存在很大差异且无法统一,为了避免产生质量异议,应慎重采用。

2. 标准试片和标准试块的分类及应用

1）标准试片

（1）标准试片的分类。

标准试片的分类用大写英文字母表示,热处理状态由阿拉伯数字表示,经退火处理的为 1 或空缺,未经退火处理的为 2。试片型号中的分子表示试片上人工缺陷的深度,分母表示试片的厚度,单位为 μm,分数值越小,就要求用更高的有效磁场才能显示出磁粉痕迹,灵敏度越高。

注意:同一类型和灵敏度等级的灵敏度试片,未经退火处理的比经退火处理的试片的灵敏度约高 1 倍。

我国常用的标准试片有 A1 型、C 型、D 型和 M1 型四种,其形状、规格、灵敏度等级如表 7-2 所示。

表 7-2　磁粉检测用标准试片

类型	规格:缺陷槽深/试片厚度/μm		灵敏度	图形和尺寸/mm
A1 型	A1:7/50		高	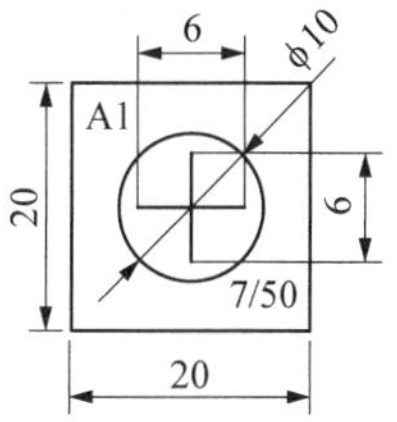
	A1:15/50		中	
	A1:30/50		低	
	A1:15/100		高	
	A1:30/100		中	
	A1:60/100		低	
C 型	C:8/50		高	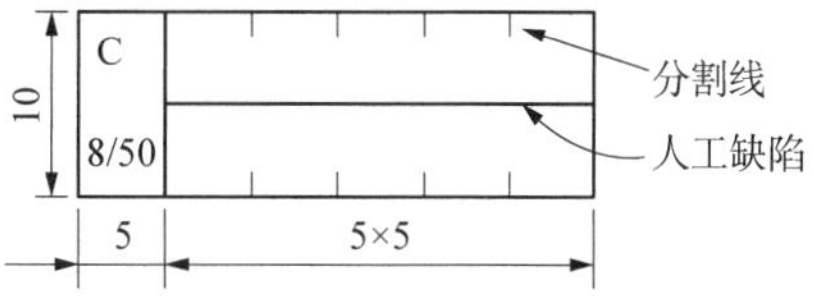
	C:15/50		中	
D 型	D:7/50		高	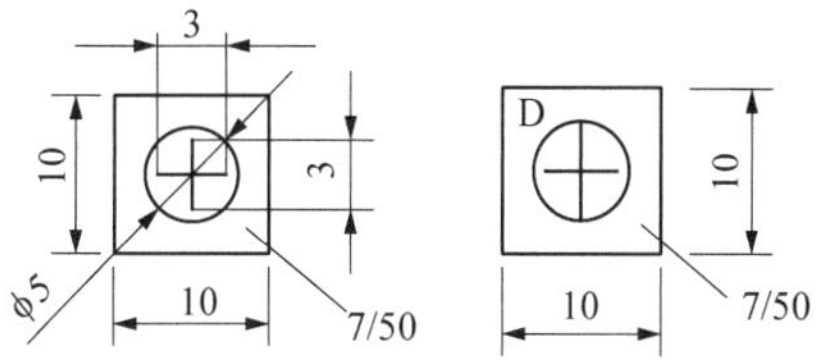
	D:15/50		中	
M1 型	$\phi 12$ mm	7/50	高	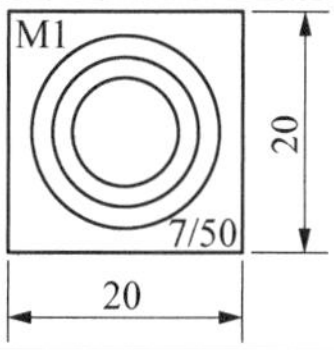
	$\phi 9$ mm	15/50	中	
	$\phi 6$ mm	30/50	低	

注:C 型标准试片可将原片直接使用,也可将原片沿分割线剪切成 5 个小试片分别使用。

（2）标准试片的应用。

标准试片只适用于连续法检测，不适用于剩磁法检测，其采用的磁粉检测技术和工艺规程与后续正式开展检测时应完全一致，在此基础上，在使用时还应考虑或掌握以下一些原则：

a. 根据工件检测面的大小和形状，选用合适的试片类型。比如检测面大时可选用 A_1 型；检测焊缝坡口等狭小部位或表面曲率半径小时，可选用 C 型；为了更准确地推断被检工件表面的磁化状态，根据用户需要或技术文件有规定时，可选用 D 型或 M_1 型标准试片。

b. 根据检测所需的有效磁场强度选用不同的灵敏度试片，需要有效磁场强度较大（小）时，选用分数值较小（大）的灵敏度试片。

c. 使用前，应洗净试片上的防锈油；使用时，应将试片上有缺陷的一面紧贴被检工件表面（间隙小于 0.1mm），如果被检工件表面凹凸不平，应打磨平并去除油污，为了粘贴效果更好，可以用胶带或粘纸把试片边缘与工件粘贴住，注意胶带或粘纸不要把人工缺陷粘住了；使用后，要用溶剂清洗并擦干，涂上防锈油，保存在干燥处。

d. 为了发现被检工件不同部位的磁化状态或灵敏度差异，也可选用多个试片同时分别贴在工件不同部位。

注意，表面有锈蚀或褶纹的灵敏度试片不能使用。

2）标准试块

（1）标准试块的分类。

目前，在我国常用的标准试块有 3 种，分别是 B 型标准试块（直流标准环形试块）、E 型标准试块（交流标准环形试块）及磁场指示器（八角形试块）。

a. B 型标准试块（直流标准环形试块），如图 7-14 所示。B 型标准试块采用经

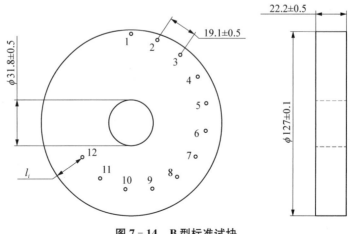

图 7-14　B 型标准试块

退火处理的 9CrWMn 钢锻件,硬度为 90～95 HRB,晶粒度不低于 4 级,表面(除内圆表面外)粗糙度 $Ra \leqslant 3.2\,\mu m$,其每个孔中心距试块外缘的尺寸如表 7 - 3 所示。

表 7 - 3　B 型标准试块孔直径及孔中心距环外缘尺寸

单位:mm

孔	1	2	3	4	5	6	7	8	9	10	11	12
孔径	通孔,孔径为(1.78±0.08)											
孔心距外缘距离	1.78	3.56	5.33	7.11	8.89	10.67	12.45	14.22	16.00	17.78	19.56	21.34

b. E 型标准试块(交流标准环形试块),如图 7 - 15 所示。E 型标准试块采用经退火处理的 10# 钢锻件,晶粒度不低于 4 级,表面(除内圆表面外)粗糙度 $Ra \leqslant 3.2\,\mu m$,其每个孔中心距试块外缘的尺寸如表 7 - 4 所示。

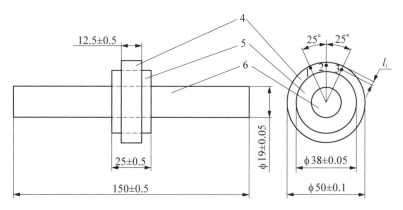

1、2、3—通孔;4—E 型试块;5—绝缘衬套;6—导电芯棒。

图 7 - 15　E 型标准试块

表 7 - 4　E 型标准试块孔直径及孔中心距环外缘尺寸

单位:mm

孔	1	2	3
孔径	通孔,孔直径为 $\Phi 1^{+0.08}_{-0.05}$		
孔中心距外缘距离	1.5	2.0	2.5

c. 磁场指示器(八角形试块),用电炉铜焊将 8 块低碳钢片与铜片焊在一起构成,有一个非磁性手柄,如图 7 - 16 所示。

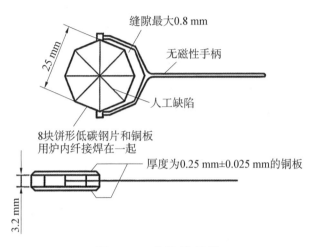

图 7 - 16 磁 场 指 示 器

（2）标准试块的应用。

a. B 型标准试块（直流标准环形试块）。与美国的 Betz 环等效，用于评价直流和三相全波整流磁粉检测设备及磁悬液综合性能（系统灵敏度）试验，评价磁粉性能。用中心导体法磁化，用湿连续法检测，通以直流电，观察试块外部边缘上显示清晰磁痕的孔数。

b. E 型标准试块（交流标准环形试块）。用于交流电和单相半波整流电磁粉检测设备综合性能（系统灵敏度）试验。试验时将试块夹于检测设备的两接触夹头之间，通电磁化，用湿连续法检测，观察在试块环圆周上有磁痕显示的孔数。

c. 磁场指示器（八角形试块）。用于表示被检工件表面磁场方向、有效检测区以及磁化方法是否正确的一种粗略的校验工具，不能作为磁场强度及其分布的定量指示。使用时指示器的铜面朝上，8 块低碳钢片面朝下紧贴被检工件表面，用连续法给指示器铜面上施加磁悬液，观察磁痕显示。如要检测小缺陷，则应选用铜片较厚的指示器；如要检测大的缺陷，则应选用铜片较薄的指示器。

7.2.6 其他辅助器材

磁粉检测所需的常用辅助器材主要有黑光灯、照度计、高斯计（毫特斯拉计）、袖珍式磁强计、磁悬液浓度测定管及其他辅助仪器等。

1. 黑光灯

黑光灯是一种特制的气体放电灯，发出的紫外线为长波紫外线（UV - A），俗称"黑光"，波长范围 315~400 nm，中心波长为 365 nm，这是人眼不敏感的光，所以把这种人类不敏感的紫外光制作的灯称为黑光灯。

目前常用的黑光灯有高压汞蒸气弧光式黑光灯、冷发射 BLB 管式黑光灯和 LED 芯片式黑光灯三种。

1）高压汞蒸气弧光式黑光灯

（1）结构及功能。

高压汞蒸气弧光灯如图 7-17 所示，主要由石英内管（电弧管）、玻璃外壳（通常内涂荧光粉）、限流电阻和电极组成。石英内管为核心元件，内充汞与惰性气体，惰性气体一般为氖气或氩气。玻璃外壳除起保护作用外还可防止环境对灯的影响，玻璃外壳内表面涂以荧光粉，成为荧光高压汞灯。荧光粉的作用是补充高压汞灯中不足的红色谱线，同时提高灯的光效，现已采用铕激活的钒酸钇（$YVO_4 : Eu$）荧光粉。

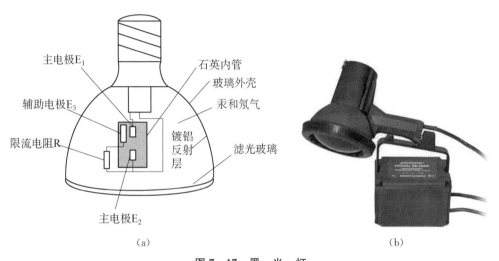

图 7-17　黑　光　灯

（a）结构示意；（b）实物

石英内管有两个主电极和一个辅助电极，两个主电极相距较远，辅助电极与其中一个主电极相距较近，且通过一只 $40\sim60$ kΩ 的电阻与不相邻的电极相连接。当灯电源打开后，辅助电极与相邻的主电极之间加有交流 220 V 的电压，由于两电极之间的距离很近（通常只有 $2\sim3$ mm），所以它们之间有很强的电场。在此强电场的作用下，两电极之间的气体被击穿，发生辉光放电，放电电流由电阻所限制。如电阻过小会使电极烧坏。主电极和相邻辅助电极之间的辉光放电产生了大量的电子和离子，这些带电粒子向两主电极间扩散，使主电极之间产生放电，并很快过渡到两主电极之间的弧光放电。在灯点燃的初始阶段，石英管内气压较低，放电电流很大。低压放电时放出的热量使管壁温度升高，汞逐渐汽化，汞蒸气压和灯管电压逐渐升高，电弧开始收缩，放电逐步向高气压放电过渡。当汞全部蒸发后，管压开始稳定，进入稳定的高压汞蒸气放电。

高压汞灯从启动到正常工作需要一段时间,通常为 4~10 min。高压汞灯熄灭以后,不能立即启动,因为灯熄灭后,内部还保持着较高的汞蒸气压,要等灯管冷却,汞蒸气凝结后才能再次点燃。冷却过程需要 5~10 min。在高的汞蒸气压下,灯不能重新点燃是由于此时电子的自由程很短,在原来的电压下,电子不能积累足够的能量来电离气体。

高压汞灯的辐射谱线很宽,覆盖可见光和紫外光波段,主要辐射的是 404.7 nm、435.8 nm、546.1 nm 和 577.0~579.0 nm 的可见谱线,以及较强的 365.0 nm 的长波紫外线。由前面讨论可知,荧光渗透检测主要使用长波紫外线(黑光),为了避免可见光的影响,黑光灯使用的时候要配合合适的滤光片,以过滤波长过短、过长的光线。渗透检测中使用的黑光灯外壳采用深紫色的镍玻璃制成,可以吸收可见光,仅让波长为 330~390 nm 的紫外线通过。

(2) 使用注意事项。

①黑光灯刚点燃时输出的黑光强度不是最大值并且不稳定,使用前应在充分预热后再开始工作;②电源电压波动大于 10% 时,应配备稳压器;③尽量减少不必要的开关次数,关灯后至少过 5 min 后再启动,以延长使用寿命;④工作时滤光片不能与冷的物体接触,防止预冷爆裂;⑤滤光片破损后严禁使用,防止对眼睛造成伤害;⑥定期测量黑光灯的紫外线强度,当低于检验标准要求时,更换灯泡或维修、停用。

2) 冷发射 BLB 管式黑光灯

冷发射 BLB 管式黑光灯采用冷光源,开启后无须预热,辐射强度很高,辐照面积大,无须散热,在荧光渗透检测中应用比较广泛,如图 7-18 所示。

图 7-18　冷发射 BLB 管式黑光灯

3) LED 芯片式黑光灯

随着 LED 芯片技术的发展,使得 LED 光源非常轻便、亮度高、白光成分低,开启即可立即使用,并且可以连续工作,因此,使用范围越来越广泛,尤其是大型设备或工件的现场环境使用。常见的 LED 芯片式黑光灯有电筒式、头戴式、手持式、悬挂式等,如图 7 - 19 所示。

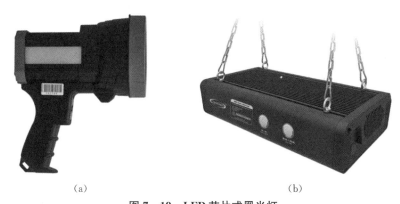

(a)　　　　　　　　　　　　　　　(b)

图 7 - 19　LED 芯片式黑光灯

(a)手持式 LED 黑光灯;(b)悬挂式 LED 黑光灯

使用 LED 芯片式黑光灯时注意事项:定期测量紫外线强度;控制好与被检工件表面距离,防止产生不均匀光束;避免黑光直射人的眼镜,使用时最好戴防护眼镜;保持滤光片或黑光灯芯片表面干净;需要时开启,不需要时及时关闭电源。

2. 照度计

照度计分为白光照度计和黑光辐照计。

(1) 白光照度计。如图 7 - 20 所示,白光照度计用于测量被检工件表面的可见光照度,工件表面光照度应不低于 1000 lx,由于现场检测条件所限,可见光照度应不低于 500 lx。

(2) 黑光辐照计。如图 7 - 21 所示,黑光辐照计由测光探头和读数单元两部分组成。UV - A 型黑光辐照计用于测量波长范围为 315~400 nm,峰值波长约为 365 nm 的黑光辐照度,单位是瓦/平方米(W/m^2)或微瓦/平方厘米($\mu W/cm^2$),$1 W/m^2 = 100 \mu W/cm^2$。

　　　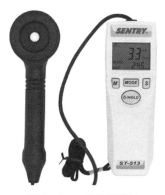

图 7 - 20　白光照度计　　　　**图 7 - 21　黑光辐照计**

3. 高斯计

高斯计又称为毫特斯拉计，如图 7 - 22 所示，它利用霍尔半导体元件，用于测量被磁化工件表面交直流磁场的磁场强度和退磁后的剩磁大小。当与被测磁场中磁感应强度方向垂直时，霍尔电势差最大，因此，在使用时要转动探头，记录表头指针的指示值达到最大时的读数。

4. 袖珍式磁强计

袖珍式磁强计是利用力矩原理做成的简易测磁仪，如图 7 - 23 所示。它有两个永久磁铁，一个是固定调零，另一个用于测量。袖珍式磁强计主要用于快速测量工件退磁后的剩磁大小以及快速测量铁磁性材料在探伤、加工和使用过程中的剩磁。使用时，工件沿东西方向放置（消除地磁场的影响），将磁强计上有箭头指向的一侧紧靠工件被测部位，指针偏转幅度的大小代表该处剩磁的大小。

图 7 - 22　高斯计　　　　　图 7 - 23　袖珍式磁强计

5. 磁悬液浓度测定管

磁悬液浓度测定管，又称为梨形沉淀管，如图 7 - 24 所示。其主要作用是测试磁悬液中磁粉浓度、判定磁悬液污染物，并可作为配制磁悬液的计量及对比各种磁粉的颗粒度。

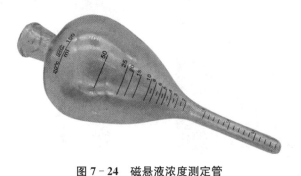

图 7 - 24　磁悬液浓度测定管

6. 其他辅助仪器

（1）通电时间测量器。如图 7 - 25(a)所示，用于测量通电磁化通电时间，以保证被检工件得到充分的磁化。

（2）快速断电试验器。如图 7 - 25(b)所示，用于检测三相全波整流电磁化线圈有无快速断电功能。

（3）磁粉吸附器。又称为磁粉吸附仪、磁粉磁性称量仪，如图 7 - 25(c)所示，用于检定和测试磁粉的吸附性能，以此来表征磁粉的磁特性和磁导率大小。

（4）弱磁场测量仪。如图 7 - 25(d)所示，基于磁通门探头原理，它具有两种探头，均匀磁场探头和梯度探头，用于测量直流磁场和磁场变化梯度。

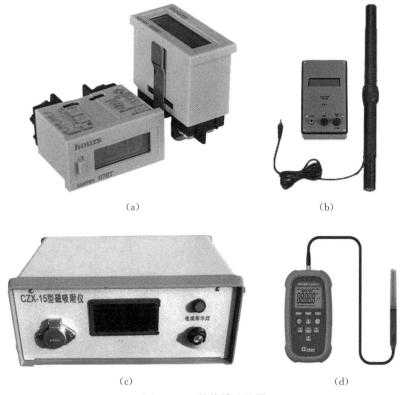

(a)　　　　　　　　　　　　　(b)

(c)　　　　　　　　　　　　　(d)

图 7 - 25　其他辅助仪器

(a)通电时间测量计；(b)快速断电试验器；(c)磁粉吸附仪；(d)弱磁场测量仪

7.3　检测设备及器材的运维管理

磁粉检测设备及器材应在使用期内保持良好，每次检测开始前，用标准试片或标准试块验证磁粉检测设备及磁粉或磁悬液的综合性能（系统灵敏度）。对于磁粉检测设备及器材在日常的运行维护及管理中，要对其进行全过程管理及质量监控，具体来说，其质量控制的设备及器材主要有电流表、电磁轭提升力及提升力试块、测量仪器、退磁设备、电流载荷、黑光灯、磁悬液等。

1. 电流表

磁粉检测设备的电流表至少每半年校验一次，当设备进行重要电气修理、大修后，或设备停用一年以上应重新进行校准。

2. 电磁轭提升力及提升力试块

1）电磁轭的提升力

电磁轭的提升力至少每半年核查一次，磁轭损伤修复后应重新核查；当使用磁轭最大间距时，交流电磁轭至少应有 45 N 的提升力，直流电（包括整流电）磁轭或永久性磁轭至少应有 177 N 的提升力，交叉磁轭至少应有 118 N 提升力（磁极与工件表面间隙≤0.5 mm）。

2）提升力试块

用于核查提升力的试块重量应进行校准，使用、保管过程中发生损坏应重新进行校准。

3. 测量仪器

磁粉检测用的测量仪器如照度计、袖珍式磁强计、高斯计、通电时间测量器应每年校验一次，并且在大修后要进行重新校验。

4. 退磁设备

退磁设备应定期校验。退磁设备应能保证工件退磁后表面的剩磁感应强度 $Br \leqslant 0.3\,mT$，退磁效果可用磁强计或剩磁测量仪器测量。

5. 电流载荷

电流载荷应定期校验，一般每月进行一次。校验方法如下：将一根 $\phi25\,mm \times 500\,mm$ 的实心铜棒夹紧在磁粉探伤机两夹头之间，将磁粉探伤机的磁化回路设置到常用的最大或最小电流值，接通电源，电流表的指示应为所要求的电流值。试验后应在磁粉探伤机上悬挂标签标明常用的最大电流和最小电流值。

6. 黑光灯

黑光灯首次使用或间隔一周以上再次使用，以及连续使用一周内应进行黑光辐照度核查。

7. 磁悬液

1）磁悬液浓度

新配制的磁悬液浓度应符合相关标准的要求；循环使用的磁悬液，每次开始工作前应进行磁悬液浓度的测定。测定方法如下：取经过充分搅拌均匀的 100 ml 磁悬液注入梨形沉淀管中,将沉淀管中的磁悬液试样进行退磁(线圈远离法),然后静置一段时间(水磁悬液 30 min,油磁悬液 60 min,变压器油磁悬液 24 h),从梨形沉淀管底部的刻度读取沉淀磁粉的体积,即磁悬液中的磁粉浓度(沉淀浓度)。磁悬液浓度应符合相关标准或工艺要求。

2)磁悬液的污染

对循环使用的磁悬液应每周测定一次磁悬液污染。测定方法如下:将磁悬液搅拌均匀,取 100 ml 注入梨形沉淀管中静置 60 min,检查梨形沉淀管中的沉淀物,当上层(污染物)体积超过下层(磁粉)体积的 30% 时,或者在黑光下检查荧光磁悬液的载体发出明显的荧光或磁悬液变色、结团等,即可判定磁悬液污染。

3)磁悬液润湿性能

检测前,应进行磁悬液润湿性能检查。将磁悬液施加在被检工件表面上,如果磁悬液的液膜是均匀连续的,则磁悬液的润湿性能合格;如果液膜断开,则磁悬液润湿性能不合格。

第8章 磁粉检测通用工艺

磁粉检测通用工艺根据检测对象、检测要求及相关检测标准进行编制、确定,主要内容包括但不完全限于以下几个方面:检测前的准备工作、检测方法的确定、检测实施、磁痕的观察与记录、缺陷评定(评级)、超标缺陷的处理和复验、退磁、后处理、记录与报告等。

1. 检测前的准备

磁粉检测前的准备工作,主要包含文件查阅及现场检测环境的勘察、检测面的预处理及检测时机两方面的内容。

1) 文件查阅及现场检测环境勘察

(1) 查看被检工件图纸、技术条件,确认被检工件的规格、材质。

(2) 根据被检工件的规格、材质及业主要求选择合适检测标准。

(3) 现场作业时,应确保作业现场无扬尘、照明充足、有检修电源,上方和附近无其他作业或已采取相应的防护措施。

(4) 检测位置在高处时,应搭设有围栏的检修平台现场,其上下梯子符合要求。

(5) 确定被检设备状态,被检测部件内无压力,被检测部件表面温度小于50℃。

(6) 确定被检测部件上保温等妨碍作业的附件已拆除。

2) 检测面的预处理及检测时机

(1) 检测表面的预处理。

检测表面的预处理也称为被检测工件的表面制备。工件表面状态对于磁粉检测的操作和灵敏度有很大影响,所以,在磁粉检测前,必须根据工件的表面状况,对其进行清除、打磨、分解、封堵以及使用反差增强剂等预处理措施。

① 工件被检区表面及其相邻至少25 mm范围内应保持干燥,并不得有油脂、铁锈、氧化皮、纤维屑、焊剂、焊接飞溅或其他黏附磁粉的物质。使用过的工件应去除表面积碳层及涂层后再进行磁粉检测,当然,当涂层厚度均匀、表面完整无起皮且不超过0.05 mm,经标准试片验证不影响磁痕显示并达到检测灵敏度后,经相关各方同意后,可带涂层进行磁粉检测。

② 表面的不规则状态不得影响检测结果的正确性和完整性,否则应做适当的修

理,修理后被检工件表面粗糙度 $Ra \leqslant 25 \mu m$。

③ 对于装配件一般应在分解后进行磁粉检测。因为装配件一般结构比较复杂,磁化、退磁及磁悬液的清洗都比较困难,并且在装配的交界处容易产生漏磁场形成的磁痕显示(非相关显示),易与缺陷磁痕显示混淆,导致误判。

④ 对有盲孔和内腔的工件,磁悬液进入后难清洗,因此,在磁粉检测前应加以封堵。

⑤ 采用轴向通电法和触头法磁化时,为了防止电弧烧伤工件表面和提高导电性能,必要时在电极上安装接触垫。

⑥ 对于磁痕与工件表面颜色对比度小,或工件表面的粗糙度影响磁痕显示时,为了增强对比度,经灵敏度标准试片验证后,可以在正式磁粉检测前,在被检工件表面施加一层薄而均匀的反差增强剂。

（2）检测时机。

如果磁粉检测时机选择不当,缺陷很容易漏检,因此,如何选择恰当的检测时机,是每个检测人员磁粉检测前所必须了解和掌握的基本知识。磁粉检测时机的前提是待检工件或部位首先是要在目视检测合格的基础上进行,其总的选择原则是安排在容易产生缺陷的各道工序,比如焊接、热处理、机加工、磨削、锻造、铸造、矫正、腐蚀检测和加载试验之后进行。

① 对于焊接接头,应安排在焊接工序完成并经外观检查合格后进行;对于有延迟裂纹倾向的材料,至少应在焊接完成 24 h 后进行焊接接头的磁粉检测。

② 对于喷漆、发蓝、磷化、阳极化、电镀等表面处理之前进行磁粉检测。

③ 对于表面处理后还需进行局部机加工的,对该局部机加工表面需再次进行磁粉检测。

④ 对于滚珠轴承等装配件,如果检测后无法完全清除掉磁粉,则在装配前进行磁粉检测。

⑤ 对于紧固件和锻件的磁粉检测,应安排在最终热处理之后进行。

⑥ 如果同一工件或部位除了要进行磁粉检测外,还需进行超声检测(耦合剂为机油或油脂类物质情况下),则应先进行磁粉检测,后进行超声检测,以免机油或油脂类物质影响磁悬液对被检工件表面的润湿,从而影响磁粉检测的有效性。

2. 检测方法的确定

1）检测方法的分类

对于不同的分类条件,磁粉检测方法分类也不同。常见的磁粉检测方法分类如表 8-1 所示。

表 8-1 磁粉检测方法的分类

分类条件	磁粉检测方法
施加磁粉的时机	连续法、剩磁法
施加磁粉的载体	湿法、干法
磁粉类型	荧光法、非荧光法
磁化方法	轴向通电法、触头法、线圈法、磁轭法、中心导体法、偏心导体法、复合磁化法（交叉磁轭法或交叉线圈法）等
磁化电流	交流电、直流电和整流电（全波整流和半波整流）
磁化方向	周向、纵向、复合、旋转磁场

2）各检测方法的适用范围及特点

（1）连续法。

连续法是指在磁化工件的同时，将磁粉或磁悬液施加到工件上对工件进行检测的方法，分湿连续法和干连续法两种。

① 适用范围。连续法适用于所有铁磁性材料和工件；工件因材质特性或形状复杂不易得到剩磁时；表面有较厚覆盖层的工件；使用剩磁法检验时，设备功率达不到要求时；需要多向磁化，对检测深度有要求时。

② 特点。优点：对材料的矫顽力及磁化后工件剩磁没有要求，适用于所有铁磁性材料；比剩磁法检测灵敏度高；可用于复合磁化；交流磁化不受断电相位的影响；能发现近表面缺陷；可用于干法检验和湿法检验。局限性：检测效率低；易产生非相关显示；目视可达性差。

（2）剩磁法。

剩磁法是指在停止磁化后，将磁悬液施加到工件上利用工件中的剩磁进行检测的方法。

① 适用范围。剩磁法主要适用于经过热处理如淬火、回火、渗碳、渗氮及局部正火等的高碳钢和合金钢，矫顽力 $Hc \geqslant 1000\,\mathrm{A/m}$，磁化后的剩磁 $Br \geqslant 0.8\,\mathrm{T}$ 的被检工件或材料；用于因工件几何形状限制，连续法难以检测的部位，如螺纹根部和筒形工件内表面；用于评价连续法检测出的磁痕显示是属于表面缺陷还是近表面缺陷显示；成批的中、小型零件；所有必须使用剩磁法的磁化技术，比如冲击电流磁化。

② 特点。优点：效率高；有较高的检测灵敏度；缺陷显示重复性好，可靠性高；能评价连续法检测出的缺陷是表面缺陷还是近表面缺陷；便于观察，可用湿法剩磁法检测管子内表面缺陷；可避免螺纹根部、凹槽和尖角处的磁粉过度堆积。局限性：只适用于剩磁和矫顽力达到要求的材料和工件；因为剩磁是单方向的，所以不能用于复合磁化；检测缺陷的深度小，近表面缺陷检测灵敏度低；不适用于干法检测；采用交流电

磁化时,要配备断电相位控制器。

（3）湿法。

湿法是指将磁粉悬浮在载液中采用喷、浇、浸等方法施加在被检工件上进行检测的方法。

① 适用范围。湿法主要用于连续法和剩磁法;灵敏度要求较高的工件;用于表面细小缺陷的检测,如疲劳裂纹、磨削裂纹、焊接裂纹和发纹等;适用于大批量工件的检测,常与固定式设备配合使用,磁悬液可回收。

② 特点。优点:工件表面细小裂纹的检测灵敏度高;检测效率高;磁悬液浓度容易控制,可回收;磁粉流动性好。局限性:检测大裂纹和近表面缺陷的灵敏度不如干法。

（4）干法。

干法是指以空气为载体,将干磁粉吹到被磁化的被检工件表面上进行检测的方法。

① 适用范围。干法适用于表面粗糙的大型铸件、毛坯、结构件;用于大型焊接件焊缝的局部检测及灵敏度要求不高的被检工件;常与便携式设备配合使用,磁粉不回收;用于检测大的缺陷和近表面缺陷;用于交流和半波整流的磁化电流或磁轭的连续法检测。

② 特点。优点:检测大的裂纹灵敏度高;采用干法＋单相半波整流电检测工件近表面缺陷灵敏度高;现场检测方便。局限性:对细小缺陷检验灵敏度低于湿法;不适用于剩磁法检测;对于大型工件表面的检测,效率不高,只能进行局部或分区检验;磁粉不易回收。

（5）荧光法。

荧光法是指被检工件磁化后把荧光磁粉或荧光磁悬液施加在被检工件上,在黑光灯下进行观察的检测方法。

① 适用范围。荧光法适用于检测灵敏度要求较高,比如检测微小表面疲劳裂纹、应力腐蚀裂纹或现场检测环境可见光条件有限等场合。

② 特点。优点:适用于任何颜色的工件表面,且缺陷磁痕与背景对比度比较高;便于观察,不易漏检,灵敏度及缺陷信息可靠性高;能够得到较好的缺陷图像,可应用于全自动检测;不需要可见光进行观察,适用于在役设备的内壁检测。局限性:一般只适用于湿法检测而不适用于干粉法检测;对工件表面清洁度要求很高;长期在黑光灯下工作对人体有一定伤害;现场观察环境要求较高,对可见光照度有一定要求。

（6）非荧光法。

非荧光法是指被检工件被磁化后把不含荧光物质的磁粉施加在被检工件上,在白光下进行观察的检测方法。

① 适用范围。非荧光法适用于各种铁磁性材料及一定光照度条件下的检测,应用比较广泛。

② 特点。优点:操作简单,检测要求不高;可连续长时间进行检测。局限性:灵敏度比荧光法低;缺陷磁痕与背景对比度没有荧光法高,某些条件下观察不方便,缺陷易漏检。

3) 检测方法选择的原则

(1) 连续法和剩磁法都可以的时候,优先选择连续法。

(2) 对于湿法和干法的选择,优先选择湿法。

(3) 对于按照磁化方法分类的 7 种检测方法,即轴向通电法、触头法、线圈法、磁轭法、中心导体法、偏心导体法、复合磁化法(交叉磁轭法或交叉线圈法),应优先根据被检工件的形状、尺寸、检测的难易程度进行选择。

对于电力行业来说,主要是以焊缝检测为主,焊缝检测常用的典型磁化方法有磁轭法、触头法、绕电缆法和交叉磁轭法,其要求如表 8-2 和表 8-3 所示。

表 8-2　磁轭法和触头法的典型磁化方法

磁轭法的典型磁化方法	要求	触头法的典型磁化方法	要求
	$L \geqslant 75\,mm$ $b \leqslant L/2$ $\beta \approx 90°$		$L \geqslant 75\,mm$ $b \leqslant L/2$ $\beta = 90°$
	$L \geqslant 75\,mm$ $b \leqslant L/2$		$L \geqslant 75\,mm$ $b \leqslant L/2$
	$L_1 \geqslant 75\,mm$ $b_1 \leqslant L_1/2$ $b_2 \leqslant L_2 - 50$ $L_2 \geqslant 75\,mm$		$L \geqslant 75\,mm$ $b \leqslant L/2$

（续表）

磁轭法的典型磁化方法	要求	触头法的典型磁化方法	要求
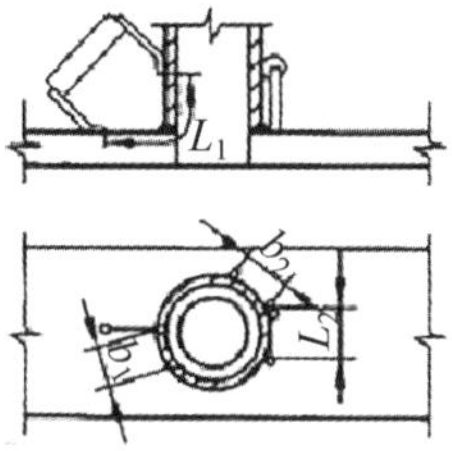	$L_1 \geqslant 75\,\text{mm}$ $L_2 \geqslant 75\,\text{mm}$ $b_1 \leqslant L_1/2$ $b_2 \leqslant L_2 - 50$	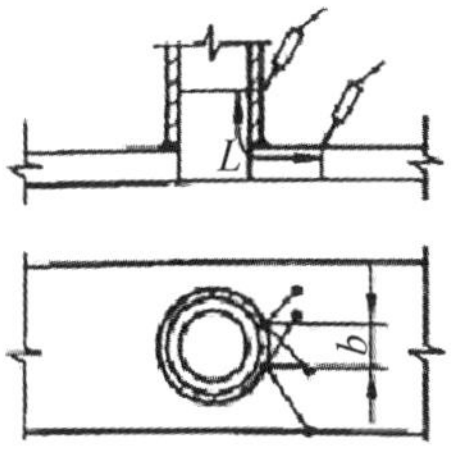	$L \geqslant 75\,\text{mm}$ $b \leqslant L/2$
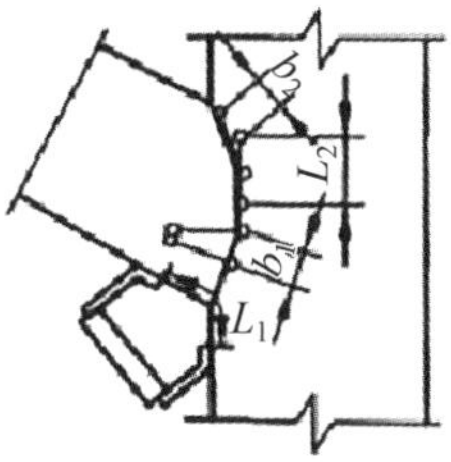	$L_1 \geqslant 75\,\text{mm}$ $L_2 \geqslant 75\,\text{mm}$ $b_1 \leqslant L_1/2$ $b_2 \leqslant L_2 - 50$	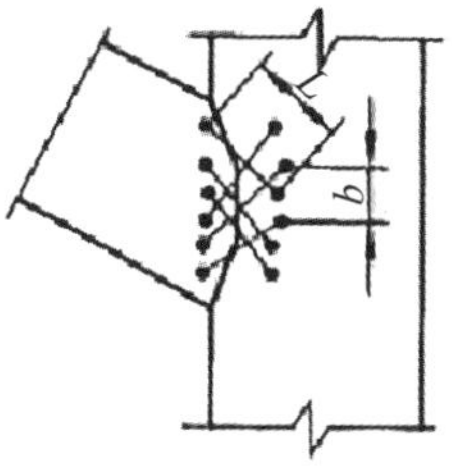	$L \geqslant 75\,\text{mm}$ $b \leqslant L/2$

表 8－3　绕电缆法和交叉磁轭法的典型磁化方法

绕电缆法的典型磁化方法	要求	交叉磁轭法的典型磁化方法
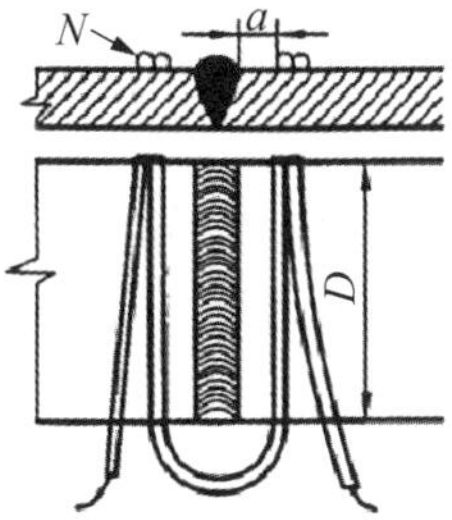 探纵向缺陷	$20 \leqslant a \leqslant 50$	
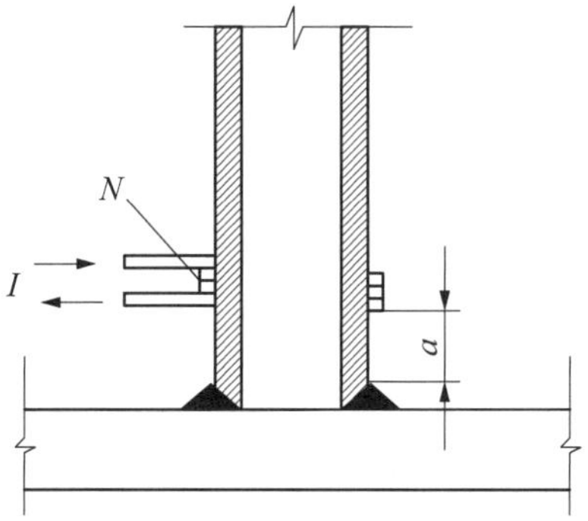 平行于焊缝的缺陷检测	$20 \leqslant a \leqslant 50$	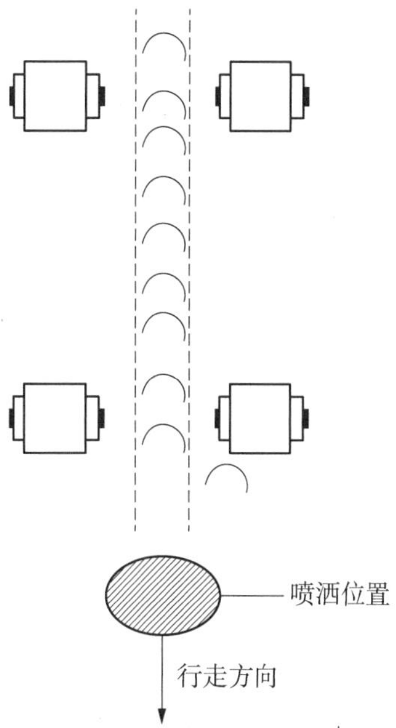 喷洒位置 行走方向 探纵向缺陷 垂直焊缝检测

（续表）

绕电缆法的典型磁化方法	要求	交叉磁轭法的典型磁化方法
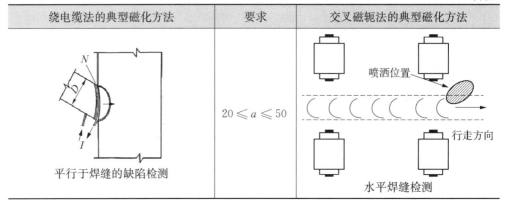 平行于焊缝的缺陷检测	$20 \leqslant a \leqslant 50$	水平焊缝检测

注：(1) N 为匝数；I 为磁化电流（有效值）；a 为焊缝与电缆之间的距离。
(2) 检测球罐环向焊接接头时，磁悬液应喷洒在行走方向的前上方。
(3) 检测球罐纵向焊接接头时，磁悬液应喷洒在行走方向。

① 磁轭法。磁轭法分为整体磁化和局部磁化。

a. 整体磁化。固定式电磁轭整体磁化的要求：磁极截面要大于工件截面才能有好的检测效果，否则工件得不到足够的磁化，与交流电磁轭相比，使用直流电磁轭时这种情况更严重；工件与电磁轭之间尽量避免出现空气隙，否则会降低磁化效果；磁极间距小于 1 m，否则工件不能得到必要的磁化；形状复杂且较长的工件不宜采用整体磁化方法。

b. 局部磁化。一般采用便携式电磁轭。便携式电磁轭一般做成活动关节，磁极间距 L 一般控制在 75～200 mm，最短不小于 75 mm，因为磁极附近 25 mm 范围内磁通密度过大会产生过度背景，掩盖相关显示。在磁路上磁通总量一定的情况下，工件表面的磁场强度随着两极间距 L 的增大而减小，所以，磁极间距也不能太大。

直流电磁轭的提升力满足标准要求（>177 N），但测量表面磁场强度及在 A 型灵敏度试片的磁痕显示都达不到要求，所以，一般情况下对厚度大于 6 mm 的工件不采用直流电磁轭磁粉检测，对于小于 6 mm 的薄壁工件利用直流电磁轭既可检测出有一定深度的近表面缺陷，又兼顾表面缺陷的检出。

② 触头法。使用触头法时触头间距不得小于 75 mm，因为在触头附近 25 mm 范围内电流密度过大会产生过度背景，会掩盖相关显示。如果间距过大，电流流过的区域变宽，磁场减弱，磁化电流则随着间距增大相应的增加。为了保证触头法磁化时不漏检，两次磁化的有效磁化区必须有一定的重叠，重叠区域不小于 10%。

③ 绕电缆法。由前述章节可知，工件长度 L 与直径 D 之比必须大于等于 2，否则，应采用与工件外径相似的铁磁性延长块将工件接长到大于等于 2。对于长工件，应进行分段磁化，并应有 10% 的有效磁场重叠。

④ 交叉磁轭法。交叉磁轭只适用于连续法,必须采用连续移动的方式进行工件磁化,在移动磁轭磁化的同时施加磁悬液,不能采用步进式方法移动;移动速度不超过 4 m/min,也可通过标准试片上的磁痕显示来确定,因为移动速度过快,对表面裂纹检出率影响不是很大,但对近表面裂纹,即使是埋藏深度只有零点几毫米,也难以形成缺陷磁痕;有效磁化区范围内始终要保持润湿状态,注意磁悬液的喷洒手法及喷洒角度,避免磁悬液冲洗掉已形成的缺陷磁痕;磁痕观察必须在交叉磁轭通过后立即进行,否则缺陷磁痕易遭到破坏;交叉磁轭的外侧也存在有效磁化场,也可以用来磁化工件,但需要通过标准试片来确定有效磁化区的范围;应使用标准试片对交叉磁轭法进行综合性能验证,验证时在移动状态下进行,当移动速度、磁极间隙等工艺参数的变化有可能影响到检测灵敏度时应进行复验,尤其是要注意交叉磁轭磁极必须与工件接触良好,磁极不能悬空。

3. 检测实施

检测实施包括对被检工件的磁化和施加磁粉或磁悬液这个完整的过程。磁化效果如何直接关系检测结果的正确与否。一般情况下,磁化不足会造成缺陷漏检,磁化过度会产生非相关显示从而影响对缺陷的正确判断。对于磁粉或磁悬液的施加,不同的检测方法要求不相同,因此,要注意掌握磁粉或磁悬液施加的方法和时机。

1) 磁化、施加磁粉或磁悬液

(1) 连续法。

① 湿连续法。接通电源检测前,提前把磁悬液进行充分搅拌或者摇匀,然后把磁悬液喷(或浸、浇等)在被检工件表面上进行润湿,通电、磁化,同时施加磁悬液,停止施加磁悬液至少 1 s 后方可停止磁化;磁化通电时间 1～3 s,至少反复磁化两次。

湿连续法的磁悬液不能采用刷涂,喷或浇磁悬液的时候压力要均匀、微弱,磁轭在被检工件上的行走方向从高处往低处移动(对于平放的小工件,条件允许的话,在磁化前可以把工件的一侧稍稍垫高后再进行磁化,否则,磁悬液很容易聚集在工件表面上,影响后续的磁痕观察),磁悬液喷或浇在磁轭行走的前方,以避免冲刷掉在被检工件表面上即时形成的磁痕显示。

如果湿连续法采用的磁悬液是水基型磁悬液,则在每次使用前还要进行水断试验,以保证磁悬液能对被检工件充分润湿。对于不同表面粗糙度选择不同的磁悬液浓度。

注意:每次检测前,要采用灵敏度试块或试片进行综合性能试验。

② 干连续法,也称为干粉法。在对工件通电磁化的同时喷洒干粉,并在通电的同时用经过过滤的干燥、低压力的压缩空气轻轻吹去多余的磁粉,待磁痕形成与磁痕观察和记录完成后才能停止通电。

喷洒干粉时,干粉要成云雾状轻轻飘落在被磁化的工件表面形成薄而均匀的一层,并覆盖整个检测区域;吹去多余的磁粉时,有顺序地从一个方向向另外一个方向吹,吹的过程中,要注意风压、风量、风口尺寸与风口距离、吹风的角度等必须适度,不要吹掉已经形成的磁痕显示,尽量不要用嘴直接对着检测面吹,防止唾沫黏附磁粉。

注意:每次检测前,要采用灵敏度试块或试片进行综合性能试验。

(2) 剩磁法。

采用剩磁法时,磁粉或磁悬液应在通电结束后施加,一般通电时间为 $0.25 \sim 1 \, s$。施加磁粉或磁悬液之前,任何铁磁性物体不得接触被检工件表面。

剩磁法宜用浇法、喷法和浸法。一般情况下,浸入式的检测灵敏度要高于浇洒或喷洒方式。

如果是磁悬液,在施加之前磁悬液要充分摇匀,做水断试验,磁化后磁悬液浇 $2 \sim 3$ 遍。如果是浸入磁悬液中,浸入时间控制在 $10 \sim 20 \, s$ 后取出,否则时间过长会产生过度背景。

采用交流电磁化法时,还应配备断电相位控制器以确保工件的磁化效果。

(3) 湿法。

磁悬液施加可采用浇、喷、浸等形式,不能刷涂。采用连续法时,其操作步骤与本节"(1)连续法 ① 湿连续法"中的磁悬液施加情况相同;采用剩磁法时,其操作步骤与本节"(2)剩磁法"中的磁悬液施加情况相同。不同工件表面选择不同的磁悬液浓度。

仰视检测和水中检测时宜采用磁膏或者磁性涂料法。

(4) 干法。

被检工件表面要干净和干燥,磁粉也要干燥。其具体操作步骤与本节"(1)连续法 ② 干连续法"中的磁粉施加情况相同。

2) 影响磁粉检测灵敏度的因素

对于磁粉检测灵敏度,定量来说是指能有效地检出被检工件表面或近表面规定尺寸大小缺陷的能力;定性来说是指检测出最小缺陷的能力,可检出缺陷越小,灵敏度越高。我们日常所说的检测灵敏度是指定性方面的,即绝对灵敏度。

影响磁粉检测灵敏度的因素很多,主要包括磁化规范、磁粉检测设备及器材、被检工件、缺陷、磁粉检测工艺操作 5 个方面的内容。

(1) 磁化规范。

磁化规范对磁粉检测灵敏度的影响主要体现在磁化方法、磁场强度、磁化电流三个方面。

① 磁化方法。不同的磁化方法对不同方向缺陷的检测能力不同,周向磁化对纵

向缺陷检测灵敏度高,纵向磁化对横向缺陷检测灵敏度高;同一种磁化方法,对不同部位缺陷检测灵敏度也不相同,比如中心导体法采用交流电磁化,由于涡电流的影响,内表面缺陷的检测灵敏度就比外表面高很多。交叉磁轭检测时,磁轭移动速度、磁轭与工件间隙、工件表面平整度、缺陷相对磁极的位置都会对检测灵敏度产生不同程度的影响。

一般情况下,为了不漏检,对同一部位要对相互垂直的两个方向进行磁粉检测。

② 磁场强度。磁粉检测的磁场强度在既能检测所有有害缺陷又能区分磁化显示的情况下取最小值。磁场强度过大会产生过度背景,掩盖相关显示;磁场强度过小,缺陷产生的漏磁场强度也小,磁痕显示不清晰,容易漏检。一般情况下,连续法检测磁场强度应达到 $2.4 \sim 4.8 \, \text{kA/m}$,剩磁法检测磁场时磁场强度应达到 $14.4 \, \text{kA/m}$。

③ 磁化电流。交流电具有集肤效应,渗透性小,对表面缺陷有较高的检测灵敏度;直流电具有最大的渗透性,产生的磁场进入工件较深,对埋藏较深的缺陷有较高的检测灵敏度。对于目前常用的便携式直流电磁轭仪器,由于直流电渗透深度大,在相同磁通量下,磁通密度就低,所以,尽管提升力能达到标准规定要求,但用灵敏度试片同样显示不出来磁痕显示,灵敏度不达标,因此,对于厚度较厚的工件不宜采用直流电磁轭检测。相反,目前还有一种逆变式便携式交流磁粉探伤仪,其输出电流就是交流电,能很好地解决这一问题。

(2)磁粉检测设备及器材。

磁粉检测设备及器材对磁粉检测灵敏度的影响主要体现在设备性能、磁粉性能以及磁悬液的类型和浓度 3 个方面。

① 设备性能。磁粉检测设备的功能要完整,各种仪表精度满足要求,要在检定周期内使用,并且在每次检测前,要做综合性能测试(系统灵敏度),否则会导致提升力不够、磁化规范选择出现偏差等情况,造成灵敏度降低。

② 磁粉性能。磁粉性能包括磁特性、粒度、形状、流动性、密度和识别度 6 个方面,但选择时最终要以综合性能也就是系统灵敏度来衡量,不能只看某一个方面。

磁粉的磁特性:高磁导率的磁粉缺陷检测灵敏度高;矫顽力和剩磁大的磁粉容易吸附到工件表面,不易去除,会形成过度背景,甚至掩盖相关显示。

磁粉的粒度:粒度小的磁粉悬浮性能好,容易被小缺陷产生的微小漏磁场磁化和吸附,检测灵敏度高;粒度粗的磁粉相比粒度细的磁粉磁导率高,对大裂纹检测灵敏度高。因此,实际检测中,根据所需检测缺陷要求选择不同粒度的磁粉。

磁粉的形状及流动性:条形磁粉容易磁化,对大缺陷和近表面缺陷灵敏度高,但流动性不好,磁粉易聚集导致灵敏度下降;球形磁粉流动性好但不易被漏磁场磁化。因此,为保证检测灵敏度,常常会按照一定的比例将条形、球形和其他形状的磁粉进行混合使用。

磁粉的密度：磁粉密度大，在湿法检测中，易沉淀，悬浮性差，在干法检测中，所需漏磁场要大，因此，要综合考虑磁粉密度对检测灵敏度的影响。

磁粉的识别度：识别度即对比度。对于非荧光磁粉，磁粉颜色与被检工件表面颜色对比度大，检测灵敏度高；对于荧光磁粉，在黑光灯下观察磁痕成黄绿色，其对比度和亮度非常高，易被人眼发现，灵敏度也比非荧光磁粉高很多。

③ 磁悬液的类型和浓度。磁悬液有水基型和油基型两种类型。对于水基型磁悬液，要做水断试验；对于油基型磁悬液，要规定某一温度范围内的最大黏度值，因为温度低时其黏度值高，流动性变差和灵敏度下降。

磁悬液浓度太低，漏磁场吸附的磁粉量不足，磁痕不清晰，易漏检；磁悬液浓度太高，被检工件表面滞留磁粉多，形成过度背景，掩盖相关显示。

（3）被检工件。

被检工件对磁粉检测灵敏度的影响主要体现在被检工件的磁特性、材质、几何形状与规格尺寸和表面粗糙度、表面覆盖层四个方面。

① 工件的磁特性及材质。包括磁导率 μ、剩磁 Br 和矫顽力 Hc，另外晶粒大小、含碳量、热处理及冷加工也都对磁特性产生影响。剩磁法检测时，工件的剩磁 Br 和矫顽力 Hc 越大，缺陷检测灵敏度就越高。

② 几何形状与规格尺寸。工件形状及尺寸的影响主要表现在磁化规范、操作、磁粉或磁悬液的施加及磁化难易等。比如，磁轭法检测时，工件的曲率大小影响磁极与工件表面的接触效果，从而影响检测灵敏度。

③ 表面粗糙度。工件表面粗糙度、氧化皮、铁锈会增加磁粉流动阻力，影响漏磁场对磁粉的吸附，磁极与工件会产生间隙，导致耦合不良，使检测灵敏度下降。工件表面的凹坑和油污处出现磁粉聚集，易引起非相关显示。

④ 表面覆盖层。工件表面的覆盖层会削弱漏磁场对磁粉的吸附作用，使得检测灵敏度降低。表面覆盖层如果较厚，漏磁场不能泄漏到覆盖层之上，不能吸附磁粉，没有磁痕显示，会漏检。这也是 NB/T 47013.4—2015 中规定被检工件表面非磁性涂层厚度不超过 0.05 mm 的原因。

（4）缺陷。

缺陷对磁粉检测灵敏度的影响主要体现在缺陷的方向、性质、形状和埋藏深度四个方面。

① 缺陷的方向。缺陷垂直于磁场方向漏磁场最大，吸附磁粉最多，最有利于检出，灵敏度最高；当缺陷与磁场方向平行或夹角小于 30°时，几乎不产生漏磁场，缺陷不能被检测出来。

② 缺陷的性质。不同性质的缺陷其磁导率不同，缺陷磁导率越低越容易被检出，比如裂纹检出率就比金属夹杂物高。

③ 缺陷的形状。不同形状的缺陷对磁感应线的阻挡不一样,面状缺陷阻挡的磁感应线比点状的多,因此检测灵敏度高;缺陷宽度很小时,检测灵敏度随宽度增加而增大,缺陷宽度很大时,比如表面划伤(浅而宽),漏磁场反而下降,检测灵敏度降低。

④ 缺陷的埋藏深度。对于工件表面缺陷,漏磁场大,灵敏度高;对于近表面缺陷,漏磁场减小,灵敏度降低;如果缺陷位置很深,则工件表面几乎没有漏磁场,此时就无法检测出来。

（5）磁粉检测的工艺。

磁粉检测工艺对磁粉检测灵敏度的影响主要体现在检测人员的技术素质、工艺操作、检测环境 3 个方面。

① 检测人员的技术素质。检测人员的工作经历、实践经验、操作技能和工作责任心都直接影响检测结果的正确性。

② 工艺操作。主要包括检测前的准备工作(检测表面的预处理)、检测实施(磁化、施加磁粉或磁悬液)、磁痕观察。

检测表面的预处理:如果检测前工件表面清理不干净,则会影响缺陷磁痕形成,易产生非相关显示,影响缺陷的判别。

磁化:磁化不足和磁化过剩都会引起检测灵敏度的降低,只有当被检工件表面的磁感应强度达到饱和磁感应强度的 80% 时,才能有效检测出规定大小的缺陷。

施加磁粉或磁悬液:湿连续法先用磁悬液润湿被检工件表面,在通电磁化的同时施加磁悬液,停止施加磁悬液后再通电数次,待磁痕形成并滞留下来时方可停止通电;干连续法应在被检工件通电磁化后开始施加磁粉,并在通电的同时吹去多余的磁粉,待磁粉形成和检测完毕再停止通电。如果磁化和施加磁粉或磁悬液时间把握不好,会影响缺陷的检出。

磁痕观察:磁痕观察分析时,检测人员佩戴眼镜也有影响,如光致变色眼镜在黑光辐射时会变暗,影响荧光磁粉磁痕的观察和辨识。

③ 检测环境。非荧光检测时,应有充足的自然光或白光,如果光照度不足,检测灵敏度下降;荧光检测时,要有合适的暗区或者暗室,如果光照度比较大,会影响人眼对缺陷在黑光灯照射下发出的黄绿色荧光的观察,导致灵敏度下降。对于检测环境的可见光照度或黑光辐照度、暗区或暗室的环境光照度,应满足相关标准的要求。

4. 磁痕的观察与记录

1）磁痕的分类

磁痕,即磁粉在磁场畸变处堆积形成的痕迹。按照显示产生的原因和性质,磁痕分为相关显示、非相关显示和伪显示三类。

（1）相关显示。

相关显示是指磁粉检测时由缺陷产生的漏磁场吸附磁粉而形成的磁痕显示，也称为缺陷显示。相关显示对被检工件的使用性能有影响。

电网设备磁粉检测中，常见的缺陷有裂纹、发纹、折叠、白点和疏松等，其形成原因详见"电网设备材料检测技术系列"书籍《电网设备金属材料检测技术基础》之"第4章　缺陷的种类与形成"，本书在此不再具体展开。对于我们在磁粉检测中发现的显示是否是相关显示，应该从加工方法、焊接工艺、使用工况等多角度、多因素进行综合分析和判断。

另外，关于磁粉检测的表面缺陷种类及形成可详见本书"2.2.1　直接目视检测"节，该节详细介绍了铸件、锻件、焊接件及紧固件中存在的一些常见的表面缺陷。

（2）非相关显示。

非相关显示是指磁粉检测时由截面变化或材料磁导率改变等产生的漏磁场吸附磁粉而形成的磁痕显示，不是来源于缺陷，一般与被检工件本身材料、外形结构（如截面变化、键槽等）、采用的磁化规范和工件的制造工艺等因素有关。有非相关显示的工件，其强度和使用性能不受影响，对工件也不构成危害，但它与相关显示容易混淆，也不像伪显示那样容易识别。常见的非相关显示产生的原因有机械损伤、局部冷作硬化、工件截面突变、两种材料结合处、金相组织不均匀、磁化电流过大、磁极和电极附件、磁写等。

① 机械损伤。工件在机器加工过程中产生的表面较深的刀痕、划痕等处产生的局部漏磁场吸附磁粉而形成非相关显示，其辨别方法比较简单，就是用布擦去磁痕后，用肉眼或放大镜可以直接识别出来。

② 局部冷作硬化。工件的局部冷加工，如局部锤击、矫正、弯折等，使得局部金属硬度提高，即是我们常说的局部冷作硬化，从而使得磁导率也发生变化，在两种不同磁导率交界处产生的磁痕显示，属于非相关显示。其辨别方法是，磁痕显示通常较宽且松散，呈带状，一般退火消除内应力后重新进行磁粉检测，这种磁痕显示就不再出现。

③ 工件截面的突变。被检工件上在某个地方的截面、厚度或者形状突然发生改变，比如存在键槽、齿轮齿端等，由于截面缩小，在该部分金属截面内能容纳的磁力线有限，由于磁饱和，迫使一部分磁力线离开和进入工件表面形成漏磁场，吸附磁粉，形成非相关显示。其辨别方法是，该种磁痕显示比较松散且有一定的宽度，有规律地出现在同类工件的同一个地方，也就是说，可以直接根据工件的形状辨别。

④ 两种材料结合处。常见的比如异种钢的焊接。焊接过程中，由于两种金属磁导率不同，或者焊缝母材与焊条磁导率相差比较大，低磁导率处难以容纳高磁导率处同样多的磁通量而溢出工件表面，即在焊缝与母材的交界处就会产生磁痕显示，属于非相关显示。其辨别方法是，磁痕有的松散，有的浓密清晰，但通常整条焊缝都会出

现类似的磁痕显示,需要结合焊接工艺、母材与焊条材料进行综合分析。

⑤ 金相组织不均匀。由于工件材料的金相组织不均匀、成分偏析导致磁导率存在差异而形成的磁痕显示。其辨别方法是,磁痕松散不浓密,呈带状,单个磁痕类似发纹。

⑥ 磁化电流过大。每种成分稳定、组织均匀的材料其磁导率基本上都是不变的,在单位横截面上容纳的磁力线也是有限的,当磁化电流过大,在工件截面突变的极端处,磁力线不能完全在工件内闭合,在棱角处磁力线容纳不下时就溢出工件表面,产生漏磁场,吸附磁粉形成磁痕。此外,过大的磁化电流还会把锻轧材料的金属流线显示出来,形成"流线"磁痕显示,属于非相关显示,其特征是成群出现且沿金属流线呈平行状态分布。其辨别方法是,磁痕松散,沿工件棱角处或金属流线分布,形成过重背景,一般退磁后选择合适的磁化规范,磁痕就不会再出现。

⑦ 磁极和电极附件。采用磁轭法或触头法检测时,在磁极或触头与工件接触处因为磁通密度最大而较多地吸附磁粉形成磁痕显示。其辨别方法是,磁极或电极附件的磁痕多且松散,与缺陷产生的相关显示磁痕特征明显不同,但在该处容易形成过度背景掩盖相关显示,一般退磁后改变磁极和电极位置,重新检测,如果磁痕显示还存在,则为相关显示,否则,为非相关显示。

⑧ 磁写。当两个已磁化的工件互相碰触或摩擦,或者已磁化的工件和未磁化的工件接触,在接触处产生磁性变化,磁粉检测时产生的磁痕显示,称为磁写,属于非相关显示。其辨别方法是,磁痕松散且线条不清晰、紊乱,可以沿任何方向出现,当工件退磁后重新磁化和检测时就不会再出现,但要注意,对于比较严重的磁写需要采取多方向退磁才能消除。

(3) 伪显示。

伪显示,是指不是由漏磁场吸附磁粉形成的磁痕显示,也称为假显示。引起伪显示的原因很多,常见的有以下几种。

① 工件本身结构的原因。工件存在沟槽,特别是成直角或锐角的沟槽底部能滞留磁粉形成磁痕显示,通常磁粉堆积松散、磁痕轮廓不清晰,漂洗后磁痕不再出现。

② 湿法磁粉检测中,磁悬液浓度过大、磁场过强、磁悬液搅拌不均匀或施加不当等综合因素形成过度背景,通常磁粉堆积多、松散且分散,易掩盖相关显示造成漏检。

③ 检测表面的预处理不到位。主要表现在工件表面存在油污、锈蚀、氧化皮、油漆斑点、纤维线头、焊接飞溅等,或者修理后被检工件表面粗糙度不满足要求($Ra \leqslant 25\,\mu m$),所以,在磁粉检测前对被检工件的表面准备(检测表面的预处理)非常重要,一定要按照相关标准的要求来处理。

对于工件表面油污或不清洁,黏附磁粉形成的磁痕显示,在干法中常见,其磁粉堆积松散,清洗干燥后重新检测就不再出现。

对于工件表面的锈蚀、氧化皮、油漆斑点等边缘上滞留磁粉形成的磁痕显示,通常表现为弯曲状,仔细观察或者用低倍放大镜观察,或漂洗工件即可辨别。

对于纤维线头,黏附磁粉滞留在工件表面,最容易被误认为是磁痕显示,仔细观察或者用手擦掉后重新磁粉检测即可辨别出来。

对于表面粗糙,在凹陷处容易滞留磁粉形成磁痕显示,该磁痕轮廓不清晰,磁粉堆积松散,在载液中漂洗磁痕即可去掉。

2) 磁痕的观察

缺陷磁痕的观察应在磁痕形成后立即进行,除能确认磁痕是由于工件材料的局部磁性不均或操作不当造成的之外,其他磁痕显示均应作为缺陷磁痕处理。对于磁痕实在难以判断是否为缺陷磁痕时,可擦去磁痕重新施加磁粉或磁悬液进行观察,如果仍然不能确定,则应对被检工件进行退磁,然后进行复测,必要时清理表面甚至稍作打磨后复测。

值得指出的是,我们在磁痕观察的时候,有时候需要确定缺陷究竟是表面缺陷还是近表面缺陷。一般情况下,表面缺陷有一定的深宽比,磁痕显示浓密清晰、瘦直、轮廓清晰,呈直线状、弯曲线状或网状,磁痕显示重复性比较好;近表面缺陷由于为露出工件表面,所以磁痕显示宽而模糊,轮廓显示不清晰。对于细小缺陷磁痕的辨认,观察时可辅以 2~10 倍的放大镜。

非荧光磁粉检测时,缺陷磁痕的评定应在充足的可见光下进行,且工件被检表面可见光照度应大于等于 1 000 lx,并应避免强光和阴影;现场检测由于条件所限,可见光照度可以适当降低,但应不低于 500 lx。

荧光磁粉检测时,缺陷磁痕的观察应在暗区黑光灯激发的黑光下进行,在距离灯源 400 mm 处被检工件表面的黑光辐照度大于或等于 1 000 μW/cm^2,并且用黑光辐照度计进行实测;暗黑区室或暗处可见光照度应不大于 20 lx,黑光灯波长应在 315~400 nm,黑光灯的电源电压波动大于 10% 时应安装电源稳压器;检测人员进入暗区至少经过 5 min 后才能进行荧光磁粉检测,观察时不应佩戴对检测结果评判有影响的眼镜或滤光镜。

3) 缺陷磁痕的记录

当发现有确认为不允许存在的缺陷时,应在被检工件上标出缺陷位置,以便挖补。现场记录中应标注出缺陷的位置、大小、形状、性质及数量等。缺陷磁痕记录的方式有多种,常见的有文字描述、草图标示、照片、透明胶带、透明漆"凝结"被检表面的显示、可剥离的反差增强剂、录像、环氧树脂或化学磁粉混合物、磁带、电子扫描等。记录时可以用一种或数种方式。

(1) 文字描述、草图标示。在磁粉检测记录表格中画出磁痕显示的位置、形状、尺寸和数量,并加以文字描述。磁粉检测记录如表 8-4 所示。

表 8 - 4　磁粉检测记录

记录编号：

项目名称			
部件名称		检测部位	
仪器名称	交流磁轭□　交叉磁轭□　其他□		
提升力	≥45 N□　≥177 N□　≥118 N□		
仪器型号		仪器编号	
磁粉类型	湿□　干□	磁极间距	150～180 mm□　其他□
磁粉施加方法	喷□　浇□　浸□	磁悬液浓度	10～25 g/L□　其他□
润湿性能	合格□　不合格□	磁化时间	(1～3 s)×2□　其他□
磁化方法	磁轭□　交叉磁轭□	灵敏度试片	A_1 - 30/100□　其他□
检测时机		部件表面状态	
执行标准	NB/T 47013.4—2015□　其他□	检测验收级别	Ⅰ级□　其他□
退磁	完成□　被检部件不需退磁□		
检测内容及结果			

检测内容：

检测结果：

记录/日期		审核/日期	

（2）照片。当采用相机照相摄影记录或手机记录缺陷磁痕显示时，要尽可能拍摄被检工件的全貌和实际尺寸，也可以拍摄被检工件的某个特征部位，同时把刻度尺拍摄进去。如果使用黑色磁粉，为了能拍摄出清晰的缺陷磁痕照片，应先在工件表面喷一层很薄的反差增强剂；如果是荧光磁粉，则在相机镜头上加装去除紫外线的滤光片以滤去散射的黑光，有条件的情况下用漫反射发光黑光灯照射被检工件和缺陷磁痕显示，且黑光灯应带有滤去可见光的滤光片，避免反光。

（3）透明胶带。待缺陷磁痕晾干后用透明胶带粘贴复印磁痕显示，并贴在记录磁粉检测记录的表格上。

（4）可剥离的反差增强剂。先在被检工件表面喷一层可剥离的反差增强剂，待干后揭下即可保存。

（5）录像。用录像记录缺陷磁痕显示的形状、大小和位置，同时应把刻度尺摄录进去。

（6）环氧树脂或化学磁粉混合物。用环氧树脂或化学磁粉混合物复制缺陷磁痕显示比较直观、难以擦除，并且可长期保存。

5. 缺陷评定（评级）

对前述记录的缺陷磁痕进行进一步的评定，即需要确定以下一些内容：缺陷的性质是裂纹、白点还是非金属夹杂物等；缺陷磁痕是条状磁痕还是圆形磁痕；磁痕方向是纵向缺陷还是横向缺陷等。

最后依据相关标准对所记录的缺陷进行评定（评级），以决定缺陷是否属于超标缺陷或者该工件是否合格。

6. 超标缺陷的处理和复验

（1）超标缺陷的处理。

经过缺陷评定（评级）后，对于超过验收标准的磁痕显示，如果不允许打磨清除掉，则应拒收或者建议停止使用；如果允许将缺陷打磨消除，则应采用适当的打磨方法打磨掉，并用磁粉检测复检，直到缺陷完全清除为止。注意，打磨时打磨部位应圆滑过渡，若打磨深度或长度超过标准规定的尺寸要求，则根据相关技术条件的规定来处理，或者拒收，或者补焊，补焊后仍按照前述操作流程进行磁粉检测复检，必要时还须进行受力分析、力学方法计算或者强度校核等。

（2）复验。

当出现下列情况之一时，需要复验：

① 检测结束，用标准试片或标准试块验证检测灵敏度不符合要求时。

② 发现检测过程中操作方法有误或者技术条件改变时。

③ 合同各方有争议或认为有必要时。

④ 对检测结果有怀疑时。

如果确定被检工件需要进行复验，则应从通用检测工艺的第一步开始进行，逐项执行操作步骤。

7. 退磁

1）退磁目的

工件被磁化后，或多或少都有一定的剩磁。在某些情况下，剩磁的存在会对工件的进一步加工和后续使用造成严重的影响，因此，必须要进行退磁。当然，有的工件虽然存在剩磁，但对后续进一步加工和使用并不受影响，这种情况下就不需要退磁。

（1）需要退磁的情况。

需要退磁的情况主要有以下 8 种：

① 剩磁对以后磁粉检测有干扰。

② 剩磁吸附铁屑和磁粉影响油路系统通畅。

③ 剩磁吸附铁屑和磁粉造成滚珠轴承磨损。

④ 剩磁在电焊过程中引起电弧偏吹导致焊位偏离。

⑤ 剩磁会使电镀电流偏离期望流通的区域,影响电镀质量。

⑥ 剩磁会给清除磁粉带来困难。

⑦ 剩磁影响某些仪器仪表的工作精度和正常使用。

⑧ 剩磁吸附铁屑和磁粉在继续加工时影响工件表面粗糙度和刀具使用寿命。

（2）不需要退磁的情况。

对于以下 7 种情况可以不需要退磁:

① 后续工序是热处理,工件要被加热到居里温度以上。

② 有剩磁不影响使用。

③ 直流电先后两次磁化,后次磁化用更强的磁场强度。

④ 交流电两次磁化工序之间。

⑤ 低剩磁高磁导率工件。

⑥ 工件将处于强磁场附近。

⑦ 工件将受电磁铁夹持。

2）退磁方法

退磁是将工件置于一个方向不断变化,同时强度逐渐降低到零的磁场中,从而使工件中的剩余磁场也趋近于零,其实质是将工件置于交变磁场中时将产生磁滞回线,当交变磁场的幅值逐渐递减时,磁滞回线的封闭轨迹越来越小,当磁场强度降为零时,工件中残留的剩磁 Br 接近于零,从而达到退磁的目的。

退磁分为交流电退磁、直流电退磁、加热退磁三种方法。加热退磁是通过将需退磁的工件加热到居里温度以上,使其磁性完全消失的一种退磁方法,虽然该种退磁方法最为有效,但由于不经济、不实用,目前很少应用,因此,本部分只讲述交流电退磁和直流电退磁这两种情况。

（1）交流电退磁。

一般用交流电磁化的工件用交流电退磁。交流电退磁方法有线圈通过法和磁场衰减法两种。

对于线圈通过法交流电退磁,有 2 种,一种是线圈不动工件动,磁场逐渐减小到零;另一种是工件不动线圈动,磁场逐渐减小到零。

对于磁场衰减法交流电退磁,有 5 种:①线圈法,即线圈、工件都不动,电流逐渐减小到零;②通电法,即两磁化夹头夹持工件通电,电流逐渐减小到零;③触头法,即两触头接触工件通电,电流逐渐减小到零;④磁轭法,即磁轭通电时离开工件,磁场逐渐减小到零;⑤扁平线圈通电时离开工件,磁场逐渐减小到零。

① 线圈通过法。将需退磁的工件从通电的磁化线圈中缓慢抽出,直至工件离开

线圈 1 m 以上时,再切断电流。

② 磁场衰减法。将工件放入通电的磁化线圈内,将线圈中的电流逐渐减小至零,或将交流电直接通过工件并同时逐步将电流减到零。

对于大型工件的焊缝,还可用交流电磁轭退磁,即将电磁轭两极跨接在焊缝两侧,接通电源,让电磁轭沿焊缝缓慢移动,当远离焊缝 1 m 以外后再断电,完成退磁。

对于大面积工件的退磁,可采用扁平线圈退磁器,退磁时,退磁器像电熨斗一样在工件表面来回移动,最后在远离工件 1 m 以外处断电,使磁场衰减到零退磁。

(2) 直流电退磁。

直流电退磁是指将需退磁的工件放入直流电磁场中,不断改变电流方向,并逐渐减小电流至零。一般直流磁化的工件用直流退磁,如果直流电磁化过的工件用交流电退磁,由于交流磁场有趋肤效应,工件深处的剩磁将仍然存在,尤其是工件直径大于 50 mm 时。

直流电退磁有直流换向衰减退磁和超低频电流自动退磁等方法。

① 直流换向衰减退磁,是指通过不断改变直流电(包括三相全波整流电)的方向,同时使通过工件的磁化电流减小到零进行退磁。

② 超低频电流自动退磁。超低频电流通常指频率为 0.5～10 Hz 的电流,可用于对三相全波整流电磁化的工件进行退磁。

3) 退磁的注意事项及剩余磁场的测量

(1) 退磁的注意事项。

总的来说,退磁所用的磁场强度应不小于检测时的最大磁场强度。如前所述,直流电磁化的工件用直流电退磁,交流电磁化的工件用交流电退磁。但是,如果直流电退磁后再用交流电退磁一次,则退磁效果会更好。

磁粉检测中常用的磁化电流是交流电,因此最常用的退磁方法是线圈通过法,当采用线圈通过法退磁时除了前述注意事项外,还应注意以下几点:

① 退磁过的工件应远离退磁机或磁化装置。

② 退磁时,工件和退磁机应东西向放置,与地磁场垂直退磁更有效。

③ 复杂或者环形工件应一边旋转一边通过线圈进行退磁。

④ 为了方便测量退磁后的剩磁大小,对周向磁化的工件退磁时应将工件纵向磁化后,再纵向退磁。

⑤ 退磁用的框或盘应是非铁磁性的,比如塑料筐或木条框,且小工件不能捆扎或者堆叠放置。

⑥ 工件轴向应与线圈轴平行并靠内壁放置。

⑦ 工件长径比 $L/D \leqslant 2$ 时,应将工件沿轴向接长或者逐件使用延长块加长后再进行退磁。

⑧ 退磁时的电流与磁场方向、大小变化必须是换向与衰减同时进行的。

（2）剩余磁场的测量。

剩余磁场的测量,即剩磁的测量。工件退磁后,还需要用磁场强度计或其他剩磁测量仪器来测量工件的剩磁。退磁后的工件剩磁强度应不大于 0.3 mT(240 A/m)或按产品技术条件规定。

8. 后处理

磁粉检测完毕,为了不影响工件的后续加工和使用,需要对已检的工件进行后处理。已检工件的后处理,主要包括合格工件的处理和不合格工件的处理两个方面的内容。

（1）合格工件的处理。

① 要对工件进行清洗,以去除工件表面残留的磁粉、磁悬液。使用水磁悬液的,清洗后应进行脱水防锈处理;如使用了封堵,应取出封堵后再清洗。

② 工件表面的反差增强剂应清洗掉。

（2）不合格工件的处理。

对于检测不合格的工件,应另外存放,并在工件上标记缺陷位置和尺度范围,以便进一步验证和返修。

9. 记录与报告

根据相关技术标准要求及规定,完成检测报告的编制、审批、签发等。

第9章 磁粉检测技术在电网设备中的应用

在前述章节我们已经提到根据不同的分类条件及相互组合,会产生不同的磁粉检测方法,比如有非荧光湿法连续磁轭法、非荧光湿法触头法、非荧光湿法交流磁轭等,并且在电网设备中都有相应的应用。本章接下来所要讲解的案例,比如隔离开关机构操作箱钢构支架、输电线路钢管杆挂线板、变压器不同结构部件、输电线路角钢塔塔角板及电化学储能电站预制舱等焊缝的磁粉检测属于非荧光湿法连续交流磁轭法,变压器蝶阀管座角焊缝的磁粉检测属于非荧光湿法连续交流触头法。

9.1 隔离开关机构操作箱钢结构支架焊缝磁粉检测

高压隔离开关主要由 3 个部分组成,即隔离开关、操作机构和钢结构支架。其中钢结构支架主要用于固定隔离开关和操作机构,主要承受机构箱的重量。一旦钢结构支架焊缝存在缺陷,容易导致机构箱操作机构失去作用,轻者造成触头接触不良,重者导致隔离开关拒动,引发电网设备二级及以上事故事件。

2022 年 4 月,在新建变电站隔离开关机构操作箱钢结构支架现场焊接质量监督过程中,为了保证现场焊接质量,需对某 220 kV 变电站隔离开关机构操作箱钢结构支架焊缝进行磁粉检测,如图 9-1 所示,检测标准依据《承压设备无损检测 第 4 部

图 9-1 隔离开关机构操作箱钢结构支架

分:磁粉检测》(NB/T 47013.4—2015)。

1. 检测前的准备

(1) 查看钢构支架图纸、技术条件,确认钢构支架规格、材质。

(2) 现场作业时,应确保作业现场无扬尘、照明充足、有检修电源,上方和附近无其他作业或已采取相应的防护措施。

(3) 确定检测方法及磁化规范。

a. 检测方法。由于是户外检测,应采用便携式磁粉检测仪,钢结构支架材质为Q235B,采用触头法检测时,接触不良时会产生电火花,易使法兰产生裂纹。受焊接结构尺寸影响,不适合采用交叉磁轭法,采用磁轭法磁化。因此,采用非荧光湿法连续磁轭法磁粉检测。

b. 磁化规范。采用交流磁轭法,要求提升力≥45 N。

(4) 检测环境。现场可见光照度不低于500 lx。环境温度约20℃。

2. 检测设备及器材

(1) 检测设备:CDX-Ⅲ型磁粉检测仪。

(2) 器材:A1-30/100型标准试片、磁粉选择新美达 MT-BW 型黑水磁悬液喷罐、白光照度计等。

3. 检测实施

1) 预处理

磁粉检测前,应对所需检测部位的焊缝及焊缝两边至少25 mm 范围内进行打磨,打磨后的焊缝表面粗糙度 $Ra \leqslant 25\,\mu m$。

2) 磁化及施加磁悬液

(1) 将磁轭两极间距调节至60 mm,电源线插头插入三芯电源插座,设备通电。

(2) 将 A1-30/100 试片粘贴到钢结构支架适当位置上,按动开关磁化的同时施加磁悬液,停止施加磁悬液后再通电数次,通电时间为1~3 s,停止施加磁悬液至少1 s后,待磁痕形成并滞留下来时方可停止通电,观察试片的磁痕显示,若试片缺陷显示清晰可见,则系统灵敏度符合要求。

注意:使用灵敏度试片时,需清洗试片及工件表面,用胶带将标准试片上开槽的一面紧贴被检工件表面,保证被检工件与试片有良好接触。

(3) 磁化及施加磁悬液。两磁轭贴紧立柱与钢构支架,按动开关磁化的同时施加磁悬液,停止施加磁悬液后再通电数次,通电时间为1~3 s,停止施加磁悬液至少1 s后,待磁痕形成并滞留下来时方可停止通电,再进行磁痕观察和记录。

(4) 将磁轭顺时针移动50 mm,重复(3)的步骤,直至整条焊缝全部检测完成。

注意,为了防止漏检,在同一个方向检测完毕后,磁轭需要再旋转90°方向进行磁粉检测,步骤同(3)和(4),并且每次检测都要有至少10 mm 的重叠范围。

4. 磁痕观察与记录

在磁痕形成后,立即进行观察与记录,发现缺陷后用手机拍照,并在草图上做好缺陷的长度、位置、大小、性质等的记录。

5. 检测结果与评定

经磁粉检测,发现在该钢结构支架焊缝上存在一条裂纹,裂纹的断续长度约为25 mm,如图 9 - 2 所示。

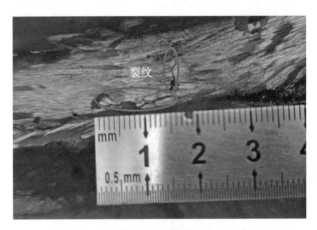

图 9 - 2　钢结构支架焊缝磁粉检测出的裂纹

根据 NB/T 47013.4—2015 中第 9.1 条规定"不允许任何裂纹显示",检测结果为不合格。其余检测部位未发现裂纹、线性缺陷及圆形缺陷,检测合格。

6. 退磁及后处理

法兰检测采用磁轭法,不需要退磁处理;但需要用干净的抹布清除表面的磁悬液等污染物。

7. 报告

根据相关技术标准要求及规定,完成检测报告的编制、审批、签发等。

9.2　电化学储能电站预制舱焊缝磁粉检测

电化学储能应用于源网荷各环节,为维持电力系统安全稳定做出重要贡献。相比抽水蓄能,电化学储能受地理条件影响较小,建设周期短,灵活性更强。根据需求不同,电化学储能技术在电源侧、电网侧和用户侧得到广泛应用。电化学储能在电力系统中的份额快速提升,2020 年新增的储能装机中,75.1%来自电化学储能。

为了方便安装和模块化,电化学储能常采用集装箱预制舱型式,储能电站用的电池、换流器以及保护控制等设备均布置在集装箱中,如图 9-3 所示,一般情况下,集装箱露天放置,其结构强度、焊接质量、表面防腐性能等都会对储能电站设备的安全运行造成影响,因此,为了保障电网设备的本质安全及可靠运行,非常有必要对其相关内容进行质量检测。

2018 年,国网江苏电力公司对在镇江投运的几座电化学储能电站集装箱预制舱进行了质量抽检,检测项目包括集装箱的外观状况、焊缝质量、防腐涂层厚度、箱板厚度、附件材质和接地体涂层厚度等内容。其中,集装箱外部焊缝根据相关要求要进行表面磁粉检测抽查,且抽检比例为不低于所有焊缝的 10%,电网电化学储能电站预制舱及预制舱焊缝磁粉检测抽检的具体位置如图 9-4 所示,根据甲方验收要求,检测依据采用《焊缝无损检测　磁粉检测》(GB/T 26951—2011),验收结果是要求焊缝不得有裂纹、未熔合等缺陷。

图 9-3　电网电化学储能电站预制舱

图 9-4　预制舱焊缝磁粉检测位置

1. 检测前的准备

(1)收集资料。检测前了解设备厂家、预制舱制造质量标准、材质、形状、尺寸等信息。

(2)表面状态确认。确认预制舱焊缝表面状态。焊缝表面涂有油漆层,表面干燥,无油脂、污垢、铁锈、氧化皮、焊接飞溅及其他磁性物质等影响检测的物质。焊缝成型质量一般,但不影响磁粉检测的实施。

(3)检测时机。在电化学储能电站运维检修阶段。

(4)检测环境。现场可见光照度不低于 500 lx。环境温度约 25℃。

2. 检测设备与器材

(1)检测设备:深圳中昌 ZCM-GNDA1203 型磁轭式交流磁粉探伤仪。

(2)器材:灵敏度试片、白光照度计、游标卡尺、磁膏、喷壶、水等。

3. 检测实施

1）预处理

清理焊缝表面的灰尘等，确保无影响检测的油污等。

焊缝表面涂有油漆防腐层，采用磁感应法镀层测厚仪对油漆层厚度检测，其油漆层厚度约 100 μm，超过标准 GB/T 26951—2011 附录 A.1 规定的 50 μm，应采用灵敏度试片验证其检测灵敏度。

灵敏度试片选用 A1 - 30/100 型，经验证，油漆层对检测结果无明显影响。

2）磁化及施加磁悬液

选择湿法非荧光磁悬液，黑色水基，采用连续法施加磁悬液。由于表面油漆层为白色，可以不使用反差增强剂。

为确保检测出所有方位上的缺欠，焊缝应在最大偏差角为 30°的两个近似互相垂直的方向上进行磁化，并且每次检测都要有至少 10 mm 的重叠范围。

4. 磁痕的观察与记录

在磁痕形成后，立即进行观察与记录，现场光照度大于 1 000 lx，不需要额外灯光照射，发现缺陷用手机拍照并用草图做好缺陷的长度、位置、大小等的记录。

注意：磁悬液的施加、磁痕显示的观察在磁化通电时间内完成，且停止施加磁悬液至少 1 s 后才能停止磁化。

5. 检测结果与评定

经过磁粉检测，发现一处焊缝存在裂纹，长度约为 155 mm，如图 9 - 5 所示。

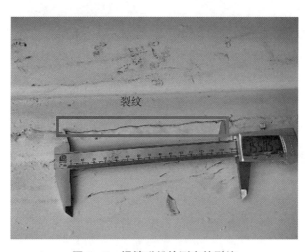

图 9 - 5　焊缝磁粉检测出的裂纹

根据 NB/T 47013.4—2015 中第 9.1 条规定"不允许任何裂纹显示"，检测结果为不合格。其余抽检焊缝均未发现裂纹、线性缺陷及圆形缺陷，检测合格。

6. 退磁及后处理

检测采用交流磁轭法,不需要退磁处理;但需要用干净的抹布清除预制舱上被检焊缝表面及滴落在其他表面上的磁悬液等污染物。

7. 报告

根据相关技术标准要求,完成检测报告的编制、审批、签发等。

9.3　变压器蝶阀管座角焊缝磁粉检测

变压器蝶阀是安装在油浸式变压器的油箱和散热片之间,用于控制变压器油箱和散热片之间的油流的控制阀。当大型电力变压器出厂时,散热器通常是单独包装以缩小运输尺寸。此时蝶阀关闭防止外部空气或水分进入变压器油箱内部,当变压器被运输到安装现场后,将散热器逐一安装在蝶阀上。当散热器安装完毕后就可以开启蝶阀,让变压器油箱和散热器之间的油流可以流通,从而起到散热的作用。

2022 年 6 月,某 110 kV 变电站变压器改造工程中,新变压器安装时操作不当,导致一变压器蝶阀受撞击变形,为了发现蝶阀焊缝是否受撞击影响,需对其进行磁粉检测,如图 9 - 6 所示。变压器箱体及蝶阀管道材质均为碳钢,蝶阀管道规格为 Φ36 mm × 6 mm。检测依据为 NB/T 47013.4—2015。

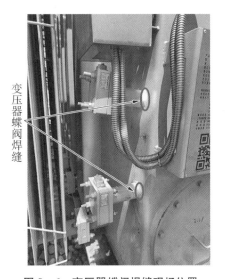

图 9 - 6　变压器蝶阀焊缝现场位置

1. 检测前的准备

(1) 收集资料。检测前了解变压器蝶阀的制造质量标准、材质、形状、尺寸等信息。

(2) 表面状态确认。确认蝶阀管座角焊缝表面状态。焊缝表面涂有油漆层,表面干燥,无油脂、污垢、铁锈、氧化皮、焊接飞溅及其他磁性物质等影响检测的物质。焊缝成型质量一般,但不影响磁粉检测的实施。

(3) 检测时机。在变压器改造阶段。

(4) 检测环境。现场可见光照度不低于 500 lx,环境温度约 28℃。

2. 确定检测方法及检测设备

1) 检测方法

变压器及蝶阀材质为低碳钢,矫顽力低于 1 kA/m,剩磁低于 0.8 T,采用连续法;工件表面光滑,应采用湿法检测;现场条件为户外,光照充足,不具备荧光法检测条件,应采用非荧光法。

现场检测,采用便携式磁粉检测仪,检测蝶阀管道直径为 36 mm,采用磁轭法时,磁轭无法完全贴合工件,磁化规范不符合要求,故本次检测采用触头法磁化。因此,采用非荧光湿法连续触头法磁粉检测。

2)检测设备

图 9-7 EM-1000B 型磁粉检测仪

触头法磁粉检测选择 EM-1000B 型磁粉检测仪,可提供有效值 0~1 000 A 的交流磁化电流,带两对触头,如图 9-7 所示。磁粉选择新美达 W-1 型黑磁膏,按说明书混入一定比例水中制成磁悬液。标准试片选择 A1-30/100 型标准试片。

3. 磁化规范

采用触头法磁粉检测,蝶阀管道厚度为 6 mm,小于 19 mm,根据表 6-3 要求,磁化电流 I 应为触头间距的 3.5~4.5 倍。

现场检测时,根据角焊缝实际情况,检测触头间距选择 150 mm,因此,磁化电流 I 选择 600 A 即可。

4. 预处理

蝶阀管道角焊缝表面涂有油漆防腐层,采用磁感应法镀层测厚仪对油漆层进行厚度检测,其油漆层厚度约 80 μm,超过标准 NB/T 47013.4—2015 规定的 50 μm,应采用灵敏度试片验证其检测灵敏度。

灵敏度试片选用 A1-30/100 型,经验证,油漆层对检测结果无明显影响。

5. 检测实施

工件磁化布置如图 9-8 所示,两触头一个放在蝶阀管道上距焊缝 75 mm 处,一个放在变压器壳体上距焊缝 75 mm 处,两触头电流流向间距 150 mm。磁化宽度范围为 75 mm,焊缝周长为 36×3.14=113.04 mm,所以,应在蝶阀管道两侧各进行一次磁化。

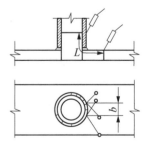

图 9-8 工件磁化布置

接通电源,开关转到"充磁"位置,连接支杆探头,按动"输出控制"开关或"外控"开关,调节"输出调节"旋钮,使磁化电流表 KA 指示到 600 A,再按动"输出控制"完成充磁。在通电磁化的同时浇磁悬液,停止浇磁悬液后再通电数次,通电时间为 1~3 s,停止施加磁悬液至少 1 s 后,待磁痕形成并滞留下来时方可停止通电,再进行磁痕观察和记录。

为确保检测出所有方位上的缺欠,焊缝应在最大偏差角为30°的两个近似互相垂直的方向上进行磁化,并且每次检测都要有至少10 mm的重叠范围。

6. 磁痕观察与记录

在磁痕形成后,立即进行观察与记录,现场检测光照度大于1 000 lx,不需要额外灯光照射,发现的缺陷磁痕用手机拍照记录。

7. 退磁及后处理

将开关放在"退磁"位置,重复"5. 检测实施"的检测流程,进行退磁。退磁完成后,关断仪器电源开关及电网配电板上的总开关,将外接附件拆除。

用干净的布擦掉焊缝表面及滴落在蝶阀附近设备表面上的磁悬液及其他污染物。

8. 检测结果与评定

经磁粉检测,两个变压器蝶阀管道角焊缝均未发现裂纹、线性缺陷及圆形缺陷,根据NB/T 47013.4—2015中第9条要求,检测合格。

9. 报告

根据相关技术标准要求,完成检测报告的编制、审批、签发等。

9.4　输电线路钢管杆挂线板角焊缝磁粉检测

输电线路钢管杆一般由多边形钢管和圆形钢管等钢材制作而成,采用的是热浸镀锌或热喷锌涂层进行防腐处理,是架空输电线路应用极广的一类高耸支撑结构,具有占地面积小、结构强度高、稳定性好、自重小等优点。

钢管杆承受的荷载一般分解为横向荷载、纵向荷载和垂直荷载三种。横向荷载是沿横担方向的荷载,如直线杆上导线、地线水平风力,转角杆导线、地线张力产生的水平横向分力等;纵向荷载是垂直于横担方向的荷载,如导线、地线张力在垂直横担或地线支架方向的分量等;垂直荷载是垂直于地面方向的荷载,如导线、地线的重力等。

钢管杆是由钢板卷制轧制及其他部件焊接拼装而成,主要焊缝为主体的纵、环焊缝和部件角焊缝,其制造质量应满足《输变电钢管结构制造技术条件》(DL/T 646—2021)相关规定。根据标准规定,挂线板角焊缝表面质量应符合二级焊缝要求。

近几年,在建、扩建输电线路的输电铁塔制造监督过程中,需对10~500 kV的输电杆塔焊接部件焊缝进行磁粉检测。检测标准依据NB/T 47013.4—2015,Ⅰ级合格。

1. 检测前的准备

(1) 收集资料。查看输电铁塔图纸、技术条件,确认输电铁塔及部件结构、规格、材质。

(2) 检测方法确认。钢管杆材质为 Q235B、Q355B、Q420B(以图纸为准)等,矫顽力低于 1 kA/m,剩磁低于 0.8 T,无法采用剩磁法,应采用连续法;工件表面光滑,应采用湿法检测;现场条件不具备荧光法检测条件,应采用非荧光法。

由于是现场检测,应采用便携式磁粉检测仪,采用触头法检测时,电火花易使焊缝产生裂纹。焊缝结构存在角焊缝,不适合采用交叉磁轭法,应采用磁轭法磁化。因此,采用非荧光湿法连续磁轭法磁粉检测。

(3) 检测时机。在制造阶段开展检测。

(4) 检测环境。现场可见光照度不低于 500 lx,环境温度约 25℃。

2. 检测设备与器材

(1) 磁粉探伤仪:ZCM-DA12030QB 型便携式交流磁粉检测仪。

(2) 辅助器材:HD-BW 型喷罐式黑水磁悬液、FC-5 型反差增强剂、A1-30/100 型灵敏度试片、白光照度计、游标卡尺等。

3. 检测流程

1) 预处理

焊缝表面打磨光洁,在焊缝表面喷涂一层薄而均匀的白色反差增强剂,待反差增强剂干燥后即可磁化检测。

2) 磁化及施加磁悬液

(1) 根据被检工件结构调节磁轭两极形状与间距,间距范围 150～200 mm,设备通电。

(2) 将 A1-30/100 试片贴到焊缝上,按动开关磁化的同时浇磁悬液,停止浇磁悬液后再通电数次,通电时间为 1～3 s,停止施加磁悬液至少 1 s 后,待磁痕形成并滞留下来时方可停止通电,观察试片的磁痕显示,若试片缺陷显示清晰可见,则系统灵敏度符合要求。

(3) 磁轭贴紧被检区域,至少进行两次独立磁化,两次磁化方向应大致相互垂直,在磁化的同时浇磁悬液,停止浇磁悬液后再通电数次,通电时间为 1～3 s,停止施加磁悬液至少 1 s 后,待磁痕形成并滞留下来时方可停止通电,再进行磁痕观察和记录。

(4) 将磁轭顺时针移动 130 mm,重复(3)的步骤,直至焊缝全部检测完成。

3) 磁痕的观察

磁悬液的施加、磁痕显示的观察在磁化通电时间内完成,且停止施加磁悬液至少1 s 后才能停止磁化。一般情况安装车间现场光照度小于 1 000 lx,需要额外灯光照射。

4) 缺陷磁痕的记录

发现缺陷用手机拍照并用草图做好缺陷的长度、位置、大小等的记录。

4. 检测结果与评定

焊缝检测发现挂线板角焊缝表面存在气孔缺陷,如图 9 - 9(a)所示,对表面缺陷进行打磨处理,发现内部为密集型气孔,如图 9 - 9(b)所示,不符合 DL/T 646—2021 相关要求,判定为不合格。

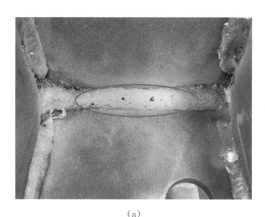

（a）　　　　　　　　　　　　　　　　　（b）

图 9 - 9　钢管杆挂线板角焊缝磁粉检测缺陷

(a)挂线板角焊缝磁粉检测表面气孔;(b)打磨后成密集型群孔

5. 退磁及后处理

不需要退磁处理,但需要用干净的抹布清除被检焊缝表面及滴落在其他表面上的磁悬液等污染物。

6. 报告

根据相关技术标准要求,完成检测报告的编制、审批、签发等。

9.5　变压器不同结构部件焊缝磁粉检测

变压器壳体由油箱(上节油箱、下节油箱)、储油柜及套管升高座和连接管等部件通过焊接、栓接的方式组装而成,且变压器中盛装大量的变压油,因此,焊接焊缝在油箱及部件中起连接和密封作用。焊缝中存在的缺陷容易导致变压器中变压油泄漏而带来安全隐患。

近几年,在建、扩建变电站的变压器制造监督过程中,需对 500 kV、220 kV、110 kV 在建扩建变电站工程的变压器焊缝进行磁粉检测,由于变压器油漆层较厚,为了避免油漆层对检测的影响,一般在制造阶段开展检测,如图 9 - 10 所示。检测标准依据 NB/T 47013.4—2015,验收等级为 Ⅰ 级合格。

图 9-10　制造厂内变压器实物

1. 检测前的准备

(1) 收集资料。查看变压器图纸、技术条件,确认变压器及部件规格、材质,并选择合适检测标准。

(2) 检测方法确认。变压器油箱材质一般为 Q355B(以图纸为准),矫顽力低于 1 kA/m,剩磁低于 0.8 T,无法采用剩磁法,应采用连续法;工件表面光滑,应采用湿法检测;现场条件不具备荧光法检测条件,应采用非荧光法。

由于现场检测,应采用便携式磁粉检测仪,焊缝材质为 Q355B,采用触头法检测时,电火花易使焊缝产生裂纹。焊缝结构存在角焊缝,不适合采用交叉磁轭法,应采用磁轭法磁化。因此,采用非荧光湿法连续磁轭法磁粉检测。

(3) 检测时机。在制造阶段开展检测。

(4) 检测环境。现场可见光照度不低于 500 lx,环境温度约 25℃。

2. 检测设备与器材

(1) 磁粉探伤仪:ZCM-DA12030QB 型便携式交流磁粉检测仪。

(2) 辅助器材:HD-BW 型喷罐式黑水磁悬液、FC-5 型反差增强剂、A1-30/100 型灵敏度试片、白光照度计、游标卡尺等。

3. 检测流程

1) 预处理

焊缝表面打磨光洁,在焊缝表面喷涂一层薄而均匀的白色反差增强剂,待反差增强剂干燥后即可磁化检测。

2) 磁化及施加磁悬液

(1) 根据被检工件结构调节磁轭两极形状与间距,间距范围 150~200 mm,设备通电。

（2）将 A1-30/100 试片贴到焊缝上，按动开关磁化的同时浇磁悬液，停止浇磁悬液后再通电数次，通电时间为 1～3 s，停止施加磁悬液至少 1 s 后，待磁痕形成并滞留下来时方可停止通电，观察试片的磁痕显示，若试片缺陷显示清晰可见，则系统灵敏度符合要求。

（3）磁轭贴紧被检区域，至少进行两次独立磁化，两次磁化方向应大致相互垂直，在磁化的同时浇磁悬液，停止浇磁悬液后再通电数次，通电时间为 1～3 s，停止施加磁悬液至少 1 s 后，待磁痕形成并滞留下来时方可停止通电，再进行磁痕观察和记录。

（4）将磁轭顺时针移动 130 mm，重复（3）的步骤，直至焊缝全部检测完成。

3）磁痕的观察

磁悬液的施加、磁痕显示的观察在磁化通电时间内完成，且停止施加磁悬液至少 1 s 后才能停止磁化。一般情况安装车间现场光照度小于 1 000 lx，需要额外灯光照射。

4）磁痕记录

发现缺陷用手机拍照并用草图做好缺陷的长度、位置、大小等的记录。

4. 检测结果与评定

焊缝检测发现裂纹、线性缺陷及圆形缺陷，按 NB/T 47013.4—2015 中第 9 条规定，进行质量评级。

经过磁粉检测，发现多处裂纹缺陷，详细检测结果如下：

1）油箱焊缝检测

对变压器油箱对接、角接焊缝进行了磁粉检测，发现多处裂纹缺陷，如图 9-11 所示。

(a)　　　　　　　　　　　　　　　(b)

图 9-11　变压器油箱焊缝磁粉检测出缺陷

(a)油箱内部焊缝裂纹；(b)油箱外部焊缝裂纹

2）变压器升高座焊缝检测

对变压器升高座（除无磁、低磁钢外）焊缝进行检测，发现多处缺陷，如图 9-12 所示。

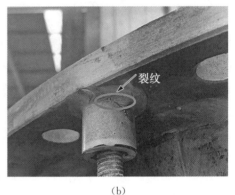

(a)　　　　　　　　　　　　　　　(b)

图 9-12　变压器升高座焊缝磁粉检测缺陷

(a)升高座上端法兰螺栓座焊缝裂纹；(b)升高座筒体纵焊缝裂纹

3）储油柜连接管法兰焊缝检测

对变压器油箱至储油柜连接管法兰焊缝进行磁粉检测，发现一处弧坑裂纹，如图 9-13 所示。

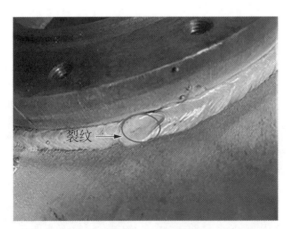

图 9-13　变压器油箱至储油柜连接管法兰焊缝弧坑裂纹缺陷

4）油箱至散热器连接管角焊缝检测

对变压器油箱至散热器连接管角焊缝进行磁粉检测，发现多处缺陷，如图 9-14 所示。

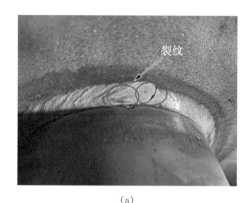
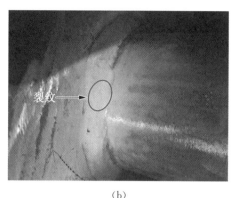

（a）　　　　　　　　　　　　　　（b）

图 9 - 14　变压器油箱至散热器连接管角焊缝缺陷

（a）角焊缝弧坑裂纹、气孔；（b）角焊缝裂纹

5. 退磁及后处理

不需要退磁处理，但需要用干净的抹布清除被检焊缝表面及滴落在其他表面上的磁悬液等污染物。

6. 报告

根据相关技术标准要求，完成检测报告的编制、审批、签发等。

9.6　输电线路角钢塔塔角板焊缝磁粉检测

角钢塔采用优质角钢组装而成，具有很高的强度和承载能力，稳定性好，抗风能力强，在输电线路中广泛使用。在野外服役的角钢塔不仅要承受导线和塔材自重，还要承受风载、冰雪载荷等，载荷作用在铁塔上会转化为剪切力、轴力、弯矩等，复杂的受力环境对角钢塔的节点承载能力提出了更高的要求。当铁塔上部结构的力传递到基础上时，便转化为对基础的拉载荷和压载荷。塔腿所受载荷为拉载荷时，拉力会由塔腿经过塔脚板传递到连接基础的地脚螺栓上，再由地脚螺栓传递到基础之上；塔腿所受载荷为压载荷时，压力会经由塔腿传递到塔脚板上，塔脚板底板与基础直接接触，将压力传递到基础之上。因此，塔脚板的焊接质量直接关系到铁塔的承载能力，有必要在角钢塔组塔前对塔脚板焊接质量进行检测。

2023 年，国网甘肃公司对 3 条新建线路抽取 22 基耐张塔对塔脚板可疑部分焊缝及母材开展无损检测，检测依据《无损检测　目视检测　总则》（GB/T 20967—2007）和 GB/T 26951—2011。质量判定依据《输电线路铁塔制造技术条件》（GB/T 2694—2018）条款 6.6.6.1a）"焊缝感观应达到：外形均匀、成型较好，焊道与焊道、焊缝与基体金属间圆滑过渡。"和 6.6.6.1c)"焊缝外观质量应符合表 6 规定",当出现 6.6.6. 1b)所述情况时,应进行表面无损检测。

1. 检测前的准备

(1) 收集资料。检测前了解角钢塔厂家、焊接规范、家族缺陷等信息。

(2) 表面状态确认。确认角钢塔塔脚板焊缝表面状态。焊缝表面有镀锌层,表面干燥,无油脂、污垢、铁锈、氧化皮、焊接飞溅、其他磁性物质等影响检测的物质。焊缝成型质量较好。

(3) 检测时机。在制造和到货验收阶段开展检测。

(4) 检测环境。现场可见光照度不低于 500 lx,环境温度约 25℃。

2. 检测设备与器材

(1) 磁粉探伤仪:RJMT - AC45 交直流磁轭探伤仪。

(2) 辅助器材:灵敏度试片、照度计、游标卡尺、磁粉、喷壶、水等。

3. 检测流程

1) 预处理

(1) 清理焊缝表面的灰尘等,确保无影响检测的油污等。

(2) 塔脚板母材及焊缝表面涂有镀锌防腐层,采用磁感应法镀层测厚仪对镀锌层厚度检测,其厚度约 120 μm,超过标准 GB/T 26951—2011 附录 A.1 规定的 50 μm,应采用灵敏度试片验证其检测灵敏度。

(3) 灵敏度试片选用 A1 - 30/100 型,经验证,镀锌层对检测结果无明显影响。

2) 磁化及施加磁悬液

(1) 选择湿法非荧光磁悬液,黑色水基,采用连续法施加磁悬液。由于镀锌层颜色和磁粉色差较大,可以不使用反差增强剂。

(2) 为确保检测出所有方位上的缺欠,焊缝应在最大偏差角为 30°的两个近似互相垂直的方向上进行磁化。

3) 磁痕的观察

磁悬液的施加、磁痕显示的观察在磁化通电时间内完成,且停止施加磁悬液至少 1 s 后才能停止磁化。

4) 磁痕记录

对观察到的磁痕进行拍照记录。

4. 检测结果与评定

经过磁粉检测,发现多处裂纹缺陷,详细检测结果如下:

1) 线路 1

(1) 抽检情况。

01 号塔 4 个塔腿检测十字接头角焊缝 4 条;02、07、10、21、28 号塔的 4 个塔腿均检测 T 型接头角焊缝 8 条，节点板与角钢边对接焊缝 8 条。

（2）检测结果。

10 号塔 B 号拉力腿（东北角）南部角钢边与节点板对接接头上端头部位发现 11 mm 长裂纹 1 条；C 号压力腿（东南角）北部角钢边与节点板对接接头上端头部位发现 10 mm 长裂纹 1 条，如图 9-15 所示。

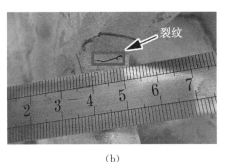

（a）　　　　　　　　　　　　　　　（b）

图 9-15　线路 1 角钢塔塔脚板磁粉检测缺陷

(a)B 号塔腿裂纹形貌；(b)C 号塔腿裂纹形貌

2）线路 2

（1）抽检情况。

75、77、83、93、96、101 号塔的 4 个塔腿均检测 T 型接头角焊缝 8 条，节点板与角钢边对接焊缝 8 条。

（2）检测结果。

83 号塔 A 号拉力腿（西南角）东部角钢边与节点板对接接头内侧处发现裂纹一条，长度 14 mm，如图 9-16 所示。

（a）　　　　　　　　　　　　　　　（b）

图 9-16　线路 2 角钢塔塔脚板磁粉检测缺陷

(a)A 号塔腿裂纹位置；(b)A 号塔腿裂纹形貌

3）线路 3

（1）抽检情况。

02、07、10、21、33、49、56 号塔的 4 个塔腿均检测 T 型接头角焊缝 8 条,节点板与角钢边对接焊缝 8 条;47 号塔的 4 个塔腿检测节点板与角钢边对接焊缝 8 条。

（2）检测结果。

02 号塔 D 号拉力腿（西南角）东侧角钢边与节点板对接接头上端头部位发现 12mm 长裂纹 1 条,如图 9-17 所示。

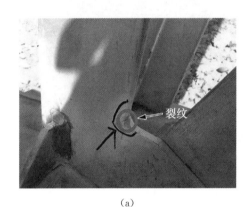

（a）   （b）

图 9-17　线路 3 角钢塔塔脚板磁粉检测缺陷

(a)D 号塔腿裂纹位置;(b)D 号塔腿裂纹形貌

5. 检测记录与报告

根据相关技术标准要求,做好原始记录及检测报告的编制、审批、签发等。

第 4 篇　渗透检测技术

第 10 章　渗透检测理论基础

作为五大常规无损检测技术之一的渗透检测,除了与超声检测、射线检测、磁粉检测、涡流检测一样都涉及相关物理基础知识之外,还会更多地涉及一系列相关化学基础知识。因此,本章除了讲解液体的表面张力、液体的表面现象等理论知识外,还将讲解后续章节所涉及的液体的表面活性、溶解与吸附及截留作用等相关理论知识。

10.1　液体的表面张力

1. 表面张力的定义

太空中的液滴、荷叶上的水珠、玻璃上的水银等,总是趋于呈现球形,这是因为液体表面存在着使液体表面积缩小的力,称为液体表面张力。它产生的原因是液体与气体接触的表面存在一个薄层,称为表面层,表面层里的分子比液体内部稀疏,分子间的距离比液体内部大一些,分子间的相互作用表现为张力。

界面张力(interfacial tension, IFT)是单位长度液体界面上的收缩力。两种不相溶的液体相接触时,会产生明显的分界现象,两者界面上产生的力称为界面张力。液体与固体表面接触,其界面产生的力称为液相与固相间的界面张力。IFT 是决定液体大分子形态、流变学和多相动力学的重要参数,是一种自然的物理化学现象。表面张力是界面张力的特殊情况,当相接触的两相为液相和气相时,可将此种情况下的界面张力称为表面张力。

在液体内部,每个分子周围有其他分子包围着,分子之间存在着相互吸引力,分子间的相互作用力随分子间距的增大而减小,相邻分子间作用力所能达到的最大距离称为分子作用半径,以该半径形成的球形作用范围就称为分子作用球,对于每个分子来说,它所受四周分子的引力作用是一样的,因此这些引力相互抵消。

但是在气体-液体界面上,存在液体表面层,由距液面距离小于分子作用球半径的分子组成,这些分子向外受气体分子的吸引,向内受液体分子的吸引,由于气体分子的浓度远小于液体分子的浓度,液体表面层分子受到的向内的液体分子吸引力将远大于向外的气体分子吸引力,综合作用表现为受到垂直指向液体内部的吸引力,即内聚力的作用。这种作用力是表面层对整个液体施加的压力,该压力在单位面积上的平均值称为分子压强,分子压强的方向总是与液面垂直,指向液体内部,在分子压强的作用下,犹如在液体表面形成一层紧缩的弹性薄膜,这层弹性薄膜总是使液面自由收缩,有使其表面积减小的趋势,当液体表面积越小,受到此种吸引力的分子数目越少,体系能量越低、越稳定。这种由于气体-液体界面上液体分子的内聚力所致,而使液体表面自由收缩并趋于使其表面积达到最小的力就是液体的表面张力,分子压强是表面张力产生的原因。

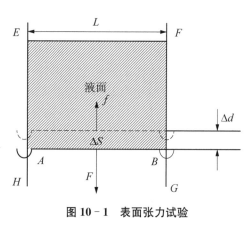

图 10 - 1　表面张力试验

表面张力试验如图 10 - 1 所示,图中 HEFG 为固定的金属框,AB 为可以自由活动的边,长度为 L,不考虑边框之间的摩擦力。让液体在该框中形成一层液膜(浸入肥皂水后拿出),自由边 AB 会向液体收缩方向移动 Δd 距离,为了克服 AB 的移动,就需要施加一个反方向的力 F。自由边 AB 的移动表明液体表面存在着使液体趋向表面收缩的力,这个力即为液体的表面张力 f,其大小和 AB 边的长度 L 有关。由于液体薄膜存在一定厚度,上下两个表面均存在表面张力,因此,计算的时候液膜边界长度为 2L,表面张力可以用式(10 - 1)来计算。

$$F = f = 2\alpha L \tag{10 - 1}$$

式中,f 为拉力(N);L 为活动边 AB 的长度(m);α 为表面张力系数(N/m)。

由式(10 - 1)可以看出,表面张力 F 可以表示为表面张力系数 α 与液面边界线长度的乘积。因此,我们把表面张力系数定义为单位长度上的表面张力,它的作用方向与液体表面相切。

从能量转换角度来看,不考虑薄膜厚度,活动边 AB 在外力 F 的作用下移动 Δd 距离,由于液面面积的增加从而引起的液面能增加 ΔE,其增量大小等于外力 F 做的功,因此:

$$\Delta E = F \Delta d = \alpha L \Delta d = \alpha \Delta S \tag{10 - 2}$$

由式(10 - 2)可得

$$\alpha = \Delta E / \Delta S \tag{10 - 3}$$

式中,ΔE 为液面能增量;ΔS 为液面面积增量。

表面张力系数的物理意义是将液面扩大(或缩小)单位面积时表面张力所做的功,或者说将液面扩大(或缩小)单位面积时液面位能的增量。

表面张力系数与液体的种类和温度有密切关系,分子内聚力大的液体其表面张力系数也大。不同液体,表面张力系数不同。对于同一液体,表面张力系数一般随温度上升而减小,少数熔融液体的表面张力系数随温度的上升而增大,如铜、镉等金属的熔融液体。容易挥发的液体(如丙酮、乙醇、乙醚等)表面张力系数比不易挥发的液体表面张力系数要小;含有杂质的液体比纯净液体的表面张力系数要小(例如纯净水的表面张力系数大于普通含有杂质的水)。此外,在液体接近临界温度(汽化温度)时,表面张力系数趋于零。

一般液体的表面张力系数大小约为 10^{-3} N/m 量级,常采用 mN/m 来表示,换算关系为 $1\,\text{N/m}=10^3\,\text{mN/m}$。

一些常见液体的表面张力系数如表 10-1 所示。

表 10-1　常见液体表面张力系数(20℃)

液体名称	表面张力系数/(mN/m)	液体名称	表面张力系数/(mN/m)
水	72.8	松节油	28.8
乙醚	17.0	苯	28.9
乙醇	22.4	油酸	32.5
甲醇	22.5	四氟乙烯	35.7
煤油	23.0	苯乙酮	39.8
丙酮	23.7	苯杨酸甲酯	41.5
丙酸	26.7	硝基苯	43.9
醋酸	27.6	水杨酸甲酯	48.0
乙酸乙酯	27.9	甘油	65.0
甲苯	28.5	汞	486.5

表面张力系数的单位还可以用达因值(达因/厘米的俗称,dyn/cm)来表示。达因值源于达因,是力的单位,符号为 dyn,$1\,\text{dyn}=10^{-5}$ N。$1\,\text{dyn/cm}=10^{-3}\,\text{N/m}=1\,\text{mN/m}$。

2. 表面张力的影响因素

影响液体表面张力的因素主要有液体性质、界面性质、温度、压力、液体内所含杂质 5 个方面。

1）液体性质

不同液体具有不同的表面张力系数，这是由于不同液体的分子间作用力不同。分子间作用力大，液体分子间不易互相脱离，表面张力就大。如水分子之间有氢键作用，分子间作用力较大，其表面张力系数为 72.8mN/m，大于一般常见的液体，具体如表 10-1 所示。

纯物质的表面张力与液体的性质有关，通常情况下：

$$f_{金属键} > f_{离子键} > f_{极性共价键} > f_{非极性共价键}$$

从表 10-1 中也可以看出，室温下唯一的液体金属汞的表面张力系数比其他液体高出一个数量级，就是因为金属键作用力较大。

有机液体的表面张力系数一般小于 50mN/m，而且含有极性基团的液体（如醇、酸等）表面张力系数比非极性液体（如烷烃）要大。

2）界面性质

表面张力是界面张力的一种，是界面为液相-气相时的情况。当两种互相不相溶或者部分互溶的液体相互接触时，在界面上两种液体对界面层液体分子的吸引力不同，因此，在液-液界面处的表面张力系数将会不同于任一液体。试验证明，对于部分液-液界面的张力系数遵循安东诺夫规则（Antonoff rule），即液-液界面的张力等于两种液体表面张力之差，用公式表示为

$$f_{12} = f_1 - f_2 \tag{10-4}$$

式中，f_{12} 为液体 1 和液体 2 之间的界面张力；f_1 为液体 1 的表面张力；f_2 为液体 2 的表面张力。

安东诺夫规则是安东诺夫于 1907 年提出的，但并不适用于所有液-液界面，对于许多体系此规则与事实相符，对另一些体系则相差很大。

水在 20℃时与不同液体接触时的界面张力系数如表 10-2 所示。

表 10-2　水在 20℃时与不同液体接触时的界面张力系数

液体 1	液体 2	$f_1/(mN/m)$	$f_2/(mN/m)$	$f_{12}/(mN/m)$
水	苯	72.8	28.9	35.0
水	四氯化碳	72.8	26.8	45.0
水	正辛烷	72.8	21.8	50.8
水	正己烷	72.8	18.4	51.1
水	汞	72.8	486.5	375.0
水	辛醇	72.8	27.5	8.5
水	乙醚	72.8	17.0	10.7

3）温度

温度升高,液体内能升高,分子运动加剧,体系体积膨胀,分子间距增大,导致分子间作用力减弱,从而表面张力减小。或者说,一般液体的表面张力温度系数($\mathrm{d}\alpha/\mathrm{d}T$)为负值。水在不同温度下的表面张力系数如表 10 - 3 所示。

表 10 - 3　不同温度下水的表面张力系数

温度 t /℃	表面张力系数/(mN/m)	温度 t /℃	表面张力系数/(mN/m)
0	75.6	25	72.0
5	74.9	30	71.2
10	74.2	35	70.4
15	73.5	40	69.6
20	72.8	45	68.7

另一方面,由于温度升高,液体的饱和蒸气压也会随之升高,气体分子密度增加,使得气体分子对液体表层分子的引力增大,导致液体表面张力减小。

4）压力

一般情况下,压力对液体表面张力系数的影响较小。气体压力增大,气体中物质在液体中的溶解度增加,并可能产生吸附,会使表面张力减小。如 20℃ 时,水在0.098 MPa 压力下表面张力系数为 72.8 mN/m,在 9.8 MPa 压力下表面张力系数为66.4 mN/m。

5）液体内所含杂质

在液体中加入杂质,液体的表面张力系数会明显改变,表面张力系数变大还是变小则取决于杂质的性质。使表面张力系数减小的杂质称为表面活性物质。

3. 表面张力系数的测量

液体表面张力系数的测量方法有毛细管上升法、拉环法、威廉米平板法、旋转滴法、悬滴法、最大气泡法等。其中毛细管上升法在后续“10.2.3　毛细现象　2.毛细管内的液面高度”章节部分有提及。

1）毛细管上升法

该方法利用液体表面张力导致的毛细现象进行张力测定,理论基础完善,并且因为其实验条件易于控制,因此通常被认为是最准确的测量方法之一。

毛细管上升法的具体操作过程:将一洁净的半径为 r 的均匀毛细管插入能润湿该毛细管的液体中,由于表面张力所引起的附加压力使得液柱上升,达平衡时,附加压力与液柱所形成的压力大小相等,方向相反,如图 10 - 2 所示。液相与气相的界面与固体管壁相切,夹角为 θ,呈凹形,曲率半径为 R。

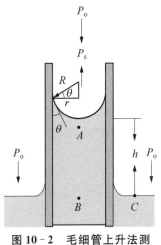

图 10 - 2 毛细管上升法测量原理示意

夹角 θ 的计算公式为

$$\alpha = \frac{\Delta \rho g h r}{2\cos\theta} \qquad (10-5)$$

式中，α 为表面张力系数；θ 为接触面与管壁的夹角；$\Delta\rho$ 为气相与液相密度的差值；h 为毛细管内液面上升的高度；g 为重力加速度；r 为毛细管半径。

由三角函数可知：

$$\cos\theta = r/R。$$

式中，R 为液面的曲率半径。

若液体不润湿管壁，则 $\pi/2 < \theta < \pi$，此时 $h < 0$，即管内液面下降。

为了减少误差，可采用两根毛细管同时测量，则计算公式为

$$\alpha = \frac{\Delta\rho g h (h_1 - h_2)}{2\left(\dfrac{1}{r_1} - \dfrac{1}{r_2}\right)} \qquad (10-6)$$

2）拉环法

拉环法也称为迪努伊（Du Noüy）环法，因为测量时使用的拉环为铂金环，也称为铂环法。

拉环法利用铂金环与液体表面的相互作用实现测量。使用金属铂制成的环作为探针，铂环与一个高度灵敏天平的测量钩相连。通过移动环下方的液体，使得环正好被淹没在液面下方。完成浸没后，样品台逐渐降低，铂金环拉起液体形成弯月面。如果液体平台的高度进一步降低，弯月面将从环中撕裂。在此过程中，记录弯月面的体积以及施加的力的最大值。通过对环的最大力和影响液体体积的测量，计算出液体的表面张力。拉环法测量表面张力原理如图 10 - 3 所示。

从图 10 - 3 中可以看出，拉环法测量经历了以下几个步骤：①环在表面之上，力为零；②环接触到表面，由于环与表面之间的黏附力，产生轻微的正作用力；③环必须穿过表面（由于表面张力），这导致一个小的负作用力；④环使表面断裂，由于环的支撑线，测量到一个小的正力；⑤当环提升通过表面时，测量的力开始增加；⑥环继续提升，力一直增加；⑦达到了最大力；⑧在达到最大值之后，力会有一个小的下降，直到液体薄层断裂（或环被推回表面以下）。

用这种技术来计算表面或界面张力是基于最大力的测量，与环的浸没深度和环在经历最大拉力时上升的高度无关。

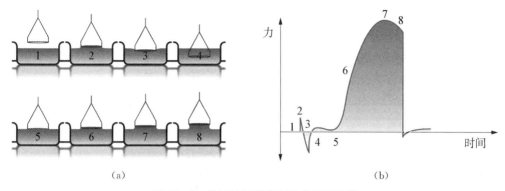

图 10 - 3　拉环法测量表面张力原理示意

(a)拉环浸入液体示意图;(b)力-时间曲线

采用拉环法测量表面张力系数的公式为

$$\alpha = \frac{F}{L} \tag{10 - 7}$$

式中,α 为表面或界面张力系数(mN/m);F 为最大试验力(脱离力),单位是 mN;L 为拉环周长(m),因为液膜有内外两面,所以拉环的周长为 $4\pi R$。

3）威廉米平板法

与拉环法相似的是威廉米平板法,采用一块与液面垂直的平板来代替拉环。其基本原理:用一个粗糙铂板作为探针(为了能完全润湿),通过铂金板表面垂直浸入液体来测试表面张力。

当平板浸入液体时,液体会沿着平板的垂直壁上升(亲液)或下降(疏液),从而对平板产生一个拉力(推力)F_w,当系统处于平衡状态时,固液气三相交界处满足如下关系:

$$F_w = \alpha C \cos\theta - F_b \tag{10 - 8}$$

式中,α 为表面或界面张力系数(mN/m);F_w 为测量的液体对平板的拉力或推力(N);F_b 为液体对平板的浮力(N);C 为平板和液体接触的长度,由于是双面润湿,$C = 2l$;θ 为接触角。

拉环法和威廉米平板法为典型的静态张力测量法,结果直观,适合于张力测量,但是对液体的浸润性要求较高,如果液体的吸附性较差,则会测得一个远小于实际值的结果,同时这两种方法均需要大量的待测溶液,实现对探针的浸没,同时要求灵敏的测力计,辅助测量表面张力。

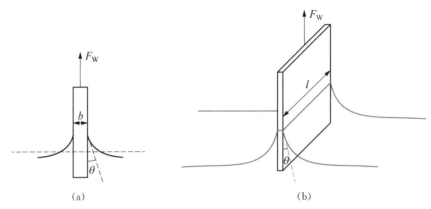

图 10-4　威廉米平板法测量原理示意

(a)接触角;(b)测量原理图

4）旋转滴法

旋转滴法通常用于超低表面张力液体的测量,可以测量低于 10^{-3} mN/m 的表面张力。其具体测量步骤:在细管内分别加入高密度和低密度的两种液体,随后将管封闭,放置在旋滴仪中旋转,在离心力、重力和表面张力的共同作用下,低密度的液体会在高密度液体中形成一个椭圆形或圆柱形液滴,其形状由转速和界面张力决定。

界面张力可以由式(10-9)计算:

$$\alpha = A\omega^2 D^3 \Delta\rho f(l/d) \tag{10-9}$$

式中,α 为界面张力系数(mN/m);l 为液滴的长度(m);d 为液滴的直径(m);$\Delta\rho$ 为两相液体的密度差(kg/m³);A 为与仪器测量系统有关的常数;ω 为角速度(rad/s);$f(l/d)$ 为与液滴长宽比(l/d)有关的修正系数。

5）悬滴法

悬滴法和旋转滴法一样,都需要对液体的外形尺寸进行测量来计算表面或界面张力,不同于旋转滴法,悬滴法测量过程是将毛细管竖直放立,液滴逐渐在下方聚集,用高速相机时刻记录液滴大小,当液滴达到一定大小时,将会坠落,记录最大的液滴大小图像,通过处理最大的液滴的图像来计算表面张力。或者将液体悬挂在另一不相溶的液体中,也可推算出两种液体的界面张力。计算是基于 Laplace 方程建立的 Bashforth-Adams 方程,经过简化后,表面或界面张力系数 α 可以用式(10-10)计算:

$$\alpha = \frac{gD_e^2\Delta\rho}{H} \tag{10-10}$$

式中,α 为表面或界面张力系数(mN/m);g 为重力加速度(m/s²);D_e 为液滴最宽处的直径(m);$\Delta\rho$ 为两相液体的密度差(kg/m^3);H 为与仪器测量系统有关的常数。

6) 最大气泡法

最大气泡的测量过程是将一根毛细管插入液面之下,选取一种不会与液体发生反应的气体(通常为惰性气体),将气体通入液体内,毛细管底部会形成一个气泡,随着不断通入气体,气泡会逐渐变大,最终脱离毛细管底部,记录此时气泡的最大值。

由于毛细管的直径较小,所以可以假设产生的气泡为标准球体,气泡在变大的过程中,曲率半径会逐渐变化,在毛细管上方设置压力计,测得气泡最大时压力的大小,则可根据式(10-11)计算出表面张力值:

$$\Delta P_{\max} = 2\frac{\alpha}{r} \tag{10-11}$$

式中,α 为表面张力系数(mN/m);$\Delta P_{\max}$ 为毛细管内最大压力(Pa);r 为毛细管半径(m)。

10.2　液体的表面现象

10.2.1　弯曲现象

1. 附加压强

盛装在容器内的液体,液面会产生弯曲现象,形成凸液面或者凹液面。前述提到,液体受到分子压强的作用,表面层有收缩的趋势,且面积收缩到最小。弯曲液面的面积大于平液面,在表面张力作用下,力图使弯曲液面缩小为平液面,从而使凸液面对液体内部产生压应力,凹液面对液体内部产生拉应力。和具有平面薄膜的液体所受的压强相比,弯曲液面内外存在压强差,这种压强差称为弯曲液面的附加压强,用 ΔP 表示,附加压强是由于表面张力存在而产生的。

在液体表面取一小面积 ΔS,环境压强为 P_0,P 为不同液面下所受到的总压强,则不同液面的附加压强如图 10-5 所示。根据力学平衡条件可得:

(1) 对于平液面。如图 10-5(a)所示,表面张力沿水平方向,边界表面张力互相抵消,则

$$P = P_0,\text{即 } \Delta P = 0 \tag{10-12}$$

(2) 对于凸液面。如图 10-5(b)所示,边界表面张力沿切线方向,合力指向液面内,则

$$P = P_0 + \Delta P,\text{即 } \Delta P = P - P_0 \tag{10-13}$$

（3）对于凹液面。如图 10 - 5(c)所示，边界表面张力沿切线方向，合力指向外部，则

$$P = P_0 - \Delta P, \text{即 } \Delta P = P_0 - P \tag{10 - 14}$$

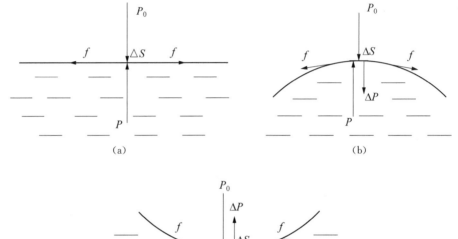

图 10 - 5 不同液面的附加压强示意图

(a)平液面；(b)凸液面；(c)凹液面

2. 弯曲液面的附加压强

在一定温度下，对于同一种液体，液面曲率半径不同，附加压强也不同。事实上，对于任意形状的弯曲液面下的附加压强，可用拉普拉斯公式表示，即

$$\Delta P = \alpha \left(\frac{1}{R_1} + \frac{1}{R_2} \right) \tag{10 - 15}$$

式中，R_1、R_2 为任意曲面的主要曲率半径。

由式（10 - 15）可得出几种常见的不同液面的附加压强公式。

（1）平液面。$R_1 = R_2 = \infty$，则 $\Delta P = 0$，即平液面上没有压强差。

（2）球形液面。$R_1 = R_2 = R$，则 $\Delta P = \dfrac{2\alpha}{R}$。液滴和玻璃管中的凹液面、凸液面可

视为球形液面,因此,式(10-13)和式(10-14)可变为

$$凸液面\ P = P_0 + \Delta P = P_0 + \frac{2\alpha}{R} \tag{10-16}$$

$$凹液面\ P = P_0 - \Delta P = P_0 - \frac{2\alpha}{R} \tag{10-17}$$

(3)圆柱形液面。$R_1 = R$,$R_2 = \infty$,则 $\Delta P = \dfrac{\alpha}{R}$。

由以上分析可以看出,弯曲液面下附加压强的方向总是指向曲面的中心,与曲面面积无关,与液体的表面张力系数 α 成正比,与曲面的曲率半径成反比。液体表面张力系数 α 越大,曲面的曲率半径越小,弯曲液面的附加压强越大。弯曲液面产生的附加压强正是由于表面张力的存在。

10.2.2　润湿现象

1. 润湿与不润湿

当液体与固体接触时会发生两种情况,一种情况是液体与固体的接触面有扩大的趋势,液体易于附着固体,称为润湿现象;另一种情况是液体与固体的接触面有收缩的趋势,称为不润湿现象。

润湿作用是一种表面及界面过程。就最普遍的意义而言,表面上的一种流体(气体或液体)被另一种与之不相混溶的流体(气体或液体)所替代的过程就是润湿,如在玻璃表面滴一滴水,就是水(流体)替代了玻璃(固体)表面原来的空气(流体)的过程,如图 10-6 所示。

当互不相溶的两相相互接触时,润湿在宏观上就是一种现象。但从微观解释上可利用界面层的理论。所谓界面层就是位于界面(物理界面)附近的薄层。根据表面科学的发展现状,目前存在 3 种类型的界面层模型:①Gibbs 分割表面型界面层模型;②Guggenheim 过渡层型界面层模型;③物理界面型的界面层模型。物理界面型的界面层模型肯定两相间真实物理界面相的存在,并认为相接触的两相均有各自的界面层,真实的物理界面就位于这两界面层之间,界面层厚度约为一个分子作用半径。真实物理界面两侧物理性质的改变是突变,因而两相界面层性质的改变也是突变。界面层的性质与本体相内部性质是不同的,但这种性质的改变并不是突变,而是一种连续改变的过程。

按照物理界面界面层模型,在液体与固体接触处,厚度约为分子作用半径的薄层液体,是液体与固体交界后液相的界面层,在图 10-6 中这个液相界面层以虚线表示。宏观上称其为"附着层",这个液相界面层或"附着层"中分子的受力情况与液体

内部的分子受力情况不同。在这一层中的分子,一边受到固相分子对其的作用力,即黏附力;而另一边受到液相内部分子对其的作用力,即内聚力。从界面层的角度看,与物理界面相连的一侧受到表面外力的作用,与液体本体相连的一侧受到表面内力的作用,一般来说这两种作用力并不相等。因此,在这个液相界面层内分子的受力并不对称。当内聚力大于黏附力时,或者说当界面层的表面内力大于表面外力时,液体界面层(附着层)的表面内力(内聚力)和表面外力(黏附力)的合力方向指向液体内部,有将界面层分子尽量挤入液体本体内的趋势,此时,固相不被液相润湿,液体界面层有自发收缩的倾向,液体表面呈凸状,液-固间接触角为钝角,呈现这些现象时称为液体对固体不润湿。产生不润湿的根本原因在于内聚力大于黏附力。当内聚力小于黏附力时,或者说当界面层的表面内力小于表面外力时,液体界面层(附着层)的表面内力(内聚力)和表面外力(黏附力)的合力方向指向液体外部,即指向固体相。液相内部分子有被拉入液体界面层的趋势。此时,固相被液相润湿,液体界面层有自发伸张的倾向,此时液体表面呈凹状,液-固间接触角为锐角,呈现这些现象时称为液体对固体润湿。产生润湿的根本原因在于黏附力大于内聚力。

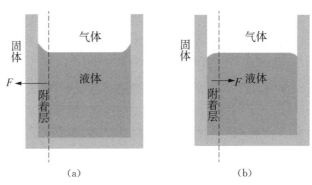

图 10 - 6   润湿与不润湿示意

(a)润湿;(b)不润湿

2. 接触角与润湿方程

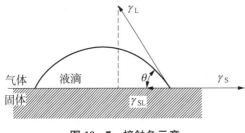

图 10 - 7   接触角示意

当一滴液体滴在固体表面时,液体会在固体表面形成一个球冠,如图 10 - 7 所示。球冠底部面积和液体本身性质、固体表面性质以及两者之间的相互作用有关。固体和液体之间的黏附力越强,球冠底部面积越大,即液-固接触面积越大;黏附力越小,两者接触面积越小。液滴的体积是固定的,接触面积不同,导致球冠高度不同,球面与固体表面在固液气三相交界处的夹角 θ 就不同。在某种意义上,该角度可以反映液体与固体表面的相互作用程度,θ 称为接触角。

接触角的大小不仅取决于液体的性质,还取决于固体表面性质及两者之间相互作用性质。即使对同一种液体和固体,由于固体表面的平整度不同、硬度不同、表面粗糙度不同、均匀性不同等,其接触角也会不同。一般为了简化分析,会引入理想固体表面的概念,即假设固体表面是平坦、刚性、光滑、化学性质均匀且没有接触角滞后效应的。

当液滴在固体表面稳定后,在固、液、气三相界面的受力达到了平衡,即液体的表面张力 γ_L、固-气界面张力 γ_S、固-液界面张力 γ_{SL},三者服从以下关系:

$$\gamma_S = \gamma_{SL} + \gamma_L \cos\theta \tag{10-18}$$

式(10-18)称为润湿方程,是研究润湿现象的基本公式,由托马斯·杨(Thomas Young)于 1805 年提出,因此又称杨氏(Young)润湿方程,也是渗透检测的重要理论基础之一。

润湿有 3 种方式,即沾湿润湿、浸湿润湿和铺展润湿。沾湿润湿,也称为粘附润湿,是指液体与固体接触,固-气界面和液-气界面转变为固-液界面的过程,如喷洒农药附着在植物的枝叶上;浸湿润湿,是指固体浸入液体的过程,其实质是固-气界面被固-液界面所代替,气-液界面即液体表面没变化,如洗衣服时将衣服放在水中就是浸湿过程;铺展润湿,是指液体取代固体表面上的气体,其实质是以固-液界面代替固-气界面的同时,液体表面还同时扩展的现象,如农药要能够在植物枝叶上铺展才能覆盖最大的表面积。同样,可以用接触角来判定润湿的方式:$\theta < 180°$ 时,可发生沾湿润湿现象;$\theta < 90°$ 时,可发生浸湿润湿现象;$\theta \leqslant 0°$(或不存在)时,发生铺展润湿现象。接触角与润湿类型的对应关系如表 10-4 所示。

表 10-4　接触角与润湿类型

接触角	润湿类型
$\theta < 180°$	沾湿润湿(粘附润湿)
$\theta < 90°$	浸湿润湿
$\theta \leqslant 0°$(或不存在)	铺展润湿

在工程上,常用完全润湿、润湿、不润湿和完全不润湿 4 个等级来表示不同的润湿性能。当 $\theta = 0°$ 时,液滴在固体表面上完全展开,铺成一薄层液体,这种情况称为完全润湿,如图 10-8(a)所示;当 $0° < \theta < 90°$ 时,液滴在固体表面呈小于半球的球冠,这种情况称为润湿,如图 10-8(b)所示;当 $90° < \theta < 180°$ 时,液滴在固体表面呈大于半球的球冠,这种情况称为不润湿,如图 10-8(c)所示;当 $\theta = 180°$ 时,液滴在固体表

面呈球形,这种情况称为完全不润湿,如图 10-8(d)所示。接触角与润湿性能的关系如表 10-5 所示。

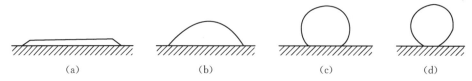

（a）　　　　　　　　（b）　　　　　　　　（c）　　　　　　　　（d）

图 10-8　4 种不同润湿状态示意图

(a)完全润湿；(b)润湿；(c)不润湿；(d)完全不润湿

表 10-5　接触角与润湿性能的关系

接触角	润湿性能(润湿程度)
$\theta = 0°$	完全润湿
$0° < \theta < 90°$	润湿
$90° < \theta < 180°$	不润湿
$\theta = 180°$	完全不润湿

3. 接触角的影响因素

接触角的影响因素主要有物质种类、表面粗糙度、复合材料组分及温度等 4 个方面的内容。

1）物质种类的影响

接触角的大小反映液体与固体表面相互作用的程度,如果液体与固体表面的吸引力非常强,则液滴会完全铺展在固体表面,接触角接近 0°。不难理解,液体和固体的种类不同,其之间的相互作用力也就不同,会导致接触角大小不同。表 10-6 给出了不同液体和固体的接触角。

表 10-6　不同液体与固体表面的接触角

液体	固体	接触角
水		
酒精		
乙醚	苏打石灰玻璃 铅玻璃 熔凝石英	0°
四氯化碳		
甘油		
乙酸		

(续表)

液体	固体	接触角
水	固体石蜡	107°
	银	90°
甲基碘化物	苏打石灰玻璃	29°
	铅玻璃	30°
	熔凝石英	33°
水银	苏打石灰玻璃	14°

2）表面粗糙度的影响

表面粗糙度对接触角有着直接影响，可以用 Wenzel 模型表示。Wenzel 模型最初由德国物理学家 Wenzel 于 1936 年提出。该模型认为，固-液实际接触面积大于固体表面的投影面积。当液体与固体表面接触时，液体完全填充在表面的粗糙结构中。Wenzel 模型的基本假设是，在表面均质情况下，当液体接触到固体表面时，由于固体尺寸变化引起的应力集中，使得液滴中心处的接触角 θ 与表面法线之间存在一个余角 β。其中，θ 表示液滴与表面之间的接触角；β 表示液滴表面相对于垂直面的斜率。Wenzel 模型认为在均质固体表面上，不存在凹凸不平的部分，因此液滴处于表面之间的接触实际上就是表面分子之间的相互作用。通过计算固体表面每一点处的余角 β，并将它们加权平均，Wenzel 模型可以计算出表面的平均接触角 θ_w（表观接触角）。

用公式表示为

$$\cos\theta_w = r\cos\theta \tag{10-19}$$

式中，θ_w 为表观接触角；θ 为理想接触角，也就是 Young 接触角；r 为表面粗糙度比，即真实固体的表面积与表观面积之比。

3）复合材料组分的影响

对于两种及以上成分组成的复合材料，其接触角可以用 Cassie 定律来描述：

$$\cos\theta_c = f_1\cos\theta_1 + f_2\cos\theta_2 \tag{10-20}$$

式中，θ_c 为复合材料的接触角；θ_1、θ_2 为材料 1 和材料 2 的接触角；f_1、f_2 为材料 1 和材料 2 的相应表面区域的占比。

4）温度影响

温度会影响材料分子的热运动剧烈程度，也会影响分子间距，从而会影响分子间内聚力及界面处分子间的黏附力，因此接触角会受到温度影响。

4. 渗透检测中的润湿现象

渗透检测中,如果渗透剂不能润湿被检工件,渗透剂就不能渗入被检工件的表面开口缺陷中去,不能进行渗透检测。如果在渗透剂中加入适当的表面活性剂,就能改变固体与液体接触时的润湿状态,比如正常情况下,水不能润湿石蜡,但加入适当表面活性剂后,水就能润湿石蜡。

渗透剂对被检工件表面的良好润湿是渗透检测的先决条件。只有当渗透剂充分润湿被检工件表面时,才能渗入狭窄的表面开口缝隙中,渗透检测才能进行。此外,渗透剂也必须能润湿显像剂,以保证从缺陷内渗出的渗透剂能在显像剂形成的不规则毛细管中上升并扩展,形成缺陷痕迹显示。因此,润湿性能是渗透剂的一项重要指标,综合反映了液体表面张力和接触角两种物理性能指标。润湿性好的渗透剂具有比较小的接触角。渗透检测时,一般要求渗透剂的接触角 $0° < \theta \leqslant 5°$。

10.2.3 毛细现象

1. 毛细管和毛细现象

将内径小于 1mm 的玻璃管(毛细管)插入盛有润湿液体如水、酒精、煤油等的容器中时,由于该液体能润湿玻璃(接触角小),会沿着管内壁爬升,使得管内的液面产生弯曲(呈凹面),根据前述得知,凹液面对液体内部产生拉应力(附加压强)力图使弯曲液面缩小为平液面,结果使得毛细管内的液面高出容器内的液面直至平衡稳定在一定高度,其爬升高度与表面张力系数、接触角、毛细管内半径、液体密度及重力加速度有关。

同样,如果将毛细管插入装有不润湿液体如水银的容器中时,由于该液体不能润湿玻璃(接触角大),故液体有收缩趋势,会沿着管内壁下降,使得毛细管内的液体产生弯曲(呈凸面),根据前述得知,凸液面对液体内部产生压应力(附加压强)力图使弯曲液面缩小为平液面,结果使得毛细管内的液面低于容器内的液面直至平衡在一定高度。

水和水银在玻璃毛细管中的现象如图 10 - 9 所示。

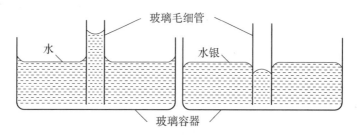

图 10 - 9 水和水银在玻璃毛细管中的现象

这种毛细管内液面高度和液面形状随液体对管内壁润湿情况不同而不同的现象称为毛细现象,毛细现象的存在基于液体具有表面张力及润湿特性,一般情况下,毛细管内径越小,毛细现象越明显。

毛细现象在日常生活中非常普遍,如纸张、砖块、粉笔等多孔性材料可以吸水,是因为这些物体中存在许多细小的孔洞,起着毛细管的作用。工业中润滑油通过空隙进入机器部件中润滑机器,靠的也是毛细作用。农业中,由于毛细作用,地下水可以从湿的区域向干燥区域流动,可以为农作物提供水源。纸巾、海绵等可以将物体表面的水吸收,从而起到擦干物体的作用。

2. 毛细管内的液面高度

1) 润湿液体在毛细管中的上升高度

润湿液体在毛细管中的上升情况如图 10-10 所示。

当毛细管内液面稳定后不动,即达到平衡时,此时可以得知:$P_B = P_C = P_0$(大气压),点 A 和点 B 存在液柱高度差,因此 $P_B = P_A + \rho g h$,结合式(10-17),可得出

$$P_B = P_A + \rho g h = P_0 - \frac{2\alpha}{R} + \rho g h \quad (10-21)$$

而 $P_B = P_C = P_0$,$r = R\cos\theta$,式(10-21)可变为

$$h = \frac{2\alpha}{\rho g R} = \frac{2\alpha\cos\theta}{\rho g r} \quad (10-22)$$

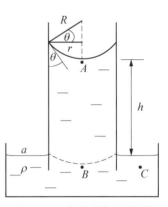

图 10-10　润湿液体在毛细管中上升高度示意

式中,h 为液体在毛细管内液面变化高度(cm);α 为表面张力系数(mN/m);ρ 为润湿液体的密度(g/m³);g 为重力加速度(cm/s²);r 为毛细管内壁半径(cm);θ 为接触角(°)。

由表 10-5 得知,在完全润湿状况下:$\theta = 0°$,代入式(10-22)得

$$h = \frac{2\alpha\cos\theta}{\rho g r} = \frac{2\alpha}{\rho g r} \quad (10-23)$$

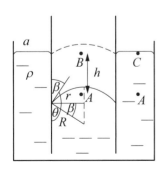

图 10-11　不润湿液体在毛细管中上升高度示意

2) 不润湿液体在毛细管中的上升高度

不润湿液体在毛细管中的上升情况如图 10-11 所示。

当毛细管内液面稳定后不动,即达到平衡时,此时可以得知:$P_B = P_C = P_0$(大气压),点 A 和点 C 存在液柱高度差,因此 $P_A = P_C + \rho g h$,结合式(10-16),可得出

$$P_A = P_C + \rho g h = P_0 + \frac{2\alpha}{R} \quad (10-24)$$

而 $P_B = P_C = P_0$，$R\cos\beta = R\cos(\pi-\theta) = -R\cos\theta = r$，式(10-24)可变为

$$h = \frac{2\alpha}{\rho g R} = -\frac{2\alpha\cos\theta}{\rho g r} \qquad (10-25)$$

由表 10-5 得知，在完全润不湿状况下：$\theta = 180°$，代入式(10-25)得

$$h = \frac{2\alpha\cos\theta}{\rho g r} = -\frac{2\alpha}{\rho g r} \qquad (10-26)$$

利用毛细管法测定液体的表面张力系数和接触角，就是利用式(10-23)、式(10-26)的原理来进行的。详细内容见"10.1　液体的表面张力　3.表面张力系数的测量 1)毛细管上升法"。

3）平行板间润湿液面的高度

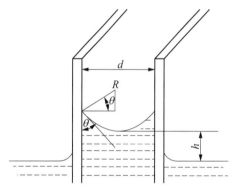

图 10-12　平行板间润湿液面情况示意

平行板间润湿液面情况如图 10-12 所示。

毛细现象不止发生在毛细管中，当两个平板间距足够小时，也存在液面上升（下降）现象。

假设间距为 d 的平板浸入润湿的液体中，平板间的液面上升高度为 h，液面横截面呈凹形弯月面，此时液面是圆柱形，因此产生的附加压强为 $\Delta p = \dfrac{\alpha}{R}$（$R$ 为圆柱液面的半径）。液面平衡时，根据三角函数可知 $R = \dfrac{d/2}{\cos\theta}$，则有

$$\Delta p = \frac{\alpha}{R} = \frac{2\alpha\cos\theta}{d} = \rho g h \qquad (10-27)$$

可以得到

$$h = \frac{2\alpha\cos\theta}{d\rho g} \qquad (10-28)$$

式中，h 为润湿液体在平板间的液面高度(cm)；α 为表面张力系数(mN/m)；θ 为接触角(°)；d 为平板间距(cm)；ρ 为润湿液体密度(g/m³)；g 为重力加速度(cm/s²)。

由式(10-22)和式(10-28)可知，在间距为 d 的平板间，润湿液体上升的高度为相同液体在直径为 d 的毛细管内上升高度的一半。

4）典型缺陷内液面的高度

渗透检测时,渗透剂渗入开口缺陷及显像剂将缺陷内的渗透剂吸附出来的过程,都是利用了毛细现象。表面开口的气孔、砂眼等点状缺陷的渗透,相当于渗透剂在圆柱形细管内的毛细作用;对于表面条状缺陷如裂纹、夹杂和分层断面等的渗透,就相当于渗透剂在间距很小的两平板间的毛细作用。不同的是,缺陷一般不是穿透性的,也就是说缺陷内的气体不与大气相连,液体渗入缺陷后会导致缺陷内气体压强上升,因此,渗透剂渗入表面非穿透性缺陷时,其液面高度和毛细管和平板会有所不同。渗透探伤时渗透液渗入非穿透性缺陷(封闭型)的情形如图 10-13 所示。

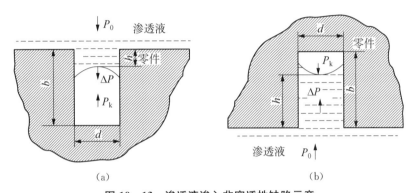

图 10-13　渗透液渗入非穿透性缺陷示意

(a)下端封闭型;(b)上端封闭型

渗透剂必须润湿工件表面才能渗入细小的缺陷中,涂覆在工件表面的渗透剂在缺陷内形成一个凹形弯月面,且弯月面上产生的附加压强 Δp 指向曲率中心。显然,这个附加压强事实上是驱动渗透剂渗入缺陷的主要驱动力。

(1)当缺陷开口朝上时,如图 10-13(a)所示,缺陷宽度为 d 时,根据式(10-27)可知,d 越小,附加压强越大,渗透剂渗入缺陷的驱动力就越大。渗透剂的渗入,会压缩缺陷内的气体,导致气体压强 P_k 上升,最终达到平衡状态。考虑到工件表面的大气压强 P_0,平衡时有

$$\Delta p + P_0 + \rho g h = P_k \tag{10-29}$$

根据玻意耳定律,在定量定温下,理想气体的体积与气体的压强成反比。假设缺陷是规整的矩形,其宽度为 d,深度为 b,在密度为 ρ 的渗透剂渗入前,缺陷内的气体初始压强为 P_0,渗透剂渗入深度为 h,平衡时缺陷内气体压强为 P_k,则有

$$P_0(bd) = P_k(b-h)d \tag{10-30}$$

综合式(10-27)、式(10-29)、式(10-30)有

$$\frac{2\alpha \cos \theta}{d} + P_0 + \rho g h = P_0 \left(\frac{b}{b-h} \right) \qquad (10-31)$$

当 h 较小时,将 $b-h \approx b$ 简化计算,于是可得

$$h = \frac{2\alpha b \cos \theta}{d(P_0 - \rho g b)} \qquad (10-32)$$

(2) 当缺陷开口朝下,如图 10-13(b)所示,考虑到工件表面的大气压强 P_0,平衡时有

$$\Delta p + P_0 = P_k + \rho g h \qquad (10-33)$$

同样,通过简化计算可得

$$h = \frac{2\alpha b \cos \theta}{d(P_0 + \rho g b)} \qquad (10-34)$$

分析式(10-32)、式(10-34)可知,对于非穿透性缺陷,考虑到渗透剂自身重力,缺陷开口朝上还是朝下对渗透剂的渗入深度是有影响的,缺陷开口朝上时,渗入缺陷中的渗透剂液柱的重力对渗透剂的进一步渗入是有利的,而缺陷开口朝下时则相反。表面张力系数 α 越大,渗入深度 h 也就越大,同时附加压强 Δp 也大。因此,可以说选用表面张力系数大的渗透剂不仅具有更快的渗入速度,还有更大的渗入深度。但也不是表面张力系数越大越好,弯月面边界的液体分子必须满足 $\gamma_S - \gamma_{SL} = \gamma_L \cos \theta$ 才能渗入缺陷中,表面张力系数过大,不利于渗透剂渗入缺陷。表面张力系数过小,则液体挥发性会增加,以致可能在施加显像剂前就挥发完,导致缺陷漏检。

渗透剂在向缺陷内渗透的过程中,按上述情况建立起来的平衡关系属于不稳定平衡。因为缺陷内存有气体,它所产生的反压强很大。要使渗透剂完全占据缺陷内部空间,就必须将缺陷内的气体完全排除,对于穿透性缺陷比较容易做到,对于封闭型缺陷,如果缺陷较长,渗透剂未完全封闭缺陷前,气体可能完全排出。或者采用外力作用,如敲击、振荡(包括超声振荡)等,缺陷内气体就会以气泡形式冒出液面。这样缺陷内受压气体产生的反压强就会减小,渗透剂对缺陷内壁的润湿程度就会增大,处于固、液、气三相界面上的液体分子就会建立新的平衡。因此,只要渗透剂的量足够多,渗透时间足够长,多数情况下渗透剂是能充满缺陷内槽的。

3. 渗透检测中的毛细现象

1) 渗透与毛细作用

渗透检测中,渗透剂对被检工件表面开口缺陷的渗透,实质是渗透剂的毛细作用。毛细作用的产生是由缺陷处渗透剂附着层的推斥力和渗透剂的表面张力共同作用的结果。对被检工件而言,渗透剂是润湿液体,它与缺陷内壁接触的附着层里存在

着推斥力,使附着层里的渗透剂沿着缺陷内壁上升,引起渗透剂液面弯曲,形成凹面,液面表面变大;但是表面张力的收缩作用使液面表面减小,于是缺陷内渗透剂上升,以减小液面的面积,当表面张力向上的拉力与缺陷内升高的渗透剂液柱向下的重力相等时,缺陷内渗透剂停止上升,达到平衡。

毛细作用使渗透剂渗透到细小裂纹的速度比渗透到宽裂纹要快,裂纹中有污染物会使渗透剂表面张力减小从而使毛细作用减弱,渗透时间变长。

2)显像与毛细作用

显像剂的显像过程同渗透剂的渗透过程一样,也是毛细作用,源于液体与固体表面分子间的作用力。渗透检测使用的显像剂是微米级或更小的颗粒,喷洒到工件表面后形成许多直径很小的毛细管,渗透剂就能在附加压强的作用下润湿显像剂粉末,从而显示出缺陷痕迹。

显像剂通常具有两个基本功能:①将缺陷中的渗透剂吸附到表面;②通过毛细作用将渗透剂在工件表面横向扩展,使缺陷轮廓图形的显示扩大到肉眼可见。通过显像剂的吸附和扩展,缺陷痕迹可以是原来缺陷宽度的许多倍,甚至可达 250 倍。一般干式显像剂或水悬浮显像剂、水溶解显像剂的现象过程都是如此,如图10-14 所示。

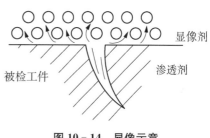

图 10-14　显像示意

不使用显像剂的自显像是渗透剂通过毛细管所产生的回渗作用而形成显示。对于溶剂悬浮显像剂和塑料薄膜显像剂,其中的溶剂能溶解到渗透剂中,促使渗透剂回渗到被检工件表面,并进入显像剂中,经毛细管而形成显示。

10.3　液体的表面活性

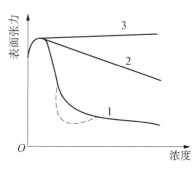

图 10-15　溶液表面张力与浓度的
关系曲线

10.3.1　表面活性

溶液的表面张力不仅与温度有关,还与溶质的种类和浓度有关。在一定温度条件下,不同物质水溶液的表面张力与浓度的关系曲线主要有 3 类,如图 10-15 所示。

第 1 类,曲线 1。在溶液浓度很低时,表面张力随浓度的增加开始急剧下降,降到一定浓度后下降很慢甚至不再下降,如肥皂(RCOONa)、洗涤剂等物质的水溶液。

第2类,曲线2。溶液表面张力随着浓度的增大逐渐下降,如乙醇(C_2H_6O)、醋酸(CH_3COOH)、丁醇($C_4H_{10}O$)等物质的水溶液。

第3类,曲线3。溶液表面张力随着浓度的增加略有上升,如氯化钠(NaCl)、硝酸钾(KNO_3)、硝酸(HNO_3)等物质的水溶液。

由此可知,能使溶剂的表面张力降低的性质,称为表面活性。如具有曲线1和曲线2所示性质的物质都具有表面活性,而具有曲线3所示性质的物质没有表面活性。

10.3.2 表面活性剂

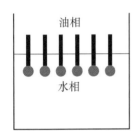

图 10-16 表面活性剂定向排列示意

当在溶剂中加入少量某种溶质就能大大降低溶剂的表面张力,改变溶液的表面状态,从而产生润湿、乳化、分散、起泡和增溶等一系列作用,这种溶质称为表面活性剂,其通常具有固定的亲水、亲油基团,在溶液的表面能定向排列。

表面活性剂通常是有机化合物,也称为双亲分子,一般由非极性的亲油疏水基团和极性的亲水疏油基团组成,即包含可溶水与水不溶(油溶)两部分,因此,表面活性剂具有既亲水又亲油的两亲性质。亲水基团常为极性基团,如羧酸、磺酸、硫酸、氨基或胺基及其盐,羟基、酰胺基、醚键等也可作为极性亲水基团;而疏水基团常为非极性烃链,如8个碳原子以上烃链。

当表面活性剂分散在水溶液体系或者油水混合液中,在空气-水或者油-水界面产生吸附,不溶水的疏水基团伸向空气或油相,而亲水基团留在水相,从而呈现在空气-水或者油-水界面定向排列的现象,如图10-16所示。

1. 表面活性剂的分类

表面活性剂除了前面讲的按疏水基团和亲水基团分类外,还有在某些特种场合适用的特种表面活性剂。

1)根据疏水基团分

表面活性剂的疏水基一般由8~18个碳氢组成,可以是直链、支链、芳基链,根据疏水基进行分类,含有氟碳链的称为氟表面活性剂,含有硅氧烷链的称为硅氧烷表面活性剂。

根据疏水基团尾部链的数量来分,可以分为单链和双链。

2)根据亲水基团分

根据亲水基团性质进行分类,表面活性剂分为离子型表面活性剂和非离子型表面活性剂。离子型表面活性剂带有电荷,非离子型表面活性剂不带电荷。通常根据亲水基的极性分类,带有负电荷的称为阴离子表面活性剂,如羧酸化物(肥皂)、硫酸化物、磺酸化物和磷酸化物;带有正电荷的称为阳离子表面活性剂,一般是含胺类的化合物。如果亲水基团的电荷是两种相反电荷,则称为两性离子表面活性剂。

（1）离子型表面活性剂。

a. 阴离子型表面活性剂,主要含有羧酸化物、硫酸化物、磺酸化物和磷酸化物,如：

$$RCOONa \longrightarrow RCOO^- + Na^+$$

b. 阳离子表面活性剂。主要含有铵盐、季铵盐等,如：

$$C_{28}H_{37}NH_3Cl \longrightarrow C_{28}H_{37}NH_3^+ + Cl^-$$

c. 两性离子表面活性剂,主要含有氨基酸(R_2NHR_2COOH)、氨基磺酸及它们的盐类化合物($R_2NHR_2SO_3Na$)。

两性离子表面活性剂在酸性和碱性溶液中可以显示不同的性质,如氨基酸在等电带显示非离子性：

$$R_2NHR_2COOH \Longleftrightarrow RNH_2^+ + R_2COO^-$$

在碱性溶液中显示阴离子性：

$$R_2NHR_2COOH + OH^- \Longleftrightarrow R_2NHR_2COO^- + H_2O$$

在酸性溶液中显示阳离子性：

$$R_2NHR_2COOH + H^+ \Longleftrightarrow R_2NH_2^+ + R_2COOH$$

（2）非离子型表面活性剂。

非离子型表面活性剂含有在水中不电离的羟基(—OH)和醚基(—O—)作为亲水基。由于羟基和醚基的亲水性弱,一个羟基或醚基不能将很大的憎水基溶于水中,必须有多个亲水基才能发挥作用。

非离子型表面活性剂按亲水基分类,主要有聚乙二醇型、多元醇型、聚醚型、配位键型等表面活性剂,在水溶液中不以离子态存在,稳定性高,不易受强电解质影响,也不易受酸碱影响,可以很好地混合使用。

在渗透检测中,通常采用非离子型表面活性剂。

3）特种表面活性剂

特种表面活性剂是指含有氟、硅、磷、硼等元素的表面活性剂,或者是具有特殊结构的表面活性剂。与普通表面活性剂相比,特种表面活性剂具有功能特殊、适用范围广、与生态环境更相容等特点,性能更加多元化。

普通表面活性剂的疏水基团一般是碳氢链,称为碳氢表面活性剂。如果将碳氢链中的氢原子全部替换成氟原子,就成为全氟表面活性剂或碳氟表面活性剂。

有机硅表面活性剂有一个全甲基化的硅氧烷为亲油基团,或一个或多个亲水基团,亲油基团可以为全甲基聚硅氧烷、硅氧烷三聚体、环状硅氧烷、T型硅氧烷、含氟硅氧烷等。有机硅表面活性剂能胜任普通表面活性剂不能使用的场合,既能用于水性介质,也能用于非水介质。

2. 表面活性剂的基本性质

表面活性剂的亲水性和亲油性可以用溶解度或和溶解度有关的一些性质来衡量。在水溶液中,表面活性剂的亲水基伸向水中,疏水基伸向空气排列,自发从溶液内部迁移至表面富集,因此,表面活性剂对界面、分散体系会有显著影响。下面主要从表面活性剂的溶解度、界面性质两个方面进行具体阐述。

1) 溶解度

由于表面活性剂的两亲特性,导致在水中溶解度与普通有机化合物有所不同,亲水性越强,在水中的溶解度越大,亲油性越强,则越容易溶于油。对于离子型表面活性剂一般采用临界溶解温度来表征其溶解性能,对于非离子型表面活性剂用浊点表示其溶解性能。

(1) 离子型表面活性剂的临界溶解温度。

在较低的温度范围内,离子型表面活性剂在水中的溶解度随着温度上升较慢。当达到某温度时,离子型表面活性剂开始以胶束形式分散,导致溶解度急剧增大,这个明显的转折温度就是临界溶解温度,称为克拉夫特点(Krafft point)。

在该点上,表面活性剂的溶解度等于其临界胶束浓度,且由于胶束的波长小于光的波长,溶液呈透明状。离子型表面活性剂具有临界溶解温度现象的主要原因是:当干燥的离子型表面活性剂加入水中时,水分子穿过表面活性剂的亲水层,使双分子间的距离增大。当温度低于Krafft点时,水合结晶固体析出并与单分散表面活性剂的饱和溶液相平衡。而当温度高于Krafft点时,水合分子转为液态,在热运动的作用下分裂为有一定聚集数的胶束溶液,导致溶解度增加。

测定离子型表面活性剂的Krafft点的方法是:在稀溶液中观察溶液突然变清亮时的温度,一般采用质量分数为1%的表面活性剂溶液测定,如果浓度较大,测出的Krafft点将偏高。

离子型表面活性剂的Krafft点大小与其结构有关。同系物表面活性剂的亲油基链长的增加,Krafft点增大;甲基或乙基等小支链越接近长烃链的中央,其Krafft点越小;阴离子表面活性剂的分子中引入乙氧基,可使Krafft点显著降低。另外,加入电解质可使Krafft点增大,加入醇、N-乙酰胺等可使得Krafft点降低。

(2) 非离子型表面活性剂的浊点。

非离子型表面活性剂的亲水基主要是聚氧乙烯基,在水中溶解情况和离子型表面活性剂相反。低温时,聚氧乙烯基可以与水分子形成氢键,使表面活性剂溶解在水中。温度升高时,分子运动加剧,氢键结合力逐渐减弱至消失,升至一定温度后,非离子型表面活性剂不再水合化,分离为富胶束和贫胶束两相,溶液变浑浊。使溶液分层并变浑浊的温度称为该非离子型表面活性剂的浊点(cloud point)。

在亲油基相同的同系物中,加成的环氧乙烯分子数越多,亲水性越强,浊点就越高;环氧乙烷的物质的量相同时,亲油基的碳原子数越多,亲油性越强,浊点越低。

2)界面性质

(1)溶液表面的界面性质。

表面吸附剂在水溶液表面富集的现象称为吸附,吸附遵循吉布斯吸附公式〔吉布斯等温式,见式(10-39)〕,利用该公式可以计算表面活性剂在溶液表面的吸附量,从而计算每个表面活性剂分子所占的平均面积。

当表面活性剂分子进入水溶液后会在液面上富集,随着体相中表面活性剂浓度增加,溶液表面的表面活性剂分子数目会不断增加,原来由水和空气形成的界面逐渐由表面活性剂的亲油基和空气界面替代。浓度达到一定程度后,表面活性剂呈现竖直紧密排列状态,完全形成了一层油层(见图 10-17)。

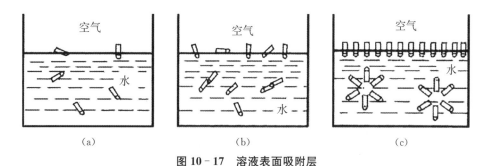

图 10-17　溶液表面吸附层

(a)极稀溶液;(b)稀溶液;(c)临界胶束浓度溶液

测定恒温时不同浓度溶液的表面张力,应用吉布斯等温式计算吸附量 Γ,作出 $\Gamma\text{-}c$ 曲线(见图 10-18)。随着表面活性剂浓度增加,水溶液的表面张力降低,当浓度达到临界胶束浓度时,继续增加体相中表面活性剂的浓度并不会再改变溶液界面状态,因此表面张力也不再降低。

(2)固-液界面性质。

表面活性剂在固-液界面形成一定取向和结构的吸附层,可以改变固体表面的润湿、分散等性质。渗透检测中通常存在固-液界面,因此,了解表面活性剂在固-液

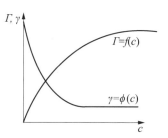

图 10-18　表面活性剂的吸附等温线和表面张力变化曲线

界面性质有助于解决实际问题。

在恒定温度条件下,对于确定的吸附剂和吸附质,吸附量和吸附质平衡浓度的关系曲线为吸附等温线,图 10-19 给出了表面活性剂在固-液界面常见的 3 种吸附等温线示意,包括 L 型、S 型和 LS 型。一般当表面活性剂与固体表面作用强烈时,常出现 L 型和 LS 型等温线,比如离子型表面活性剂在与其带电相反的固体表面上的吸附。当表面活性剂与固体表面作用较弱,低浓度时难以有明显的吸附,出现 S 型等温线。

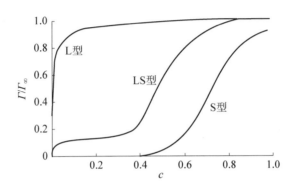

图 10-19 固-液界面表面活性剂吸附的 3 种等温线

表面活性剂吸附层的性质包括固体表面的润湿性质、金属表面的腐蚀抑制作用、影响固体表面电性质、吸附加溶的性质、主要作用力及影响因素 6 个方面。

① 固体表面的润湿性质。表面活性剂的浓度和吸附层中表面活性剂分子或离子的定向状态决定了固体表面的润湿性质,主要通过两种方式改变固体表面的润湿性质。

第 1 种方式。一种疏水的固体表面,施加了表面活性剂后,其疏水基直接吸附于固体表面,随着浓度增加,其分子先平躺,之后亲水基翘向水相,最后亲水基指向水相垂直定向排列,如图 10-20 所示。可以看出,固体表面性质由疏水变为亲水,水在该固体表面也由不润湿变为润湿。

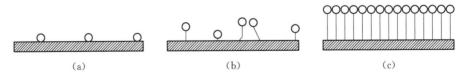

图 10-20 表面活性剂吸附于固体上随浓度变化示意

(a)浓度很低;(b)中等浓度;(c)浓度趋于饱和

第 2 种方式。表面活性剂的亲水基以电性或其他极性作用力直接吸附在固体表面上,随着表面活性剂浓度的增加,先形成饱和定向单层,随后在疏水基的作用下,亲水基向外排列,形成如图 10-21(a)所示的双层结构。

但如果表面活性剂亲水基与固体表面的作用点较少,则已吸附的若干表面活性剂和体相溶液中的表面活性剂在疏水基作用下将大部分亲水基朝向水相排列,形成如图 10-21(b)所示的类单层。于是随着吸附量增加,固体表面润湿性质将发生变化。

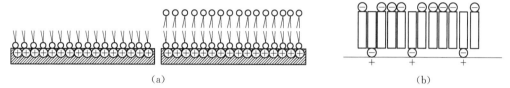

图 10-21　阴离子表面活性剂在带正电固体表面上吸附图像示意

(a)表面正电荷密度大;(b)表面正电荷密度小

② 金属表面的腐蚀抑制作用。金属表面与水或腐蚀性介质接触后,可因电化学作用而引起腐蚀。可以通过加入表面活性剂类缓蚀剂起到防腐蚀的作用。缓蚀剂在金属表面形成吸附层,将水及腐蚀介质与金属隔开。

常用的表面活性剂类缓蚀剂大多为含氮类化合物,如季盐、氨基酸衍生物、胺皂等。这些缓蚀剂在金属表面的吸附有物理吸附和化学吸附两种。

物理吸附理论认为,烷基的阳离子以电性作用吸附于金属表面,金属表面带了正电,故可抑制腐蚀介质阳离子(如 H^+)的接近。

化学吸附理论认为,这类表面活性剂中含有孤对电子的 N、O、P、S 原子可与某些金属表面原子形成共价键。另外,缓蚀剂的疏水基可以隔离腐蚀介质,直链化合物往往比支链化合物的效果更好,且直链化合物形成的吸附层更趋紧密排列,所以直链化合物中碳链长的效果更好。

③ 影响固体表面电性质。以离子交换机理吸附离子型表面活性剂时,固体表面电动势不会改变,但以配对机理吸附时,电动势将下降,直至为零。此外,表面活性剂吸附层的亲水基朝外时常能降低表面电阻,起到防静电作用。

④ 吸附加溶的性质。表面活性剂在固-液界面吸附可形成缔合结构的半胶团、表面胶团或吸附胶团,某些难溶性有机物可以加溶于吸附胶团中。

⑤ 主要作用力。表面活性剂在固-液界面上的吸附主要依靠其分子的两亲结构实现,除此之外,起到吸附力的还有静电作用、色散力、氢键、π 电子的极化作用、疏水基相互作用等。

⑥ 影响因素。表面活性剂在固液界面上的吸附是表面活性剂、溶剂和吸附剂相

互作用的综合结果,凡是影响三者关系的因素都会对吸附产生影响,如表面活性剂的性质、介质 pH、固体表面性质、温度、无机盐等。

3. 表面活性剂的性能

1) 亲水亲油平衡值 H. L. B

表面活性剂分子中亲水和亲油基团对水或油的综合亲和力,用亲水亲油平衡值 H. L. B(hydrophile lyophile balance)来表示,也称为亲憎平衡值。H. L. B 没有绝对值,是相对某种标准所得的值。一般以石蜡的 H. L. B=0、油酸的 H. L. B=1、聚乙二醇的 H. L. B=20、十二烷基硫酸钠的 H. L. B=40 作为标准,其他表面活性剂的 H. L. B 值可以根据乳化试验对比其乳化效果而确定。

H. L. B 值越大,表明表面活性剂的亲水性越强。一般来说,H. L. B 大于 10 则认为其亲水性较好,H. L. B 小于 10,则认为亲油性较好。因此 H. L. B 可以作为选择和使用表面活性剂的一个定量指标。

2) H. L. B 的计算方法

H. L. B 的计算方法有格里芬(Griffin)法、经验估算法、基团数法及混合表面活性剂等。

(1) 格里芬(Griffin)法。

聚氧乙烯型非离子型表面活性剂的 H. L. B 值计算主要采用 Griffin 法,其计算公式为

$$H. L. B = \frac{\text{亲水基质量}}{\text{亲水基质量}+\text{亲油基质量}} \times 20 = \text{亲水基质量占比} \times 20$$

$$(10-35)$$

(2) 经验估算法。

H. L. B 值反映了表面活性剂分子的亲水性,因此,可以用该表面活性剂在水中溶解的情况估算其 H. L. B 值范围。表 10-7 为用水中溶解度估算 H. L. B 值的大致范围。

表 10-7　水中溶解度估算 H. L. B 值范围

水溶液外观	H. L. B 值范围
不分散	1～4
分散不好	3～6
激烈震荡后可得乳状分散体	6～8
稳定的乳色分散体	8～10
半透明至透明分散体	10～13
透明溶液(完全溶解)	>13

（3）基团数法。

对于阴离子型表面活性剂和吐温、司盘及其他多元醇类表面活性剂，可用基团数法计算该表面活性剂的 H. L. B 值，表示为

$$H. L. B = \sum 亲水基 H. L. B 基团数 - \sum 亲油基 H. L. B 基团数 + 7$$

$$(10-36)$$

基团数法把 H. L. B 看成是整个表面活性剂分子中各单元结构的作用总和，不同基团对 H. L. B 有不同贡献，具体如表 10-8 所示，其中负数表示基团的亲油性，计算的时候以绝对值代入式（10-36）。

表 10-8　部分基团的 H. L. B 值基团数

亲水基	基数	亲油基	基数
—SO$_4$Na	38.7	—CH—	−0.475
—COOK	21.1	—CH$_2$—	−0.475
—COONa	19.1	—CH$_3$	−0.475
—SO$_3$Na	11.0	=CH—	−0.475
—N（叔胺）	9.4	—CF$_2$—	−0.870
酯（失水山梨醇环）	6.8	—CF$_3$	−0.870
酯（自由）	2.4	苯环	−1.662
—COOH	2.1	—CH$_2$CH$_2$CH$_2$O—	−0.15
—OH（自由）	1.9	—CH(CH$_3$)CH$_2$O—	−0.15
—O—	1.3	—CH$_2$CH(CH$_3$)O—	−0.15
—OH（失水山梨醇环）	0.5		
—(CH$_2$CH$_2$O)—	0.33		

（4）混合表面活性剂。

混合表面活性剂的 H. L. B 值具有加和性。实际工作中常使用的是表面活性剂的混合物，其 H. L. B 值按照组成的各个活性剂的质量分数加权计算。

$$H. L. B = \frac{H. L. B_a \times W_a + H. L. B_b \times W_b + \cdots}{W_a + W_b + \cdots} \qquad (10-37)$$

式中，H. L. B$_a$、H. L. B$_b$ 分别为表面活性剂 a、b 的 H. L. B 值；W_a、W_b 为表面活性剂 a、b 的质量。

实际使用中,加和性计算的 H. L. B 值会有误差,但偏差一般不超过 1~2,所以这个方法对大多数体系都是适用的。

在液体渗透检测中,要用水冲洗多余的渗透剂,所采用的乳化剂 H. L. B 值多半在 12~15 范围内。

4. 表面活性剂的自聚

表面活性剂在界面富集吸附一般的单分子层,当表面吸附达到饱和时,表面活性剂分子不能在表面继续富集,而憎水基的疏水作用仍竭力促使疏水基分子逃离水环境,于是表面活性剂分子则在溶液内部自聚,即疏水基聚集在一起形成内核,亲水基朝外与水接触形成外壳,组成最简单的胶团。开始形成胶团时的表面活性剂的浓度称为临界胶束浓度,以 CMC(critical micelle concentration)表示。

CMC 值越小,形成胶束所需的浓度就越低,即表面活性剂在较低浓度就可以发挥更大效能。一般形成胶束的临界浓度为 0.02%~0.05%,在 CMC 值附近,由于形成了胶束,表面活性剂溶液的表面张力、渗透压、密度、蒸气压、光学性质等都会发生一个突变。CMC 的值受亲油基、亲水基、温度等因素影响。

5. 表面活性剂的作用

表面活性剂能显著降低两种液体或固液之间的界面张力,根据性质不同,可以起到润湿作用(渗透作用)、乳化与破乳作用、增溶作用、起泡和消泡作用、洗涤和去污作用、分散和絮凝作用及其他功能。我们在液体渗透检测时,主要利用表面活性剂的润湿作用(渗透作用)、乳化作用和增溶作用。

1) 润湿作用

表面活性剂不仅可以改变气液、固液界面张力,还可以在固体表面形成一定结构的吸附层,从而改变接触角,改变润湿性。能改善液体在固体表面润湿性的表面活性剂称为润湿剂,在渗透检测中,常加入润湿剂来改善渗透剂的润湿性能。

(1) 在固体表面发生定向吸附。表面活性剂的亲水基朝向固体,亲油基朝向气体吸附在固体表面,形成定向排列的吸附层,使自由能较高的固体表面转化为低能表面,从而达到改变润湿性能的目的。以典型的云母材料为例,未加任何处理的云母的表面自由能较高,水分子可以在其上铺展,表面活性剂处理后,溶液浓度增加至接近 CMC 值时,云母表面则变为疏水表面,此时表面处发生了单分子层吸附,亲水基朝向云母表面,亲油基朝向空气一侧分布;继续增大表面活性剂浓度使之超过 CMC 值后,云母表面又变为亲水表面,此时的吸附状态变为双分子层吸附,亲水基因第二层分子与第一层的亲油基靠拢重新露于空气中,从而又恢复其亲水性。因此,表面活性剂在固体表面的吸附状态是影响表面润湿性的重要因素,同时值得指出的是,固体表面上吸附主要发生在高能表面,在低能表面上没有明显的吸附作用。

(2) 提高液体的润湿能力。因水在低能表面不能铺展,为改善体系的润湿性质,常在水中加入表面活性剂,利用其润湿作用降低水的表面张力,使其能够润湿固体的表面。孔性固体和疏松性固体物质如纤维等,有些表面能较高,液体原则上可以在其表面铺展,但继续添加表面活性剂时无法显著提高液体的湿润能力。其实质是降低液体的表面张力,以小于固体表面的临界表面张力,即使之发生铺展所需的表面活性剂的最低浓度,所需浓度越低,降低水表面张力的能力越强,润湿作用也越强。

(3) 影响润湿作用的因素。影响润湿作用的因素主要有温度、表面活性剂的浓度和分子结构。

a. 温度。一般来说,温度升高,润湿性能增强。高温下短链表面活性剂润湿性能不如长链表面活性剂,因为温度上升,长链表面活性剂溶解度增大;低温下短链表面活性剂润湿性能高于长链表面活性剂。非离子表面活性剂温度接近浊点时,润湿性能最佳。

b. 表面活性剂的浓度。浓度对固/液界面吸附影响不大,一般浓度略高于 CMC 即可。

c. 分子结构,分亲油基和亲水基两种情况:

亲油基。直链烷烃亲水基在链末端,直链碳原子数为 12~18 润湿性能最佳;相同亲水基团,随着碳原子数量增多,H. L. B 值降低。H. L. B 值在 7~15 时,润湿性能最佳。

亲水基。表面活性剂的分子结构中,如果亲水基在分子中间,则其润湿性能比亲水基在末端的好。

对于非离子表面活性剂,R 中碳原子数在 7~10 时,润湿性能最佳。

2) 乳化与破乳作用

乳状液(乳状体)是一种或几种液体以液珠形式分散在另一种与之互不混溶的液体中所形成的一种不均匀分散体系,通常呈现乳白色不透明状。被分散的一相称为分散相或内相,另一相则称为分散介质或外相。可知内相是不连续相,外相是连续相。两个不相混溶的液体不能形成稳定的乳状液,需要加入第三组分起到稳定作用。

乳状液中通常一相是水,另一相是极小的有机液体,习惯上统称为“油”。根据内外相性质,乳状液主要分为两种,一种是油分散在水中,如牛奶,称为水包油型乳状液,用 O/W 表示,其 H. L. B 值在 8~18,也称为亲水性乳化剂;另一种是水分散在油中,如原油,称为油包水型乳状液,用 W/O 表示,其 H. L. B 值在 3.5~6,也称为亲油性乳化剂。除此之外,还有复合乳状液,是 O/W 型和 W/O 型共存的复合体系。

(1) 乳化作用。

a. 乳化剂的作用。

使互不相溶的油和水变成难以分层的乳状液的物质,称为乳化剂,是一种表面活性剂。乳化剂的作用:降低表面张力和界面张力,减少乳化的能量;在分散相表面形成保护膜,分散相液滴外面吸附一层乳化剂,在静电斥力作用下小的液滴难以合成大液滴,形成稳定的乳状液,即乳化作用;乳化剂达到一定浓度后形成胶束;增加界面黏度。

b. 渗透检测中的乳化作用。

渗透检测中的乳化作用主要体现在清洗过程,即清除被检工件表面多余的渗透剂。去除多余的渗透剂主要有3种方法:水清洗、乳化剂清洗及溶剂清洗。水清洗及乳化剂清洗是利用表面活性剂的乳化作用来清洗工件表面多余的渗透剂,溶剂清洗是利用渗透剂与溶剂之间发生化学反应生成另外一种物质或是溶剂稀释、溶解渗透剂而清洗掉工件表面多余的渗透剂。

渗透检测中去除工件表面多余的渗透剂,一般使用水包油型(O/W型)乳化剂乳化清洗,自乳化渗透剂内乳化剂的乳化作用过程如图 10-22 所示。当用水清洗去除渗透剂时,亲水基一端与水结合,由于用的是水包油型表面活性剂,其亲水极性大于亲油极性,加上水的冲洗,减弱了渗透剂在被检工件表面的附着力,在水分子的吸引和水压作用下,渗透剂很容易以液滴的形式从工件脱落下来。离开工件表面的渗透剂液滴中的表面活性剂分子迅速、自发、定向而整齐地排列在液滴的整个表面层上,亲水基朝向水侧,亲油基朝向渗透剂液滴内,在液滴表面形成单分子膜,使得从工件表面脱落下来的渗透剂液滴稳定分散在水中并随水流被冲掉,达到清除工件表面多余渗透剂的目的。

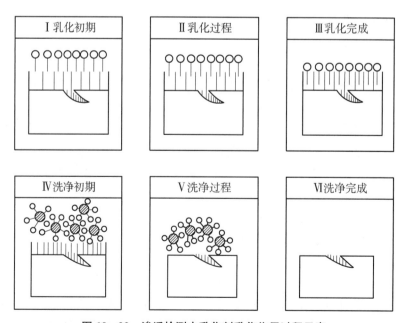

图 10-22　渗透检测中乳化剂乳化作用过程示意

对于后乳化渗透剂,由于渗透剂内没有表面活性剂,因此,必须要多加一道工序,即在工件表面有多余渗透剂的情况下再涂覆一层乳化剂。对于工件表面多余的后乳化渗透剂,乳化剂的亲油基渗入渗透剂内,亲水基游离于空气中,在水的作用下,工件表面多余的后乳化渗透剂与自乳化渗透剂一样,同样达到清除目的。其原理与上述自乳化渗透剂相同。

(2)破乳作用。

破乳是指破坏乳状液,使得油水分层,又称为反乳化作用,可以将分散相的小液滴聚集成团形成大液滴,最终分层析出。破乳可以分为机械法、物理法和化学法。

a. 机械法。机械法主要包括静置、离心分离等。

静置,将乳浊液长时间静置,一般会分离成澄清的两层。

离心,将乳化混合物放进离心机中,进行高速离心分离。

b. 物理法。物理法包括过滤、超声、加热、电沉降法等。

过滤。对于由树脂状、黏液状悬浮物的存在而引起的乳化现象,可采用质地致密的滤纸进行减压过滤,过滤后的物料更容易分层和分离。

超声法。超声是形成乳状液的常用搅拌手段,当超声能量不大时,又可以使乳状液破乳。与此类似的是,有时对乳状液轻微振动或搅拌也可以破乳。

加热。加热虽然对乳状液的双电层及界面吸附影响不大,但温度升高会导致分子运动加剧,外相黏度降低,从而降低乳状液稳定性导致破乳,是一种常用的简单破乳方式。

电沉降法。电沉降法主要用于 W/O 型乳状液的破乳。在电场作用下,使作为内相的水珠聚结,电场干扰带有额外电荷的极性分子所组成的乳化膜壁,并引起分子的重新排列。分子的重新排列意味着膜的破裂,同时电场引起临近液滴的相互吸引,最后水滴聚结,并因为相对密度比油大而沉降。

c. 化学法。化学法则是加入化学物质(破乳剂)改变乳状液的类型和界面性质,降低界面强度或破坏界面膜,从而使稳定的乳状液变得不稳定而发生破乳。

常见的破乳剂有水、溶剂、无机盐类电解质、对抗型表面活性剂和非离子型表面活性剂等。

3)增溶作用

增溶作用是指由于表面活性剂胶束的存在,使得溶剂中不溶物或微溶物溶解度显著增加,同时形成具有各向同性和热力学稳定性溶液的现象。增溶作用的关键在于乳液中胶束的形成。胶束越多,难溶物或不溶物溶解得越多,增溶量越大。具有增溶能力的表面活性剂称为增溶剂(助溶剂),被增溶的物质称为增溶质。

增溶过程的基本原理:表面活性剂之所以能增大难溶性物质的溶解度,一般认为是由于它能在水中形成胶团(胶束)。胶团是由表面活性剂的亲油基团向内(形成一极小油滴,非极性中心区)、亲水基团向外(非离子型的亲水基团从油滴表面以波状向四周渗入水相中)而成的球状体。整个胶团内部是非极性的,外部是极性的。由于胶团是微小的胶体粒子,其分散体系属于胶体溶液,可使难溶性物质被包藏或吸附,从而增大溶解量。由于胶团的内部与周围溶剂的介电常数不同,难溶性物质根据自身的化学性质,以不同方式与胶团相互作用,使其分散在胶团中。对于非极性物质而言,由于所含苯、甲苯等非极性分子与增溶剂的亲油基团有较强的亲和能力,增溶时它们可"钻到"胶团内部(非极性中心区)而被包围在疏水基内部。对于极性物质,那些自身极性占优势的分子(如对羟基苯甲酚等)能完全吸附于胶团表面的亲水基之间而被增溶。而那些半极性的增溶物,它们既包含极性分子又包含非极性分子(如水杨酸、甲酚、脂肪酸等),其增溶情况则是分子中非极性部分(如苯环)插入胶团的油滴(非极性中心区)中,极性部分(如酚羟基、羟基)则渗入到表面活性剂的亲水基之间而被增溶。

增溶作用应用很广,如肥皂、洗涤剂除去油污时,增溶起了重要作用。

4) 起泡和消泡作用

泡沫可以看作气体分散在液体中的分散体系,气体是分散相,液体是分散介质。泡沫可以分为稀泡沫和浓泡沫两种。通常所说的泡沫指浓泡沫,这种泡沫中气体占的体积分数远大于液体,液体的黏度小,气泡容易上升到液体表面,泡沫易聚集在一起,相互之间被很薄的液膜隔开,形成一个网状结构。由于表面张力和重力影响,浓泡沫一般不能保持球形,而是呈现多面体形。

(1) 起泡作用。

在溶液中加入表面活性剂,对泡沫的稳定性有很大影响。

为了使液膜具有高黏度,表面活性剂必须在液膜表面形成紧密的吸附层,其疏水碳氢链是直链且为较长的碳链最好,一般以 $C_{12} \sim C_{14}$ 为宜。表面活性剂的亲水基的水化能力强就可以在亲水基周围形成很厚的水化膜,将流动性较强的自由水变成流动性差的束缚水,同时提高液膜的黏度和弹性,减弱重力导致的液膜变薄,可以增加泡沫的稳定性。

(2) 消泡作用。

消除泡沫可以采取物理法,如加热蒸发或者降温冻结、改变压力、离心分离、超声震荡等。也可以加入少量其他物质来消除泡沫,这种可以消除泡沫的物质称为消泡剂。

5) 洗涤和去污作用

日常使用的洗衣液、洗洁精等都加入了表面活性剂,使用时可以有效减弱或消除污垢与载体之间的相互作用,使污垢和载体的结合转变为污垢和洗涤剂的结合,最终使污垢和载体脱离。

洗涤和去污过程往往很复杂,分散体系是复杂的多相分散体系,而且被洗涤的污垢对象性质各异,在此不再进行介绍。

6) 分散作用和絮凝作用

(1) 分散作用。分散作用是指将固体以微小粒子形式分布在分散介质中,形成具有相对稳定性体系的过程。

(2) 絮凝作用。分散相粒子以任意方式或受任何因素的作用而结合在一起,形成有结构或无特定结构的集团的作用称为聚集作用,形成的这些集团称为聚集体,聚集体的形成称为聚沉或絮凝。用于将固体微粒从分散体系中聚集或絮凝而使用的表面活性剂称为絮凝剂。

7) 其他功能

表面活性剂其他功能主要表现在以下几个方面:①抗静电作用,增加表面导电性,从而不易聚集电荷;②杀菌功能,主要使用阳离子和两性离子表面活性剂;③柔软平滑作用,通过表面活性剂的吸附,降低纤维质的动静摩擦系数,从而获得平滑柔软的手感;④金属防锈与缓蚀,在金属表面形成一层保护层,达到隔离和防止化学、电化学腐蚀的作用。

在渗透检测过程中常使用的表面活性剂有脂肪醇聚氧乙烯醚、烷基酚聚氧乙烯醚、失水山梨醇脂肪酸酯、聚氧乙烯失水山梨醇脂肪酸酯等。

10.4　溶解与吸附

10.4.1　溶解

所谓溶解,是指一种或一种以上的物质(溶质)均匀地分散于另一种物质(溶剂)中的过程,所组成的均匀物质称为溶液。溶质可以是固体,也可以是气体或液体。当两种物质相互溶解时,一般把量多的物质称为溶剂,量少的称为溶质。如果其中一种是水,一般把水称为溶剂。对于不指名溶剂的溶液一般指的是水溶液。

在一定温度下,在一定的溶剂里,其溶解溶质的量是有限度的,这种限度就是溶解度。所谓溶解度,是指在一定温度和压力下,一定数量溶剂中溶质达到饱和状态时已溶解的溶质的量,常用 100 g 溶剂中所能溶解溶质的克数表示。

1. 渗透剂的浓度

渗透剂的浓度是指一定量的渗透剂里所含着色或荧光染料的量。常用质量分数来表示渗透剂的浓度。

渗透剂的质量分数是指渗透剂中着色或荧光染料的质量占全部渗透剂质量的百分比,其公式为

$$百分比浓度 = \frac{荧光（着色）染料的质量(g)}{渗透液（染料＋溶剂）的质量(g)} \times 100\% \quad (10-38)$$

2. 相似相溶原理

根据极性（介电常数 ε）的大小，溶剂可以分为极性（$\varepsilon = 30 \sim 80$）、半极性（$\varepsilon = 5 \sim 30$）、非极性（$\varepsilon = 0 \sim 30$）三种。溶质可以分为极性物质和非极性物质。溶解一般遵循相似相溶原理，即由于极性分子间的电性作用，使得极性分子组成的溶质易溶于极性分子组成的溶剂，难溶于非极性分子组成的溶剂；非极性分子组成的溶质易溶于非极性分子组成的溶剂，难溶于极性分子组成的溶剂。

相似相溶原理是一个关于物质溶解性的经验规律。例如水和乙醇可以无限制地互相溶解，乙醇和煤油只能有限地互溶。因为水分子和乙醇分子都有一个—OH 基，分别和一个小的原子或原子团相连，而煤油则是由分子中含 8~16 个碳原子的物质组成的混合物，其烃基部分与乙醇的乙基相似，但与水毫无相似之处。

结构的相似性并不是决定溶解度的唯一因素。分子间作用力的类型和大小相近的物质，往往可以互溶，溶质和溶剂分子的偶极距相似性也是影响溶解度的因素之一。

3. 渗透检测中的溶解现象

在渗透检测中，大部分渗透剂都是溶液，着色或荧光染料作为溶质，煤油、苯、二甲苯等作为溶剂。染料加入溶剂中后，染料的粒子在自身运动和溶剂分子吸引下，离开染料表面进入溶剂中，后因扩散作用均匀分布在溶剂中，从而形成了均匀的渗透剂。

溶解在溶液里的染料分子有可能重新被染料吸引住，回到染料上，该过程称为结晶。当结晶速度等于溶解速度时，渗透剂中建立了动态平衡过程，即染料在渗透剂中溶解度达到了饱和。

在渗透检测时，选择理想的着色染料或荧光物质及合适的溶剂，增加溶质的溶解度，对于提高渗透检测灵敏度有着重要意义。

10.4.2 吸附

在不相混溶的两相接触时，两相中的某种或几种组分的浓度与它们在界面相中的浓度不同的现象称为吸附。界面相中的浓度高于体相中的浓度，称为正吸附；界面相中的浓度低于体相中的浓度，称为负吸附。能吸附气体组分的物质称为吸附剂，被吸附的物质称为吸附质。

吸附的分类有多种，比如，按照界面状态可分为固体表面吸附和液体表面吸附，按照吸附现象的本质可分为物理吸附和化学吸附。

1. 固体和液体表面的吸附

1) 固体表面的吸附

当气体或液体与固体接触时，气体或液体中的某些成分迁移到固体表面的现象称为固体表面的吸附现象。能起吸附作用的固体称为吸附剂,如显像剂粉末、活性炭等;被吸附在固体表面上的液体或气体称为吸附质,如显像过程中显像剂粉末吸附缺陷中回渗的渗透剂。

固体原子或离子间的结合力很强,因此,一般情况下固体表面的原子处于固定位置,不会像液体或气体那样自由移动。虽然固体表面看起来很光滑,但到了原子尺度,固体表面是不均匀的,有的地方凸出,有的地方凹陷。凸出表面的部分原子受到周围原子的吸引力最小,因此,具有较高的表面过剩自由能,可以吸引气体或液体分子,从而降低表面自由能。固体原子不能像液体那样自由移动来改变表面积大小,从而改变自由能,只能靠吸引空间中其他分子,从而自发降低能量,这就是固体产生吸附的机理。

例如,将棕色的煤油和白土混合搅拌后静置一段时间后,可以看到上层的煤油变得清澈无色,下层沉淀的白土变成黄褐色。这种有色物质自一相迁移至界面并富集的现象即为吸附。吸附不同于吸收,吸附并不深入吸附剂内部,只是一种固体表面现象,只有具有较大内表面的固体才具有较强的吸附力。如煤油中的有色物质从煤油液相中迁移到白土和煤油的固-液界面,并没有深入白土内部。

通常我们采用吸附量来衡量物体的吸附能力,其定义为在一定的温度和压力下,单位质量的吸附剂所吸附的吸附质质量、摩尔数或体积等,有时候也指吸附剂单位表面积上所吸附的吸附质质量,吸附量用 Γ 表示。吸附量数值越大,吸附剂吸附能力越强。

2) 液体表面的吸附

当一种液体与另外一种液体(气体)接触时,能把被接触的液体(气体)中的某些成分吸附到液体中的现象,称为液体的吸附。起吸附作用的液体称为吸附剂,被吸附的另一种液体(气体)称为吸附质。

例如,戊醇和水相溶时,戊醇在水表面层的浓度比内部大得多,而盐水中 NaCl 在表面层的浓度比内部稍小一些。从分子间力方面分析,戊醇分子的极性较水分子的极性小,水分子间的吸引力更强,水分子对戊醇分子的吸引力相对较弱,因此,水分子更容易被吸引到水中,戊醇分子相对较难进入水中,只能停留在表面层。所以戊醇分子在表面层的浓度比内部大,为正吸附现象。

从热力学方面来分析,任何体系都有使其能量降到最低的趋势。降低体系表面自由能可以降低整个体系的能量。要使表面自由能减少有 3 种方式,即减少总的表面积 A、减小表面张力 γ,以及两者同时减小。在恒温下,纯液体降低表面自由能的唯一办法是尽量缩小其表面积,对于溶液,还可以通过调节溶质在表面层上的浓度来达到目的。例如,在 20℃ 时纯水的表面张力为 72.8 mN/m,戊醇的表面张力为 23.8 mN/m,即 $\gamma_{戊醇} < \gamma_{水}$。如果表面张力较小的戊醇分子在戊醇水溶液内的浓度大

于表面层,那么这种液体的表面层分子受到指向溶液内部的引力要大,使溶液表面张力增高,从而使整个体系能量增高,这与能量趋于最低的原则是相违背的,因此,只有戊醇分子自动聚集到表面层使溶液表面张力减小,才能达到体系处于能量最低的稳定状态。这时戊醇在溶液表面层浓度大于内部的浓度,发生正吸附现象。表面层的戊醇浓度高于溶液内部,浓度差作用下又会引起扩散,使浓度趋于一致,最后两者达到一个动态平衡。

另外,如果加入的溶质会使得溶剂的表面张力增加,则表层的溶质会自动离开表层进入溶剂内部,从而降低表面自由能,这种现象就是负吸附。

一定温度下,溶液的表面张力 γ 随溶质浓度 c 变化的曲线称为表面张力等温线,如图 10-17 所示,此部分我们从数学公式的角度来描述表面张力等温式,即吉布斯等温式。吉布斯等温式是吉布斯(Gibbs)在 1878 年用热力学方法推导出的溶液表面张力随浓度的变化率 $d\gamma/dc$、表面吸附力量 Γ 之间的一个关系式:

$$\Gamma=-\frac{c}{RT}\frac{d\gamma}{dc} \tag{10-39}$$

式中,c 为溶液本体浓度;Γ 为表面吸附量,即单位面积的表面层所含溶质的摩尔数与在溶液本体中同量溶剂所含溶质摩尔数的差值;γ 为溶液表面张力;T 为温度;R 为通用气体常数,8.314 J/(mol·K)。

当溶液表面张力随浓度的变化率 $d\gamma/dc<0$ 时,即表面张力随浓度增加而降低时,$\Gamma>0$,溶质在表面层发生正吸附,溶质在表面的浓度比在溶剂内部大;反之,$\Gamma<0$,溶质在表面层发生负吸附,溶质在表面的浓度比在溶剂内部小。

在浓度较低时,吸附量随着浓度增大而增大,这是因为表面层未被活性分子占满;当浓度较大时,吸附量不再增加,这是因为表面层几乎被活性分子占据,很难再容纳其他活性分子,即使浓度增加也不能再吸附,此时的吸附量称为饱和吸附量 Γ_∞。

2. 物理和化学吸附

1) 物理吸附

物理吸附是吸附剂和吸附质之间的分子间引力(范德瓦耳斯力)作用而产生的吸附,是一种物理过程,不发生化学反应,没有化学键的产生和破坏,没有原子重排,也没有电子转移。

物理吸附的特点:①吸附力是由分子间的范德瓦耳斯力产生的,一般吸附力弱;②吸附热小,接近气体的液化热,一般在 40 kJ/mol 以下;③吸附无选择性,范德瓦耳斯力存在于任何分子之间,任何吸附剂和吸附质之间均会发生,但吸附量不同;④吸附稳定性不高,吸附与解吸速度都很快,能迅速建立吸附平衡;⑤吸附可以是单分子层,也可以是多分子层;⑥吸附不需要活化能;⑦多在低温下发生,温度升高,吸附量下降。

2) 化学吸附

化学吸附实质上是吸附剂和吸附质之间发生的一种化学反应,在红外、紫外或可见光谱中会出现新的特征吸收带。

化学吸附的特点:①吸附力是吸附剂和吸附质之间的化学键力,一般较强;②吸附热大,接近化学反应热,一般在 $80\sim400\ kJ/mol$;③吸附有选择性,对吸附剂、吸附质性质比较敏感,如酸位吸附碱性分子,反之亦然;④吸附稳定,一般不易解吸;⑤吸附是单分子层的,因为会形成化学键;⑥吸附需要活化能。

3. 渗透检测中的吸附现象

由于固体的吸附发生在表面,因此,固体的吸附性能与其表面积有关,表面积越大,吸附能力越强。目前工业上常用的吸附剂有活性炭、活性氧化铝、硅胶和分子筛等。

在渗透检测中,施加的显像剂吸附从缺陷中回渗的渗透剂,从而形成缺陷显示,属于固体表面(固-液界面)的吸附现象。显像剂粉末是吸附剂,渗出的渗透剂是吸附质。显像剂粉末越细,比表面积越大,吸附量越大,缺陷显示就越清晰。

自乳化和后乳化渗透检测中,表面活性剂用作乳化剂,吸附在渗透剂-水界面,降低了界面张力,使工件表面多余的渗透剂得以顺利清洗,这是液体表面(液-液界面)的吸附现象。渗透剂作为油相液体,水为水相液体,由于表面活性剂分子的两亲性质,使其能吸附在油-水界面上,降低油-水界面张力,使乳化能顺利进行。

渗透检测全过程所发生的吸附现象,主要是物理吸附。

10.5　截留作用

所谓截留,是指渗透剂渗入缺陷并保留在缺陷中的能力。渗透检测缺陷的能力在很大程度上取决于渗透剂缺陷截留能力。

渗透剂渗入缺陷的前提是渗透剂在被检工件表面是铺展润湿的,否则,渗透剂无法渗入缺陷中,也就实现不了截留。渗透检测时不管有无显像剂,只要有渗透剂被截留在缺陷中,放在发光强度合适的光源下检测,渗入缺陷内的渗透剂都会出现显示。

截留作用不仅与渗透剂的静态渗透参量(SPP)、缺陷状态(缺陷尺寸、形状、受污染状况等)有关,也与渗透剂的黏度有关(部分具体内容详见 11.2.1 渗透检测材料 1. 渗透剂　3)渗透剂的性能　(2)渗透剂的物理化学性能。　a.渗透性能。　b.黏度。等部分)。

影响缺陷截留作用的因素主要有以下几方面:

(1)表面开口缺陷的开口尺寸及缺陷的形状,宽而浅的缺陷截留能力差。

（2）渗透剂的表面张力，渗透剂与被检工件表面的接触角，渗透剂表面张力越大，缺陷截留能力越小。

（3）渗透剂中的添加物质和污染情况。

（4）若工件表面存在涂层、污染物及阻止渗透剂渗入表面开口缺陷的障碍物，则缺陷截留能力降低。

（5）工件表面及开口缺陷内壁的粗糙度。

（6）黏度越大的渗透剂截留能力越好。

（7）清洗剂及去除操作工艺的影响。

渗透检测时，从铺展润湿被检工件开始，到渗透剂渗入缺陷、多余渗透剂去除、显像等环节，以及渗透剂的发光强度等诸多因素，如果都严格遵从相关标的准规定及按照相关工艺规程、工艺卡操作，渗透剂的缺陷截留效率就能得以提高，渗透检测的灵敏度能够有效提高。

第11章 渗透检测设备及器材

与其他无损检测技术相比,渗透检测所用设备无论是从种类上还是从数量上来说,都相对比较"简单和稀少",其重点和核心部分是渗透检测器材,即渗透检测材料和试块,这也是本章的重点内容。在本章最后,还会涉及渗透检测设备及器材的一些日常运维管理知识。

11.1 渗透检测设备

渗透检测设备主要包括适合现场检测的便携式渗透检测设备、固定式渗透检测设备以及完成渗透检测所必须的如照明、测量等其他一些辅助设备。

11.1.1 便携式渗透检测设备

便携式渗透检测设备主要是指把同族的渗透检测剂如渗透剂、乳化剂、清洗剂、显像剂等分别盛装在不同的压力式喷罐中所构成的体系组合体。渗透检测剂喷罐有多次使用的压力喷罐和一次性气雾剂喷罐两种。多次使用的压力喷罐,容量比较大,可重复充装,每次装入一定量渗透检测剂后再通入一定压力的压缩空气或者二氧化碳,使内装的渗透检测剂雾化喷洒;一次性气雾剂喷罐,使用场景最为广泛,适用于在无水源的户外环境下检测或者对大型工件的局部检测,不仅操作和携带方便,还可以避免渗透检测材料被污染。

1. 内压式喷罐设备的组成

常用的一次性气雾剂喷罐采用的是内压式压力结构,如图 11-1 所示,主要由喷头、气雾阀、罐体、内容物(包括物料、抛射剂等)组成,是完整的压力包装容器。

(1)喷头。喷头的出射口比较窄小,在压力作用下高速流过喷头的液体会被雾化,即液体被打碎形成微小液滴组成的喷雾。

(2)气雾阀。气雾阀是固定在气雾瓶容器上的机械装置,关闭时保证容器内的物质不泄漏,使用时可以使得内容物以预定的形态释放出来。

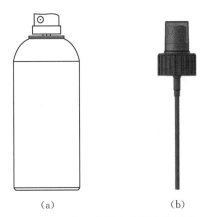

图 11 - 1　内压式压力喷罐结构示意

(a)罐体;(b)喷嘴及气雾阀

　　根据阀杆是否高出固定盖小平面,气雾阀可以分为雄型气雾阀和雌型气雾阀,如图 11 - 2 所示。雄型气雾阀的结构主要由阀杆、外密封圈、固定盖、内密封圈、弹簧、阀体、引液管等几个部分组成;雌型气雾阀的结构与雄型气雾阀相比,少了一个阀杆,多了一个阀杆座。根据《气雾阀》(GB/T 17447—2012)标准要求,气雾阀在大于或等于 0.85 MPa 的压力下保持 1 min 而不泄漏才满足密封性要求。

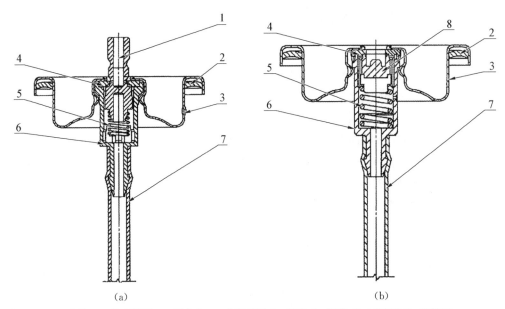

1—阀杆;2—外密封圈;3—固定盖;4—内密封圈;5—弹簧;6—阀体;7—引液管;8—阀杆座。

图 11 - 2　气雾阀结构示意

(a)雄型;(b)雌型

（3）罐体。罐体一般用金属制成，可以承受一定的内部压力而不变形。

（4）内容物。罐体中盛放着用于检测的渗透检测剂和用于驱动的推动剂（抛射剂）。

内压式喷罐的罐体承受的压力主要来自罐体中内容物的压力。为了使得清洗剂、渗透剂、显像剂等内容物可以在压力作用下经过气雾阀喷出，需要在罐体内封装推动剂来驱动，根据驱动方式不同，推动剂可以分为液化气体型、压缩气体型及复合型。液化气体型通常采用沸点在室温以下的液体，如氟利昂、乙烷等，一般在液态时装入压力喷罐，装入后在常温下汽化形成高压；压缩气体型则是在罐体中充入压缩气体来提高内部压力，从而驱动渗透检测剂的喷出；复合型则结合了液化气体型、压缩气体型的特点。

清洗剂、渗透剂、显像剂的沸点一般都高于室温，因此，在罐体中渗透检测剂以液体形式存在，罐体内部上半部分是具有一定压力的气体。因此，罐体内部的压力受温度影响比较大，罐体靠近高温热源时，内部压力会急速升高，若超过罐体材料的允许压力，就会发生罐体破裂、爆炸等事故，且很多推动剂是可燃的，喷射出的推动剂可能引起二次伤害。因此，便携式渗透检测用的喷罐严禁在明火、高温热源附近使用。在温度较低的情况下，罐体内部压力较低，有时推动剂压力不足以将渗透检测剂喷出，须提高温度才可以使用，此时可以使用温水加热，注意：千万不能使用明火加热。

使用便携式压力喷罐的显像剂一般是溶剂悬浮型，为了避免显像剂粉末沉淀、团聚，常在喷罐内加入数个滚珠，使用前摇晃罐体，在滚珠作用下将显像剂粉末和溶剂充分混合，保证显像剂雾状均匀喷出。

2. 使用便携式压力喷罐的注意事项

便携式压力喷罐除了使用存储方便外，还方便根据检测工艺需求来调整清洗剂、渗透剂和显像剂灌装组合数量的比例，一般情况下，清洗剂、渗透剂和显像剂的携带喷罐数量比为 3∶2∶1。使用便携式压力喷罐应注意以下事项：①喷罐不能倒立使用；②使用显像剂喷罐前要摇匀；③注意环境温度，喷罐不能放置在高温区域，不允许曝晒、接近明火；④使用完的喷罐应打孔泄压。

11.1.2　固定式渗透检测设备

固定式渗透检测设备主要用于工件数量较多的流水线检测，多使用水洗型渗透检测技术和后乳化型渗透检测技术，根据不同的划分方式，其分类也不同。比如，根据固定方式不同，固定式渗透检测设备分为一体式装置和分体式装置，一体式装置各部分连接紧凑、占地面积小，适用于大批量零件及机加工件的检测，如螺栓、螺帽、叶片等；分体式装置的预清洗、渗透等各个装置都是独立分开的，位置可以按须摆放。根据自动化程度的不同，固定式渗透检测设备分为全自动式、半自动及手动渗透检测装置,全自动渗透检测装置没有人直接参与,机器装置和操作过程、信息处理等全部自动完成;半自动渗透检测装置是在检测人员的干预下自动进行某个或某几个环节循环的自动化方式;手动渗透检测装置则是全过程由检测人员进行。另外还有静电喷涂式渗透检测装置,则是将被检工件接地作为阳极,喷头接负高压电极,在喷头与被检工件间建立起高压静电场,喷头喷出的雾化渗透检测材料(渗透剂或显像剂)颗粒带负电,在高压静电场作用下被吸引到工件表面上,形成薄而均匀的材料涂层。

不管是哪种分类方法,固定式渗透检测设备一般包括预清洗、渗透、乳化、清洗、干燥、显像、后处理及紫外线照射等工位的装置,只不过其组合或布置形式、人员的参与程度等不同而已。

1. 预清洗装置

预清洗装置是为了去除待检工件表面的油污等对后续渗透检测有影响的污染物,为渗透检测提供清洁、干燥、无污染的待检工件。

预清洗装置主要有三氯乙烯(C_2HCl_3)蒸气除油槽、溶剂清洗槽、超声波清洗槽、酸溶液或碱溶液清洗槽、酸性或碱性腐蚀槽、洗涤剂清洗槽或冲洗喷枪等。预清洗装置各部分结构和原理相对来说比较简单,本部分只介绍三氯乙烯(C_2HCl_3)蒸气除油和超声波清洗的原理。

1) 三氯乙烯蒸气除油

三氯乙烯是无色液体,有类似氯仿气味,有毒性,不溶于水,可溶于有机溶剂,沸点为87℃,工业上主要作为清洗剂来去除金属、玻璃等表面的油污。三氯乙烯蒸气除油槽的结构如图11-3所示,其底部是加热器,可以将三氯乙烯液体加热到沸点从而

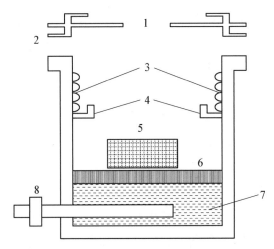

1—滑动盖板;2—抽风口;3—冷凝管;4—冷凝聚液槽;5—零件筐;6—格栅;7—三氯乙烯液体;8—加热器。

图 11-3 三氯乙烯蒸气除油槽示意

产生三氯乙烯蒸气。清洗槽的上部为蛇形管装冷凝器,内部通有冷却水,其作用是将上升的三氯乙烯蒸气冷却成液滴,并由冷凝聚液槽收集后流入槽中重复使用,冷却器可以控制三氯乙烯蒸气的高度,使其始终低于冷凝管一半高度。

冷凝器内冷却水的进水温度不宜比周围空气温度低太多,否则空气中的水汽会在冷凝器上凝结成水滴并进入除油槽,会使三氯乙烯的酸度上升;冷凝器的出水温度也不宜太高,水温太高说明除油槽中蒸气量大,存在安全隐患。

除油槽上部内侧装有一个温度控制探头,如果因某种原因,使三氯乙烯蒸气面上升,探头处的温度将提高,此时温度控制器能自动切断电源,起到安全保护作用。槽的上部还装有抽风口,可抽掉挥发到槽口的三氯乙烯蒸气,三氯乙烯除油操作方便,只需要将被检工件放在处于蒸气区的格栅上,蒸气便迅速在零件表面冷凝,从而将工件表面的油污溶解掉。工件表面温度不断上升,除油不断进行,当零件温度达到蒸气温度时,除油也就结束了。

值得指出的是,由于三氯乙烯有毒,不符合环保要求,因此,目前绝大部分厂家已用超声波清洗工艺代替。

2) 超声波清洗

超声波清洗是利用超声波在液体中的空化作用、加速度作用及直进流作用对液体和污物直接、间接的作用,使污物层被分散、乳化、剥离而达到清洗目的。目前所用的超声波清洗机中,空化作用和直进流作用应用得更多。

在液体中,超声波只能以纵波传播,液体会产生疏密变化,从而产生大量微小气泡,这些微小气泡在超声波传播的负压区形成,并在正压区迅速闭合,这种现象称为空化效应。气泡闭合时可产生超过 1 000 个大气压的瞬时高压,大量气泡闭合产生的连续高压不断冲击被检工件表面,使得被检工件表面的污垢迅速剥落,从而达到清洗的作用。

超声波清洗是一种物理作用,可以在清洗过程中加入清洗剂,提高清洗效果。一般来说,超声波在 30～40℃时的空化效果最好,清洗剂也不是温度越高,作用越显著,有可能会高温失效,通常在超过 85℃时,超声波清洗效果已变差。所以,实际应用超声波清洗时,温度范围控制在 40～60℃,以充分发挥超声清洗和清洗剂的作用。

2. 渗透装置

渗透装置的作用是保证渗透剂能均匀地施加在待检工件表面,且可以回收多余的未污染渗透剂,主要包括渗透剂槽和滴落架,其结构如图 11 - 4 所示。渗透剂槽内装有渗透剂,小型工件可以直接或放在金属筐内浸入渗透剂中,不能浸入的工件,应采用喷淋装置。金属筐应采用不锈钢片、不锈钢丝或镀锌钢制成,筐表面不能涂漆,不同工序的金属筐不能混用以避免污染。

在槽的内壁,应标记正常的液面高度,应考虑工件浸入槽中被完全覆盖而不使渗

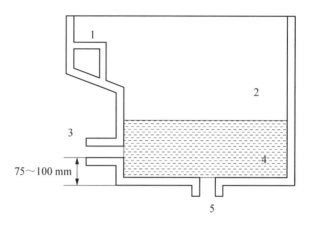

1—滴落架；2—正常液面高度标记；3—排液口；4—渗透剂；5—排污口。

图 11-4　渗透装置结构示意

透剂外溢时的情况，槽的上方还需要留 15 cm 的余量以防止渗透剂飞溅。有的渗透剂槽上装有两个阀门，一个装在离槽底 75～100 mm 处，在清洁槽时用来排出槽中上层清洁的渗透剂；另一个装在底部，用来排出槽底的油污和水分。由于渗透剂的价格贵并且渗透能力比较强，因此，阀门必须安装牢固，防止破裂。

滴落架和渗透剂槽可做成一体，被检工件从渗透剂槽中取出后放置在滴落架上进行滴落，滴下的渗透剂可以直接滴回渗透剂槽中或经过滤后使用。

在天气比较寒冷的地区，有时还要附设渗透剂的加温装置。加温装置一般不能对渗透剂直接进行加热，常采用水浴加热，渗透剂的温度由热水的温度控制。

3. 乳化装置

对于后乳化渗透检测来说，乳化装置的作用是将乳化剂施加到工件表面并使其与渗透剂混合，从而使渗透剂能够被水清洗去除。后乳化操作的关键是控制缺陷内的渗透剂不要被清洗去除掉，为此，最理想的操作是在尽可能短的时间内使乳化剂完全覆盖工件表面，而浸入法是最常用的方法。对于亲水型后乳化剂，大型工件不能采用浸入法时，可采用喷涂的方法，采用多路喷涂可使工件表面获得均匀的覆盖层。

乳化装置也可包括乳化槽和滴落架，其结构及大小可以与渗透剂槽装置相似，但乳化剂槽中需安装搅拌器，使乳化剂不连续地定期或不定期搅拌。搅拌器可采用泵式或桨式搅拌，通常不宜采用压缩空气搅拌，因为压缩空气搅拌会产生大量的乳化剂泡沫从而影响渗透检测人员的视线。

另外，为了精准控制乳化温度和时间，有的乳化装置还配有数字显示屏或装置，方便观察和设定。

4. 清洗装置

清洗装置也称为水洗装置，因为对于水洗型渗透检测和后乳化型渗透检测技术来说,都是采用水洗来去除表面多余渗透剂。清洗装置一般采用铝合金或不锈钢制作,内设可以放置待检工件的格栅,可以采用浸洗、自动喷洗或手工喷洗方式。水洗时要防止过清洗,不能将缺陷内的渗透剂也去除掉。

图 11-5 为一种压缩空气搅拌水洗槽的结构示意。压缩空气通过槽底水平放置的两根管子进入,管子每隔几厘米就钻有小孔,压缩空气可以通过小孔喷出来搅拌。工作时水不断流动,供水口流入水量应控制,过量的水通过溢流口流出。

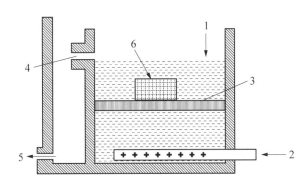

1—供水口;2—压缩空气入口;3—格栅;4—溢流口;5—排水口;6—被检零件。

图 11-5　压缩空气搅拌水洗槽示意

除了采用压缩空气搅拌外,还可以采用手工喷洗。手工喷洗包括手工水喷洗和压缩空气/水喷洗两种。手工水喷洗是使用喷枪将水喷至工件上,一般将工件放在槽内清洗,槽底装有格栅以支持工件,还可以使用挡板挡住飞溅的水。压缩空气/水喷洗则采用一种可以同时通入压缩空气和水的喷枪,压缩空气可以给水加速,喷枪喷出具有一定压力的水流,压缩空气和水的流量、压力可以单独调节。

荧光渗透清洗槽上方应配备防水型黑光灯,以便在清洗过程中或清洗后检查清洗程度,防止清洗不足或清洗过度。清洗不足,则小缺陷无法被分辨识别;清洗过度,则浅而宽缺陷中的渗透剂会被冲洗掉而产生漏检。清洗时要防止水溅到发热的灯泡上使灯泡破裂。

5. 干燥装置

干燥是为了去除工件表面的水分,防止显像的时候受到干扰。可采用经过滤后干燥清洁的压缩空气、电吹风、干净不起毛的擦拭布擦拭和热空气循环干燥箱等方法进行干燥,常用最有效的干燥装置是热空气循环干燥箱。

热空气循环干燥箱是装有恒温控制和空气循环设施的烘箱,干燥箱内的温度一般设定为 60~70℃。过高的干燥温度会导致荧光染料或着色染料变色或变质,也可能使缺陷中的渗透剂被烘干,导致显像困难。图 11-6 为井式和罩式热空气循环干燥装置。

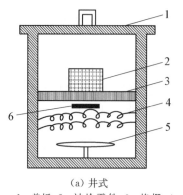

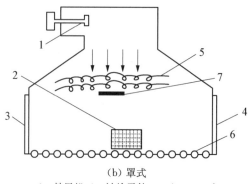

（a）井式
1—盖板；2—被检零件；3—格栅；4—
加热器；5—电风扇；6—热电偶。

（b）罩式
1—鼓风机；2—被检零件；3—入口；4—出口；
5—加热器；6—传动装置；7—热电偶。

图 11-6　空气循环干燥装置示意

对于井式热循环干燥装置，当盖板打开后，被检工件可用吊车吊运至格栅上，加热器可将干燥装置内的空气加热，电风扇可以使加热的空气循环从而干燥工件。这种井式热空气循环干燥装置适合于吊车吊运零件的检测流水线。

罩式热空气循环干燥装置适合传动装置传送工件的检测流水线。被检工件通过传动装置进入干燥装置内适当位置，加热器将干燥装置内空气加热，鼓风机可以使加热的空气循环从而干燥工件。这类装置的加热器和鼓风设备也可安装在传动装置下面，其干燥的工作原理是相同的。

6. 显像装置

根据使用的是湿式显像剂还是干式显像剂，显像装置的安装位置、结构均有所区别。

一般情况下，使用湿式显像剂时，显像装置要放在干燥装置之前，使用干式显像剂时，显像装置放在干燥装置之后。

湿式显像装置的结构与渗透装置、乳化装置的结构类似，由液槽、盖子、滴落架等组成，大型装置还要有搅拌器。

干式显像装置一般由容器和盖子组成，大型装置附设气体流动装置、排气通道吸尘器等。由于干式显像剂为微细粉末，干式显像装置要做好防尘措施。图 11-7 所示为一种干式显像粉柜，其底部为锥形，盛有干式显像剂，用压缩空气搅拌，显像剂粉末飞扬起来后落在格栅上的待检工件表面，从而完成显像过程。待检工件也可以埋入干粉显像剂中，显像结束后取出工件并抖掉多余的粉末即可。

为了让干式显像剂粉末保持干燥松散状态，显像粉柜底部设有加热器。柜体上设有观察窗，以便观察喷粉情况。

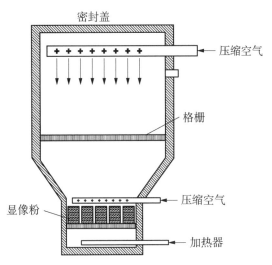

图 11 - 7　干式显像粉柜

7. 后处理装置

渗透检测结束后,要对零件进行后处理,去除多余的渗透剂和显像剂。一般可以直接用清洗装置代替,也可以直接水洗。

8. 紫外线照射装置

对于荧光渗透检测,在清洗、显像过程中需要观察清洗程度和缺陷痕迹,因此需要配备紫外线照射装置,即黑光灯。黑光灯除了能满足观察需求的技术参数外,还应防水、防尘、防爆,防止清洗和观察过程中因进水、粉尘等影响黑光灯使用。

11.1.3　渗透检测辅助设备

渗透检测辅助设备主要是指渗透检测过程中所必须的照明设备和测量设备。

1. 照明设备

渗透检测的照明设备有白光灯和黑光灯两种。

1) 白光灯

着色渗透检测需要在一定亮度白光下进行观察,可以采用自然光、白炽灯、荧光灯、发光二极管等来提供白光环境。常见的白光灯有两种,一种是直接采用 220V 交流电的白光照明灯,另外一种是采用电池供电的白光照明灯,如图 11 - 8 所示。

渗透检测时,通常要求被检工件被检处可见光照度不低于 1 000 lx;现场采用便携式设备检测或条件限制无法满足要求时,可见光照度可以适当降低,但最低不应低于 500 lx。因此,对于应用的白光灯,要用白光照度计定期对其光照度进行检测,当光照度低于 1 000 lx 时,对于使用 220 V 交流电的白光灯,要更换灯泡或进行维修、停

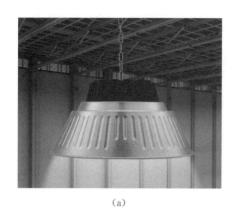
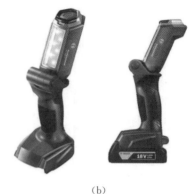

(a)   (b)

图 11 - 8　渗透检测用白光灯

(a)220 V 交流电白光灯；(b)电池供电白光灯

用；对于使用电池供电的白光灯，当电力不足而造成亮度低于 1 000 lx 时应有自动关闭功能，当电量足够而亮度低于 1 000 lx 时应更换灯泡或进行维修、停用。

2）黑光灯

荧光渗透检测时需要使用紫外光照射荧光染料，从而激发染料发射出明亮的荧光，用于产生紫外光的装备就是黑光灯。黑光灯的相关具体内容详见"7.2.6　其他辅助器材　1.黑光灯"部分。

2. 测量设备

渗透检测的测量设备主要有白光照度计、黑光辐照度计、荧光亮度计、折射计等。

1）白光照度计

白光照度计用于测定被检工件表面光照度值，一般采用直接测量法。白光照度计通常由光电池（硒光电池或硅光电池）配合滤光片和微安表组成。光电池是把光能直接转换成电能的光电元件。当光线照射到光电池表面时，在界面上产生光电效应，产生的光生电流的大小与光电池受光表面上的照度有一定的比例关系。这时如果接上外电路，就会有电流通过，电流值从以勒克斯(lx)为刻度的微安表上指示出来，光电流的大小取决于入射光的强弱。白光照度计实物如图 11 - 9 所示。

图 11 - 9　白光照度计实物

2）黑光辐照度计

黑光辐照度计是荧光渗透检测过程中用于测量黑光辐照度、检验黑光灯性能的仪器，其紫外线波长应在 315～400 nm 范围内，峰值波长为 365 nm。

黑光辐照度计有两种形式，分别对应两种测量方法，一是直接测量法,所用仪器称为黑光辐照计;一种是间接测量法,所用仪器为黑光照度计。

(1) 黑光辐照计。

直接测量法测量原理是被检测的黑光直接辐射到离黑光灯一定距离的光敏电池上,直接测量黑光强度值,其单位为 $\mu W/cm^2$,其测量原理及实物如图 11 - 10 所示。直接测量型黑光辐照计工作原理是当紫外线直接照射到光敏电池(半导体)上,光敏电池会在黑光作用下产生电动势,因此,电路中会产生电流,根据电流大小来反映紫外线照射强度。

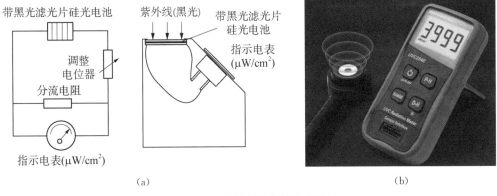

(a)　　　　　　　　　　　　　　　　　　　(b)

图 11 - 10　直接测量型黑光辐照计

(a)测量原理示意;(b)实物

(2) 黑光照度计。

间接测量法所用仪器称为黑光照度计,仪器结构如图 11 - 11 所示,工作原理是

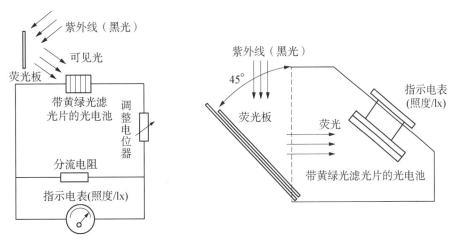

图 11 - 11　间接测量型黑光照度计测量原理示意

被检测黑光灯辐射到一块荧光板上,荧光板是一块薄板,表面涂有无机荧光粉末,荧光物质在黑光激发下发出黄绿色荧光。黄绿色光再照射到光敏电池上(光敏电池前装有黄绿色滤光片)使照度计指针偏移,从而测量照度值,单位为勒克斯(lx)。由于这种仪器以前是以照度刻度读数,故又称为黑光照度计,间接测量型黑光照度计通过荧光亮度间接反映黑光辐照强度。

黑光照度计还可以用来比较荧光渗透剂的量度。

3)荧光亮度计

荧光亮度计主要用于测量渗透剂的荧光亮度,其波长应在 $430\sim600\,nm$ 范围内,峰值波长为 $500\sim520\,nm$。

图 11 - 12　亮度计实物

亮度是发光体的光度特性之一,发光体表面的亮度与其表面状态、发光均匀性和观察方向有关,亮度测量值通常用一定面积内亮度平均值表示。亮度计主要采用一对有一定距离的光孔接收固定立体角、固定投光面积的光通量,此值不随物体远近而变,只要物体的表面积足够大。为了瞄准被测物体,常采用成像系统。被测光源经物镜后在带孔(前光孔)反射镜上成像,其中一部分经反射镜及目镜,由人眼接收,以瞄准和监控清晰成像面与带孔反射镜重合;另一部分光则经过反射镜上的小孔,经后光孔到达接收器。亮度值用指针或数字表头显示。如果在结构内集成了色度修正滤光片或分光元件,还可实现视场目标色度或光谱的测量。

亮度计按取景光路类型可分为成像式亮度计和遮光筒式亮度计,其中,成像式亮度计又包括瞄点式和图像式;按采样方式可分为光谱分光式亮度计和滤光片光电积分式亮度计;具备测色功能的亮度计称为彩色亮度计。某型号亮度计实物如图 11 - 12 所示。

4)折射仪

渗透剂、清洗剂等检测试剂的性能不仅与材料本身组成有关,还与其浓度有关,有时候需要测定溶液浓度。折射率是物质的重要物理常数之一,溶液的折射率和其浓度有关,通过测量液体的折射率可以间接得到溶液的浓度,这种利用光线测试液体浓度的仪器,称为折射仪或折光仪,如图 11 - 13 所示。

折射仪测量原理如图 11 - 14 所示。光线经过液体折射,然后经过透镜进入目镜,由于采用蓝色棱镜,光线进入目镜后,蓝色部分是经过液体折射的,白色部分为自然光,两者的分界线位置和液体的折射率相关,从而反映出液体的浓度。

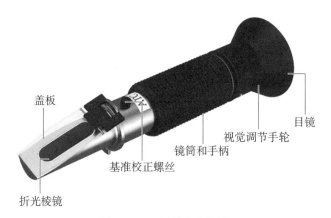

盖板

折光棱镜

基准校正螺丝

镜筒和手柄

视觉调节手轮

目镜

图 11-13　折射仪实物图

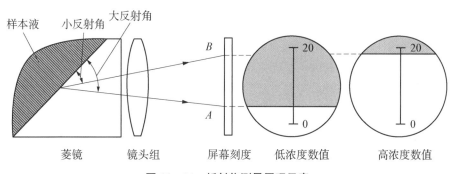

样本液

小反射角

大反射角

菱镜

镜头组

屏幕刻度

低浓度数值

高浓度数值

图 11-14　折射仪测量原理示意

11.2　渗透检测器材

渗透检测器材主要包括渗透检测材料和渗透检测试块两大部分内容。其中,本节渗透检测材料主要包括两大部分内容,即渗透检测材料及渗透检测材料系统。前者分别讲述组成渗透检测材料的渗透剂、乳化剂、清洗剂和显像剂等各自相互独立的相关知识;后者主要讲述在渗透检测时由渗透剂、乳化剂、清洗剂和显像剂所构成的、作为一个有机统一整体的特定材料组合。

11.2.1　渗透检测材料

1. 渗透剂

渗透剂是一种能够渗入工件表面开口缺陷内并含有着色染料或荧光染料的溶液

或悬浮液,当被施加到有表面开口缺陷的被检工件表面上一定时间后,去除表面多余的渗透剂,在显像剂吸附下回渗,以染色或荧光方式显示缺陷痕迹。渗透剂是渗透检测中最关键的材料,其性能直接影响渗透检测的灵敏度。

下面主要讲述渗透剂的分类、渗透剂的组成、渗透剂的性能三部分内容。

1) 渗透剂的分类

渗透剂的分类方法有多种,目前比较广泛使用的分类方法主要是根据所含染料成分、溶解染料的溶剂、渗透剂的去除方式、灵敏度等级(不同标准分为 A 级、B 级、C 级灵敏度或 1/2 级、1 级、2 级、3 级、4 级灵敏度)、渗透剂与受检材料的相容性(与液氧相溶渗透剂和低氯、低氟、低硫渗透剂)分类。其中,最常见的是前三种分类方式,而根据所含染料成分分类又是我们日常工作中使用最多的一种分类方式,因此,本部分在对前三种分类方法先做一个简单概述的基础上,再对第一种分类方法中涉及的着色渗透剂、荧光渗透剂、荧光着色渗透剂进行重点阐述。

根据所含染料成分不同,渗透剂可以分为着色渗透剂、荧光渗透剂、荧光着色渗透剂 3 类。着色渗透剂含有呈现鲜艳颜色的染料,一般为红色,在太阳光或白光灯下进行观察缺陷形貌;荧光渗透剂中含有荧光物质,在黑光(紫外线)照射下,荧光物质可以发出黄绿色荧光,需要在暗室的黑光灯条件下观察;荧光着色渗透剂则同时具有着色和荧光两种特性,在白光下缺陷形貌显示为鲜艳的红色,在黑光灯下则发出荧光。

根据用于溶解染料的溶剂不同,渗透剂可以分为水基渗透剂和油基渗透剂两大类。油基渗透剂中的基本溶剂为"油"类物质,如航空煤油、灯用煤油、200 号溶剂汽油等。水基渗透剂则使用水作为基本溶剂来溶解染料,为了增强润湿能力,通常在水中加入表面活性剂来降低表面张力。

根据渗透剂的去除方式不同,渗透剂可以分为水洗型渗透剂、后乳化型渗透剂和溶剂去除型渗透剂。水洗型渗透剂又分为水基渗透剂和自乳化型渗透剂。水基渗透剂直接用水去除试件表面多余的渗透剂;自乳化型渗透剂是在油基渗透剂中加入一定数量的乳化剂,试件表面多余的渗透剂也可以直接用水清洗去除;后乳化型渗透剂中不含有乳化剂,试件表面多余渗透剂的去除需要增加乳化剂乳化这一工序,才能用水清洗去除。根据乳化剂乳化形式的不同,后乳化型渗透剂又分为亲油性后乳化型渗透剂与亲水性后乳化型渗透剂两种;溶剂去除型渗透剂是用有机溶剂将试件表面多余渗透剂去除。

(1) 着色渗透剂。

着色渗透剂中含有鲜艳颜色的染料,一般在白光条件下进行缺陷的观察。根据去除方式的不同,可分为水洗型、后乳化型及溶剂去除型 3 种。

a. 水洗型着色渗透剂,分为水基型和油基(自乳化)型两种。

水基型着色渗透剂:以水作为溶剂来溶解红色染料的渗透剂,称为水基型着色渗透剂。水作为溶剂的优点是无色无臭、无味无毒、来源广泛、不污染环境、价格低廉等。但水的渗透性能不好,灵敏度不高,在一些油类渗透剂无法使用的场景应使用水基型着色渗透剂,如盛放液氧的容器与油类接触容易爆炸。水基着色渗透剂的灵敏度不高,使用具有较大的局限性。

油基(自乳化)型着色渗透剂,由高渗透性油基溶剂、互溶剂、染料、乳化剂等组成。由于含有乳化剂,具有一定的亲水性,可用水直接清洗去除多余的渗透剂,但同时容易吸收水分(包括空气中水分)。当吸收的水分达到一定量时,着色渗透剂就会产生浑浊、沉淀等污染现象。为提高抗水污染能力,可适当增加亲油性乳化剂含量,降低渗透剂的亲水性。乳化剂的加入也会在一定程度上影响其渗透性能,从而灵敏度也会有一定程度降低。

b. 后乳化型着色渗透剂。

后乳化型着色渗透剂的基本成分是在高渗透性油液和有机溶剂内溶解油溶性红色颜料,添加润湿剂、互溶剂等附加成分,不含乳化剂。其特点是渗透力强,检测灵敏度高,在实际检测中应用较广,它特别适于检查浅而微细的表面缺陷,不适于检查表面粗糙的工件及有不通孔和螺纹的工件。

c. 溶剂去除型着色渗透剂。

溶剂去除型着色渗透剂的基本成分是红色染料、油性溶剂、润湿剂、互溶剂等,与后乳化型着色渗透剂相似,故后乳化型渗透剂通常可以直接作为溶剂去除型渗透剂使用。溶剂去除型着色渗透剂通常采用低黏度、易挥发的溶剂作为渗透溶剂,渗透能力强,可用丙酮等有机溶剂直接擦洗去除,检测时常与溶剂悬浮式显像剂配合使用,可得到与荧光法相近的灵敏度。

溶剂去除型着色渗透剂应用最广泛,一般装在压力喷罐中使用,与清洗剂、显像剂配套使用,适于无水、无电的户外作业,成本较高。由于装在喷罐中使用,对闪点和挥发性的要求相对较低。

(2) 荧光渗透剂。

荧光渗透剂的染料可以发出荧光,检测时需要在黑光照射环境下观察。常用的荧光渗透剂分类和着色渗透剂类似,也分为水洗型、后乳化型和溶剂去除型 3 种。

a. 水洗型荧光渗透剂。

水洗型荧光渗透剂也分为水基和自乳化型两种。其主要成分是荧光染料、油基渗透剂、互溶剂和乳化剂等。

水基型荧光渗透剂,以水作为溶剂来溶解荧光物质,因此其主要成分是水和荧光染料。虽然可以加入表面活性剂来降低水的表面张力以改善渗透性能,但水的渗透能力仍然比油基或醇基的渗透剂差,因此水基荧光渗透剂的灵敏度较低,只能用于对检测灵敏度要求不高的工件,或者可能会因为和油基或醇基的渗透剂发生化学反应而破坏的部件(塑料、橡胶等)。水基型荧光渗透剂典型配方是荧光染料和水,具有毒性低、易清洗、易配制等特点。

自乳化型荧光渗透剂,其基本成分是荧光染料、油性溶剂、渗透溶剂、乳化剂等。由于含有乳化剂,自乳化型荧光渗透剂可以直接用水冲洗,具有洗涤方便、荧光明亮、操作简单、成本低等特点,但检测灵敏度不高,遇水易污染。乳化剂除了可以使荧光渗透剂便于去除外,还可以促使染料溶解,起到增溶的作用。

不同水洗型荧光渗透剂的检测灵敏度和从工件表面去除的难易程度是不同的。检测灵敏度可以分为超低灵敏度、低灵敏度、中(标准)灵敏度、高灵敏度和超高灵敏度 5 个等级。

超低灵敏度和低灵敏度的水洗型荧光渗透剂容易从粗糙表面去除,主要用于铸件的检测,超低灵敏度水洗型荧光渗透剂典型牌号有 ZYGLO ZL - 15B,低灵敏度水洗型荧光渗透剂典型牌号有 ZA - 1、ZYGLO ZL - 19 等;中(标准)灵敏度水洗型荧光渗透剂较难从粗糙表面去除,适用于精密铸件、焊接件及机加工件的检测,典型牌号有 ZYGLO ZL - 60D、ZB - 1 等;高灵敏度水洗型荧光渗透剂难以从粗糙表面去除,要求工件具有良好的机加工表面,主要用于涡轮叶片等精密铸件机加工后的检验,典型牌号有 ZYGLO ZL - 67、OD - 2800 - Ⅰ 等;超高灵敏度水洗型荧光渗透剂适用于平滑、精加工表面的检测,一般是零件制造厂家推荐下或设计图纸中特别规定时使用,典型牌号有 ZYGLO ZL - 56、ARDROX 970P26E 等。

b. 后乳化型荧光渗透剂。

后乳化型荧光渗透剂不含乳化剂,基本成分是荧光染料、油基渗透溶剂、互溶剂和润滑剂。

后乳化型荧光渗透剂显示缺陷的重复性好,灵敏度高,可以发现非常细微的缺陷,这是因为其成分中不含有乳化剂。

乳化剂的渗透能力差,渗透速度慢,在后续乳化过程中,保留在缺陷中的荧光渗透剂不容易与乳化剂混合,不会因为水洗控制不当造成过清洗现象,因此后乳化型荧光渗透剂可以发现非常细微的缺陷。在严格控制后续乳化时间的情况下,也可以使得浅而宽的开口缺陷中的荧光渗透剂避免被乳化,因此,也能用于工件表面浅而宽的开口缺陷的检测。

自乳化型荧光渗透剂由于含有乳化剂,当用溶剂清洗时,只能将荧光渗透剂中的油基成分清洗掉,而乳化剂会保留在缺陷中,再次进行渗透检测时渗透剂难以进入缺陷,故而检测重复性不好。而后乳化型荧光渗透剂由于不含有乳化剂,残留在缺陷中的荧光渗透剂容易被清洗掉,再次渗透检测时荧光渗透剂可以进入缺陷,故重复性好。

后乳化型荧光渗透剂不含有乳化剂,因此也不会吸收水分,水污染影响很小,即使有水也会因为比渗透剂密度大而沉到底部。

综上所述,后乳化型荧光渗透剂具有渗透能力强、检测灵敏度高、黑光检测环境下具有较高的荧光亮度、缺陷中保留性好等特点,适合检测浅而细微的缺陷,可以用于检测要求较高的工件。使用后乳化型荧光渗透检测须要进行单独的乳化工序,操作相对复杂,检测周期长,需要严格控制后续的乳化时间。

后乳化型荧光渗透剂分为亲油性和亲水性两大类,两者可以通用,区别仅在于去除时使用的乳化剂不同,前者使用亲油性乳化剂,后者使用亲水性乳化剂。例如,美国磁通公司的各种灵敏度等级的亲油性与亲水性后乳化型荧光渗透剂的型号是相同的,区别仅在于前者使用 ZE4B 型亲油性乳化剂,后者使用 ZR10B 型亲水性乳化剂(质量分数为 20%)。

后乳化型荧光渗透剂按其灵敏度不同,可分为低灵敏度、标准(中)灵敏度、高灵敏度和超高灵敏度 4 个等级。标准灵敏度的后乳化型荧光渗透剂应用于各种变形材料的机加工工件的检测,此类荧光渗透剂典型牌号有 HY21、Ardrox985P12、Magneflux - ZL2C 和 MARKTECP220 等;高灵敏度的后乳化型荧光渗透剂应用于检验灵敏度要求较高的变形材料的机加工工件,典型荧光渗透剂有 HY - 31、Magneflux - ZL27A、Ardrox985P13 和 MARKTEC - P230 等;超高灵敏度的后乳化型荧光渗透剂仅在特殊情况下使用,用于发动机上关键的机加工锻件检测,如涡轮盘、涡轮轴等,典型的后乳化型荧光渗透剂有 HY41、Magneflux - ZL37、Ardrox985P14 和 MARKTEC - P240 等。

c. 溶剂去除型荧光渗透剂。

溶剂去除型荧光渗透剂的主要成分和后乳化型荧光渗透剂相似,适用于无水、无电场合的渗透检测,使用溶剂擦拭去除渗透剂,灵敏度高。溶剂去除型荧光渗透剂也分为低灵敏度、中灵敏度、高灵敏度和超高灵敏度四个等级。

(3) 荧光着色渗透剂。

荧光着色渗透剂是在渗透溶剂中溶解的一种特殊的染料,它在白光下呈鲜艳的暗红色而在黑光灯照射下发出明亮的荧光。这种渗透剂在白光下具有着色渗透检测的灵敏度,而在黑光灯下则具有荧光渗透检测的灵敏度,也就是一种渗透剂同时完成两种灵敏度的检测,故又称为双重灵敏度的渗透剂。需要指出的是,荧光着色渗透剂不是将着色染料和荧光染料同时溶解到渗透溶剂中配制而成的。由于分子结构上的原因,着色染料若与荧光染料混到一起,将会猝灭荧光染料所发出的荧光。

(4) 特殊用途渗透剂。

除了以上 3 种渗透剂外,还有一些在特殊情况下使用的渗透剂,比如高灵敏度水洗型荧光渗透剂,化学反应型着色渗透剂,过滤性微粒渗透剂,以及高、低温下使用的渗透剂等。

a. 高灵敏度水洗型荧光渗透剂。

水洗型荧光渗透剂的检测灵敏度一般较低,为了达到和后乳化型荧光渗透剂相同程度的高灵敏度,应具备以下特点:荧光亮度比一般水洗型荧光渗透剂高,更容易观察;即使渗透剂的液膜厚度变小,也应保持高亮度;水洗时,缺陷内部的渗透剂比一般的渗透剂难冲洗,应残留更多渗透剂。

缺陷越小,渗入缺陷的渗透剂量越少,因而荧光亮度越弱。如果将具有某一荧光亮度的渗透剂的液膜厚度减小至某一界限点以下,极薄层荧光渗透剂将不能发出荧光。为了使液膜在薄至一般渗透剂的界限点以下时仍能保持较高的亮度,就必须使荧光染料具有更高的亮度,选择更易观察的荧光波长,并使其含量比一般的渗透剂更高。

通常在将水添加到水洗型荧光渗透剂中时,在水很少的情况下,由于成分中表面活性剂的作用,水的粒子变成可溶性,不会发生混浊。然而,随着水量的不断增加,水的粒子便开始分散,形成油包水(W/O)型乳浊液。当向这种乳浊液增添水时,其会逐渐变黏(形成黏稠物)。但如果继续加水,达到某一界限时,则发生相的转换,形成水包油(O/W)型乳浊液,并且,黏度也在这时急速下降。此时正是适合水洗清除的状态。检查内部窄小的缺陷时,缺陷内部的供水不如表面部分,因此,可长时间持续在稠化状态,起到堵塞作用,防止渗透剂脱出。高灵敏度水洗型荧光渗透剂正是利用此特性,为使稠化状态长时间持续,需在成分(溶剂与表面活性剂)及其配比上合理调配。如果表面残余渗透剂的稠化状态持续时间过长,则不利于水洗,因此一定要互相兼顾。

b. 化学反应型着色渗透剂。

化学反应型着色渗透剂是将无色的染料溶解在无色的溶剂中制成的一种无色或淡黄色的渗透剂。这种渗透剂与配套的显像剂接触时会发生化学反应,产生鲜艳的颜色,从而产生清晰的缺陷显示。这种显示还可在黑光灯下发出明亮的荧光,因此,也称双重灵敏度的渗透剂。

这类渗透剂显示缺陷清晰,不污染被检工件、检测场地以及操作人员的衣服和皮肤,清洗后的废液无色,避免了颜色污染。

c. 过滤性微粒渗透剂。

过滤性微粒渗透剂是一种比较适于检查粉末冶金工件、碳石墨制品及陶土制品等材料的渗透剂,是将固体染料微粒悬浮于液体溶剂中制成的悬浮液,固体染料微粒尺寸比待检工件表面裂纹宽度要大一些。当这种渗透剂流进裂纹时,微粒就聚积在开口裂纹处,这些留在裂纹表面的微粒沉积,即可提供裂纹显示,如图11-15所示,可以看出使用过滤性微粒渗透剂时不需要使用显像剂。根据实际需要,这些微粒可以是着色染料,也可以是荧光染料。一般情况

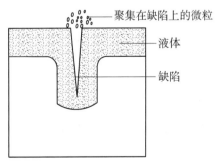

图 11 - 15 过滤性微粒渗透剂检测原理示意

下过滤性微粒渗透剂是油基的。

过滤性微粒渗透剂中的染料微粒的大小需适当,尺寸过小则会随着渗透剂流动进入缺陷内部,表面积聚的微粒数量降低,检测灵敏度也会随之降低;若尺寸过大,则流动性变差,也会难以形成缺陷显示。微粒的形状最好是球形,从而可以保持良好的流动性。为了提高灵敏度,微粒的颜色应和待检工件具有较大的反差。

过滤性微粒渗透剂的液体溶剂根据待检对象不同来选择,如检测混凝土时可以使用含有分散剂的水;检测陶土制品时,为了避免水引起的陶土制品的损坏,常使用石油类溶剂。而且选择的液体溶剂必须能充分润湿待检工件的表面,以便微粒可以自由流动。液体的挥发性不能太大,否则微粒未充分流动到缺陷处就因溶剂挥发而固定在工件表面;挥发性也不能太小,否则流动性太差。

d. 高、低温下使用的渗透剂。

一般渗透剂的温度和工件表面温度范围为 5~50℃,对于超过该温度范围,则应根据相关标准要求的规定进行鉴定。

对于超过 50℃ 的高温工件或工件表面温度,渗透剂涂上后染料很快遭到破坏甚至色泽消失或荧光猝灭,因此,高温下使用的渗透剂应在短时间内不失效,并且检测时速度要快,在染料未完全失效前完成检测。

对于低于 5℃ 的低温工件或者工件表面温度,缺陷处的水由于无法完全去除会阻碍渗透剂的渗入,因此,建议渗透时间延长(延长时间为正常温度范围内的 2 倍),同时使用溶剂悬浮显像剂,显像时间也适当延长。

2) 渗透剂的组成

渗透剂一般是由多种物质组成的溶液,成分比较复杂,主要由染料、溶剂、表面活性剂及改善渗透性能的附加成分构成。

(1) 染料。

渗透剂中常采用的染料有荧光染料和着色染料两大类。

a. 荧光染料。

荧光渗透剂的最重要的成分为荧光染料。荧光染料要具有发光强、色泽鲜艳、能与背景形成较高对比度、在日光和黑光照射下稳定性好、耐热、易溶解、易清洗、杂质少、无腐蚀、无毒等特点。

荧光染料的种类很多,在黑光的照射下不同染料可以发出不同波长的光,因为人眼对波长为 550 nm 的黄绿色荧光最敏感,荧光渗透剂应选择在黑光的照射下发出黄绿色荧光的染料,从而可以提高检测灵敏度。目前我国常用的荧光染料有芘类化合物如 YJP-1、YJP-15、YJP-35 等;萘酰亚胺化合物如 YJN-42、YJN-47、YJN-68 等;咪唑化合物如 YJI-43;香豆素化合物 MDAC 等。其中,芘类化合物的荧光强、色泽鲜明、光稳定性和热稳定性好。

荧光染料的荧光强度和荧光波长不仅与染料的种类有关,还与所使用的溶剂及其浓度有关。选择合适的溶剂能增强荧光强度,例如染料 YJP-15 在氯仿中发出黄绿色荧光,在石油醚中却呈绿色,且前者的荧光强度比后者强。试验证明,仅靠提高浓度来提高荧光强度的做法会受到一定的限制,尽管在一定范围内荧光强度随浓度的增加而增加,但当浓度增加到某一极限值时,浓度再增加,荧光强度不再继续增强,甚至还会出现减弱的现象。

为了提高荧光强度,一般荧光渗透剂中会加入两种及以上的荧光染料,组成激活系统。其中一种荧光染料发出的荧光与另一种荧光染料的吸收谱一致,即第一种染料在溶液中吸收第二种染料的荧光而被激发,增强了自身的荧光强度,起到"串激"作用,如香豆素化合物 MDAC 吸收 365 nm 波长的黑光可以发出 425~440 nm 的蓝紫光,而芘类化合物或萘酰亚胺化合物的吸收谱在 430 nm 左右,可以释放出 510 nm 左右的绿色荧光。也就是说,通过添加香豆素化合物 MDAC,可以增强芘类化合物或萘酰亚胺化合物在黑光照射下的荧光强度。

b. 着色染料。

着色渗透剂中采用的染料多为暗红色染料,因为暗红色与显像剂所形成的白色背景有较高的对比度。着色渗透剂中的染料应能满足色泽鲜艳、对比度高、易清洗、易溶于合适的溶剂、对光和热的稳定性好、不褪色、对工件不腐蚀、对人体无毒等要求。

着色染料有油溶型、醇溶型及油醇混合型 3 类,其中,着色渗透剂中采用油溶型染料最多。常用的着色染料有苏丹红、刚果红、烛红、油溶红、丙基红等。其中以苏丹红 IV 使用最广,其化学名称为偶氮苯。

(2) 溶剂。

溶剂的主要作用是溶解染料,并起到渗透作用。溶剂将染料带进缺陷而后又被显像剂吸附出来,因此要求溶剂对染料的溶解性好、具有较强的渗透能力、毒性小、挥发性小,且对工件无腐蚀。在多数情况下,都是将几种溶剂组合使用,在各成分的特性达到平衡的基础上组成配方。

溶剂大致可分为基本溶剂和起稀释作用的溶剂两大类。

基本溶剂必须可以充分溶解染料,且不影响荧光颜色、着色染料色泽等。此外,还要求具备高沸点、难挥发、对金属不腐蚀、没有或基本没有气味等特点。一般使用高沸点酯类、高沸点乙醇类和多元醇衍生物等。

稀释溶剂的作用是调节黏度与流动性,以及降低材料费。稀释溶剂应与基本溶剂互溶、对金属不腐蚀、无难闻气味、毒性小,一般使用链型或环状碳氢化合物。

a. 荧光渗透剂溶剂。

干粉状态的荧光染料在紫外线照射下并不发射明亮的荧光,只有溶解到溶剂中才可发射出明亮的荧光。荧光染料的发光强度和波长与所用的溶剂及染料在该溶剂中的溶解度有关。因此,对于选定的荧光染料,为得到理想的黄绿色荧光,选择合适的有机溶剂溶解染料是很重要的。

在一定浓度范围内,荧光强度随荧光染料在溶剂中的浓度的增加而增加,但浓度增加到某一极限值后,荧光强度不再继续增加,反而还出现减弱的现象。因此不能单靠增加浓度来提高荧光强度。

渗透剂中的溶剂应具有良好的溶解性和较强的渗透力。渗透剂灵敏度的高低不仅取决于溶剂中染料的荧光强度和发光强度,还取决于渗透剂的渗透能力。

染料在溶剂中的溶解度一般比较低,常需采用中间溶剂。先将染料溶解在中间溶剂中,如苯醇、酮、醚、脂、氯仿等,然后再与溶剂互溶。为了使这种溶液具有良好的互溶性,使荧光染料在低温下不从溶剂中分离出来,渗透剂中需加入一定量的耦合剂,如乙二醇单丁醚和二乙二酸丁醚,同时使渗透剂具有较好的乳化性、清洗性和互溶性。

邻苯二甲酸二丁酯是常用的溶剂。煤油表面张力小,润湿能力强,也是一种良好的溶剂。但是煤油对染料的溶解度小,若加入邻苯二甲酸二丁酯,不仅可提高对染料的溶解度,在较低温度下使染料不致沉淀出来,还可以调整渗透剂的黏度和沸点,减少试剂的挥发,使渗透剂具有优良的综合性能。

在选择溶剂时,应尽量选择那些易于水洗、对试件及容器无腐蚀、不易挥发、气味小、毒性小、闪点高、相对密度小、黏度低、表面张力系数小、价格便宜的溶剂。

b. 着色渗透剂溶剂。

着色渗透剂溶剂的选择主要依据着色染料的化学结构,应选择与着色染料结构和极性相似的溶剂,如苏丹 IV 与水杨酸甲酯、苯甲酸酯的结构和极性相似。常用染料的溶剂有煤油、松节油、苯、乙醇、乙二醇、水杨酸甲酯等。

(3)表面活性剂。

表面活性剂主要起到降低表面张力,增加润湿的作用,另外,还应具有与溶剂充分互溶、防止荧光染料或着色染料性能老化、对金属无腐蚀等特点。

水洗型渗透剂中添加表面活性剂,可以降低油-水界面张力,利用水分进行自乳化,为水包油型乳化剂。一种表面活性剂往往达不到良好的乳化效果,常常需要选择两种以上的表面活性剂组合使用。此外,表面活性剂还可以起到一定的增溶作用,可以提高染料和溶剂的互溶性。

(4)其他附加成分。

其他附加成分主要包括乳化剂、互溶剂、助溶剂、稳定剂、增光剂、抑制剂和中和剂等,主要用于改善渗透剂性能。

乳化剂常用于水洗型渗透剂(水洗型着色渗透剂、水洗型荧光渗透剂)。乳化剂能吸附在油和水的界面上,降低油水的界面张力,使得渗透剂可以直接被水清洗掉,同时还能促使染料溶解,起增溶作用。

互溶剂用于促进染料的溶解,渗透力强的溶剂对染料的溶解在其中能力不一定大,或者染料溶解后不一定能得到理想的颜色或荧光强度,有时需要采用一种中间溶剂来溶解染料,然后再与渗透性能好的溶剂互溶,得到清澈的混合液。这种中间溶剂称为互溶剂。

助溶剂用于促进染料的溶解,因为不同的染料在溶剂中的溶解度不一样,为了达到理想的溶解度或颜色或荧光强度,需要加入一定量的助溶剂。

稳定剂的作用是保持渗透剂的稳定,防止染料在溶剂中因稳定性变化而从溶液中分离出来。

增光剂用于增强荧光渗透剂的荧光亮度或着色渗透剂的光泽,提高对比度。

抑制剂用于抑制挥发。

中和剂用于中和渗透剂的酸碱性,使 pH 接近于 7。

3)渗透剂的性能

(1)理想渗透剂的性能。

理想的渗透剂应具备以下性能:①较强的渗透能力,可以渗入工件表面细微缺陷中;②较好的截留性能,可以较好地保留在缺陷中,即使是浅而宽的开口缺陷中的渗透剂也不易被清洗掉;③覆盖在工件表面的残余渗透剂易于清洗;④不易挥发;⑤对显像剂具有较好的润湿能力,容易从缺陷中被吸附到显像剂中;⑥在显像剂中拓展时,仍具有较高的对比度,着色渗透剂仍有鲜艳颜色,荧光渗透剂应具有足够的亮度;⑦稳定性好,不易受酸碱影响、不易分解、不浑浊、不沉淀,可以长期保持稳定的物理和化学性能;⑧闪点高,不易着火,无毒,对人体无害,环境友好;⑨有较好的惰性,用于检测镍基合金的渗透剂应控制 S、Cl 元素含量以防氢脆,检测 Fe、Ti 合金的渗透剂应控制 F、Cl 元素含量以防应力腐蚀,检测与氧或液氧接触的工件渗透剂应表现为惰性,对被检工件和盛装容器无腐蚀;⑩具有较高的经济性等。

实际使用的渗透剂无法达到以上全部的理想条件,只能尽量选择符合实际工作需要的渗透剂,并重点突出某些特点,如后乳化型的渗透剂突出了对浅而宽的开口缺陷有较好的截留性能,水洗型渗透剂突出了良好的清洗性能等。

(2)渗透剂的物理化学性能。

渗透剂的物理化学性能主要包括渗透性能、黏度、密度、挥发性、闪点、发光强度、稳定性、化学惰性、含水量与容水量、溶解性、可去除性与毒性等。

a. 渗透性能。

渗透剂的渗透性能包括渗透能力和渗透速度。渗透能力由表面张力和接触角来确定。表面张力用表面张力系数表示,接触角表示渗透剂对工件表面或对缺陷的润湿能力,一种好的渗透剂应具有合适的表面张力和较小的接触角。

为了保证渗透剂能很好地渗入开口较小的缺陷,一般选择表面张力系数低的液体,如苯、煤油、甲苯、乙醇、松节油、乙酸乙酯等。水的表面张力系数较大,渗透性能差,不能直接用于渗透检测,需要加入降低表面张力系数的表面活性剂。

渗透检测中,常采用静态渗透参量(SPP)来表征渗透剂渗入缺陷的能力,表示为

$$SPP = \alpha \cos\theta \qquad (11-1)$$

式中,SPP 为静态渗透参量(mN/m);α 为表面张力系数(mN/m);θ 为接触角(°)。

由式(11-1)可知,静态渗透参量数值越大,渗透剂渗入缺陷的能力越强。当接触角 $\theta \leqslant 5°$ 时,$\cos\theta \approx 1$,此时静态渗透参量近似等于表面张力,渗透剂具有较强的渗透能力。

b. 黏度。

黏度是指流体对流动所表现的阻力。当流体(气体或液体)流动时,一部分在另一部分上面流动时会受到阻力,这是流体的内摩擦力。要使流体流动就需要在流体流动方向上加一切线力以对抗阻力作用。渗透剂性能用运动黏度表示,即动力黏度与同温度下该流体密度之比,单位为 m^2/s。

黏度和液体的润湿性能和表面张力没有关系,因此并不会影响渗透剂渗入缺陷的能力。如水在 20℃ 时运动黏度为 1.004×10^{-6} m^2/s,煤油的运动黏度则为 165×10^{-6} m^2/s,煤油是较好的渗透剂,而水的渗透性能较差。

黏度是与液体流动性有关的参数,对渗透剂的渗透速率有很大影响。渗透剂的渗透速率用被检工件浸入渗透剂所需的相对停留时间来表示,常用动态渗透参量(KPP)来表征,可以表示为

$$KPP = \frac{\alpha \cos\theta}{\eta} \qquad (11-2)$$

式中,KPP 为动态渗透参量(m/s);α 为表面张力系数(mN/m);θ 为接触角(°);η 为运动黏度(m^2/s)。

由式(11-2)可以看出,黏度越大,对动态渗透参量影响越大。黏度大的渗透剂不能很快涂覆在工件表面,渗入缺陷的时间较长;黏度较小的渗透剂可以很容易渗入表面开口缺陷,但在去除表面多余渗透剂时也容易被清洗剂冲洗掉。

黏度对渗透检测的影响主要有以下几个方面:

黏度高的渗透剂渗入表面开口缺陷的时间长,黏度低的渗透剂能很快渗入表面开口缺陷内。

黏度高的渗透剂从被涂覆的工件表面上滴落下来的时间长,被带走的渗透剂多,

黏度低的被带走的渗透剂少。

黏度高的后乳化渗透剂由于带走多而严重污染的乳化剂,乳化剂使用寿命低,检测成本大。

黏度越大,截留能力越好,保留在缺陷中不被清除的效果好,不会造成过清洗,黏度低的渗透剂容易被从缺陷内清洗出来,尤其是宽而浅的缺陷中的渗透剂更易被清洗掉(相关内容详见10.5节截留作用)。

因此渗透剂的黏度要适宜,不能过低也不能过高,一般运动黏度在 $4\times10^{-6}\sim10\times10^{-6}\ m^2/s$ 范围内(38℃时的测量值)比较合适。

c. 密度。

前述章节讨论了液体在毛细管、平板、缺陷中由于附加压强引起的液面高度变化,可知液体在缺陷中的渗入深度和密度成反比,因此,渗透剂常选用密度较小的液体,如煤油等。常用的渗透剂密度一般都比水小,因此水进入后乳化型的渗透剂后会沉在底部,不会对渗透剂产生污染。而且在水洗的时候,渗透剂会漂浮在水面上,容易溢流。

除水之外,一般情况下渗透剂的密度与温度成反比,温度越高,密度越小,渗透能力越强。因此渗透剂厂家给定的密度性能指标是在某一温度条件下测得的。

d. 挥发性。

挥发性可以用液体的沸点或液体的蒸气压来表征。沸点越低,挥发性越强。易挥发的渗透剂在滴落过程中易干燥在工件表面上,给水洗带来困难,也容易干燥在缺陷中,不能回渗至工件表面而难以形成缺陷显示。易挥发的渗透剂在敞口槽中使用时,挥发损耗大,着火的危险性大。毒性材料,挥发性越大,所构成的安全威胁也越大。综上所述,渗透剂以不易挥发为好。

但是,渗透剂也必须有一定的挥发性。一般在不易挥发的渗透剂中加入一定量的挥发性液体。一方面渗透剂在工件表面滴落时,易挥发的成分挥发掉,使染料的浓度得以提高,有利于提高缺陷显示的着色强度或荧光强度;另一方面,渗透剂从缺陷中渗出时,易挥发的成分挥发掉,从而限制了渗透剂在缺陷处的扩散面积,使缺陷迹痕显示轮廓清晰。此外,渗透剂中加入易挥发的成分以后,还可以降低渗透剂的黏度,提高渗透速度。上述均有利于缺陷的检出,提高检测灵敏度。

e. 闪点。

闪点,又称为闪火点,是材料与外界空气形成的混合气体与火焰接触时发生闪火并立刻燃烧的最低温度,表示材料的蒸发倾向和受热后的安定性。闪点是材料或制品贮存、运输及使用中安全防护的重要指标。闪点高的材料或制品不易起火引起火灾;闪点低的材料或制品在贮运时需注意安全。

从安全角度,渗透液的可燃性一般用闪点表示,闪点越高越安全。在压力喷罐中使用的渗透剂,闪点较低,使用时应避免烟火,尤其是在室内操作时要注意通风良好。

f. 发光强度。

进入缺陷中的渗透剂必须具有鲜艳的色泽或足够的荧光亮度,否则,容易因肉眼不可见而漏检。着色强度和荧光强度有两种测量方法,分别是测量渗透剂的消光值及测量临界厚度的大小。消光值越大或者临界厚度越小,着色或荧光强度就越大,缺陷显示越清晰。

g. 稳定性。

溶剂的稳定性是指对光、温度等外部条件的耐受能力,即渗透剂在长期储存或使用时不发生变质、分解、浑浊及沉降现象。

荧光渗透剂的光稳定性可以通过耐光试验测得。荧光渗透剂在 $1\,000\,\mu W/cm^2$ 的黑光下连续照射 $1\,h$,用照射前的荧光亮度值和照射后的亮度值的百分比来表示,其稳定性应在 85% 以上。着色渗透剂在强白光照射下应不褪色。

温度的稳定性包括冷、热稳定性,即在高温和低温条件下,渗透剂都应保持较好的溶解度,不发生变质、分解、浑浊和沉淀现象。

h. 化学惰性。

化学惰性是衡量渗透剂对盛放的容器和被检工件腐蚀性能的指标,要求渗透剂对被检工件和盛装容器尽可能是惰性的或不腐蚀性的。在大多数情况下,油基渗透剂能符合这一要求。然而,水洗型渗透剂中含有的乳化剂可能是弱碱性的,渗透剂被水污染后,水与乳化剂结合而形成弱碱性溶液并保留在渗透剂中,这时渗透剂将会对铝、镁等合金工件产生腐蚀作用,还可能与盛装容器上的涂料或其他保护层起反应。

由于渗透剂中含有硫、钠等微量元素,在高温下会对镍基合金的工件产生热腐蚀(也称为热脆),使工件遭到破坏。渗透剂中的卤族元素如氟、氯等很容易与铁合金及奥氏体钢材料作用,在应力存在情况下,产生应力腐蚀裂纹。在氧气管道及氧气罐、液体燃料火箭或其他盛液氧装置的应用场合,渗透剂应不与氧及液氧起反应,油基或类似的渗透剂不能满足这一要求,需要使用与液氧相容的渗透剂。用来检测橡胶塑料等工件的渗透剂,也应不与其起反应。

i. 含水量与容水量。

渗透剂中水分含量与渗透剂总量之比称为含水量。当渗透剂被水污染,含水量超过某个极限时,会出现分离、浑浊、凝胶或灵敏度下降等现象,这个极限称为容水量。

渗透剂含水量越小越好,通常要求质量分数不超过 5%;渗透剂的容水量指标越高其耐水污染能力越强。

j. 溶解性。

渗透剂的溶解性包括渗透剂对染料溶解能力以及渗透剂被清洗剂溶解的能力两

个方面。

渗透剂中的溶剂对染料应有较好的溶解性。染料在溶剂中的溶解度高，就可以得到高浓度的渗透剂，因而可以提高渗透剂的发光强度或着色强度，提高检测灵敏度。

渗透剂的溶剂溶解性，即渗透剂被用于清洗的溶剂溶解的能力，它是衡量渗透剂清洗性能的重要指标。如果溶剂溶解性差，则工件表面多余的渗透剂很难被清洗掉，造成不良的背景，影响检查的效果，故要求渗透剂应具有良好的溶剂溶解性。溶剂溶解性与所选用的清洗溶剂的种类有关。例如，水洗型渗透剂和后乳化型渗透剂在规定的水温、压力、时间等条件下，可被水溶解而冲洗掉，不残留明显的荧光背景或着色背景。溶剂去除型渗透剂不能用水冲洗，只能用有机溶剂擦拭去除。这主要是由于这种渗透剂不溶于水而溶于有机溶剂。

k. 可去除性。

渗透剂应具有良好的可去除性。去除表面多余的渗透剂后，荧光背景或着色底色应无明显的残留，或与标准渗透剂样品对比不会残留更多背景，否则在工件表面上是造成不良衬度，影响检测灵敏度。

l. 毒性。

渗透剂的毒性主要取决于各组分的毒性，要求各组分对人体健康、对环境没有严重影响，通常以最高允许浓度来表示毒性强弱，如煤油的允许吸入量为 500 mg/L。

m. 其他性能。

对于特殊用途的渗透剂会有其他特殊性能要求，比如静电喷涂用的渗透剂需要较高的电阻来避免产生的逆弧传到操作人员身上。

2. 乳化剂

渗透检测中的乳化剂用于乳化不溶于水的渗透剂，使其便于用水清洗。水洗型渗透剂中本身有乳化剂，可直接用水清洗；后乳化型渗透剂需要采用乳化剂来乳化工件表面上不溶于水的多余渗透剂，最后用水清洗。

这里主要讲述乳化剂的分类、乳化剂的性能及乳化剂的选择原则三部分内容。

1) 乳化剂的分类

乳化剂主要由表面活性剂和添加剂组成，起乳化作用的主要是表面活性剂，而添加剂的作用主要是调节黏度、调整与渗透剂的配比、降低材料损耗等。

乳化剂分为亲水性和亲油性两大类。一般根据亲水亲油平衡值（H. L. B）来判定乳化剂类型，H. L. B 值在 8～18 范围内的乳化剂称为亲水性乳化剂，乳化型式是水包油型（O/W），能将油分散在水中；H. L. B 值在 3～6 范围内的乳化剂称为亲油性乳化剂，乳化型式是油包水型（W/O），能将水分散在油中。

(1) 亲油性乳化剂。

亲油性乳化剂通常不需要加水稀释，可以以供货态使用，分为快作用型和慢作用型,乳化的快慢与其黏度有关。如果乳化剂的黏度大,扩散到渗透剂中的速度就慢,容易控制乳化时间,但乳化剂的拖带较多。若乳化剂的黏度低,扩散到渗透剂中速度快,乳化速度快,需要注意控制乳化时间。

　　亲油性乳化剂通过扩散与渗透剂相互作用,从而起到溶剂的作用,使工件表面多余的渗透剂可以被去除,其乳化作用过程如图 11 - 16 所示。

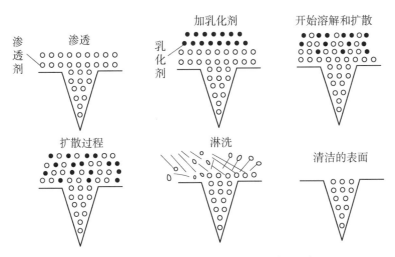

图 11 - 16　亲油性乳化剂的乳化作用过程示意

　　亲油性乳化剂通常使用纯乳化剂,它的黏度比较高,由此带来的高拖带造成使用成本增加。另外由于在滴落过程中有大量的乳化剂流回槽中,因此必须定期测量控制污染的程度。亲油性乳化剂要对水和渗透剂有一定的容许量,允许添加体积分数为 5% 的水和 20% 的渗透剂,仍像新的乳化剂一样,能够有效地被水清洗掉,达到所要求的检测灵敏度。

　　常用的乳化剂有 TX - 10、三乙醇胺油酸皂、脂肪醇聚氧乙烯醚 O - 20(平平加 O - 20)、乳化剂 OP - 7、乳化剂 OP - 10、吐温 - 80 等。用于渗透检测时还可以加入一定体积比的工业乙醇和工业丙酮混合使用。

　　与亲水性乳化剂相比,在亲油性乳化剂乳化过程的最后时段里,乳化剂开始冲淡渗入缺陷里的渗透剂,污染和减弱了荧光指示,因此,它基本上已经被亲水性乳化剂所取代了。

　　(2) 亲水性乳化剂。

　　亲水性乳化剂一般是浓缩状态供货,需要按照产品说明进行稀释后使用,通常将乳化剂稀释到 5%~20%(体积比)的浓度。

　　亲水性乳化剂乳化作用过程原理如图 11 - 7 所示。

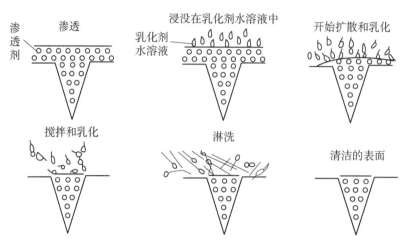

图 11 - 17　亲水性乳化剂的乳化作用过程示意

亲水性乳化剂稀释时,如果配制的乳化剂浓度太高,乳化能力强,乳化速度快,乳化时间控制难,同时,拖带损耗也大;乳化剂浓度太低,乳化剂的乳化性能低,乳化速度慢,乳化时间长,乳化剂有足够的时间渗入表面开口的缺陷中,但同时也会使缺陷中的渗透剂也变成可水洗掉,从而降低了检测灵敏度。另一方面,乳化剂的含量太低,受水和渗透剂的污染而变质的速度快,因而更换乳化剂的频率高,检测成本高。因此,需要根据被检工件的大小、数量、表面粗糙度等情况,通过试验选择最佳浓度,或按乳化剂制造厂推荐的含量使用。

2) 乳化剂性能

乳化剂最基本的性能要求就是乳化效果好,能很容易地乳化和清洗;外观上应可以与渗透剂清楚区别;受少量水或渗透剂污染时不降低乳化剂去除性能;凝胶作用强;无不良气味;性质稳定,受温度影响小;不腐蚀被检工件;对检测人员健康损害小;闪点高、挥发性低;废液处理容易等。

3) 乳化剂的选择原则

乳化的目的是将多余的渗透剂去除,故乳化剂除具有乳化作用外,还应具有良好的洗涤作用。因此,选择时的基本原则如下:

(1) 根据渗透检测的实际情况,首先综合考虑乳化剂的性能要求。

(2) 根据 H. L. B 值选择。一般选择 H. L. B 值在 11～15 范围内的乳化剂,既有乳化作用又有洗涤作用。

(3) 根据"相似相溶"原理选择,即乳化剂的亲油基与渗透剂的油基和染料的化学结构要相似。

(4) 选择渗透检测剂同一生产厂家生产的"同族"的配套产品。

3．清洗剂

清洗剂也称为去除剂，是在渗透剂渗入缺陷中一定时间后，用来去除工件表面多余渗透剂的一种溶剂。其清洗原理是利用"化学结构相似相溶"原理，即化学结构相似的溶剂和溶质可以互溶。

这里主要讲述清洗剂的分类、清洗剂的性能及清洗剂的选择原则三部分内容。

1）清洗剂的分类

常用的清洗剂有 3 类，即水、乳化剂＋水、有机溶剂。

（1）水。

水作为清洗剂，是针对水洗型渗透剂而言的，去除渗透剂的时候直接用水去除。

（2）乳化剂＋水。

后乳化型渗透剂是在乳化后再用水去除，因此去除剂就是乳化剂和水。通常在有机溶剂（如汽油）中添加约 10％（体积分数）的乳化剂和 10～100 倍的水，配制成乳化剂。

（3）有机溶剂。

有机溶剂清洗剂通常是无色透明的液体，能直接溶解多余的渗透剂，从而达到清洗目的，常用于无水源情况下的直接清洗，在户外作用时使用优势明显。常用的有机溶剂清洗剂有两类，一类是有机烃类，如煤油、汽油、丙酮、甲苯等，另一类是有机氯化烃类，如三氯乙烯、四氯乙烯等。前一类溶剂毒性小，对大多数金属无腐蚀作用，但易燃；后一类溶剂除油速度快，效率高，不易燃，允许加温操作，除油液能再生循环使用，对大多数金属（铝、镁除外）无腐蚀作用，但毒性很大。由于大部分有机溶剂易燃或有毒，因此操作时要注意安全，保持良好的通风换气。

2）清洗剂的性能

（1）水有很强的溶解力、分散力，是从自然界可以获取的最便宜的清洗剂，在家庭清洗和工业清洗过程中使用广泛。

（2）乳化剂＋水，见"11.2.1　渗透检测材料　2.乳化剂"相关内容。

（3）有机溶剂，其性能要求是恰好溶解渗透剂，清洗时挥发适度，储存保管中保持稳定，不使金属腐蚀与变色，无不良气味，毒性少等。一般多使用链型碳氢化合物，此外也使用环状碳氢化合物和不燃性的氯的碳氢化合物等。卤族元素易导致奥氏体不锈钢产生应力腐蚀，且毒性较大，用于奥氏体钢材料检测的有机溶剂清洗剂应严格控制氯、氟元素含量。

如果工件表面足够光洁，若能不用清洗剂即能清除干净的场合，就尽量不用清洗剂，而用干净不脱毛的布或纸巾沿一个方向擦拭，这对提高检查灵敏度是有利的。

3）清洗剂选择的原则

首先要根据使用的渗透剂种类不同，使用对应的清洗剂来去除多余渗透剂，不同体系之间不能混用,即选用"同族"产品。

清洗剂应对渗透剂中的染料(着色染料和荧光染料)有较大的溶解度,和渗透溶剂有良好互溶性,且不会与渗透剂起化学反应,不降低染料的性能,不猝灭荧光材料的荧光。

4. 显像剂

显像剂是渗透检测中的另外一个关键性材料,与渗透剂、乳化剂、清洗剂等共同组成渗透检测剂系统。它独立存在、悬浮在水或溶剂中,当施加在工件表面上时能加快缺陷中截留渗透剂渗出、增强渗透显示的一种细小白色粉末材料。其颗粒度为微米级。

显像剂的显像原理与渗透剂进入工件表面缺陷的原理一样,都是由于毛细作用,源于液体和固体表面分子之间的相互作用,即当显像剂在被检工件表面铺展成均匀薄层的时候形成许多直径非常细小且不规则的毛细管,通过毛细管吸附作用将截留在缺陷中的渗透剂吸附到被检工件表面并横向扩展放大,形成人眼可见的缺陷迹痕显示。因此,从显像原理可以看出,显像剂在渗透检测中的主要作用有 3 个方面:①通过毛细作用将截留在缺陷中的渗透剂吸附到工件表面形成缺陷显示;②显像剂的放大作用,通过横向扩展,使其裂纹显示宽度比实际宽度放大几倍甚至几十、上百倍;③能提供与缺陷显示有较大反差的背景,提高检测灵敏度,如荧光渗透检测在紫外光照射下渗透显示为蓝紫背景下的黄绿色,着色渗透检测时在白光照射下渗透显示为白色背景下的红色等。

1) 显像剂的分类

显像剂分为干式显像剂、湿式显像剂和特殊用途显像剂 3 类。

(1) 干式显像剂。

干式显像剂,又称为干粉显像剂,一般与荧光渗透剂配合使用,是最常用的显像剂,通常为白色的轻质、松散、干燥的无机粉末,如氧化镁、碳酸镁、二氧化硅及氧化锌等,粉末粒度一般为 $1\sim3\,\mu m$,使用状态密度小于 $0.075\,g/cm^3$,运输包装下的密度应小于 $0.13\,g/cm^3$。

干式显像剂要求吸水、吸油性能好,润湿性好,并且在工件表面仅形成一层薄膜。在黑光灯照射下不发荧光,对被检工件和存放容器无腐蚀,无毒,对人体无害。

干粉显像剂的施加方法有粉槽埋入法、手工撒粉和喷粉法,并且要求工件表面干燥。在使用干粉显像时,容易出现粉尘,因此要注意通风以避免吸入人体及产生粉尘爆炸等,一般多用于水洗型和后乳化型荧光渗透检测,不适用于着色渗透检测。

(2) 湿式显像剂。

湿式显像剂又分为水悬浮型显像剂、水溶解型显像剂和溶剂悬浮型显像剂 3 种。

a. 水悬浮型显像剂。

水悬浮型显像剂由干粉显像剂和水按照一定的比例配制而成,一般是每升水加

30～100 g 干粉显像剂。

为了改善水悬浮型显像剂的性能,在显像剂中还经常加入表面活性剂、限制剂和防锈剂。表面活性剂的作用是得到良好的悬浮性和润湿作用,防止显像剂沉淀、结块,改善显像剂与工件表面的润湿能力;限制剂能防止缺陷显示无限制的扩散,保证显示的分辨率和显示轮廓清晰;防锈剂用于降低显像剂对工件表面的锈蚀。另外,显像剂的粉末含量应控制在使试件表面形成均匀的薄层,太多会造成显像剂薄膜太厚,遮盖显示,太少将不能形成均匀的显像剂薄膜。

水悬浮型显像剂一般呈弱碱性,对钢制工件一般不会产生腐蚀,对于铝、镁工件,如果其长时间残留会产生腐蚀麻点,因此,检测结束后要及时进行清理。

水悬浮型显像剂要求被检工件表面有较高的光洁度,使用前要充分搅拌均匀,以便得到薄而均匀的显像剂膜层。

水悬浮型显像剂无毒、无味,使用安全,价格便宜,可用于荧光渗透检测系统和着色渗透检测系统。但该类显像剂易沉淀、结块,不适用于水洗型渗透检测系统,检测灵敏度比较低。

b. 水溶解型显像剂。

水溶解型显像剂由显像剂粉末溶解在水中而形成,为了改善其性能,在其中还会加入润湿剂、助溶剂、防锈剂和限制剂等。

水溶解型显像剂克服了水悬浮型显像剂容易沉淀、不均匀、可能结块的缺点。溶解在水中的显像材料在显像剂中的水分从工件表面上蒸发掉后,形成一层与工件表面结合紧密的显像剂薄膜,利用毛细作用达到显示缺陷的目的。检测完成只要用水就能方便地把显像膜清洗掉,具有清洗方便、不腐蚀工件、无毒、使用安全等优点。

水溶解型显像剂中的显像材料多为结晶粉末的无机盐类,白色背景不如水悬浮型显像剂及溶剂悬浮型显像剂等,要求试件表面较为光洁。

因显像剂喷涂厚度难以控制,因此,对于水洗型荧光渗透检测系统及着色渗透检测系统不适用。

c. 溶剂悬浮型显像剂。

溶剂悬浮型显像剂由显像剂粉末加在具有挥发性的有机溶剂如丙酮、二甲苯、醋酸醋、乙醇、异丙醇等配制而成,为了改善显像剂的性能,还在其中添加限制剂和稀释剂。由于有机溶剂挥发快,故又称为速干式显像剂。

溶剂作为一种悬浮剂,具有悬浮吸附剂(白色粉末)的作用,为保证使用安全,应尽量采用高沸点的有机溶剂。使用的溶剂应不熄灭荧光。

显像粉末又称为吸附剂,它除了对缺陷中渗透剂有较强的吸附作用外,其白色衬底对缺陷图像还具有较好的衬托作用。

限制剂的作用是增加显像剂悬液的黏度,限制所显图像的扩大,使所显示的缺陷图像轮廓清晰,且具有真实性。

稀释剂常用丙酮、酒精等物质,它能溶解限制剂,并能适当提高限制剂的挥发性,从而可调整显像剂的黏度。

溶剂悬浮型显像剂通常装在喷罐中使用,通常和着色渗透剂搭配使用。

溶剂悬浮型显像剂中的有机溶剂具有较强的渗透能力,能很好地渗入缺陷中,挥发过程中把缺陷中的渗透剂带回到工件表面,因此其显像灵敏度较高。显像剂中的有机溶剂挥发快,扩散小,缺陷轮廓清晰,分辨力高。

由于溶剂悬浮型显像剂的载液是有机溶剂,在使用中要注意防火,并且要注意防止吸入有机溶剂蒸气造成对操作人员的伤害。

(3) 特殊用途显像剂。

特殊用途的显像剂常见的有塑膜(液膜)显像剂和化学反应型显像剂。

a. 塑膜(液膜)显像剂。

塑膜(液膜)显像剂主要由非溶性显像粉末和透明清漆组成,有时也采用胶装树脂分散体来替代透明清漆。使用时,采用喷涂的方式施加在被检工件表面,塑膜(液膜)显像剂吸附渗入缺陷中的渗透剂进入塑料薄膜中,由于透明清漆使用的溶剂挥发性强,能在较短的时间内干燥并形成透明薄膜,因此缺陷显示就会被凝固在薄膜中,待固化后将薄膜从被检工件表面剥离下来,作为永久记录。这种显像剂的优点是形成的缺陷显示扩散小,可以得到清晰度较高的缺陷显示。

b. 化学反应型显像剂。

化学反应型显像剂为无色显像剂,呈酸性,与化学反应型渗透剂接触时发生化学反应,在白光下呈现红色,在黑光灯下发出荧光。因为存在化学反应过程,其检测灵敏度比较低。

化学反应型显像剂必须与配套的渗透剂配合使用。

2) 显像剂的性能要求

(1) 显像剂的综合性能。

显像剂应具备的综合性能如下:①显像粉末颗粒细微、均匀,吸湿能力强、速度快,容易被缺陷处的渗透剂润湿,并能吸出足够渗透剂显示为清晰的缺陷痕迹;②用于荧光法的显像剂在黑光照射下不发荧光,也不会减弱荧光亮度;用于着色法的显像剂对光有较大的反射率,对着色染料无消色作用,能与缺陷显示形成较大的色差,以获得较大的对比度;③对被检工件和存放容器无腐蚀;④检测完毕容易从被检工件上去除;⑤无毒、无味、对人体无害,使用方便、价格便宜。

(2) 显像剂的物理化学性能。

显像剂的物理化学性能主要包括颗粒度、干粉显像剂的密度、水悬浮或溶剂悬浮显像剂的沉淀速率、分散性、润湿能力、腐蚀性、温度稳定性、污染和毒性等。

a. 颗粒度。显像剂的颗粒应研磨得很细。颗粒过大,细小显示显像不出来。

b. 干粉显像剂的密度。松散状态,密度小于 $0.075\,g/cm^3$,每升质量 $75\,g$ 以下;包装状态,密度小于 $0.13\,g/cm^3$,每升质量 $130\,g$ 以下;干粉显像剂的颗粒度一般为 $1\sim3\,\mu m$。

c. 水悬浮或溶剂悬浮显像剂的沉淀速率。显像剂粉末在水中或在溶剂中的沉淀速度称为沉淀速率,细的显像剂粉末沉淀慢,粗的显像剂粉末沉淀快,为保证悬浮性能,通常选用轻质细微且均匀的显像剂粉末。

d. 分散性。分散性是指显像剂粉末沉淀后经搅拌重新分散到溶剂中去的能力。分散性好的显像剂经搅拌后能全部分散到溶剂中去而不残留任何结块。

e. 润湿能力。润湿能力包括两个方面,一是显像剂颗粒被渗透剂润湿的能力,如果显像剂颗粒不能被渗透剂润湿,则不可能形成缺陷显示;二是湿式显像剂润湿被检工件的能力,如果润湿能力差,显像剂中溶剂挥发后则出现显像剂流痕或卷曲、剥落等。

f. 腐蚀性。显像剂不能腐蚀工件和存放的容器。对镍基合金检测时,严格控制显像剂中硫元素,对奥氏体不锈钢、钛及钛合金检测时应控制显像剂中的氯及氟元素。

g. 温度稳定性。对于水悬浮型显像剂或水溶解型显像剂,防止在温度较低的情况下产生冻结及在高温或相对湿度特别低的环境下显像剂液体成分过度蒸发。

h. 污染。渗透剂的污染会引起虚假显示,油及水的污染会使被检工件表面粘上过多显像剂遮盖显示。

i. 毒性。显像剂必须无毒,不得使用二氧化硅干粉显像剂。

11.2.2　渗透检测材料系统

1. 渗透检测材料系统与同族组

前述内容已经提到,渗透检测材料系统是指渗透检测时采用的,由渗透剂、乳化剂、清洗剂和显像剂等所构成的特定材料组合。作为一个整体,其性能不仅取决于每种材料的单独性能,还与它们之间的相互搭配和是否兼容有关。也就是说,即使渗透剂、乳化剂/去除剂、显像剂是不同品牌或不同厂家或同一厂家不同批次当中性能最好的,当组合在一起进行渗透检测时,其检测性能未必满足灵敏度要求,甚至有可能因其不相兼容而无法完成检测工作。

每种渗透剂产品在研制、开发和定型鉴定时,都有配套的乳化剂/去除剂和显像剂。一般情况下,渗透检测系统的几种材料都是由同一厂家(包括子公司、关联公司)生产、同一品牌或者同一型号的系列产品,也就是要求“同族组”。

所谓渗透检测材料的同族组,是指完成一个特定的渗透检测过程所必须的完整的一系列材料,包括渗透剂、乳化剂、清洗剂及显像剂等。渗透检测材料原则上必须采用同一族组,不同族组的产品不能混用,如果确实需要混用,则必须经过工艺验证,确保它们能互相兼容且满足检测灵敏度的要求。

2. 渗透检测系统的选择原则

(1) 必须是同族组,且满足灵敏度的要求。不同渗透检测材料系统检测灵敏度不同,如后乳化型灵敏度比水洗型高,荧光渗透检测材料系统灵敏度比着色渗透检测材料系统高,选择时,在满足检测灵敏度的基础上,还要考虑经济性、易清洗、无毒等。

(2) 根据工件状态进行选择。表面光洁的工件选用后乳化型渗透检测材料系统,表面粗糙工件选用水洗型渗透检测材料系统,大型工件的局部检测选用溶剂去除型着色渗透检测材料系统等。

(3) 对被检工件无腐蚀。如铝、镁合金不宜选用碱性渗透检测材料系统,奥氏体不锈钢、钛及钛合金等选用对氟、氯等卤素元素含量严格控制的渗透检测材料系统。

(4) 环保。不耗臭氧,易于生物降解,废弃物和废水易处理。

(5) 选择使用安全(非易燃、易爆)、与被检工件未来使用条件兼容的渗透检测材料系统,如盛装液氧的容器只能选用水基型渗透剂而不选用油溶性渗透剂,就是避免液氧遇油引起爆炸。

(6) 化学稳定性好,能长期使用,在光照或高温环境中不易分解和变质。

11.2.3 渗透检测试块

试块是指带有已知人工缺陷或自然缺陷的试件。人工缺陷试件是人为制造出来的裂纹试件,一般用来检出裂纹的最小宽度及深度的标准;自然缺陷试件是在生产或检测过程中发现的具有典型缺陷的工件,其功能与人工缺陷试件一样,也是用来检出裂纹的最小宽度及深度的标准。

1. 渗透检测试块的作用

渗透检测试块在渗透检测过程中,其主要作用有以下 5 个:

(1) 评价渗透检测剂系统灵敏度等级和操作工艺正确性。

(2) 在给定检测条件下通过使用不同类型的渗透检测材料和工艺,比较并确定不同渗透检测剂系统的相对优劣。

(3) 确定渗透检测的工艺参数,比如渗透、乳化、干燥等的时间、温度。

(4) 定期校验渗透检测装置等。

(5) 渗透检测材料的质量检验。

2. 渗透检测试块的分类

渗透检测试块的种类很多,比如除了我们常见的 A 型试块、B 型试块、C 型试块外,还有 D 型试块、自然缺陷试块、吹沙钢试块、组合试块等,本节重点介绍 A 型试块、B 型试块、C 型试块。

1) A 型试块

(1) A 型试块的要求。

A 型试块也称为铝合金淬火裂纹试块,是将 LY12 或类似的铝合金板材加工成如图 11 - 18(a)所示的形状和规格,板材的化学成分应符合《变形铝及铝合金化学成分》(GB/T 3190—2020)的要求。试块的长度取向与板材轧制方向一致。将试块的一面加工成表面粗糙度为 $Ra = 1.2 \sim 2.5 \mu m$,并将该面中间部位用喷灯或其他适宜方法进行局部加热,使其达到一定温度后进行淬火处理,使之产生淬火裂纹,其实物如图 11 - 18(b)所示。从加工工艺及制作流程来看非常简单,但裂纹的产生比较随机,形状和尺寸控制比较困难。

有时为了使用方便,会按照图 11 - 18(a)所示中间线处分割成 A、B 两部分,分割时,分割槽口可为矩形,也可以为 60°V 形,如图 11 - 18(c)所示,其实物如图 11 - 18(d)所示。其中,图(b)称为一体式 A 型试块,图(d)称为分体式 A 型试块。

试块的 A、B 两表面上,应有无规则分布的宽度在 $3 \mu m$ 以下、$3 \sim 5 \mu m$ 和大于 $5 \mu m$ 的开口裂纹,其中应至少有 2 条宽度不大于 $3 \mu m$ 的开口裂纹。在单个表面上的裂纹总数不应少于 4 条。试块的 A、B 两表面上的裂纹分布应大致相似。

(2) A 型试块的作用。

①在同一工艺条件下比较两种不同渗透检测系统的灵敏度;②在正常使用情况下,检验渗透检测剂能否满足要求,以及比较两种渗透检测剂性能的优劣;③对用于非标准温度下的渗透检测方法作出鉴定。

2) B 型试块

B 型试块又称为不锈钢镀铬辐射状裂纹试块,一般是在 1Cr18Ni9Ti 或 1Cr17Ni2 或 S30408 或其他类似的不锈钢板材加工成如图 11 - 19 中(a)、(b)所示的形状和规格,并单面镀上一层铬(涂层厚度即为裂纹深度),退火,然后通过施加压力在镀铬层上产生辐射状裂纹,裂纹数量可以为 3 个或 5 个,3 个裂纹的为三点式 B3 型试块,5 个裂纹的为五点式 B5 型试块,其实物分别如图 11 - 19(c)、(d)所示。B 型试块基体和镀层都不易腐蚀,耐用性好,加工制作简单,重复性好。

(1) 三点式 B3 型试块。

在试块的一面镀铬,镀铬层厚度不大于 $150 \mu m$,表面粗糙度为 $Ra = 1.2 \sim 2.5 \mu m$。在镀铬层背面中央,如图 11 - 19(a)所示,选相距约 25 mm 的 3 个点位,用 Φ12 mm 钢球,用布氏硬度计依次施加 12 500 N、10 000 N 和 7 500 N 的负荷,使镀铬层面上形成从大到小、裂纹区长径差别明显、肉眼不易见的 3 个辐射状裂纹区,其中以 7 500 N 压力处产生的裂纹最小,12 500 N 处裂纹最大。裂纹区长径如表 11 - 1 所示。

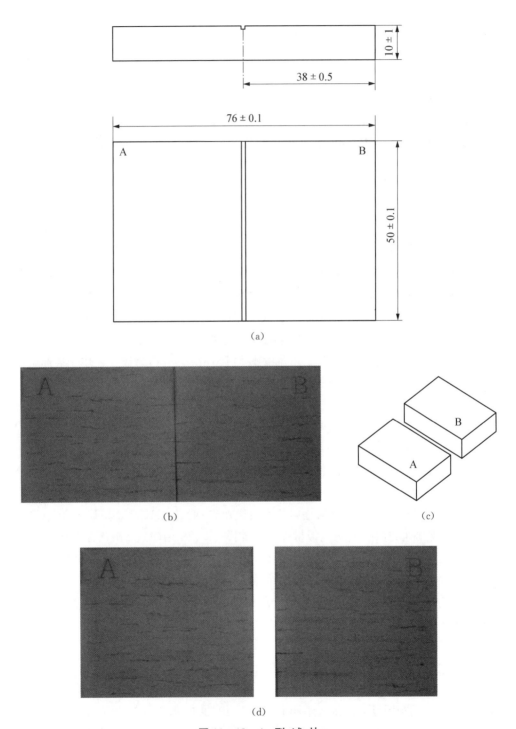

图 11 - 18　A 型 试 块

（a）一体式 A 型试块规格及示意；（b）一体式 A 型试块实物；（c）分体式 A 型试块示意；（d）分体式 A 型试块实物

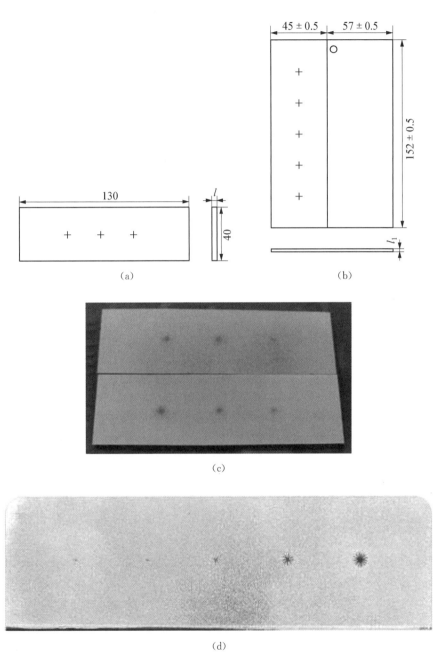

（a）

（b）

（c）

（d）

l—试块厚度 3~4 mm；l_1—试块厚度(2.5±0.5)mm。

图 11 - 19 B 型 试 块

(a)三点式 B3 型试块规格及示意；(b)五点式 B5 型试块规格及示意；(c)B3 型试块实物；(d)B5 型试块实物

表 11-1   三点式 B 型试块表面的裂纹区长径

单位:mm

裂纹区次序	1	2	3
裂纹区长径	3.7~4.5	2.7~3.5	1.6~2.4

三点式 B3 型试块主要用于检验渗透检测剂系统灵敏度及操作工艺正确性。

(2) 五点式 B5 型试块。

五点式 B5 型试块也称为渗透检测系统监控试块,用于监测渗透检测剂系统性能的变化,如渗透检测材料的质量和渗透检测工艺等。

五点式 B5 型试块是由改型的 B3 试块与吹砂钢试块两种不同试块组合在一起的组合试块,如图 11-19(b)所示,试块的一面分为如下两个区域。

尺寸为 152 mm×57 mm 的区域是吹砂钢试块,为喷砂区,即可清洗测试区。该区域的表面粗糙度 $Ra = 1.2 \sim 2.5 \mu m$,采用平均粒度为 100 目的砂子进行吹砂表面,用于测试清洗试块表面的洁净效果。

尺寸为 152 mm×45 mm 的区域镀铬,是镀铬区,即缺陷评定区。一般镀铬层厚度不大于 150 μm,表面粗糙度 $Ra = 0.63 \sim 1.25 \mu m$;在此镀铬层背面的中心线上,选相距 25 mm 的 5 个适当点位,用布氏硬度计施加不同负荷(依次从大到小),使镀铬层面上形成从大到小、肉眼不易见的 5 个辐射状裂纹区,裂纹区长径如表 11-2 所示。

表 11-2   五点式 B 型试块表面的裂纹区长径

单位:mm

裂纹区次序	1	2	3	4	5
裂纹区长径	5.5~6.3	3.7~4.5	2.7~3.5	1.6~2.4	0.8~1.6

在靠近试块最大裂纹区一端的中间,钻有一悬挂用的 Φ6 mm 通孔,如图 11-19(b)所示。

五点式 B5 型试块的主要作用:①缺陷评定区用于校验渗透检测系统灵敏度和操作工艺的正确性,评定渗透检测系统和渗透检测工序对于不同尺寸缺陷的检测灵敏度;②可清洗测试区用于评定渗透检测系统和渗透检测工序对粗糙度表面的清洗能力。

3) C 型试块

C 型试块又称为黄铜板镀镍铬层裂纹试块,一般采用黄铜板材,也可采用 1Cr18Ni9Ti 或 1Cr17Ni2 或其他类似的不锈钢板材加工而成,板材的化学成分应符合《加工铜及铜合金牌号和化学成分》(GB/T 5231—2022)或《不锈钢热轧钢板和钢带》(GB/T 4237—2015)的要求。

C 型试块分为一体式 C 型试块和分体式 C 型试块。分体式 C 型试块又分为三块型分体式 C 型试块和四块型分体式 C 型试块。

（1）一体式 C 型试块。

在长 100 mm、宽 70 mm 的黄铜板上电镀一层镍，再镀上一层铬，最后将电镀面向外弯曲使之产生裂纹，裂纹呈平行状，再在垂直于裂纹方向上将试块从中间切开成两半，两半试片上的裂纹互相对应，以便用此进行渗透对比试样。

一体式 C 型试块以镀层厚度控制裂纹深度，以弯曲强度控制裂纹宽度，因此可根据需要制作出裂纹大小、分布各不相同的多种形式，如图 11‑20 所示。

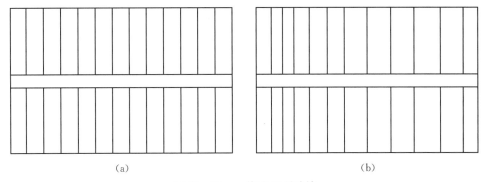

（a）　　　　　　　　　　　　　　　　　　（b）

图 11‑20　一体式 C 型试块

（a）等距离分布裂纹；（b）由密到疏排列的裂纹

一体式 C 型试块主要用于鉴别各类渗透检测剂性能和确定灵敏度等级。

（2）分体式 C 型试块。

a. 三块型分体式 C 型试块。

三块型分体式 C 型试块有 3 块，其形状和尺寸均相同。将黄铜板材或不锈钢板材加工成如图 11‑21 所示的形状和尺寸。分别在 3 块试块的一面镀镍，厚度分别为 $10 \sim 13\ \mu m$、$20 \sim 30\ \mu m$、$40 \sim 50\ \mu m$，然后再镀铬，厚度约 $1\ \mu m$。

三块型分体式 C 型试块主要用于鉴别各类渗透检测剂性能和确定灵敏度等级。

b. 四块型分体式 C 型试块。

四块型分体式 C 型试块又称为 1 型参考试块，共 4 块，为矩形，其尺寸为 100 mm×35 mm×2 mm（长×宽×厚），如图 11‑22 所示。每块试块都是在黄铜板上电

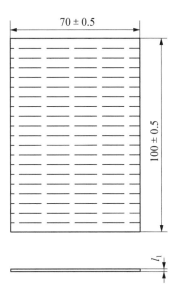

l_1—试块厚度（1±0.2）mm。

图 11‑21　C 型试块

镀一均匀的镍-铬层,镍-铬层厚度分别为 $10\,\mu m$、$20\,\mu m$、$30\,\mu m$ 和 $50\,\mu m$。每块试块通过纵向拉伸来形成横向裂纹。每条裂纹的宽深比约为 $1:20$。

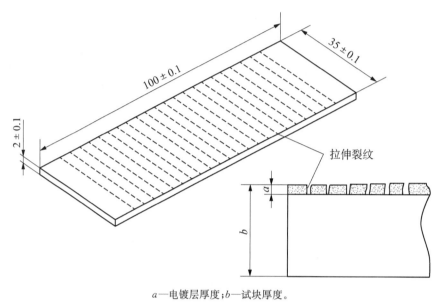

a—电镀层厚度;b—试块厚度。

图 11‑22 C 型 试 块

1 型参考试块主要用于确定荧光和着色渗透产品族的灵敏度等级。镀层厚度为 $10\,\mu m$、$20\,\mu m$ 和 $30\,\mu m$ 的试块用于确定荧光渗透系统的灵敏度;镀层厚度为 $30\,\mu m$ 和 $50\,\mu m$ 的试块用于确定着色渗透系统的灵敏度。

4) D 型试块

D 型试块又称为不锈钢镀铬条纹状裂纹试块,类似 C 型试块与 B3 试块之间,由 3 组不同的条纹缺陷组成,是在一块尺寸为 110 mm×30 mm×3 mm(长×宽×厚)、材料为 1Cr18Ni9Ti 或其他不锈钢材料的试块上单面镀铬,涂层厚度 100 μm(即为裂纹深度),退火,然后在试块镀铬面的反面用宽度 1 mm 的压板在布氏硬度机上以载荷 12 500 N,裂纹间距约为 30 mm 压三条压痕,这样就在试块镀层上形成三处条纹状裂纹,可进行灵敏度比较试验,只能与标准工艺照片或塑件复制品对照使用。D 型试块主要用于校验渗透检测剂系统灵敏度和操作工艺正确性。

5) 自然缺陷试块

人工裂纹试块表面与我们在实际工作中检测的工件表面粗糙度相差非常大,因此清洗状况也相差比较大,采用带有典型自然缺陷或有代表性自然缺陷的工件作为试块,可以避免这一缺点,达到检测渗透检测系统对该类工件的检测能力。

自然缺陷试块选择的原则:选择有代表性的工件作为缺陷试块;选择有代表性的

缺陷工件,比如带有裂纹的缺陷工件;选择带有细小裂纹和其他细微不连续的工件,同时要选择浅而宽的开口缺陷工件。

选择好的缺陷工件,要对缺陷位置、大小用草图或照相等方式记录,以备校验时对照用。

6)吹砂钢试块

吹砂钢试块用 100 mm×50 mm×10 mm(长×宽×厚)的退火不锈钢片制成。在试块的一面用平均粒度为 100 目的砂子吹砂而成,主要用于渗透剂的清洗性能校验和去除剂的去除性能校验,也用于校验去除工件表面多余渗透剂的工艺方法是否妥当,如乳化时间、水温、水压等的控制。

7)组合试块

根据实际检测工作需要,将两种不同的试块组合在一起使用,构成组合试块。比如前文提到的五点式 B5 型试块就是典型的组合试块。

11.3　检测设备及器材的运维管理

1. 渗透检测设备

(1)固定式渗透检测设备中有读数或者显示读数的设备或者附件,比如温度表、限压表、压力表、温度计等,要定期进行计量或检定。

(2)测量设备比如白光照度计、黑光照度计、黑光辐射强度计、荧光亮度计、密度计、比重计和比色计等,要定期进行计量或检定。

(3)黑光灯首次使用或间隔 1 周以上再次使用,以及连续使用 1 周内应进行黑光辐照度核查。

2. 渗透检测剂

1)渗透检测剂

(1)渗透检测剂必须具有良好的检测性能,对工件无腐蚀,对人体无害。

(2)渗透检测剂必须标明生产日期和有效期,并有产品合格证和使用说明书,在有效期内使用。

(3)对同一检测工件,不应混用不同类型的渗透检测剂,应使用同族组产品。

(4)对于喷罐式渗透检测剂,喷罐表面不得有锈蚀,喷罐不得出现泄漏,使用完毕应进行泄压处理。

(5)渗透检测剂中氯、硫、氟应根据相关标准要求进行控制和测定。

2)渗透剂

(1)每一批新的合格散装渗透剂应取出 500 ml 贮藏在玻璃容器中保存起来作为校验基准。

（2）渗透剂应装在密封容器中，放在 10～50℃的暗处保存，避免阳光照射。其相对密度应采用密度计进行校验，并保持不变。

（3）散装渗透剂的浓度应根据制造厂说明书规定进行校验。

（4）对正在使用的渗透剂应进行外观检验，如发现有明显的浑浊、沉淀物、变色或难以清洗，应报废。

（5）利用渗透剂试块对基准渗透剂性能进行对比试验时，若发现被检渗透剂显示缺陷能力低于基准渗透剂，应报废。

（6）荧光渗透剂的荧光亮度不得低于基准渗透剂荧光亮度的 75%。

3）显像剂

（1）干式显像剂如发现粉末凝聚、显著的残留荧光或性能低下时，应报废。

（2）湿式显像剂工作浓度应在制造厂规定的范围内，其比重应经常进行校验。

（3）当湿式显像剂出现浑浊、变色或难以形成薄而均匀的显像层时，应报废。

3. 渗透检测试块

（1）着色渗透检测用的试块不能用于荧光渗透检测，反之亦然。

（2）发现试块有阻塞或灵敏度下降时，应及时修复或更换。

（3）试块使用后要用丙酮进行彻底清洗，清除试块上的残留渗透检测剂。清洗后再将试块放入装有丙酮或丙酮和无水酒精的混合液体（体积混合比为 1∶1）密闭容器中浸渍 30 min，取出干燥后保存，或用其他有效方法保存。

（4）使用试块时不要敲打或者甩试块，避免引起试块上的缺陷扩展，影响灵敏度和对比性。

第12章 渗透检测通用工艺

渗透检测对缺陷的检出能力取决于渗透检测材料的性能及检测技术运用得正确与否,如果检测时操作不当或者通用工艺执行不当,即使使用了好的渗透检测材料,由于其性能得不到充分发挥,也不能得到较高的检测灵敏度,因此,渗透检测时,必须严格按照其通用工艺进行操作。渗透检测通用工艺根据检测对象、检测要求及相关检测标准进行编制、确定,主要内容包括但不完全限于以下几个方面,即检测前的准备工作、渗透检测方法的确定、渗透、去除、干燥、显像、迹痕显示的观察与记录、缺陷评定(评级)、超标缺陷的处理及复验、后处理及报告等。

1. 检测前的准备

渗透检测前的准备主要包含文件查阅及现场检测环境的勘察、检测时机的选择及检测面的预处理3大方面的内容。

1) 文件查阅及现场检测环境勘察

①查看被检工件图纸、技术条件,确认被检工件规格、材质;②根据被检工件规格、材质及业主要求选择合适检测标准;③现场作业时,应确保作业现场无扬尘、照明符合渗透检测要求,上方和附近无其他作业或已采取相应的防护措施;④检测位置在高处时,应搭设有围栏的检修平台现场,其上下梯子符合要求;⑤确定被检设备状态,被检测部件内无压力,被检测部件表面温度小于50℃;⑥确定被检测部件上保温等妨碍作业的附件已拆除。

2) 检测时机的选择

如果渗透检测时机选择不当,缺陷很容易漏检或者难以被检测出来,因此,选择恰当的检测时机,是每个检测人员必须了解和掌握的基本知识。渗透检测一般以最终成品为对象,但有时也会在生产中和日常运维中进行,因此,在渗透检测时机选择上应把握以下一些基本原则。

(1) 工件待检部位应在目视检查合格后进行渗透检测。

(2) 在涂镀层、喷丸、阳极化、氧化、吹砂或其他会遮蔽缺陷的表面处理工序之前进行。表面处理后还有局部加工的,则加工完毕还要进行渗透检测。

(3) 需热处理的工件在热处理后进行渗透检测。如果要进行两次及以上热处理的,则在温度最高的一次热处理后进行渗透检测。紧固件和锻件的渗透检测一般在最终的热处理后进行。

(4)使用过的工件应在去除表面积碳层、氧化层及涂层后进行渗透检测。阳极化层、结合紧密的漆层可不去除,但漆层上发现裂纹时则应去除裂纹部分漆层并检测基体金属有无裂纹。

(5)对于铸件、焊接件和热处理件,当采用吹砂方法去除表面氧化物时,则在吹砂后先进行浸蚀,然后再进行渗透检测。

(6)铸造、锻造、磨削、矫直、机加工、焊接和热处理等操作完成后进行渗透检测。有延迟裂纹倾向的材料在焊接完成24小时后进行渗透检测。

(7)对于铝、镁、钛合金和奥氏体不锈钢等材料制作的关键工件,机加工后先浸蚀,再进行渗透检测。

(8)如果同一工件或部位除了要进行渗透检测外,还需进行超声检测或磁粉检测,则应先进行渗透检测,后进行磁粉或超声检测,以免磁粉或耦合剂堵塞缺陷,影响渗透检测的有效性。

(9)对于要求浸蚀检测的工件,渗透检测应紧接在浸蚀检验工序之后进行;有腐蚀工序的,在腐蚀工序后进行渗透检测。

3)检测面的预处理

渗透检测表面预处理的主要目的:保证待检工件表面洁净,尤其是开口缺陷处不能有影响渗透检测的污染物,以便渗透剂能更好地渗入缺陷;清洗时容易去除多余的渗透剂;在渗透和显像过程中,提供良好的显示背景,提高对比度;在浸入式渗透检测时,尽可能减少工件表面污染物对渗透剂的污染,延长渗透剂使用寿命。

(1)表面准备。

表面准备也称为被检测工件的表面制备。工件表面状态对于渗透检测的操作和灵敏度有很大影响,所以,在进行渗透检测前,必须根据工件表面状况,将任何可能影响渗透检测和影响检测质量的污染物、多余物等清除干净,具体要求如下:①工件被检表面不得有影响渗透检测的铁锈、氧化皮、焊接飞溅、铁屑、毛刺以及各种防护层;②被检工件机加工表面粗糙度 $Ra \leqslant 25\,\mu m$;被检工件非机加工表面的粗糙度可适当放宽,但不得影响检测结果;③局部检测时,准备工作范围应从检测部位四周向外扩展25 mm。

(2)预清洗。

在进行表面清理之后,应进行预清洗,以去除检测表面的污垢。清洗时,可采用机械清理、化学清洗、溶剂清洗、乳化剂预清洗等方式。铝、镁、钛合金和奥氏体钢制零件经机械加工的表面,如确有需要,可先进行酸洗或碱洗,然后再进行渗透检测。清洗后,检测面上遗留的溶剂和水分等必须干燥,且应保证检测面在施加渗透剂前不被污染。

a. 机械清理。

机械清理包括喷丸、抛光、喷砂、钢丝刷、超声波清洗等方法。机械方法可用于去除表面氧化皮、结垢或铁锈等，方法的选择应以不损坏试件表面为原则。

喷丸适用于去除氧化皮、毛刺、铁锈、铸件型砂或模料等，不能用于铝、镁或钛等软金属材料。喷丸处理的工件应进行酸洗以清除由于喷丸造成原先表面开口缺陷的闭塞。

抛光适用于去除零件表面积碳、毛刺等，抛光后的部位须进行酸洗或碱腐蚀，然后进行中和处理和水清洗。

干喷砂适用于去除表面漆层、氧化皮、熔渣、铸件砂型、模料、喷涂涂层和积碳等；湿喷砂适用于清除沉积物比较轻微的情况。只要确定不会使金属表面出现硬化或表面缺陷被砂粒封堵或污染的情况，就可以采用喷砂来清理金属表面。

钢丝刷用于去除表面氧化皮、溶渣、铁屑、铁锈等。当工件的硬度在 40HRC 或更高时，用软金属丝刷时，刷子的金属磨屑是一个有害的污染源，必须选取与被检材料同等材料的钢丝刷。例如，碳钢金属丝刷只允许在碳钢和低碳钢上使用；奥氏体不锈钢丝刷在奥氏体钢上可以使用，但不能用于碳钢和低碳钢，操作时应手工刷洗。

超声波清洗，其相关内容见"11.1.2　固定式渗透检测设备　1.预清洗装置　2)超声波清洗"。该方法特别适用于几何形状复杂、有小孔、盲孔及不便拆卸的工件，常与洗涤剂或有机溶剂配合使用。

机械方法清除污染物时产生的金属粉末、砂末等可能堵塞缺陷或使软金属（如铝合金、钛合金）表面产生塑性变形而堵塞缺陷，所以经过机械方法处理的工件一般应再进行化学方法处理。焊接件和铸件吹砂后可不必酸洗或碱洗进行渗透检测，但精密铸造的关键零件如涡轮叶片、涡轮轴等喷砂后必须蚀刻后方能进行渗透检测。

b. 化学清洗。

化学清洗主要包括酸洗、碱洗，也称为蚀刻。经过机械加工或喷砂、喷丸等表面处理的工件，应采用化学清洗的方式来去除可能掩盖开口缺陷的金属薄层，使缺陷开口重新打开。常用的化学清洗配方及适用范围如表 12-1 所示。

表 12-1　常用的化学清洗配方及适用范围

试剂配方	温度	中和液	适用范围
氢氧化钠 6g、水 1L	70～77℃	硝酸 25%、水 75%	铝合金铸件
盐酸 80%、硝酸 13%、氢氟酸 7%	室温	氢氧化铵 25%、水 75%	镍基合金
氧化钠 10%、水 90%	77～88℃	硝酸 25%、水 75%	铝合金锻件

试剂配方	温度	中和液	适用范围
硝酸 80%、氢氟酸 10%、水 10%	/	氢氧化铵 25%、水 75%	不锈钢件
硝酸 10%～20%、氢氟酸 1%、余量为水	50～60℃	/	钛合金
硫酸 10 mL、铬酐 40 g、氢氟酸 10 mL、加水至 1 L	/	氢氧化铵 25%、水 75%	钢制件

酸洗，是用硫酸、硝酸或盐酸来清除工件表面的氧化物，如铁锈。酸洗可以清除妨碍渗透剂渗入表面开口缺陷的氧化皮。被检工件打磨、机械加工、喷丸后的酸洗处理可以清除封闭表面开口缺陷的金属毛刺、金属粉末等。

碱洗，是用氢氧化钠、氢氧化钾来清除工件表面的油污、抛光剂和积碳等，多用于铝合金。热的碱洗还可用来除锈、除垢及清除掩盖工件表面的氧化皮等。

选择清洗工艺时应综合考虑各项影响因素，如污染物类型、工件成分、渗透检测系统操作所需的清洁程度、时间因素、成本、工件数量、尺寸和形状等。

为使工件表面各部位得到均匀腐蚀，在酸洗前需要对工件进行清洗，以去除表面的砂子、油脂、污物等。工件的不通孔、内通道部位要用橡胶塞子塞住或用蜡封住，以防止化学溶液进入通道，排出困难，对工件内部产生腐蚀作用。酸碱溶液的清洗时间要严格控制，应以不腐蚀损坏工件表面为限，强酸溶液用于除去严重的氧化皮，中等酸度的溶液用于除去轻度的氧化皮，弱酸溶液用于去除表面的薄金属。有些工件在成品阶段不允许进行酸洗，有些工件在酸洗后可能产生有害影响，如高强度钢试件和钛合金试件在酸洗时容易吸进氢气而产生氢脆现象，使工件在使用时产生脆裂，因此，易氢脆的材料在酸浸后应尽快进行去氢处理。去氢处理是指在 200℃ 左右的温度下烘烤 3 小时。

化学清洗后残留的酸或碱不仅腐蚀工件，还会与渗透剂产生化学反应，降低渗透剂的颜色强度或荧光亮度，因此，化学清洗后要用中和液对工件进行中和处理，然后彻底水洗、烘干，以去除被检工件表面上可能渗入缺陷中的水分。注意，在施加渗透剂前，应将被检工件冷却至 50℃ 以下。

c. 溶剂清洗。

溶剂清洗主要用于清除工件表面的油污、油脂及某些油漆等，也用于大型工件的局部区域的清洗，包括溶剂液体清洗和溶剂蒸气除油等。

溶剂液体清洗。

溶剂液体清洗常用于大试件局部区域的清洗，通常采用汽油、醇类（甲醇、乙醇）、苯、甲苯、三氯乙烷、乙醚等有机溶剂。清洗时，把工件直接浸渍在有机溶剂槽中就可以除去表面的油脂污物和松散的金属屑等。对于用于现场检测的溶剂去除型渗透检测，其清洗剂是用压力喷罐装的溶剂，清洗剂有两种用途：一是在渗透工序之前，对试件表面进行预清洗，但仅能去除工件表面污垢，不能去除缺陷中的污染物；二是在渗透完成之后，清洗试件表面多余的渗透剂。

有机溶剂的闪点一般比较低（如汽油为 $40℃$，乙醇为 $14℃$，丙酮为 $-18℃$），所以清洗时应通风良好，以免起火爆炸。操作时还要防止有机溶剂对人体的伤害，尽量避免皮肤直接接触溶剂。

溶剂蒸气除油。

溶剂蒸气除油通常采用三氯乙烯加热形成蒸气来去除工件表面的油污。三氯乙烯蒸气除油相关内容见"11.1.2　固定式渗透检测设备　1.预清洗装置　1）三氯乙烯蒸气除油槽"。三氯乙烯是一种无色透明的中性有机化学试剂，具有很强的溶解油的能力，在常温下溶解油的能力比汽油大 4 倍，加热到 $50℃$ 时溶解能力比汽油大 7 倍，且三氯乙烯的沸点低，只有 $87℃$，加热易形成蒸气，因此常采用三氯乙烯蒸气来除油。但三氯乙烯本身不稳定，受到光、热和氧的作用容易分解成酸性物质，因此在使用过程中需要经常取样测量其酸度值，避免酸性过大对金属工件造成腐蚀。

三氯乙烯含有卤族元素，与卤族元素反应会产生应力腐蚀的金属不能采用该方式除油，此外，三氯乙烯也不能用于有涂漆、橡胶或塑料制品的除油。

d. 乳化剂预清洗。

清洗用的乳化剂是一种不可燃的水溶性化合物，还有特殊的表面活性剂，对工件有润湿、乳化和增溶作用，对金属无腐蚀。乳化剂相关内容详见"11.2.1　渗透检测材料　2.乳化剂"。

乳化清洗剂能从工件表面上去除油脂和油污、切割和机加工液、抛光机或渗透检测的残余物等。

2. 渗透检测方法的确定

1）检测方法的分类

目前，渗透检测方法分类应用最多的是根据渗透剂的种类、工件表面多余渗透剂的去除方法和显像剂种类的不同来进行划分的。渗透检测方法的分类如表 12-2 所示。

表 12-2　渗透检测方法的分类

渗透剂		渗透剂的去除			显像剂	
分类	名称	方法	名称		分类	名称
Ⅰ	荧光渗透检测	A	水洗型渗透检测		a	干粉显像剂
Ⅱ	着色渗透检测	B	亲油型后乳化渗透检测		b	水溶解显像剂

渗透剂		渗透剂的去除		显像剂	
分类	名称	方法	名称	分类	名称
Ⅲ	荧光、着色渗透检测	C	溶剂去除型渗透检测	c	水悬浮显像剂
		D	亲水型后乳化渗透检测	d	溶剂悬浮显像剂
				e	自显像

2）各检测方法的适用范围及特点

常用的渗透检测方法主要为水洗型渗透检测法、后乳化型渗透检测法和溶剂去除型渗透检测法。另外，还有在某些特殊条件下使用的特殊的渗透检测方法。

（1）水洗型渗透检测法。

工件表面多余的渗透剂可以直接用水冲洗掉，分为水洗型着色渗透检测法和水洗型荧光渗透检测法两种。

a. 适用范围。适用于灵敏度要求不高的工件检测；表面粗糙的工件；带有销槽、螺纹或盲孔的工件；大体积或大面积工件；开口窄而深的缺陷等。

b. 特点。

优点：表面多余的渗透剂可以直接用水去除，相对于后乳化型渗透检测法，操作简单、速度快、费用低；适用范围广，不仅适用于绝大多数类型的缺陷，还适用于粗糙表面工件及窄缝、销槽、盲孔内缺陷；适用于大批量、小工件及大型工件的检测。

局限性：灵敏度相对较低，浅而宽的缺陷易漏检；重复性差，不宜在仲裁检验或复检场合下使用；清洗工艺比如水洗时间、水温、水压等操作不当易造成过清洗，将缺陷中渗透剂清洗掉，造成漏检；渗透剂配方复杂，抗水污染能力弱，尤其是渗透剂中的含水量超过容水量时，会出现浑浊、分离、沉淀及灵敏度下降；酸的污染将影响检测灵敏度，尤其是铬酸和铬酸盐，因为酸和铬酸盐在有水存在时易与渗透剂中染料发生化学反应，而水洗型渗透剂中含有乳化剂，易与水相混溶，故酸和铬酸盐对其影响较大。

（2）后乳化型渗透检测法。

该方法在水洗型渗透检测法基础上多了一道乳化工序，其他工艺过程一样。根据多余渗透剂的去除方法不同分为亲水性后乳化渗透检测法和亲油性后乳化渗透检测法两种。目前，亲油性后乳化渗透检测法因为渗透剂的去除困难及检测产生废水较难处理已很少应用。

a. 适用范围。适用于更高检测灵敏度要求的工件；表面光洁的精加工工件；表面阳极化工件、镀铬工件及复查工件；开口浅而宽的缺陷；应力或晶界腐蚀裂纹、磨削裂纹等。

b. 特点。

优点：灵敏度高，能发现更细微的缺陷，因为一方面渗透剂中不含乳化剂有利于渗透剂渗入表面开口缺陷中,另一方面渗透剂中染料浓度高,显示荧光亮度或颜色强度比水洗型渗透剂高;能检测浅而宽的表面开口缺陷,因渗透剂中不含乳化剂,在严格控制乳化时间的情况下,已渗入浅而宽缺陷中的渗透剂不被乳化,因而不会被清洗掉;与水洗型渗透检测法比,因不含乳化剂,渗透速度快;重现性好,因渗透剂中不含乳化剂,第一次检测后残留在缺陷中的渗透剂可以用水全部清洗掉而不影响复检时渗透剂的渗入;检测系统抗污染能力强,因为不含乳化剂,不吸收水分,水进入后沉于槽底,所以水、酸和铬酸盐对它污染影响很小;检测系统稳定,因为不含乳化剂,温度变化不会导致分离、沉淀和凝胶等现象发生。

局限性:因增加了乳化工序,检测周期长,费用大;易产生过乳化,必须严格控制乳化时间才能保证检测灵敏度;只适用于表面光洁度较高的工件,对于表面粗糙及复杂工件,多余渗透剂去除麻烦,检测效果不佳;不适用于大型工件,因为大型工件后乳化检测方法操作比较困难。

(3) 溶剂去除型渗透检测法。

该方法是表面多余的渗透剂直接用溶剂擦拭去除,包括溶剂去除型着色渗透检测法和溶剂去除型荧光渗透检测法两种。溶剂去除型渗透检测时,禁止用溶剂喷洗或浸洗,因为溶剂会很快渗入表面开口缺陷中,将渗透剂溶解掉,造成过清洗,降低检测灵敏度。检测前的预清洗与多余渗透剂的去除采用同一种溶剂去除剂。

a. 适用范围。表面光洁的工件和焊缝,特别适用于大工件的局部检测;非批量工件和现场检测;无水、无电、高空及野外场所;不允许接触水的工件。

b. 特点。

优点:设备简单,多为便携式喷罐,使用和操作方便;可在无水、无电、高空及野外场所检测;对单个工件检测速度快;可随时配合返修或对有怀疑的部位进行局部检测;与溶剂悬浮小显像剂配合使用能检出非常细小的开口缺陷。

局限性:渗透检测材料易燃和易挥发,不宜在开口槽或器皿中使用;相对于水洗型和后乳化型,不适合批量工件的连续检测;不适合对粗糙工件表面检测,尤其是吹砂工件表面;去除多余渗透剂时要细心,否则浅而宽缺陷中渗透剂易清洗掉,造成漏检。

(4) 特殊的渗透检测方法。

特殊的渗透检测方法有很多,比如加载法、逆荧光法、消色法、静电喷涂法、渗漏检测法、水基荧光检测法、铬酸阳极化法及非标准温度的检测法等。其中,由于国网送电范围广,南北温差大,非标准温度的检测方法对于电网设备的渗透检测意义更大,因此,本部分只讲非标温度的检测方法。

根据相关标准要求规定,渗透检测剂和工件表面温度应该在 5~50℃ 的温度范围,如果温度不在该范围内,则应用分体式 A 型试块进行鉴定。

a. 温度低于 5℃。在试块和所有材料都降到预定温度后,将拟采用的低温检测方法用于 B 区。在 A 区用标准方法检测。比较 A、B 两区的裂纹显示痕迹,如果两区痕迹显示基本相同,则认为准备采用的方法经过鉴定是可行的。

b. 温度高于 50℃。如果拟采用的检测温度高于 50℃,则需将试块 B 加温并在整个过程中保持在这一温度,将拟采用的检测方法用于 B 区。在 A 区采用标准方法进行检测。比较 A、B 两区的裂纹显示痕迹,如果两区痕迹显示基本相同,则认为准备采用的方法经过鉴定是可行的。

3) 检测方法选择的原则

选择渗透检测系统时,在尽可能满足同族组的前提下,以下一些规则可供参考。

(1) 保证渗透检测中所需的灵敏度和可靠性。

a. 渗透检测的灵敏度和分辨力。

渗透检测的灵敏度是指渗透检测能够检测出表面开口缺陷最小尺寸的能力,一般以有效检测工件中某一规定尺寸大小的缺陷作为标准。缺陷的最小尺寸一般是指缺陷的最小宽度、长度或高度。灵敏度越高,检测细小缺陷的能力就越强。检测细小缺陷时,适当延长观察时间,也能明显提高渗透检测灵敏度。

渗透检测的分辨力是指渗透检测能够检测出的表面开口缺陷最小间距的能力。间距一般指两个平行缺陷之间的距离。分辨力越高,分辨细小缺陷的能力越强,对迹痕显示形成原因的解释与评价、分析越准确、可靠。

b. 常见渗透检测方法的选择。

不同的渗透检测材料组成的检测系统其灵敏度一般是不同的。一般后乳化型的灵敏度高于水洗型,荧光渗透剂灵敏度比着色渗透剂高。在检测过程中,应按照被检工件的灵敏度要求来选择合适的渗透检测系统。当检测灵敏度要求高时,如疲劳裂纹、磨削裂纹或其他微细裂纹的检测,宜选取后乳化型荧光渗透检测系统。而当检测灵敏度要求不高时,如铸件,可选取水洗型着色或灵敏度较低的水洗型荧光渗透系统。一般来说,高灵敏度系统可以代替低灵敏度系统,而低灵敏系统不允许代替高灵敏度系统。

(2) 经济性好。

在保证检测灵敏度的前提下,经济性也要综合考虑,检测灵敏度越高,其检测成本也越高,在检测灵敏度要求不高的情况下,采用价廉的渗透检测材料就能令人满意地完成渗透检测任务。

(3) 根据被检工件的表面状态和使用功能进行选择。

对于表面光洁的工件,可选取后乳化型渗透检测系统;对于表面粗糙的工件,可选取水洗型渗透检测系统;对大工件的局部检测,可选取溶剂去除型检测系统。

(4) 渗透检测系统应对被检工件无害。

如铝、镁合金不宜选用碱性渗透检测材料;镍基合金不宜选用含硫元素的渗透检测材料;奥氏体不锈钢及铁合金不宜选用含卤族元素的渗透检测材料;水基型水洗渗透检测系统更适合塑料等非金属材料的检测。

3. 渗透

渗透是指把渗透剂施加到经过表面预处理的待检工件上,使渗透剂覆盖待检工件表面并充分渗入表面开口缺陷中的过程。

1)渗透剂的施加方法

渗透剂的施加方法应根据被检工件的大小、形状、数量和检测部位来确定,常用的施加方法有喷涂法、刷涂法、浇涂法、浸涂法 4 种。

(1)喷涂法。

喷涂法是指利用静电喷涂装置、喷罐及低压循环泵等方法将渗透剂喷涂在被检工件表面上的一种检测方法,适用于大、中型工件的局部检测或全面检测。

静电喷涂装置在工作时,在喷枪的喷嘴和被检工件之间建立高压库伦静电场,在库伦电场作用下,带负电荷的雾化渗透剂分子颗粒高速飞向带正电的被检工件表面,形成一层薄而均匀的渗透剂层,达到施加渗透剂的目的。

低压循环泵,利用压缩空气装置,在气压下把渗透剂通过喷嘴喷洒到工件表面达到施加渗透剂的目的。

喷罐,以一定角度、匀速地对着待检工件表面进行喷涂,多用于高空、无水、野外场所,携带方便,有溶剂去除着色渗透喷罐检测法和溶剂去除荧光渗透喷罐检测法。

(2)刷涂法。

刷涂法是指利用刷子、棉纱或抹布沾上渗透剂刷涂到被检工件表面的方法,适用于工件的局部检测或者密闭容器或难以通风的场所。在整个渗透期间一般要刷涂2～3次以保持工件处于湿润状态。

(3)浇涂法。

浇涂法也称为流涂法,是指将渗透剂直接浇在被检工件表面上,适用于大型工件的局部检测,也适用于渗透检测流水线作业。

(4)浸涂法。

浸涂法是指把整个被检工件浸泡在渗透剂中,适用于大批量的小型工件的表面检测,如渗透检测流水线作业就经常采用浸渍方式。该方法能保证工件一次性均匀地完成渗透剂的施加,速度快。

2)渗透温度

渗透温度是指进行渗透检测时,被检工件的表面温度和渗透剂的温度一般控制在5～50℃范围内。温度太高渗透剂易干在工件表面,去除困难,另外,还有可能使得渗透剂中的某些成分挥发导致渗透剂性能下降;温度太低,渗透剂变稠,动态参量(KPP)受影响,降低渗透速度和能力,使得渗透剂渗透时间变长。

对于不在 5～50℃范围内的非标温度渗透检测,需要用分体式 A 型试块进行鉴定,其具体内容详见本章"2. 渗透检测方法的确定　2)各检测方法的适用范围及特点 (4)特殊的渗透检测方法"相关部分内容。

3) 渗透时间

渗透时间是指完成施加渗透剂后到开始乳化处理或去除多余渗透剂之间的时间,包括渗透剂从工件表面流滴结束的滴落时间。所谓滴落时间,是针对浸涂法渗透剂施加来说的,采用浸涂法时,需要进行滴落,以减少渗透剂的损耗,也减少渗透剂对乳化剂的污染。滴落时,排除被检工件表面流滴渗透剂所需的时间称为滴落时间。

渗透时间的长短取决于渗透时的环境温度、工件表面温度、渗透剂的性质、工件成型工艺、工件表面状况、缺陷性质及尺寸、缺陷内部洁净程度等多重因素。在 10～50℃的温度条件下,渗透剂的持续时间一般不应少于 10 min;在 5～10℃的温度条件下,渗透剂持续时间一般不应少于 20 min 或者按照渗透剂说明书进行操作。

就工件成型工艺、工件表面状况、缺陷性质来说,铸件由于其致密性差,如渗透时间过长,清洗效果变差,背景过重,显示评定困难,所以渗透时间短一些较好;工件表面干净的工件渗透时间也相对要少一些,如对在用工件缺陷进行检测,如腐蚀裂纹、疲劳裂纹及应力腐蚀裂纹,则所需渗透时间要长一些。

4) 渗透处理的注意事项

(1) 整个渗透时间内要保持润湿状态,渗透剂要完全覆盖被检工件表面。

(2) 对于不需渗透检测的不通孔或内通孔,渗透前应将孔洞封住,防止渗透剂进入造成清洗困难。

(3) 采用浸涂法时,滴落时间不低于渗透时间的一半。

4. 去除

渗透剂的去除是指擦去工件表面多余的渗透剂,因为只有渗入缺陷中的渗透剂才是用于显示缺陷痕迹的,工件表面的渗透剂不仅多余,若不去除还会影响检测结果。去除渗透剂时应注意不要过清洗,否则会把渗入缺陷中的渗透剂也去除掉,降低检测灵敏度;但也不要清洗不足,否则荧光背景或着色底色过浓将造成缺陷显示识别困难。荧光渗透检测时,可在黑光灯照射下边观察边去除,着色渗透检测时,在可见光照射下去除。

一般情况下,用不沾有机溶剂的干布擦除时,缺陷中的渗透剂保留最好;后乳化型渗透剂的乳化去除法较好;水洗型渗透剂的水洗去除法较差;有机溶剂清洗去除法最差,缺陷中的渗透剂被有机溶剂清洗掉很多。

多余渗透剂的去除方式有 4 种,即水洗型渗透剂的去除(方法 A)、亲油性后乳化型渗透剂的去除(方法 B)、亲水性后乳化型渗透剂的去除(方法 D)、溶剂去除型渗透剂的去除(方法 C)。

1) 水洗型渗透剂的去除(方法 A)

水洗型渗透检测使用的渗透剂是水基渗透剂或自乳化渗透剂,可以直接用水来清洗。一般情况下可以采用手工水喷洗、手工水擦洗、空气搅拌水浸洗等方式,其中空气搅拌水浸洗仅适用于对灵敏度要求不高的检测。

(1) 手工水喷洗。

手工水喷洗就是采用水喷枪进行手工清洗,清洗的时间根据零件的大小、形状、表面粗糙度、水洗温度和采用的渗透剂规格型号等因素有关。

冲洗时,水射束与被检面的夹角以 30°为宜,水温为 10~40℃,喷嘴与工件表面间的距离不小于 300 mm,如无特殊规定,冲洗装置喷嘴处的水压应不超过 0.34 MPa。

水洗时,不能用实心水流冲洗,也不能将工件浸泡在水中,应由下而上进行喷洗。

清洗效果根据目视观察工件表面颜色来判断,以刚好把工件表面多余的渗透剂清洗掉而不将缺陷中渗透剂清洗出来为宜。荧光渗透检测时,应在黑光灯下进行清洗,背景无荧光,只有少许亮点,则是没有过清洗的合适背景。

对于宽而浅的缺陷,水洗型渗透剂容易发生过清洗,发生过清洗现象后应干燥后重新进行渗透。

(2) 手工水擦洗。

工件表面不允许冲洗或无冲洗装置的时候,可以采用手工擦洗的方式。用干燥、清洁不脱毛的棉布擦去工件表面大部分多余的渗透剂,然后用水润湿干净的棉布进行擦洗,最后用干净、清洁的棉布擦干工件表面,或者自然干燥。注意,擦拭的时候不得往复擦拭,只能顺着一个方向擦。

(3) 空气搅拌水浸洗。

空气搅拌水浸洗是指将工件浸入水中,然后向水中通入压缩空气产生大量气泡,对水进行搅拌,从而将工件表面多余渗透剂清洗干净。清洗过程中,水要保持良好循环,水温一般控制在 10~40℃。

空气搅拌水浸洗仅适用于对灵敏度要求不高的检测,如某些规范要求仅对于砂型铸造件才能采用水浸法清洗。

2) 亲油性后乳化型渗透剂的去除(方法 B)

亲油性后乳化型渗透剂本身不含有乳化剂,去除多余渗透剂前需要先进行乳化处理,然后采用水洗方式去除,缺陷内的渗透剂由于没有被乳化而被保留下来。乳化结束后,应立即浸入水中或用水喷洗方式停止乳化,再用水喷洗。

(1) 亲油性乳化剂的施加和停留。

在进行乳化处理前,对被检试件表面附着的多余渗透剂应尽可能去除,以减少乳化量,同时也可减轻渗透剂对乳化剂的污染,延长乳化剂的寿命。亲油性后乳化型渗透剂在渗透、滴落后直接进行乳化。

施加亲油性乳化剂时只能用浸涂或浇涂,不能用刷涂和喷涂的方式施加,因为乳化剂首先把工件表面的渗透剂乳化,以一定的均匀速率扩散溶解于油性渗透剂中,然后被乳化的渗透剂材料继续向内表面渗透。如果刷涂或喷涂得不均匀,乳化不均匀,乳化时间不易控制,还有可能将乳化剂带进缺陷而引起过乳化。在浸涂乳化剂过程中,不应翻动工件或搅动试件表面的乳化剂。

从浸入乳化剂之后到下一步清洗之前的这段时间称为乳化时间。工件从乳化槽中取出后,应进行滴落,滴落时间也是乳化时间的一部分。乳化时间过长,乳化层的厚度增加,渗入缺陷内部的渗透剂均可乳化,致使在清洗处理时把缺陷内部的渗透剂清洗掉;乳化时间不足时,会使清洗处理不充分,引起虚假显示。乳化时间取决于乳化剂和渗透剂的性能、乳化剂的浓度、乳化剂受污染程度及被检工件表面粗糙度。通常乳化时间规定在 $10\sim120\,s$ 范围内,常用时间为 $30\,s$,也可按生产厂的使用说明书或通过试验来确定乳化时间。在实际操作过程中,还要根据乳化剂因受到污染而使乳化能力下降的具体情况,不断地修改乳化时间,当乳化时间增加到新乳化剂乳化时间的两倍以上还达不到乳化效果时,则应更换乳化剂。

乳化温度太低会使乳化能力降低,一般乳化温度为 $20\sim30℃$。

(2) 水清洗。

乳化作用完成后,首先应将工件迅速浸入温度不超过 $40℃$ 的搅拌水中来停止乳化剂的乳化作用,再用喷洗方法清洗渗透剂和乳化剂的混合物,最后进行最终水洗。最终水洗工件应在白光(着色渗透检测)或黑光灯(荧光渗透检测)下进行,以控制清洗质量。对未洗净的工件或背景过重的工件,应按工艺要求重新进行处理;对过乳化的工件则将其进行彻底清洗、干燥并按工艺要求重新进行处理。只要乳化时间合适,最终水洗可按水洗型渗透剂的去除方法进行,虽不像水洗型渗透剂所要求的那样严格,但仍应在尽量短的时间内清洗完毕。清洗后的工件可转动方向,使大部分水排尽或用干净的棉布等吸干水分。

乳化处理时,乳化剂对工件表面剩余的渗透剂起乳化作用,即降低渗透剂的表面张力,就容易形成水包油型(O/W)乳浊液,即渗透剂将变为较细小的液滴分散在水中,并易被水冲洗掉。这就保证了后乳化型渗透检测比水洗型渗透检测具有较高的灵敏度。

3) 亲水性后乳化型渗透剂的去除(方法 D)

先用水喷法直接排除大部分多余的渗透剂,即先预水洗,再施加乳化剂,待被检工件表面多余的渗透剂充分乳化,再用水清洗。

(1) 预水洗。

预水洗的目的是去除工件表面大部分渗透剂,以减少乳化量,减少渗透剂对乳化剂的污染。预水洗可以采用压缩空气/水喷枪喷洗,也可以浸入水槽中清洗。预水洗的工艺方法与水洗型渗透检测剂的去除方法(方法 A)相同。

注意,预清洗时要留意工件上是否有凹槽、盲孔和内腔等容易保留渗透剂部位的清洗。

(2) 乳化剂的施加和停留。

和亲油性乳化剂不同,亲水性乳化剂不仅可以采用浸涂、浇涂法,还可以采用喷洒方式施加在工件表面,但也不允许采用刷涂法。

乳化剂要按照厂家推荐的浓度值用水稀释后使用,且其浓度应定期进行测量。浓度过高容易过乳化;浓度过低,工件表面的渗透剂颜色或荧光背景会比较深,容易掩盖细小缺陷。对于浸涂时的浓度一般为 15%~35%,喷涂时浓度宜在 5% 以下,浓度均为体积百分数。

乳化时间应严格控制,应使工件表面的多余渗透剂被充分乳化且停留时间尽量短,一般不超过 2 min。乳化时间与乳化剂的性能、浓度、受污染程度、工件规格、表面粗糙度、乳化温度等都有关,因此必须根据具体情况通过试验确定。

(3) 终水洗。

乳化完成后应立即将工件浸入温度不超过 40℃ 的水中,以便迅速停止乳化剂的乳化作用,然后进行最终水洗。终水洗的方法和工艺参数与水洗型渗透检测剂的去除方法(方法 A)相同。

总之,后乳化渗透检测方式的检测灵敏度较高,这主要是因为该类型渗透剂的渗透性很强,渗透到试件表面开口缺陷中的渗透剂的数量要比一般的渗透剂多,这就造成其表面的渗透剂较难以去除掉,表面张力较大,需要施加一定量的乳化剂,通过乳化环节来降低渗透剂的表面张力,使其更亲水而容易被水冲洗掉。一般情况下,渗透剂的灵敏度与其可去除性成负相关关系,灵敏度越高,可去除性就越差,反之亦然。

4) 溶剂去除型渗透剂的去除(方法 C)

溶剂去除型渗透剂的去除采用的是溶剂擦拭的方式。去除时,先用清洁而不起毛的棉布或擦纸往同一个方向擦除工件表面上大部分的多余渗透剂,然后用蘸有不饱和溶剂的干净不脱毛的棉布与先前一致的方向进行擦拭,最后再用清洁而干燥的棉布擦拭。

注意,每次擦拭方向都是同一个方向;不允许直接将溶剂喷在工件表面进行清洗,因为流动的溶剂很容易冲掉缺陷中的渗透剂,造成过清洗。

溶剂渗透性好,用擦拭物蘸取溶剂时不宜饱和,否则多余的溶剂容易进入缺陷中;在擦洗过程中应时刻观察擦洗效果;溶剂一般闪点较低,使用时不能靠近火源。

5. 干燥

干燥的目的是除去被检工件表面的水分,使渗透剂能充分地从缺陷回渗出来被显像剂所吸附,形成缺陷显示痕迹。当采用水基显像剂时,显像剂与工件表面同时被干燥。

（1）干燥时机。

一般情况下，采用溶剂去除表面多余渗透剂时，不需要专门的干燥处理，只需要自然干燥 5～10 min 即可；施加干式显像剂、溶剂悬浮型显像剂时，检测面应在施加前进行干燥；施加水湿式显像剂（水溶解、水悬浮型）时，检测面应在施加后进行干燥处理。采用自显像应在水清洗后进行干燥。

（2）干燥方法。

干燥的方法有很多种，常见的有干净布擦干、压缩空气吹干、热风吹干、烘箱热循环空气烘干等方式。实际检测过程中，往往采用组合方式，如水洗后的工件，先用干净布擦或压缩空气吹掉表面多余的可见水分，尤其要注意吹去盲孔、凹槽、内腔等有可能积水部位的水分，然后放入烘箱中烘干或采用热风吹干。

（3）干燥温度和时间。

允许的最高干燥温度和最长时间与工件材料、所选渗透检测系统有关。温度过高或时间过长，会导缺陷中渗透剂快速烘干，导致显像时无法回渗形成缺陷显示，从而出现漏检情况。在确保干燥效果的前提下，干燥时间应尽可能的短。

一般情况下，干燥时，被检工件表面的温度应不高于 50℃，干燥时间为 5～10 min。

6. 显像

显像过程是指工件清洗并干燥后，在工件表面施加显像剂，利用毛细作用原理将渗入缺陷中的渗透剂吸附到显像剂中，从而在工件表面上形成和显像剂背景对比明显的缺陷痕迹。

1）显像方法的分类

常用的显像方法有干粉显像、水基湿式显像（水溶解显像、水悬浮显像）、溶剂悬浮显像、自显像。

（1）干粉显像。

干粉显像法主要使用干粉显像剂，成分以氧化镁为主，主要用于荧光渗透检测技术，比较适合较大工件、结构复杂工件和表面粗糙工件。使用干粉显像前，工件表面应进行干燥处理，最好干燥完趁工件还未冷却时立即施加干粉显像剂以获得更好的检测效果。

干粉显像剂粉末颗粒越细，在工件表面形成的毛细管通道越细，能吸附出的渗透剂就越多，检测灵敏度就越高。干粉显像剂施加容易，对工件无腐蚀，不挥发有毒气体，但有严重粉尘。

施加干粉显像剂的方法有许多种，常见的有喷粉柜喷粉、静电喷粉、埋入法、手工撒粉法等。

a. 喷粉柜喷粉。将待检测工件放在密封的柜子里进行喷粉,可以适当加热保持干粉显像剂干燥、蓬松,用风扇或压缩空气将显像剂粉末吹扬起来,然后均匀地覆盖在工件表面。多余的干粉可以用压缩空气吹掉。这种方法的优点是一次操作可显像一批工件,效率高,应用广。

b. 静电喷粉。将被检工件接地作为正极,喷枪装有负高压尖端放电电极,从喷枪喷出的干粉带有负电,在高压静电场作用下被吸引到工件表面上,并牢固地吸附在工件上,有利于显像。操作正确时,可以保证 70% 以上的干粉落在工件上。该方法使用的设备较复杂且价格高,在航空航天领域应用较多。

c. 埋入法。较小的工件可以埋入干粉显像剂中进行显像,取出后轻轻敲打或者压缩空气吹去多余的粉末。

d. 手工撒粉法。较大的工件可以用手工撒粉的方式施加显像剂,可用纱布包着显像剂轻轻抖动,在工件表面覆盖一层显像剂。

（2）水基湿式显像。

水基湿式显像包括水溶解湿式显像、水悬浮湿式显像两种,适合于表面较为光洁且形状简单的工件。

工件用水清洗后,可直接将水基湿式显像剂施加在其表面上。施加方法可采用浸涂、浇涂或喷涂,但一般多用浸涂法。水基湿式显像在施加完显像剂并滴落后,应迅速进行干燥处理,干燥一般采用热循环空气烘干法,干燥的过程同时也是显像的过程。

随着显像剂膜层的干燥,缺陷渐渐地显示出来,这类似于干粉显像。为防止水悬浮显像剂粉末沉淀,在浸涂过程中,还应不定时地搅拌。大多数水悬浮显像剂含有润湿剂,它能提供良好的润湿性能,使显像剂材料充分覆盖试件表面。重复补充显像剂或添加水会破坏显像剂配比的平衡,其覆盖层会出现自断裂和脱离工件表面形成未被覆盖的区域。当显像剂不能提供合适的润湿性能时,就应废弃掉,并重新配制新的显像剂。

水基湿式显像剂无毒、无气味、无粉尘,对人体健康无害、价格便宜、不需要设置较贵的安全设备。但水基湿式显像的干燥速度较慢,由于显像剂是流动的液体,在干燥固定之前会使显像剂填满凹坑区造成显像剂堆积而产生漏检。

禁止在被检面上倾倒湿式显像剂,以免冲洗掉渗入缺陷内的渗透剂。

（3）溶剂悬浮显像。

溶剂悬浮显像也称为速干式显像（非水基湿显像）,包括荧光检测和着色检测溶剂悬浮湿显像。主要是显像剂固体粉末悬浮在液体有机溶剂中,这种显像剂施加主要采用压力罐喷涂法,每次使用前应摇匀。喷涂显像剂时,喷嘴离被检面距离为 300～400 mm,喷涂方向与被检面夹角为 30°～40°。喷涂的显像剂薄层要均匀且不能太厚,否则会掩盖细小缺陷显示,尽量遮盖住金属表面光泽即可。正式喷涂前,在被检工件表面以外的地方先试喷掌握角度、距离和力度,然后再正式喷涂。

溶剂悬浮显像剂具有较高的灵敏度,适合检测表面光洁、形状简单的工件,也适用于大型工件的局部检测、焊缝检测等。

溶剂悬浮显像剂的溶剂容易挥发,在常温下即可快速干燥,一般不需要辅助干燥措施。但溶剂多为有毒物质或易燃,使用过程中应注意安全。

溶剂悬浮湿显像剂显像宜在较短时间内完成观察,否则,显像时间长容易使显示的分辨力下降。

(4)自显像。

自显像是不施加显像剂的显像方法,只适用于水洗型荧光渗透检测。在被检表面多余的荧光渗透剂去除干净后,渗入缺陷中的荧光渗透剂能重新蔓延分布到工件表面上来形成缺陷显示。

自显像常用于对一些灵敏度要求不高的工件如铝合金砂型铸件、镁合金砂型铸件、陶瓷件等的自显像工艺显像,即不向工件表面施加显像剂,干燥后,停留 10～120 min,待缺陷中的渗透剂重新回渗到工件表面后,进行检验。

自显像的优点是不需要施加显像剂,节约了费用,且缺陷显示尺寸和真实尺寸接近;缺点是灵敏度低,细微的疲劳裂纹易漏检,所以需要主管部门批准。

2)显像的温度和时间

显像温度一般与渗透温度范围相同。一般显像温度为 10～40℃,水基湿式显像如需在烘箱中干燥,烘箱温度一般不高于 50℃。

使用溶剂悬浮显像剂时,一般自然干燥或者用 30～50℃暖风吹干。

所谓显像时间,在干粉显像法中是指从施加显像剂到开始观察的时间;在湿式显像法中是指从显像剂干燥到开始观察的时间。

显像时间取决于显像剂种类、需要检测的缺陷大小以及被检工件温度等,一般应不小于 10 min,且不大于 60 min。采用自显像时,显像时间最短 10 min,最长 2 h。

3)干、湿显像方法的比较

干式显像时显像剂覆盖层薄,只附着在缺陷部位,显示的扩散能力较小,扩散速度慢,长时间后仍能保持清晰的缺陷轮廓,分辨力高,可以分辨出相互接近的缺陷。

湿式显像时显像剂易于吸附在工件表面,显像剂覆盖层较厚、致密,有利于形成缺陷显示并提供良好的背景,对比度和灵敏度高。注意,长时间放置,由于润湿作用会使缺陷轮廓图形扩展开,使缺陷形状和大小发生变化。

4)显像剂选择原则

显像剂的选择主要取决于渗透剂的类型和被检工件的表面状态。

对于荧光渗透检测,光滑表面的工件优先选用溶剂悬浮显像剂;粗糙表面优先选用干粉显像剂;其他表面优先选用溶剂悬浮显像剂,然后依次是干粉显像剂、水悬浮或水溶解显像剂。

对于着色渗透检测,任何工件表面都优先选用溶剂悬浮显像剂,然后依次是水悬浮显像剂、干粉显像剂。

7. 迹痕显示的观察与记录

1) 迹痕显示的分类

迹痕显示,又称为迹痕、渗透检测显示是指在渗透检测中,显像之后,在白光或黑光下,在工件表面上所观察到的渗透剂显示。根据形成原因及性质,渗透检测的迹痕显示分为 3 种,即相关显示、非相关显示和伪显示。

(1) 相关显示。

相关显示又称为缺陷迹痕显示、缺陷迹痕和缺陷显示,是指从裂纹、气孔、夹杂、疏松、折叠、分层、未熔合等缺陷中渗出的渗透剂所形成的迹痕显示,是由真实缺陷或不连续引起的。

a. 相关显示的分类。

相关显示即缺陷显示的分类方法很多,不同的标准及相关专业书籍的分类也不同,比如《承压设备无损检测　第 5 部分:渗透检测》(NB/T 47013.5—2015)把缺陷显示分为线性缺陷显示、圆形缺陷显示,《焊缝无损检测　焊缝渗透检测　验收等级》(GB/T 26953—2011)把缺陷显示分为线状显示、非线状显示等。在实际工作中,要根据被检工件所依据的渗透检测标准来对缺陷显示进行分类并评定。本节内容不按某一具体标准来对缺陷显示进行分类,只涉及一些常见分类中的缺陷显示介绍。常见的缺陷显示主要有线性缺陷显示、圆形缺陷显示、单独缺陷显示、分散缺陷显示、密集型缺陷显示及纵(横)向缺陷显示等。

线性缺陷显示,是指长度与宽度之比大于 3 的相关显示,分为连续线性缺陷显示和断续线性缺陷显示两种。断续线状显示,不同标准规定不同,通常把两个或两个以上相关显示大致在同一直线上且间距不大于 2 mm 时作为断续线状显示,其长度等于各显示迹痕的长度和相邻显示迹痕之间的间距总和,即包括间距综合计算长度,但也有的标准不包括间距,具体按检测或验收标准来定。常见的如裂纹、发纹、分层、折叠、冷隔、未熔合及未焊透等缺陷在渗透检测时一般形成线性显示。

圆形缺陷显示,是指长度与宽度之比小于或等于 3 的相关显示。气孔、针孔、缩孔、疏松或某些夹杂在渗透检测时一般形成圆形显示。

单独缺陷显示,是指在被检工件表面上单个显示或孤立存在的缺陷显示。一般情况下,相关标准会对显示的最小尺寸和最小间距作出规定。对于最小尺寸,比如NB/T 47013.5—2015 中规定"小于 0.5 mm 的显示不计,其他任何相关显示均应作为缺陷处理";对于最小间距,比如 NB/T 47013.5—2015 中规定"两条或两条以上线性相关显示在同一直线上且间距不大于 2 mm 时,按一条缺陷处理",同样也说明了间距小于规定数值则相邻两缺陷只能作为一个单独缺陷显示出来。

分散缺陷显示,又称为弥散显示。在被检工件表面一定面积范围内同时存在几个长度较小的单独缺陷显示,且它们相互的间距大于缺陷显示长度时可看作分散显示。一般由针孔和分散状疏松引起。

密集型缺陷显示,又称为成组显示。在被检工件表面的一定面积范围内同时存在几个长度较小的缺陷显示,但是如果缺陷显示最短长度小于 2 mm 且间距又小于该缺陷显示长度时,或者缺陷显示相互的间距小于最短的缺陷显示长度,则可看作密集型缺陷显示。值得指出的是,由于不同工件的检测或验收标准不同,对一定面积范围内缺陷显示大小和数量或长度及间距的规定也不同,因此,对密集型缺陷显示的规定或者表述也会不一样。

纵(横)向缺陷显示。缺陷显示在长轴方向与工件(轴类或管类)轴线或母线的夹角大于或等于 30°时按横向缺陷显示处理,其他则按纵向缺陷显示处理。

b. 缺陷分类。

电网设备渗透检测中,常见的缺陷有裂纹、发纹、气孔、分层、咬边等,其形成原因详见"电网设备材料检测技术系列"书籍《电网设备金属材料检测技术基础》之"第 4 章 缺陷的种类与形成",本书在此不再做具体展开。对于在渗透检测中发现的迹痕显示是否为相关显示,应该从加工方法、焊接工艺、制造工艺、使用工况等多角度、多因素来进行综合分析和判断。

另外,关于渗透检测的表面缺陷种类及形成也可详见本书"2.2.1 直接目视检测"节,在该节中也详细介绍了铸件、锻件、焊接件及紧固件常见的表面缺陷。

(2) 非相关显示。

非相关显示又称为无关痕迹显示、不相关显示,它不是由缺陷或不连续性引起的,而是由工件的加工工艺(如装配压印、铆接印和电阻焊时不焊接的搭接部分等)、结构外形(如键槽、花键和装配结合的缝隙等)以及工件表面缺陷(如划伤、刻痕、凹坑、毛刺、焊斑、松散的氧化皮等)等所引起的显示,一般不作为渗透检测评定的依据。

非相关显示比较容易解释,可以用肉眼观察或直接拭去显像剂后直接观察工件的表面,即可确定其形成原因。

(3) 伪显示。

伪显示又称为虚假显示、伪缺陷显示,是由渗透剂污染或不适当的操作方法或处理所产生的渗透剂显示。伪显示不是缺陷引起的,也不是工件结构或外形等原因所引起的,但有可能被错误地认为是由缺陷引起的。

产生伪显示的原因很多,常见的有①操作人员用被渗透剂污染的手接触了被检工件;②放工件的工作台被渗透剂污染;③显像剂被渗透剂污染;④擦拭所用的布或纸沾上了渗透剂;⑤清洗时渗透剂飞溅到干净的被检工件上;⑥被检工件上缺陷渗出的渗透剂污染了旁边的被检工件;⑦过度背景;⑧其他沾有渗透剂的物体比如工件、工件框、吊具等接触了被检工件。

当怀疑迹痕显示可能为伪显示时,可用干净的布擦去该部位所怀疑的显像剂,然后喷洒上一层薄显像剂,如果不再重新显示,则可判断为伪显示。

2)迹痕显示的观察

(1)观察时机。

观察显示应在干粉显像剂施加后或者湿式显像剂干燥后开始,在显像时间内(一般 10～60 min)连续进行。渗透剂通过显像剂涂层的横向转移或扩散会引起临近小缺陷显示消失在大缺陷扩散区内,达到规定的最短显像时间后,可立即进行观察。如显示的大小不发生变化,也可超过上述时间。

对于溶剂悬浮显像剂,一般应在喷涂显像剂后就开始进行观察,在环境温度较低的冬季,显像时间可适当延长。也可根据说明书的要求或试验结果进行操作。

当被检工件尺寸较大无法在上述时间内完成检查时,可以采取分段检测的方法;不能进行分段检测时可以适当增加时间,并使用试块进行验证。

(2)观察环境和要求。

着色渗透检测时,缺陷显示的观察和评定应在可见光下进行,通常工件被检面处可见光照度应大于等于 1 000 1x;当现场采用便携式设备检测,由于条件所限无法满足时,可见光照度可以适当降低,但不得低于 500 1x。

荧光渗透检测时,缺陷显示的观察及评定应在暗室或暗处进行,暗室或暗处可见光照度应不大于 20 1x,被检工件表面的辐照度应大于等于 1 000 μW/cm^2,自显像时被检工件表面的辐照度应大于等于 3 000 μW/cm^2。

检测人员从暗场环境进入白光下(着色渗透检测)或从白光环境进入紫外线暗场环境中时,人眼要有 3～5 min 的暗场适应时间。荧光渗透检测时,检测人员进入暗区,至少经过 5 min 的黑暗适应后,才能进行荧光渗透检测。检测人员不能佩戴对检测结果有影响的眼镜或滤光镜。黑光不能直射或反射进入人眼,防止损伤眼睛,且观察和评定人员在紫外线灯下工作时间不宜太长。

辨认细小缺陷显示时可用 5～10 倍放大镜进行观察。必要时应重新进行处理、检测。

(3)迹痕显示的观察。

检测人员通过对迹痕显示的观察,确定是相关显示、非相关显示还是伪显示,当确定为相关显示时,才需要进一步对该相关显示的性质、形状、大小及分布状况进行评价和记录。对于不能确定的显示,用干净的棉布沾少许清洗剂沿一个方向擦拭痕迹显示部位,待干燥后重新施加显像剂,如果显示仍出现,则为相关显示,否则,是伪显示。如果因为操作不当引起无法辨别缺陷真伪时，所有流程全部重新开始。

渗透检测的缺陷显示比真实缺陷要大，其深度无法准确确定，只能通过显像时回渗渗透剂的量来大致判断，缺陷越深，渗入的渗透剂越多，回渗的渗透剂量就大，显示越明显。

3）缺陷迹痕的记录

对于相关显示，应在被检工件上明显标出位置或标出明显记号，以便后续跟进处理。现场记录中应标定缺陷位置、大小、形状及性质、数量等。缺陷迹痕记录的方式有文字描述、草图标示、照片、可剥性塑料薄膜、透明胶带、录像等。记录时可以用一种或数种方式。

（1）文字描述、草图标示。在渗透检测记录表格中画出被检工件的草图，在草图上标注缺陷显示的位置、形状、尺寸和数量，并加以文字描述。渗透检测记录如表12-3所示。

（2）照片。用相机照相摄影记录或手机记录缺陷显示，要尽可能拍摄被检工件的全貌和实际尺寸，也可以拍摄被检工件的某特征部位，同时把刻度尺拍摄进去。如果是荧光渗透检测，则在照相机镜头上加装去除紫外线的滤光片以滤去散射的黑光，有条件的情况下用漫反射发光黑光灯照射被检工件和缺陷磁痕显示，且黑光灯应带有滤去可见光的滤光片，避免反光。

（3）可剥性塑料薄膜。采用溶剂挥发后留下一层带有显示的可剥离薄膜层（或称为可剥性塑料薄膜）的液体显像剂显像后，将其剥落下来，贴到玻璃板上，保存起来。剥下的显像剂薄膜包含有缺陷显示，在黑光（或白光）下可看到黄绿色荧光（或红色）缺陷显示。

（4）透明胶带。待缺陷显示稳定后用透明胶带粘贴复印缺陷显示，并贴在记录渗透检测的记录表格上。

（5）录像。录像记录缺陷显示的形状、大小和位置，同时应把刻度尺摄录进去。

8. 缺陷评定（评级）

对前述记录的缺陷显示进行进一步的评定，即确定缺陷显示是危险性大裂纹，是线性缺陷还是圆形缺陷，是横向缺陷还是纵向缺陷等。最后依据相关标准对所记录的缺陷进行评定（评级），以决定缺陷等级及是否属于超标缺陷或者该工件是否合格。

9. 超标缺陷的处理及复验

（1）超标缺陷的处理。经过缺陷评定（评级）后，对于超过验收标准的缺陷显示，如果不允许打磨清除掉，则应拒收或者建议停止使用；如果允许将缺陷打磨消除，则应采用适当的打磨方法打磨掉，并用之前的渗透检测工艺重新检测，直到缺陷完全清除为止。注意，打磨时打磨部位应圆滑过渡，若打磨深度或长度超过标准规定的尺寸要求，则根据相关技术条件的规定来处理，或者拒收，或者补焊，补焊后仍按照前述操作流程进行渗透检测复检,必要时还要进行受力分析、力学方法计算或者强度校核等。

(2) 复验。当出现下列情况之一时,需要复验:①检测结束后,用试块验证检测灵敏度不符合要求时;②发现检测过程中操作方法有误或者技术条件改变时;③合同各方有争议或认为有必要时;④对检测结果有怀疑时。

如果确定被检工件需要进行复验,则应从通用检测工艺的第一步开始进行,并且荧光渗透检测法只能用荧光渗透检测法进行复验,着色渗透检测法只能用着色渗透检测法进行复验。

10. 后处理

(1) 后处理的目的。

后处理,也称为后清洗,是指渗透检测完成后,去除显像剂层、渗透剂残留及其他污物的过程。一般来说,后处理时间越早,效果越好。

渗透检测后,残留在工件表面或缺陷内的显像剂、渗透剂及其他污染物都可能对后续工序的加工、工件的后续使用产生影响,有的会在潮湿环境下使工件发生腐蚀,甚至有的残留物与盛装液氧的箱体工件材料起化学反应发生爆炸等,因此,后处理工序非常重要。

(2) 后处理的方法。

后处理的方法有很多种,常见的有以下几种。

a. 干粉显像剂可能黏在有湿渗透剂及其他液体物质的地方或滞留在缝隙中,可以使用普通的自来水冲洗,也可用压缩空气吹除等方法去除。

b. 水基湿式显像剂的去除比较困难,因为该类显像剂经过较高温度的干燥后黏附在被检工件表面,特别对于不溶于水的水悬浮型显像剂,去除的最好方法是用加有洗涤剂的热水喷洗,有一定压力的喷洗效果更好,然后用手工擦洗或用水漂洗,对于水溶型显像剂可以用普通自来水冲洗去除。无论是何种显像剂,在显像后应尽快进行后清洗,一般要求不超过 4h。

c. 对于后乳化型渗透检测,如果工件数量少,则可使用乳化剂乳化,然后用水冲洗的方法去除显像剂涂层及滞留的渗透剂残留物。

d. 碳钢渗透检测后清洗时,水中应添加防锈剂,清洗后还应用防锈油防锈;镁合金材料也很容易腐蚀,渗透检测时,常需要用铬酸钠溶液进行处理,清洗后应尽快干燥。

e. 溶剂悬浮显像剂可以先用湿布擦拭再用干布擦除,也可以用干布或硬毛刷擦除。对于螺纹根部、盲孔、裂纹等中的残留物,可用加有洗涤剂的热水冲洗,或者用超声清洗效果更好。

(3) 后处理污染物的处置。

后处理后的污染物中存在对人员、环境和安全产生影响的化学物质,因此,渗透检测后的污染物要根据相关标准和单位的管理要求,进行无害化处理,不能随意处置,更不能随便丢弃。

11. 报 告

根据相关技术标准要求及规定,完成检测报告的编写、审核、批准,表 12 - 3 所示为渗透检测记录表。

表 12 - 3 渗透检测记录

记录编号:

工程名称				
生产厂家		工件名称		
规格		材质		
检测部位		表面状态		
渗透剂		乳化剂		
清洗剂		显像剂		
施加方法	渗透剂		渗透时间	
	乳化剂		乳化时间	
	显像剂		显像时间	
对比试块		检测标准		

检测结果:

序号	部位编号	缺陷编号	缺陷类型	缺陷痕迹尺寸/mm	最终评级
检测示意图					

合格级别		结论	
检测人/资格/日期:	编制人/资格/日期:		审核人/资格/日期:

第13章 渗透检测技术在电网设备中的应用

在前述章节我们已经提到根据渗透剂的种类、工件表面多余渗透剂的去除方法和显像剂种类的不同,可以组合成多种渗透检测方法,常用的渗透检测方法主要有水洗型渗透检测法、后乳化型渗透检测法和溶剂去除型渗透检测法。由于电网设备大多都处于室外或者野外场合,因此,现场用得最多的还是溶剂去除型渗透检测法,比如调相机转子轴瓦、避雷器支撑瓷套、变电站压缩型设备线夹焊缝、柱上断路器绝缘拉杆、GIS筒体本体及支架焊缝、输电线路耐张线夹焊缝、变压器油箱和散热器连通管伸缩节、换流站换流变阀侧套管顶部载流结构件以及变压器低压升高座内部焊缝等。

13.1 调相机转子轴瓦渗透检测

调相机作为电力系统中一种重要的电气设备,是为电网提供或吸收无功功率的同步电机,主要用于调整电网的相位,使得电压和电流同相,从而改善电力系统的稳定性和质量。调相机的结构和发电机类似,作为高速旋转部件,其转子需要配合轴瓦使用。轴瓦的主要作用是支持转子、减少机械损耗和振动,确保调相机转子的正常运转。调相机转子轴瓦通常采用高精度的合金材料制作,以满足高速旋转和长期运转的要求。在调相机转子运行期间,轴瓦还能起到润滑和降温的作用,有效延长了调相机转子的使用寿命。

轴瓦的结构为钢制基体上覆有一层巴氏合金,巴氏合金是一种软相基体上分布着硬颗粒相的低熔点轴承合金,软相基体使巴氏合金具有非常好的嵌藏性、顺应性和抗咬合性,其主要作用是用于减小摩擦。

在调相机服役过程中,轴瓦表面的巴氏合金可能出现脱胎、开裂等现象,需要结合停机检修对轴瓦进行目视检查、渗透检测和超声检测。

2022年,国网江苏公司结合停机检修,对某调相机转子的轴瓦进行了目视检查、渗透检测、超声检测。目视检测依据《无损检测 目视检测总则》(GB/T 20967—2007)进行;超声检测参考《汽轮发电机合金轴瓦超声波检测》(DL/T 297—2011)执行;渗透检测依据《承压设备无损检测　第 5 部分:渗透检测》(NB/T 47013.5—2015)执行,灵敏度等级 B 级,质量等级 Ⅰ 级合格。

1. 检测前的准备

(1) 收集资料。检测前了解设备名称、轴瓦的结构类型、规格、材质等;查阅制造厂出厂和安装时有关质量资料;查看被检轴瓦的产品标识。

(2) 表面状态确认。先进行目视检测,以确保检测的轴瓦表面巴氏合金无明显划痕、脱胎,无其他影响渗透检测的结构和污染物。

(3) 检测时机。结合停机检修进行,需要将调相机转子吊出,轴瓦拆卸下来进行检测。

(4) 检测环境。检测选择溶剂去除型着色法,现场光照度不低于 500 lx。环境温度约 25℃,无须进行检测工艺鉴定。

2. 检测设备与器材

(1) 渗透检测系统。采用 NB/T 47013.5—2015 规定的 Ⅱ - C - d 检测方式,即溶剂去除型着色渗透检测法;选用新美达 DPT - 8 型喷罐式系列产品,包括着色渗透剂、清洗剂、溶液悬浮显像剂。

(2) 辅助器材。A 型试块、B 型试块、白光照度计、干净不脱毛的棉布、手套、口罩等。

3. 检测实施

(1) 预处理。使用清洗剂清洗轴瓦巴氏合金表面及与基体结合面等位置,去除油污。

(2) 施加渗透剂。将渗透剂喷罐的喷嘴对准巴氏合金表面及与基体结合面等位置,喷涂适量渗透剂,保证渗透剂覆盖整个巴氏合金面及与基体结合面及两侧,渗透时间不低于 10 min。渗透过程中需要视情况补充渗透剂,以便让整个被检面保持润湿状态。

(3) 去除多余的渗透剂。先用干燥、洁净不脱毛的棉布朝一个方向擦拭,去除巴氏合金面及与基体结合面、两侧表面大部分多余的渗透剂。再将清洗剂喷在棉布上继续擦拭(与先前擦拭方向保持一致,不得往复擦拭),直至表面渗透剂全部擦净。不得用清洗剂直接在被检面上进行冲洗去除。

(4) 干燥处理。室温自然干燥。等待表面清洗剂完全挥发,一般干燥时间不超过 2 min。

(5) 施加显像剂。将显像剂均匀喷洒在巴氏合金面及与基体结合面、两侧,喷嘴距离检测位置 300～400 mm,喷涂方向与被检面夹角为 30°～40°,显像剂施加应薄而均匀。注意,显像剂使用前要摇动使其充分混合均匀;喷洒显像剂的时候也只能朝一个方向喷洒,不得来回往复喷洒。

（6）观察。DPT-8 型喷罐式显像剂干燥较快，需要边喷涂显像剂边观察。辨认细小缺陷显示时可用 5～10 倍放大镜进行观察。

（7）缺陷记录。发现缺陷显示后，采用拍照方式记录，并在草图上标注缺陷显示的性质、位置、大小等。

4. 检测结果与评定

经过渗透检测，发现一个轴瓦在巴氏合金与基体结合面上存在一处线性缺陷痕迹显示，长约 13 mm；巴氏合金表面上存在两处线性痕迹显示，分别长约 9 mm、5 mm。如图 13-1 所示。

根据 NB/T 47013.5—2015 相关质量等级评定规定，上述缺陷显示均为不允许存在的缺陷。根据检测结果，业主方要求设备制造厂家根据相关工艺流程对巴氏合金面进行了消缺处理。而后用先前渗透检测时的检测工艺进行重新检测，最终复检合格。

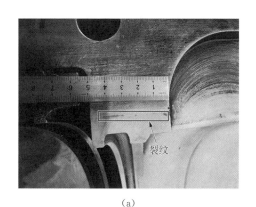 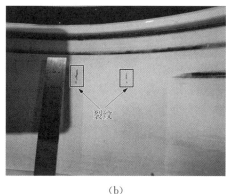

(a)　　　　　　　　　　　　　　(b)

图 13-1　轴瓦渗透检测缺陷显示

(a)巴氏合金与基体结合面线性显示；(b)巴氏合金表面线性显示

5. 后处理

现场工作完毕，要对轴瓦表面进行后处理，即应先用湿布擦拭再用干布擦除轴瓦表面上的显像剂、渗透剂等。擦拭所用的布应按照要求进行无害化处理或者交由现场污染物集中搜集处进行统一处置，不得随便丢弃。

6. 检测记录与报告

根据相关技术标准要求及规定，做好原始检测记录及检测报告的编制、审批、签发等。

13.2　避雷器支撑瓷套渗透检测

瓷质支柱绝缘子和瓷套主要起到机械支撑、电气绝缘的作用，在电网设备中应用广泛。其原料由黏土、石英、长石及其他辅助成分按比例混合配制,加工成一定形状后在高温下烧结成型,表面覆盖有一层玻璃质的釉层。

外瓷套和瓷质支柱绝缘子上设计有伞裙以增加爬电距离,两侧胶装有球墨铸铁法兰以方便装配。在早期,瓷件表面采用辊花结构,现在采用喷砂工艺,在瓷件两端喷上较粗的砂砾以增加瓷件和法兰结合面的接触面积,胶合剂为高标号硅酸盐水泥,胶装处涂有胶水密封。

外瓷套和瓷质支柱绝缘子常见的缺陷可以分为制造缺陷、工艺缺陷和运行缺陷三类。制造缺陷是指在制造过程中产生的缺陷,如气孔、裂纹、夹杂等,主要分布在瓷件内部。工艺缺陷是指在运输、安装不当过程中产生的缺陷,主要有表面碰损、胶装缺陷、应力过大导致的裂纹等。运行缺陷则是指在服役过程中,外瓷套和瓷质支柱绝缘子受力主要来自导线和绝缘子自身重量,以及各种气象条件下如风载、覆冰引入的附加载荷,经历长时间的风吹日晒、雨水侵袭和应力集中,容易产生裂纹和其他缺陷。

由于陶瓷为硬脆材料,断裂形式一般为脆性断裂,表现为外观为无明显变化的突然断裂,对电网设备运行安全带来严重危害,因此,对瓷绝缘子进行定期检测是非常必要的。若发生了断裂事故,需要进行失效分析,查找断裂原因,避免同类事故发生。

2022年3月,国网某供电公司辖区的康城330kV变电站某避雷器支柱式外瓷套断裂,如图13-2所示,为分析断裂原因,对断裂的A相瓷套及B、C两相瓷套取样进行了目视检测、渗透检测、超声波探伤、断口扫描电镜观察和能谱分析、孔隙性试验等检测。渗透检测参照NB/T 47013.5—2015执行,灵敏度等级B级,质量等级Ⅰ级合格。

图13-2　断裂的避雷器支柱式瓷套现场位置

1. 检测前的准备

（1）收集资料。检测前了解支柱式瓷套规格、材质、生产厂家等；查阅制造厂出厂和安装时有关质量资料；查阅巡检记录。

（2）表面状态确认。先对支柱式瓷套进行目视检测，以确保检测表面无肉眼可见裂纹，无其他影响渗透检测的结构和污染物。

（3）检测时机。支柱式瓷套断裂后进行失效分析。

（4）检测环境。实验室检测，检测选择溶剂去除型着色渗透检测法，光照度不低于 1000 lx。环境温度约 25℃，无须进行检测工艺鉴定。

2. 检测设备与器材。

（1）渗透检测系统。采用 NB/T 47013.5—2015 规定的 II-C-d 检测方式，即溶剂去除型着色渗透检测法，选用新美达 DPT-8 型喷罐式系列产品，包括着色渗透剂、清洗剂、溶液悬浮显像剂。

（2）辅助器材。A 型试块、B 型试块、白光照度计、干净不脱毛的棉布、手套、口罩等。

3. 检测实施

（1）预处理。使用清洗剂清洗支柱式瓷套内表面，去除油污及其他污染物。

（2）施加渗透剂。将渗透剂喷罐的喷嘴对着支柱式瓷套内表面，喷涂适量渗透剂，保证渗透剂覆盖整个支柱式瓷套内表面，渗透时间不低于 10 min。渗透过程中需要视情况补充渗透剂，以便让整个被检面保持润湿状态。

（3）去除多余渗透剂。先用干燥、洁净不脱毛的棉布朝一个方向擦拭，去除支柱式瓷套内表面多余渗透剂，再将清洗剂喷在棉布上继续擦拭（与先前擦拭方向保持一致，不得往复擦拭），直至表面渗透剂全部擦净。不得用清洗剂直接在被检面上进行冲洗去除。

（4）干燥处理。室温自然干燥，等待表面清洗剂完全挥发，一般干燥时间不超过 2 min。

（5）施加显像剂。将显像剂均匀喷洒在支柱式瓷套内表面，喷嘴距离检测位置 300～400 mm，喷涂方向与被检面夹角为 30°～40°，显像剂施加应薄而均匀。注意，显像剂使用前要摇动使其充分混合均匀；喷洒显像剂的时候也只能朝一个方向喷洒，不得来回往复喷洒。

（6）观察。DPT-8 型喷罐式显像剂干燥较快，需要边喷涂显像剂边观察。辨认细小缺陷显示时可用 5～10 倍放大镜进行观察。

（7）缺陷记录。发现缺陷显示后，采用拍照方式记录，并在草图上标注缺陷显示的性质、位置、大小等。

4. 检测结果与评定

经过渗透检测,发现 A 相、C 相裂纹呈周向分布在瓷套内部,B 相支撑绝缘子内部未发现裂纹缺陷。如图 13－3 所示。

(a)

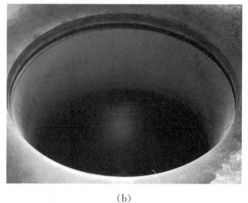
(b)

(c)

图 13－3　支柱式瓷套内表面渗透检测结果

(a)A 相检测结果;(b)B 相检测结果;(c)C 相检测结果

在对绝缘子解体检查过程中发现,在绝缘子端部瓷件与金属嵌件结合部位未发现明显的沥青缓冲层,初步判断是因瓷件内应力无法释放,导致产生裂纹。B 相结构与 A、C 相不同,B 相上端盖板为密封结构,下端为敞开式结构。

5. 显微镜下的渗透检测缺陷

对发现缺陷的 A 相故障瓷绝缘子部位取样并进行打磨抛光,并进行着色渗透检测,然后在显微镜下进行观察,观察结果如图 13－4 所示,从图中可清晰观察到瓷绝缘子中存在区域性微裂纹,并在内部存在 1～2mm 长度的细小裂纹,细小裂纹受到交变载荷的作用易扩展导致失效断裂。

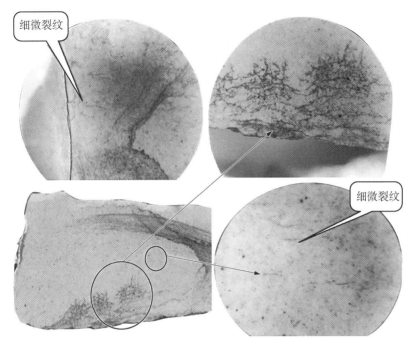

细微裂纹

细微裂纹

图 13-4 A 相缺陷着色渗透检测后在金相显微镜下观察的缺陷示意

6. 后处理

实验室工作完毕,要对绝缘子检测表面及检测平台进行后处理,即应先用湿布擦拭再用干布擦除绝缘子表面及检测平台上的显像剂、渗透剂等。擦拭所用的布应按照要求进行无害化处理或者交由单位污染物集中搜集处进行统一处置,不得随便丢弃。

7. 检测记录与报告

根据相关技术标准要求及规定,做好原始检测记录及检测报告的编制、审批、签发等。

13.3 变电站压缩型设备线夹焊缝渗透检测

设备线夹是变电站母线引下线与电气设备及电气设备之间连接用的金具,主要由紧固绞线部分和与电气连接部分组成。按照连接型式,设备线夹可以分为螺栓型和压缩型两种。螺栓型设备线夹是利用螺栓的垂直压力,引起压板(盖)与线夹的线槽对绞线产生的摩擦力来固定绞线的。压缩型设备线夹的铝管用来连接铝绞线,安装时,将铝绞线的一端按照规定的清洁工序后插入铝管,用液压装置使铝管和铝绞线一起塑性变形,从而使铝管和铝绞线压接成为一个整体。

设备线夹主要用于变电站内电气部件连接,和输电线路的耐张线夹相比,设备线夹受力较小,一般要求设备线夹的机械性能是其握力不低于被安装导(绞)线计算拉断力的10%。但用作母线引下线的设备线夹会在风力等作用下产生摆动,若其焊缝质量不佳,也会出现设备线夹断裂事故。设备线夹的质量要求应符合《设备线夹》(DL/T 346—2010)、《电厂侧储能系统调度运行管理规范》(DL/T 2314—2008)等相关标准要求的规定,其焊缝质量要求:焊缝应为细密整平的细鳞形,并应封边,咬边深度不大于1 mm;焊缝应无裂纹、气孔、夹渣等缺陷。

2022年3月16日,国网山东某公司针对国网某供电公司500 kV变电站检修,对站内换流变进线线夹进行了全面排查,主要排查是否存在目视可见裂纹、腐蚀等危害性比较大的缺陷,是否有疏水孔防止雨水积聚造成腐蚀或因低温结冰导致的胀裂,并对部分怀疑有缺陷的进线线夹焊缝进行渗透检测。渗透检测参照NB/T 47013.5—2015标准执行,灵敏度等级C级,质量等级Ⅰ级合格。

1. 检测前的准备

(1)收集资料。收集设备线夹厂家信息、类型、数量等信息,明确检测部位和检测等级。

(2)表面状态确认。设备线夹焊缝表面需要打磨光洁,以去除表面锈蚀、氧化皮、焊接飞溅等,然后进行目视检测,以确保检测表面无肉眼可见的裂纹等缺陷,及焊缝表面无影响渗透检测的油污、污染物等。

(3)检测时机。变电站设备运维检修期间进行。

(4)检测环境。现场不具备荧光法检测条件,因此检测选择溶剂去除型着色法,现场光照度不得低于500 lx。环境温度为20℃,无须进行检测工艺鉴定。

2. 检测设备与器材

(1)渗透检测系统。采用NB/T 47013.5—2015规定的Ⅱ-C-d检测方式,即溶剂去除型着色渗透检测法,选用新美达DPT-8型喷罐式系列产品,包括着色渗透剂、清洗剂、溶液悬浮显像剂。

(2)辅助器材。B型试块灵敏度等级C级、白光照度计、干净不脱毛棉布、手套、口罩等。

3. 检测实施

(1)预处理。使用清洗剂清洗焊缝及两侧表面,去除油污、污染物等。

(2)施加渗透剂。将渗透剂喷罐的喷嘴对准焊缝部分,喷涂适量渗透剂,保证渗透剂覆盖焊缝及两侧表面,渗透时间不低于10 min。

对于竖直安装的设备线夹,喷洒渗透剂的时候注意不要过多,防止滴落到下面污染其他设备,并且渗透过程中需要视情况补充渗透剂,以便让整个被检面一直保持润湿状态。

(3)去除多余渗透剂。先用干燥、洁净不脱毛的棉布朝一个方向擦拭,去除焊缝表面大部分多余渗透剂,再将清洗剂喷在棉布上继续擦拭(与先前擦拭方向保持一致,不得往复擦拭),直至表面渗透剂全部擦净。不得用清洗剂直接在被检面上进行冲洗去除。

(4) 干燥处理。自然条件下干燥,等待焊缝表面清洗剂完全挥发,一般干燥时间不超过 2 min。

(5) 施加显像剂。将显像剂均匀喷洒在焊缝及两侧,喷嘴距离焊缝约 300~400 mm,喷涂方向与被检面夹角为 30°~40°,显像剂施加应薄而均匀。注意,显像剂使用前要摇动使其充分混合均匀;喷洒显像剂的时候也只能朝一个方向喷洒,不得来回往复喷洒。

(6) 观察。DPT - 8 型喷罐式显像剂干燥较快,需要边喷涂显像剂边观察。辨认细小缺陷显示时可用 5~10 倍放大镜进行观察。

(7) 缺陷记录。发现缺陷显示后,采用拍照方式记录,并在草图上标注缺陷显示的性质、位置、大小等。

4. 检测结果与评定

经过渗透检测,发现一个换流变进线线夹焊缝存在整圈裂纹,为不允许存在的危险性缺陷,换流变进线线夹外观及焊缝缺陷如图 13 - 5 所示。

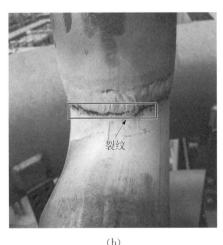

(a)　　　　　　　　　　　　　　　(b)

图 13 - 5　设备线夹检测情况

(a)换流变进线线夹现场位置示意;(b)设备焊缝渗透检测表面裂纹示意

5. 后处理

现场工作完毕,要对换流变进线线夹焊缝表面进行后处理,尤其要注意,有可能渗透剂滴落和显像剂喷洒到其他设备上的地方也要进行处理,即应先用湿布擦拭再用干布擦除设备线夹表面及附近其他设备上的显像剂、渗透剂等。擦拭所用的布应按照要求和规定进行无害化处理或者交由现场污染物集中搜集处进行统一处置，不得随便丢弃。

6. 检测记录与报告

根据相关技术标准要求及规定，做好原始检测记录及检测报告的编制、审批、签发等。

13.4　柱上断路器绝缘拉杆渗透检测

绝缘拉杆作为高压开关设备中的重要元件，起到连接各类传动机构和本体高压电极的重要作用。绝缘拉杆在断路器开合闸操作过程中会承受瞬时的冲击，频繁动作会导致绝缘拉杆产生缺陷。由于其承受着高压带电部分与零电位部位之间很大的电压降，一旦存在缺陷将会发生明显电场畸变，缺陷部位可能会发生局部放电现象，在长期高场强作用下也有可能导致绝缘材料老化与绝缘内部损坏，发生沿面闪络，导致被击穿，影响电网的安全稳定。

绝缘拉杆一般采用纤维增强的环氧树脂复合材料制作而成，在生产制造过程中，可能出现因环氧树脂和纤维黏接不到位而产生的空隙等缺陷；在运行过程中也可能会产生表面开裂等缺陷。缺陷对机械强度、绝缘性能都会造成不利影响，因此，有必要对绝缘拉杆进行检测。绝缘拉杆的内部缺陷可以采用 X 射线成像检测、超声波检测等，表面缺陷可以采用目视检测、渗透检测等。

2016 年 8 月，在对南网某供电公司某新建变电站柱上断路器现场进行质量监督的过程中，对该变电站 ZW32 - 12 的柱上断路器绝缘拉杆开展了渗透检测抽检，检测标准参照 NB/T 47013.5—2015 执行，灵敏度等级 B 级，质量等级 I 级合格。

1. 检测前的准备

（1）收集资料。检测前了解柱上断路器绝缘拉杆生产厂家等信息；查阅制造厂出厂检测报告等有关资料。

（2）表面状态确认。对绝缘拉杆进行目视检测，以确保检测表面无肉眼可见裂纹，无其他影响渗透检测的结构和污染物等。

（3）检测时机。变电站设备安装现场的质量监督抽查检验。

（4）检测环境。户外现场检测，且柱上断路器绝缘拉杆为非多孔性聚酯树脂材料，因此，检测选择溶剂去除型着色法，现场光照度不低于 500 lx。环境温度约 32℃，无须进行检测工艺鉴定。

2. 检测设备与器材

（1）渗透检测系统。采用 NB/T 47013.5 规定的 II - C - d 检测方式，即溶剂去除型着色渗透检测法，选用新美达 DPT - 5 型喷罐式系列产品，包括着色渗透剂、清洗剂、溶液悬浮显像剂。

（2）辅助器材。A 型试块、B 型试块、白光照度计、干净不脱毛的棉布、手套、口罩等。

3. 检测实施

（1）预处理。使用清洗剂对柱上断路器绝缘拉杆表面检测部位进行清洗，不得有影响渗透检测的防护层。清洗后，检测面上遗留的溶剂、水分等必须干燥，且应保证在施加渗透剂之前不被污染。

（2）施加渗透剂。将渗透剂喷罐的喷嘴对准绝缘拉杆的外表面，喷涂适量渗透剂，保证渗透剂覆盖整个绝缘拉杆外表面，渗透时间不低于 10 min。渗透过程中需要视情况补充渗透剂，以便让整个被检面一直保持润湿状态。

（3）去除多余渗透剂。先用干燥、洁净不脱毛的棉布朝一个方向擦拭，去除绝缘拉杆外表面多余渗透剂，再将清洗剂喷在棉布上继续擦拭（与先前擦拭方向保持一致，不得往复擦拭），直至表面渗透剂全部擦净。不得用清洗剂直接在被检面上进行冲洗去除。

（4）干燥处理。室温自然干燥，等待表面清洗剂完全挥发，一般干燥时间不超过 2 min。

（5）施加显像剂。将显像剂均匀喷洒在绝缘拉杆的外表面，喷嘴距离检测位置 300～400 mm，喷涂方向与被检面夹角为 30°～40°，显像剂施加应薄而均匀。注意，显像剂使用前要摇动使其充分混合均匀；喷洒显像剂的时候也只能朝一个方向喷洒，不得来回往复喷洒。

（6）观察。DPT-5 型显像剂干燥较快，需要边喷涂显像剂边观察。辨认细小缺陷显示时可用 5～10 倍放大镜进行观察。

（7）缺陷记录。发现缺陷显示后，采用拍照方式记录，并在草图上标注缺陷显示的性质、位置、大小等。

4. 检测结果与评定

经渗透检测，现场抽检的 28 根绝缘拉杆，所检部位表面均未发现缺陷显示，如图 13-6 所示，检测结果合格。

图 13-6　绝缘拉杆渗透检测结果示意

5. 后处理

现场工作完毕,要对绝缘拉杆表面进行后处理,尤其要注意,有可能渗透剂滴落和显像剂喷洒到其他设备上的地方也要进行处理,即应先用湿布擦拭再用干布擦除绝缘拉杆表面及附近其他设备上的显像剂、渗透剂等。擦拭所用的布应按照要求和规定进行无害化处理或者交由现场污染物集中搜集处进行统一处置,不能随便丢弃。

6. 检测记录与报告

根据相关技术标准要求及规定,做好原始检测记录及检测报告的编制、审批、签发等。

13.5 GIS 筒体本体及支架焊缝渗透检测

气体绝缘金属封闭开关设备(gas insulated switchgear, GIS)由于其占地面积小、安装方便、受外界干扰少等优点被广泛应用,是目前新建变电工程中最常用的设备之一。其外壳材质通常为铝合金,采用卷板焊接成型,壳体外面涂覆油漆防腐。GIS 设备安装时需要支架支撑,支架上端焊接在 GIS 壳体上,下端用地脚螺栓固定在混凝土基础上。通常情况下支架和 GIS 壳体焊接时需要加垫板,而不能直接焊接在壳体上,这是因为 GIS 设备较长,在热胀冷缩过程中若温度补偿器未能发挥作用或者补偿量不够,支架焊缝承受较大应力,将导致焊缝发生开裂现象,同时,裂纹会拓展到 GIS 壳体上,发生 GIS 内部 SF6 气体泄漏事故,影响设备运行安全。

为排查是否存在肉眼不可见的裂纹缺陷,2021 年 8 月 17 日,国网某供电公司对辖区内某变电站 GIS 设备壳体与支架焊缝进行了目视检测,累计发现 110 kV GIS 母线筒支架裂纹性缺陷 14 条;330 kV GIS 母线筒支架裂纹性缺陷 9 条,其中,1 个 GIS 母线筒支架裂纹已开裂至 GIS 母线筒本体,在壳体本体处也发现有 1 条裂纹,严重影响电网设备的安全,这种情况在过往的检测过程中从未出现过,因此,本章选取其作为渗透检测的典型案例,以供在今后的检测中引起足够的重视。

330 kV GIS 母线筒体壁厚 12 mm,材质为 5083 铝合金,如图 13 - 7 所示。检测依据 NB/T47013.5—2015 执行,灵敏度等级 B 级,质量等级 I 级合格。

1. 检测前的准备

(1) 收集资料。收集 GIS 设备厂家信息,明确检测部位和检测等级。

(2) 表面状态确认。由于 GIS 筒体及支架焊缝表面的油漆层结合致密,并且完好无破损,因此,第一次检测的时候没有去除油漆层。但如果在后续相关部位发现裂纹后,则应去除裂纹部分漆层并检测基体金属有无裂纹。

(3) 检测时机。在运维检修阶段检测,GIS 设备无须停电。

图 13-7　330 kV GIS 母线筒体现场示意

（4）检测环境。户外现场检测,检测选择溶剂去除型着色法,现场光照度不低于 500 lx。环境温度 26℃,无须进行检测工艺鉴定。

2. 检测设备与器材

（1）渗透检测系统。采用 NB/T 47013.5—2015 规定的 Ⅱ - C - d 检测方式,即溶剂去除型着色渗透检测法,选用新美达 DPT - 8 型喷罐式系列产品,包括着色渗透剂、清洗剂、溶液悬浮显像剂。

（2）辅助器材。A 型试块、B 型试块、白光照度计、干净不脱毛的棉布、手套、口罩等。

3. 检测实施

（1）预处理。使用清洗剂对 GIS 筒体及支架焊缝表面检测部位进行清洗,不得有影响渗透检测的其他污染物。清洗后,检测面上遗留的溶剂、水分等必须干燥,且应保证在施加渗透剂之前不被污染。后续对检测中发现有裂纹的 GIS 设备壳体与支架焊缝部位进行打磨,去除缺陷处表面的油漆层,打磨宽度为裂纹向外扩展至两侧 25 mm。确保两侧表面无影响检测的油漆层。

（2）施加渗透剂。将渗透剂喷罐的喷嘴对准 GIS 壳体待检部位及支架焊缝部分,喷涂适量渗透剂,保证渗透剂覆盖筒体待检部位、焊缝及两侧表面,渗透时间不低于 10 min。由于焊缝在 GIS 设备壳体下方,渗透剂滴落较快,在检测过程中需要视情况补充渗透剂,以便让整个被检面一直保持润湿状态。

（3）去除多余渗透剂。先用干燥、洁净不脱毛的棉布朝一个方向擦拭,去除本体及支架焊缝表面大部分多余渗透剂,再将清洗剂喷在棉布上继续擦拭(与先前擦拭方向保持一致,不得往复擦拭),直至表面渗透剂全部擦净。不得用清洗剂直接在被检面上进行冲洗去除。

（4）干燥处理。自然环境下干燥,等待焊缝表面清洗剂完全挥发,一般干燥时间不超过 2 min。

（5）施加显像剂。将显像剂均匀喷洒在本体、支架焊缝及两侧，喷嘴距离检测位置 300～400mm，喷涂方向与被检面夹角为 30°～40°，显像剂施加应薄而均匀。注意，显像剂使用前要摇动使其充分混合均匀；喷洒显像剂的时候也只能朝一个方向喷洒，不得来回往复喷洒。

（6）观察。DPT-8 型显像剂干燥较快，需要边喷涂显像剂边观察。辨认细小缺陷显示时可用 5～10 倍放大镜进行观察。

（7）缺陷记录。发现缺陷显示后，采用拍照方式记录，并在草图上标注缺陷显示的性质、位置、大小等。

4. 检测结果与评定

经过渗透检测，发现 330kV GIS 设备在壳体本体及壳体与支架焊缝上各存在 1 条线性缺陷显示，具有裂纹特征，为不允许存在缺陷，如图 13-8 所示，检测结果不合格。

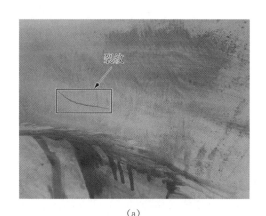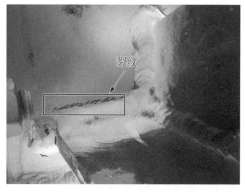

（a）　　　　　　　　　　　　　　　　（b）

图 13-8　GIS 设备壳体与支架焊缝渗透检测情况示意

（a）GIS 设备壳体本体渗透检测裂纹；（b）GIS 设备壳体支架焊缝渗透检测裂纹

5. 后处理

现场工作完毕，要对 GIS 设备被检表面进行后处理，尤其要注意，有可能渗透剂滴落和显像剂喷洒到的其他地方也要进行处理，即应先用湿布擦拭再用干布擦除 GIS 设备被检表面及其他地方的显像剂、渗透剂等。擦拭所用的布应按照要求和规定进行无害化处理或者交由现场污染物集中搜集处进行统一处置，不得随便丢弃。

6. 检测记录与报告

根据相关技术标准要求及规定，做好原始检测记录及检测报告的编制、审批、签发等。

13.6　输电线路耐张线夹焊缝渗透检测

耐张线夹承受输电线路整个耐张段的导线张力,并承受工作电流,其制造和焊接质量直接关系到输电线路安全稳定。耐张线夹存在质量缺陷是导致局部发热、导线损伤、金具或导线断裂甚至掉线的重要原因。

2017 年,国网要求对新建变电工程设备线夹、耐张线夹及引流板进行抽检,抽检比例为总量的 10%。检测时机为设备到货开箱之后。采用目视、配合放大镜进行观察,必要时采用渗透检测的方法进行验证,检测合格线夹仍可用于工程使用。质量判定依据 GB/T 2314—2008 第 3.7.3 条要求,铝制件表面应光洁、平整、焊缝外观应为比较均匀的鱼鳞形,不允许存在裂纹等缺陷。

2017 年 3 月,国网上海电科院对某供电公司新改建的 220 kV 输电线路耐张线夹焊接质量进行了抽检,如图 13-9 所示,材质为铝合金,检测采用目视检测和渗透检测。渗透检测依据 NB/T47013.5—2015 执行,灵敏度等级 B 级,质量等级 I 级合格。

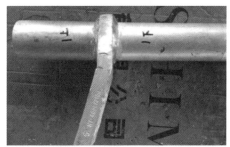

图 13-9　耐张线夹及耐张线夹焊缝示意

1. 检测前的准备

(1) 收集资料。收集耐张线夹厂家信息及线夹数量,明确检测部位和检测等级。

(2) 表面状态确认。对耐张线夹焊缝进行目视检测,确保无肉眼可见的裂纹等缺陷。确保焊缝表面无影响渗透检测的油污等。

(3) 检测时机。设备到货开箱之后进行检测。

(4) 检测环境。现场工地仓库,室内检测,检测选择溶剂去除型着色法,室内光照度不低于 1 000 lx。环境温度约为 22℃,无须进行检测工艺鉴定。

2. 检测设备与器材

(1) 渗透检测系统。采用 NB/T 47013.5—2015 规定的 II-C-d 检测方式,即溶剂去除型着色渗透检测法,选用新美达 DPT-5 型喷罐式系列产品,包括着色渗透剂、清洗剂、溶液悬浮显像剂。

（2）辅助器材。A 型试块、B 型试块、白光照度计、干净不脱毛的棉布、手套、口罩等。

3. 检测流程

（1）预处理。使用清洗剂清洗焊缝及两侧表面，去除油污。清洗后，检测面上遗留的溶剂、水分等必须干燥，且应保证在施加渗透剂之前不被污染。

图 13-10　施加渗透剂后的耐张线夹示意

（2）施加渗透剂。将渗透剂喷罐的喷嘴对准焊缝部分，喷涂适量渗透剂，保证渗透剂覆盖焊缝及两侧表面，渗透时间不低于 10 min，如图 13-10 所示。

由于耐张线夹尺寸较小，焊缝为环形焊缝，渗透过程中需要翻转线夹补充渗透剂。渗透过程中需要视情况补充渗透剂，以便让整个被检面一直保持润湿状态。

（3）去除多余渗透剂。先用干燥、洁净不脱毛的棉布朝一个方向擦拭，去除焊缝表面大部分多余渗透剂，再将清洗剂喷在棉布上继续擦拭（与先前擦拭方向保持一致，不得往复擦拭），直至表面渗透剂全部擦净。不得用清洗剂直接在被检面上进行冲洗去除。

（4）干燥处理。室温自然干燥，等待焊缝表面清洗剂完全挥发，一般干燥时间不超过 2 min。

（5）施加显像剂。将显像剂均匀喷洒在焊缝及两侧，喷嘴距离检测位置 300～400 mm，喷涂方向与被检面夹角为 30°～40°，显像剂施加应薄而均匀。注意，显像剂使用前要摇动使其充分混合均匀；喷洒显像剂的时候也只能朝一个方向喷洒，不得来回往复喷洒，如图 13-11 所示。

（6）观察。DPT-5 型显像剂干燥较快，需要边喷涂显像剂边观察。辨认细小缺陷显示时可用 5～10 倍放大镜进行观察。

图 13-11　施加显像剂后的耐张线夹示意

（7）缺陷记录。发现缺陷显示后，采用拍照方式记录，并在草图上标注缺陷显示的性质、位置、大小等。

4. 检测结果与评定

经过渗透检测,现场抽检的 42 个耐张线夹有 5 个存在裂纹,其中一个耐张线夹存在比较典型的弧坑裂纹,长约 5 mm,为不允许存在缺陷,如图 13-12 所示。

图 13-12　耐张线夹焊缝弧坑裂纹

5. 后处理

现场工作完毕,要对检测过的 42 个耐张线夹的表面进行后处理,即先用湿布擦拭再用干布擦除耐张线夹表面上的显像剂、渗透剂等。擦拭所用的布应按照要求和规定进行无害化处理或者交由现场污染物集中搜集处进行统一处置,不得随便丢弃。

6. 检测记录与报告

根据相关技术标准要求及规定,做好原始检测记录及检测报告的编制、审批、签发等。

13.7　变压器油箱和散热器连通管伸缩节渗透检测

伸缩节是 GIS 设备及变压器油路管道中不可或缺的一类构成元件,一般由一个或多个波纹管及结构件组成。在管路系统中,伸缩节起到以下 3 种作用:①补偿安装带来的偏差;②调节运行过程中热胀冷缩引起的管路尺寸变化;③消除地基下沉等因素带来的影响。其中,热胀冷缩引起的作用力危害最大,该载荷为动载荷,随时间和环境温度不断变化,伸缩节因此长期承受疲劳载荷。当安装偏差或地基下沉导致伸缩节两端法兰不同轴或不平行时,伸缩节的受力状况将进一步恶化,严重时可能导致伸缩节发生开裂失效,影响电网设备的安全稳定运行。

波纹管是伸缩节的关键部件,按照相关标准要求,波纹管部分通常采用 0Cr18Ni9 等奥氏体不锈钢材料,经下料、卷板、焊接、多层套合、成型等工艺过程制作而成。其中板材的原始质量和卷管的焊接质量是影响波纹管寿命的关键因素。制造过程中,通常根据工艺要求采用两次及以上的多层管套合工艺,该工艺可极大地降低因单层管存在原始缺陷或焊接缺陷导致波纹管失效的可能性。即使如此,一旦其中某单层板存在原始缺陷或超标的焊接缺陷,对于长期在疲劳载荷作用下的波纹管而言,也是致命的。制造过程完成后,可以通过射线检测和渗透检测的方式对焊缝进行检测、质量把控。运行过程中,可通过渗透检测的方式确认缺陷的存在。

2021 年 9 月,某换流站运维人员在日常巡视过程中发现一台换流变压器箱体与散热器连通管路上的伸缩节有发生泄露,运维人员采用密封胶封堵的方式暂时解决了泄露问题,并在综检期间将其拆卸进行详细检查和原因分析,检测标准参照 NB/T 47013.5—2015,灵敏度等级 B 级,质量等级 I 级合格。

1. 检测前的准备

(1) 收集资料。检测前了解伸缩节制造厂家,生产工艺;查阅制造厂出厂检测报告等有关资料。

(2) 表面状态确认。对伸缩节进行宏观目视检查,初步确定缺陷所在位置,进一步缩小检测范围。

(3) 检测时机。失效后进行缺陷定位。

(4) 检测环境。实验室检测,检测选择溶剂去除型着色法,光照度不低于 1 000 lx。环境温度约 22℃,无须进行检测工艺鉴定。

2. 检测设备与器材

(1) 渗透检测系统。采用 NB/T 47013.5 规定的 II - C - d 检测方式,即溶剂去除型着色渗透检测法,选用新美达 DPT - 5 型喷罐式低卤族元素型系列产品,包括着色渗透剂、清洗剂、溶液悬浮显像剂。

(2) 辅助器材。B 型试块、照度计、干净不脱毛棉布、手套、口罩等。

3. 检测流程

(1) 预处理。使用清洗剂对伸缩节表面检测部位进行清洗,不得有影响渗透检测的防护层。清洗后,检测面上遗留的溶剂、油污等必须干燥,且应保证在施加渗透剂之前不被污染。

(2) 施加渗透剂。将渗透剂喷罐的喷嘴对准伸缩节的外表面,喷涂适量渗透剂,保证渗透剂覆盖整个伸缩节内表面,渗透时间不低于 10 min。渗透过程中需要视情况补充渗透剂。

(3) 去除多余渗透剂。先用干燥、洁净不脱毛的棉布朝一个方向擦拭,去除伸缩节内表面多余渗透剂,再将清洗剂喷在棉布上继续擦拭(与先前擦拭方向保持一致,不得往复擦拭),直至表面渗透剂全部擦净。不得用清洗剂直接在被检面冲洗。对于沟槽内的渗透剂,应注意把握清洗程度,防止过清洗或清洗不充分。

(4) 干燥处理。室温自然干燥,等待表面清洗剂完全挥发,一般干燥时间不超过

2 min。

（5）施加显像剂。将显像剂均匀喷洒在伸缩节内表面，喷嘴距离检测位置 300～400 mm，喷涂方向与被检面夹角为 30°～40°，显像剂施加应薄而均匀。

注意：显像剂使用前要摇动使其充分混合均匀。喷施的显像剂应薄而均匀，不可在同一部位反复多次施加。禁止在被检面上倾倒湿式显像剂，以免冲洗掉渗入缺陷内的渗透剂。伸缩节表面起伏不平，应通过调整喷施角度的方式尽可能保证不同部位的喷施薄厚均匀。

（6）观察。边喷涂显像剂边观察。

（7）缺陷记录。发现缺陷显示后，采用拍照方式记录，并在草图上标注缺陷显示的性质、位置、大小等。

4. 检测结果与评定

经渗透检测，发现在该伸缩节从上向下第一波峰位置（内壁）存在一处环向发展，长度约 12 mm 的开口缺陷（裂纹），如图 13-13 所示。

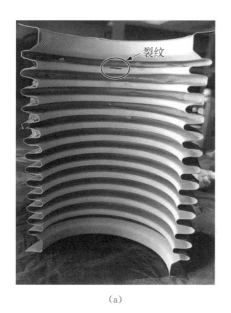 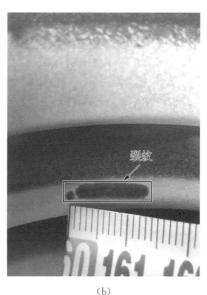

（a）　　　　　　　　　　　　　　　　（b）

图 13-13　伸缩节渗透检测结果

（a）渗透检测发现裂纹；（b）裂纹尺寸

5. 后处理

检测完毕，要对检测过的伸缩节表面进行后处理，即先用湿布擦拭再用干布擦除表面上的显像剂、渗透剂等。擦拭所用的布应按照要求和规定进行无害化处理或者交由现场污染物集中搜集处进行统一处置，不得随便丢弃。

6. 检测记录与报告

根据相关技术标准要求及规定,做好原始检测记录及检测报告的编制、审批、签发等。

13.8 500 kV 换流站换流变阀侧套管顶部载流结构件渗透检测

换流变压器是直流输电系统的主要设备,其主要作用是向换流器供给交流功率或从换流器接受交流功率,并且将网侧交流电压变换成阀侧所需要的电压。换流变压器阀侧套管是实现特高压换流变压器与阀塔电气连接的核心设备,是特高压交直流系统的连接枢纽,如图 13-14 所示,其外绝缘设计关乎特高压直流输电系统运行安全可靠性。换流变压器阀侧套管工作温度高、电流谐波含量大、长期遭受交直流电压甚至反转电压的影响,相比于传统交流变压器套管,换流变压器阀侧套管工作环境更加严苛。统计资料表明,阀侧套管故障是换流变故障的主要原因之一。准确实现换流变阀侧套管状态评估对提高换流变及直流电力系统的运行安全性具有重要意义。

图 13-14 换流变阀侧套管实物

根据国网设备部 2019 年 10 月 16 日印发的《ABB GGF 型换流变阀侧套管顶部载流结构件开裂问题分析会议纪要通知》的要求,上海公司设备部委托上海电科院对±500 kV 华新换流站极 1、极 2 在运 12 台换流变以及 2 台备用换流变共计 28 支 GGF 阀侧套管顶部载流结构件开展金属检测。检测标准参照 NB/T 47013.5—2015,灵敏度等级 B 级,质量等级 Ⅰ 级合格。

1. 检测前的准备

(1) 收集资料。收集换流变阀侧套管生产厂家、类型、数量等信息,明确检测部位和检测等级。

（2）表面状态确认。对换流变阀侧套管进行目视检测，确保无肉眼可见的裂纹等缺陷。确保顶部载流结构件表面无影响渗透检测的油污等。

（3）检测时机。结合运维检修进行。

（4）检测环境。检测选择溶剂去除型着色法，现场光照度不低于 500 lx。室外温度 20℃，室内温度 25℃，无须进行检测工艺鉴定。

2. 检测设备与器材

（1）渗透检测系统。采用 NB/T 47013.5 规定的 II - C - d 检测方式，即溶剂去除型着色渗透检测法，选用新美达 DPT - 8 型系列产品，包括着色渗透剂、清洗剂、溶液悬浮显像剂。

（2）辅助器材。A 型试块、B 型试块、照度计、干净不脱毛棉布、手套、口罩等。

3. 检测流程

（1）预处理。使用清洗剂清洗换流变阀侧套管顶部载流结构件待检测部位表面，去除油污。

（2）施加渗透剂。将渗透剂喷罐的喷嘴对准换流变阀侧套管顶部载流结构件部分，喷涂适量渗透剂，保证渗透剂覆盖整个表面，渗透时间不低于 10 min。由于被检表面有一定倾斜度，渗透过程中要注意补充渗透剂。

（3）去除多余渗透剂。先用干燥、洁净不脱毛的棉布朝一个方向擦拭，去除换流变阀侧套管顶部载流结构件表面大部分多余渗透剂，再将清洗剂喷在棉布上继续擦拭，直至表面渗透剂全部擦净。对于螺栓孔内的渗透剂，应注意把握清洗程度，防止过清洗或清洗不充分。

（4）干燥处理。室温自然干燥，等待焊缝表面清洗剂完全挥发，一般干燥时间不超过 2 min。

（5）施加显像剂。将显像剂均匀喷洒在换流变阀侧套管顶部载流结构件表面，喷嘴距离检测位置 300～400 mm，喷涂方向与被检面夹角为 30°～40°，显像剂施加应薄而均匀。

注意：显像剂使用前要摇动使其充分混合均匀。喷施的显像剂应薄而均匀，不可在同一部位反复多次施加。禁止在被检面上倾倒湿式显像剂，以免冲洗掉渗入缺陷内的渗透剂。

（6）观察。DPT - 8 型显像剂干燥较快，需要边喷涂显像剂边观察。

（7）缺陷记录。发现缺陷显示后，采用拍照方式记录，并在草图上标注缺陷显示的性质、位置、大小等。

4. 检测结果与评定

经渗透检测，发现极 1Y/△C 相 b 套管、a 套管以及极 2Y/YA 相 b 套管、Y/△备用换流变 b 套管这 4 支阀侧套管顶部载流结构件存在裂纹现象,为不允许缺陷,其余 24 支阀侧顶部未发现裂纹。其中极 2Y/YA 相 b 套管顶部载流结构件表面裂纹有 4 条,如图 13-15 所示。

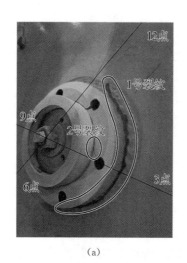
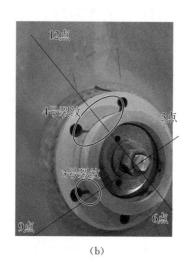

(a)
(b)

图 13-15 极 2Y/YA 相 b 套管顶部载流结构件裂纹

(a)自右侧观察;(b)自左侧观察

5. 后处理

检测完毕,要对检测过的套管顶部载流结构件表面进行后处理,即先用湿布擦拭再用干布擦除表面上的显像剂、渗透剂等。擦拭所用的布应按照要求和规定进行无害化处理或者交由现场污染物集中搜集处进行统一处置,不得随便丢弃。

6. 检测记录与报告

根据相关技术标准要求及规定,做好原始检测记录及检测报告的编制、审批、签发等。

13.9 变压器低压升高座内部焊缝渗透检测

变压器油箱作为一个压力容器,具有体积庞大,结构复杂,焊缝种类数量众多的特点。在日常运行工况中,除了承受静压力外还有动载,其动载的主要来源是硅钢片的磁致伸缩效应。据统计,变压器渗漏油故障中近 30% 是由油箱焊缝质量造成的。因此在制造阶段开展变压器焊缝质量检测至关重要。

近几年,在建、扩建变电站的变压器制造监督过程中,需对 500 kV、220 kV、110 kV 在建扩建变电站工程的变压器不锈钢、低磁钢低压升高座焊缝进行渗透检测。

检测标准参照 NB/T 47013.5—2015,灵敏度等级 B 级,质量等级 I 级合格。

1. 检测前的准备

(1) 收集资料。查看变压器图纸、技术条件,确认变压器及部件规格、材质,并选择合适的检测标准。

(2) 检测方法确认。变压器低压升高座材质一般为低磁钢或者不锈钢(1Cr18Ni9Ti)(以图纸为准),因此无法采用磁粉检测,其结构为角焊缝,故采用渗透检测;现场不具备荧光法检测条件,应采用着色法。

由于现场检测单个大型设备,不适用于大型固定式渗透检测设备,属于大型部件局部检测,不适用水洗型和后乳化型渗透检测,且质量等级 NB/T 47013.5—2015 中第 8 条规定 I 级合格,宜采用喷灌式溶剂去除型渗透检测和溶剂悬浮显像剂。因此,采用着色溶剂去除型渗透检测,溶剂悬浮显像剂,即 IIC - d。

(3) 检测时机。在制造阶段开展检测。

(4) 检测环境。现场作业时,应确保作业现场无扬尘、照明充足,上方和附近无其他作业或已采取相应的防护措施。现场可见光照度不低于 500 lx。环境温度约 25℃。

2. 检测设备与器材

(1) 渗透检测系统。选用 H - ST 型喷罐式系列产品,包括着色渗透剂、清洗剂、溶液悬浮显像剂。

(2) 辅助器材。B 型试块灵敏度等级 C 级、照度计、干净不脱毛棉布、手套、口罩等。

3. 检测流程

(1) 预处理。焊缝表面打磨光洁,去除表面铁锈、氧化皮、焊接飞溅、铁屑等,焊缝在目视检查全部合格后,才能进行渗透检测。

使用清洗剂清洗焊缝及两侧表面,去除油污。清洗后表面必须干燥,保证在施加渗透剂及之前不被污染。

(2) 施加渗透剂。若制造车间温度在 10～50℃,渗透时间一般不少于 10 min;若温度在 5～10℃,渗透时间一般不少于 20 min。

(3) 清洗多余的渗透剂。清洗焊缝表面多余的渗透剂时,应防止过清洗使检测质量下降,同时也应防止清洗不足造成缺陷显示识别困难。若过清洗则从第(1)步开始重新处理检测;若清洗不足可补充清洗一次,仍达不到检测要求时则从第(1)步开始重新处理检测。

(4) 干燥处理。溶剂去除型渗透检测自然干燥即可。

(5) 施加显像剂。

喷灌式 HD - ST 显像剂在使用前应充分摇晃使其均匀,喷施时,喷嘴距离检测位置 300～400 mm,喷涂方向与被检面夹角为 30°～40°,显像剂施加应薄而均匀,不可在同一位置反复施加；显像时间不少于 10 min。

（6）相关显示观察与记录。在相关显示形成后，立即进行观察与记录，一般情况安装车间现场光照度小于1000lx，需要额外灯光照射，必要时可借助5～10倍放大镜观察。发现缺陷用照相机、手机拍照记录。

4. 检测结果与评定

经渗透检测，发现变压器低压升高座内部焊缝存在裂纹，为不允许存在缺陷，如图 13-16 所示。

图 13-16 变压器低压升高座内部焊缝裂纹

5. 后处理

渗透检测完成后，变压器油箱整体表面需进行喷丸处理，则不必单独进行被检工件表面的残余渗透剂和显像剂清理工序。

6. 检测记录与报告

根据相关技术标准要求及规定，做好原始检测记录及检测报告的编制、审批、签发等。

第 5 篇　涡流检测技术

第 14 章　涡流检测理论基础

涡流检测是基于电磁感应现象的一种无损检测技术。本章以"电"和"磁"相关的最基础物理知识作为切入点,阐述了涡流产生的原理、涡流检测中有用信号的提取以及涡流检测技术的分类,同时也对涡流检测技术的最新发展情况做了一个简单的介绍。

14.1　涡流检测的物理基础

14.1.1　导电性及磁特性

1. 材料的导电性

按导电性能不同,材料可分为导体、绝缘体和半导体 3 种类型。导体具有良好导电性能,如金、银、铜、铁、铝等;绝缘体的导电性很差,如橡胶、陶瓷、塑料等,半导体的导电性能介于导体和绝缘体之间。

物质是由原子组成的,而原子是由原子核和电子组成的。原子核带正电,电子带负电,电子被束缚在原子核周围绕核做旋转运动。在导体材料的原子中,外层电子受原子核的吸引力较小,容易挣脱原子核的吸引,在原子中自由游荡,成为自由电子。在电场作用下,自由电子会做定向移动,形成电流,从而使导体材料具有导电性。而绝缘材料中的原子,由于外层电子受原子核的吸引力很大,不容易形成自由电子,在电场作用下难以移动,很难形成电流,所以导电性很差。

导体中自由电子在电场作用下做定向移动,从而形成电流,电流的强弱可以用电流强度 I 来表示,它是指单位时间内通过导体横截面的电量,单位是安培(A)。根据欧姆定律,导体电流强度 I 可以表示为

$$I = U/R \qquad (14-1)$$

式中,U 为导体两端电位差;R 为导体电阻。

导体中自由电子在移动过程中会与金属晶格中的正离子碰撞,这种碰撞会阻碍自由电子的定向移动,这种阻碍自由电子移动的能力称为电阻。电阻是导体对电流

的阻碍作用,通常用字母 R 表示,电阻 R 的大小与导体长度 l 和电阻率 ρ 成正比,而与横截面积 S 成反比。

$$R = \rho \frac{l}{S} \qquad (14-2)$$

式中,ρ 为导体电阻率,与材料本身特性有关,表示单位长度、单位面积的电阻,单位是 $\Omega \cdot m$。

电阻率的倒数称为电导率,表示符号为 σ,单位是西门子/米(S/m)。

$$\sigma = 1/\rho \qquad (14-3)$$

一般来说,电导率常采用国际退火铜标准(IACS)来表示,20℃时电阻率为 $1.7241 \times 10^{-8} \ \Omega \cdot m$,退火铜的电导率为 100%IACS。

金属材料的电导率 σ 为

$$\sigma = \left[\frac{标准退火铜的电阻率}{金属的电阻率} \right] \times 100\% (IACS) \qquad (14-4)$$

从式(14-3)中可以看出,金属的电阻率 ρ 与其电导率 σ 成反比,金属的电阻率越小,其电导率越大,金属的导电性能越好。表 14-1 为常用金属材料的电阻率、电导率。

表 14-1   常用金属材料电阻率、电导率

名称	20℃时的电阻率 /($\mu\Omega \cdot cm$)	20℃时的温度系数	电导率	
			%IACS	MS/m
铝	2.824	0.0039	61.05	35.4
黄铜	7	0.002	25	14.3
铜(退火)	1.7241	0.00393	100	58.0
金	2.44	0.0034	70.7	41.0
铁	10	0.005	17	10.0
铅	22	0.0039	7.8	4.5
镍	7.8	0.006	22	12.8
银	1.59	0.0038	108	63
锰钢	70	0.001	2.5	1.43
锡	11.5	0.0042	15	8.7
锌	5.8	0.0037	30	17.2
钢	18	0.003	9.6	5.6

2. 材料的磁特性

具体内容详见 6.1.1 及 6.1.2 相关章节的内容,本部分只做一些补充介绍。

我们把能够吸引周围的铁磁性物质的这类材料称为磁体。磁体分为永磁体、电磁体和超导磁体等。永磁体是不需要外力维持其磁场的磁体,电磁体是需要电源维持其磁场的磁体,超导磁体是用超导材料制成的磁体。

磁体周围的各种物质对磁场都有不同程度的影响。影响磁场的物质称为磁介质。通常我们用磁感应强度 $\boldsymbol{B}$ 来描述磁场的特征,设某一电流分布在真空中激发的磁感应强度为 $\boldsymbol{B}_0$,那么在同一电流分布下,当磁场中放进了某种磁介质后,磁化了的磁介质将激发附加磁感应强度 $\boldsymbol{B}'$,此时磁场中任一点的磁感应强度 $\boldsymbol{B}$ 等于 $\boldsymbol{B}_0$ 和 $\boldsymbol{B}'$ 的矢量和,即

$$\boldsymbol{B} = \boldsymbol{B}_0 + \boldsymbol{B}' \tag{14-5}$$

顺磁性材料被磁化后,磁介质中的磁感应强度 $\boldsymbol{B}'$ 稍大于 $\boldsymbol{B}_0$,即 $\boldsymbol{B}' > \boldsymbol{B}_0$,如铝、铬、锰、铂等。抗磁性材料(也称为逆磁性材料)被磁化后,磁介质中的磁感应强度 $\boldsymbol{B}'$ 稍小 $\boldsymbol{B}_0$,即 $\boldsymbol{B}' < \boldsymbol{B}_0$,如铜、银、金、铅、锌等。铁磁性材料被磁化后,磁介质中的磁感应强度 $\boldsymbol{B}'$ 远大于 $\boldsymbol{B}_0$,使得 $\boldsymbol{B}' \gg \boldsymbol{B}_0$,如铁、镍、钴、钆及其合金等,铁磁性材料能显著地增强磁场,能被磁体强烈吸引。

14.1.2　麦克斯韦方程

麦克斯韦方程是一组描述电场、磁场与电荷密度、电流密度之间关系的偏微分方程,即

$$\nabla H = J + \frac{\partial D}{\partial t} \tag{14-6}$$

$$\nabla E = -\frac{\partial \boldsymbol{B}}{\partial t} \tag{14-7}$$

$$\nabla \boldsymbol{B} = 0 \tag{14-8}$$

$$\nabla D = \rho \tag{14-9}$$

式中,H 为磁场强度;E 为电场强度;D 为电位移;$\boldsymbol{B}$ 为磁感应强度(磁通密度);J 为电流密度。

麦克斯韦方程组由以上 4 个方程组成,它们分别称为高斯定律、高斯磁定律、麦克斯韦-安培定律、法拉第感应定律。其中高斯定律描述电场与空间中电荷分布的关系,电场线开始于正电荷,终止于负电荷(或无穷远),计算穿过某给定闭曲面

的电场线数量,即其电通量,可以得知包含在这闭曲面内的总电荷。高斯磁定律表明磁单极子实际上并不存在,所以没有孤立磁荷,磁场线没有初始点,也没有终止点,磁场线会形成循环或延伸至无穷远,也就是说,通过任意闭曲面的磁通量等于零。法拉第感应定律描述时变磁场怎样感应出电场,如一块旋转的条形磁铁会产生时变磁场,也会生成电场,使得邻近的闭合电路因而感应出电流。麦克斯韦-安培定律阐明磁场可以用两种方法生成,一种是靠传导电流(原本的安培定律),另一种是靠时变电场。

14.1.3 电磁感应现象

电磁感应现象是电与磁之间相互作用而产生的,包括电感生磁和磁感生电两种情况。通电导体周围产生磁场,这是电感生磁的现象。而当穿过闭合导电回路所包围面积的磁通量发生变化时,回路中产生电流,这是磁感生电现象,如图 14-1 所示。

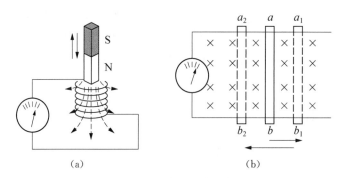

图 14-1 电磁感应现象

(a)磁铁穿过线圈;(b)导线切割磁力线

从图 14-1 可以看出,当条形磁铁缓慢靠近闭合线圈时,穿过路径围成面积内的磁通量就会发生变化,线圈内就会产生感应电动势。另外,当导体切割磁场中磁力线时,导体内也会产生感应电动势。感应电动势产生后就会产生感应电流,感应电流的方向可以用楞次定律来确定。对于闭合回路,感应电流所产生的磁场总是阻碍引起感应电流的磁通变化,当导线切割磁力线时,感应电动势的方向用右手定则来确定。

根据法拉第电磁感应定律,在闭合回路中,当闭合回路所包围面积的磁通量 Φ 发生变化时,回路中就会产生感应电动势 E_i,感应电动势数值的大小等于所包围面积中的磁通量 Φ 随时间 t 变化的负值,即

$$E_i = -\frac{\mathrm{d}\Phi}{\mathrm{d}t} \tag{14-10}$$

式中,$\mathrm{d}\Phi$ 为磁通量变化;"$-$"表示闭合回路内感应电流所产生的磁场总是阻碍产生感应电流的磁通的变化。

对于绕有 N 匝的线圈(线圈绕得很紧密,且穿过每匝线圈的磁通量 Φ 相同),当闭合回路中的磁通量发生变化时,回路的感应电动势 E_i 为

$$E_i = -N\frac{\mathrm{d}\Phi}{\mathrm{d}t} = -\frac{\mathrm{d}(N\Phi)}{\mathrm{d}t} \qquad (14-11)$$

当长度为 l 的长导线在均匀的磁场中做切割磁力线运动时,该导线中产生的感应电动势 E_i 为

$$E_i = \boldsymbol{B}l\sin\partial \qquad (14-12)$$

式中,$\boldsymbol{B}$ 为磁感应强度(T);l 为导线长度(m);V 为导线运动的速度(m/s);α 为导线运动的方向与磁场之间的夹角。

当线圈通上交变电流 I 时,线圈内产生的交变磁通量也将会产生感应电动势,这就是自感现象,产生的电动势称为自感电动势 E_L,即

$$E_L = -L\frac{\mathrm{d}I}{\mathrm{d}t} \qquad (14-13)$$

式中,L 为自感系数,简称为自感,单位是 H;"$-$"表示当电流 I 增加时,感应电动势 E_L 的方向与电流 I 的方向相反,从而阻碍电流的增大;当电流 I 减小时,感应电动势 E_L 的方向与电流 I 的方向相同,从而阻碍电流的减小。

线圈的自感系数 L 主要与线圈尺寸、匝数、几何形状及线圈中媒质的分布有关,而与通过线圈的电流 I 无关。

当通有交流电 I_1 和 I_2 的两个线圈相互接近时,线圈 1 中电流 I_1 所引起的变化磁场在通过线圈 2 时会在线圈 2 中产生感应电动势;同样,线圈 2 中的电流 I_2 所引起的变化磁场在通过线圈 1 时也会在线圈 1 中产生感应电动势。这种线圈间相互产生感应电动势的现象称为互感现象,所产生的感应电动势称为互感电动势。当两线圈形状、大小、匝数、相互位置及周围磁介质一定时,两线圈相互产生的感应电动势为

$$E_{21} = -M_{21}\frac{dI_1}{\mathrm{d}t} \qquad (14-14)$$

$$E_{12} = -M_{12}\frac{dI_2}{\mathrm{d}t} \qquad (14-15)$$

式中,M_{21} 为线圈 1 对线圈 2 的互感系数,单位是 H;M_{12} 为线圈 2 对线圈 1 的互感系数,单位是 H;E_{21} 为由线圈 1 引起的感应在线圈 2 中产生的感应电动势;E_{12} 为由线

圈 2 引起的感应在线圈 1 中产生的感应电动势。其中，$M_{21}=M_{12}$，互感系数与线圈的形状、尺寸、周围媒质、材料的磁导率、线圈相互位置有关。

当两个线圈相互耦合时，常用耦合系数 K 来表示两线圈之间的耦合程度，其大小为

$$K=\frac{M}{\sqrt{L_1 L_2}}\qquad\qquad(14-16)$$

式中，L_1 为线圈 1 的自感系数；L_2 为线圈 2 的自感系数；M 为线圈 1 与线圈 2 的互感系数。

14.1.4 交流电和涡流

1. 交流电

有关交流电的内容详见"6.2.1 磁化电流　1.磁化电流的分类　1)交流电"部分，本部分不再重复讲述。

2. 涡流

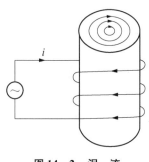

图 14 - 2　涡　流

在一根导体外面绕上线圈，如图 14 - 2 所示，让线圈通入交变电流，那么线圈就产生交变磁场。由于线圈中间的导体在圆周方向可以等效成一圈圈的闭合电路，闭合电路中的磁通量在不断发生改变，所以，在导体的圆周方向会产生感应电动势和感应电流，电流的方向沿导体的圆周方向转圈，就像一圈圈的漩涡，这种在导体内部发生电磁感应而产生感应电流的现象称为涡流现象，导体内产生的感应电流就是涡流。

涡流检测是涡流效应的一项重要应用，当载有交变电流的检测线圈靠近工件时，在激励线圈电磁场作用下，工件内会产生涡流，而涡流的大小、相位及流动形式受工件导电性能的影响，同时，涡流也会形成一个磁场，这个磁场反过来作用在检测线圈上，使检测线圈的阻抗发生变化，通过测量检测线圈阻抗的变化，就可以判断被检测工件是否存在缺陷或导电性能差别、性质、状态等。

1) 趋肤效应

当直流电通过导体时，其横截面上的电流密度是均匀的。当交变电流通过导体时，其截面上的电流分布不均匀，表面的电流密度较大，越往中心处电流密度越小，且按负指数规律衰减，尤其是当频率较高时，电流几乎是在导线表面附近的薄层中流动，这种现象称为趋肤效应。

实际上,趋肤效应是涡流效应的结果,如图 14 - 3 所示。当交流电流 I 通过导体,在电流流向垂直平面上形成交变磁场,交变磁场在导体内产生感应电动势,感应电动势在导体内部形成涡流 i。在导体内部,涡流 i 的方向总与电流 I 的变化趋势相反,起到阻碍电流 I 变化的作用,在导体表面,涡流 i 的方向总与电流 I 的变化趋势相同,起到加强电流 I 变化的作用。也就是说,在导体内部,等效电阻变大,而导体表面的等效电阻变小,交变电流趋于在导体表面流动,从而形成趋肤效应。

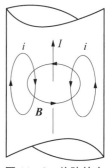

图 14 - 3　趋肤效应

2) 透入深度

涡流透入深度是指涡流透入导体内部的距离。一般将涡流密度衰减到其表面值 $1/e$ 时的透入深度定义为标准透入深度,也称为趋肤深度,它表征着涡流在导体中的趋肤程度,用符号 δ 表示,单位是米(m)。

根据麦克斯韦方程,对于半无限平面导体而言,距离导体表面 x 深度处的涡流分布密度公式为

$$J_x = J_0 e^{-(1+j)\sqrt{\pi f \mu_0 \mu_r \sigma} x} \tag{14-17}$$

式中,j 为单位虚量;J_x 为被检导体表面下 x 深度处的涡流分布密度;J_0 为被检导体表面的涡流分布密度;f 为工作频率(Hz);μ_0 为真空磁导率,$\mu_0 = 4\pi \times 10^{-7}$ H/m;μ_r 为相对磁导率,无量纲常数;σ 为电导率(S/m)。

从式(14 - 17)可以看出,工件某处涡流分布密度 J_x 大小取决于工件表面涡流分布密度 J_0,且与检测频率、磁导率和电导率等参数成负指数函数关系。由 $J_0 = \sqrt{\pi f \mu_0 \mu_r \sigma} H_0$ 可以看到,工件表面的涡流密度与检测频率、电导率、磁导率这 3 个参数的平方根值成正比,在相同的磁化条件下,检测频率、电导率和磁导率越高,被检工件表面涡流密度就越大,检测线圈拾取的感应信号也就越强。因此,导电性能较好的材料比导电性弱的材料检测灵敏度更高,另外,铁磁性材料磁导率不均匀,磁导率随磁化程度而变化,会形成较大的干扰信号,致使涡流检测灵敏度随磁导率提高的效应被掩盖。

则标准渗入深度(趋肤深度)δ 为

$$\delta = \frac{1}{\sqrt{\pi f \mu_0 \mu_r \sigma}} \tag{14-18}$$

从式(14 - 18)可以看出,涡流标准透入深度与电导率、磁导率和工作频率的平方根值成反比,当电导率和磁导率值越大,涡流在该材料中的透入深度越小。非铁磁性材料,其相对磁导率 $\mu_r = 1$,在确定检测深度时可不考虑磁导率的影响。对于铁磁性

材料,磁导率是一个随磁化强度变化的量,因此,需要磁饱和处理,同时选择较低的检测频率,确保有足够涡流检测深度。图 14-4 为不同材料的标准透入深度与频率的关系。

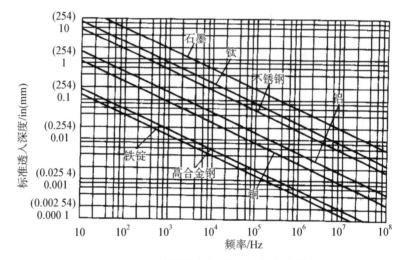

图 14-4　不同材料的标准透入深度与频率的关系

对于非铁磁性材料,当 $\mu \approx \mu_0 \times 10^{-7}$ H/m,其标准透入深度 δ 为

$$\delta = \frac{503}{\sqrt{f\sigma}} \tag{14-19}$$

如退火铜,电导率 $\sigma = 58 \times 10^6$ S/m,当电流频率 $f = 50$ Hz 时,其标准渗入深度 $\delta = 0.0093$ m;当频率 $f = 5 \times 10^{10}$ Hz 时,其标准渗入深度 $\delta = 2.9 \times 10^{-7}$ m。假设一块半无限大平板导体表面涡流密度为 1.0,该平板导体中涡流密度随渗入深度而变化的曲线如图 14-5 所示。

在实际工程应用中,由于 2.6 个标准渗入深度 δ 处,涡流密度一般已经衰减约 90%,因此,定义 2.6 倍的标准渗入深度为涡流的有效渗入深度,也就是将 2.6 倍标准渗入深度范围内 90% 的涡流视为对涡流检测线圈产生有效影响,而在 2.6 倍标准渗入深度以外 10% 的涡流对线圈产生的效应可以忽略不计。

随着涡流透入深度的增加,涡流信号的相位角也会按负指数函数的规律随时间产生相应的滞后。对于半无限大导体,涡流信号相位角随透入深度变化而滞后的计算公式为

$$\theta(x) = \sqrt{\pi f \mu_0 \mu_r \sigma} \, x \tag{14-20}$$

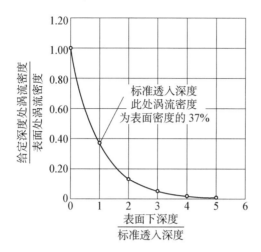

图 14‑5　半无限大平板导体的涡流密度与渗透深度的关系

式中,$\theta(x)$ 为导电金属表面下 x 深度位置上涡流信号的相位角,单位是 rad。

从式(14‑20)可以得到,电导率、磁导率和检测频率的平方根值与涡流信号的相位角滞后成正比,电导率和磁导率越大,在该材料中的涡流信号相位滞后越快;检测频率越高,涡流响应信号的相位滞后现象越显著,这正是在检测过程中通过改变检测频率来改变涡流信号的相位的原因。

3) 线圈填充系数 η

线圈填充系数用试件横截面积实际占据线圈横截面积的百分数 η 来表示。

对于外穿式线圈,线圈的填充系数 η 等于被检工件外径横截面积与线圈内径横截面积之比

$$\eta = \left(\frac{D_{\text{工件直径}}}{d_{\text{线圈内径}}}\right)^2$$

式中,$d_{\text{线圈内径}}$ 为线圈内直径(有效直径);$D_{\text{工件直径}}$ 为工件直径。

对于内穿式线圈,线圈的填充系数 η 等于线圈外径横截面积与被检工件内径横截面积之比:

$$\eta = \left(\frac{d_{\text{线圈外径}}}{D_{\text{工件内径}}}\right)^2$$

式中,$d_{\text{线圈外径}}$ 为线圈外径(有效直径);$D_{\text{工件内径}}$ 为工件内径(有效直径)。

填充系数是影响管、棒、线材涡流检测灵敏度的重要因素,一般情况下,填充系数应尽可能高,也就是说,填充系数值越大,检测灵敏度越高,实质上就是填充系数值越

大,提离效应的影响越小。

14.1.5 阻抗分析法

涡流检测主要是通过监测检测线圈阻抗的变化来判断工件质量和性能,由于影响检测线圈阻抗的因素较多,各因素的影响程度也不相同,因此,常用阻抗分析法来分析各因素引起检测线圈的阻抗幅值变化以及相位变化,从中提取有意义的检测信号,从而达到检测目的。

1. 线圈阻抗

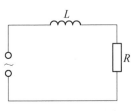

图14-6 单个线圈的等效电路

一个理想线圈只有感抗,没有电阻和电容,但实际上,线圈是用金属导线绕制而成的,除了电感,还有电阻及电容。通常,可以用电阻和电感的串联等效电路来表示(忽略电容)线圈,如图14-6所示,其阻抗为

$$Z = R + jX = R + j\omega L \tag{14-21}$$

式中,R 为电阻;X 为电抗,$X = \omega L$;ω 为角频率,$\omega = 2\pi f$。

当两个线圈(一次线圈和二次线圈)相互耦合,如图14-7所示,一次线圈通以交变电流 I_1,由于电磁感应作用,在二次线圈中会产生感应电流,产生的这个感应电流反过来又会影响一次线圈中的电流和电压,可以用二次线圈互感反应到一次线圈电路的折合阻抗来表示,折合阻抗 Z_e 为

$$Z_e = R_e + jX_e;\ R_e = \frac{X_M^2}{R_2^2 + X_2^2}R_2;\ X_e = -\frac{X_M^2}{R_2^2 + X_2^2}X_2 \tag{14-22}$$

式中,R_2 为二次线圈的电阻;X_2 为二次线圈的电抗;X_M 为互感抗;R_e 为折合电阻;X_e 为折合电抗。

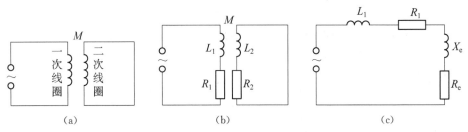

(a)　　　　　　　　　　(b)　　　　　　　　　　(c)

图14-7 线圈耦合的等效电路

(a)线圈耦合电路;(b)等效电路;(c)二次线圈折合到一次线圈的等效电路

将二次线圈的折合阻抗与一次线圈自身的阻抗相加得到的和称为视在阻抗 Z_s:

$$Z_s = R_s + X_s;\ R_s = R_1 + R_e;\ X_s = X_1 + X_e \qquad (14-23)$$

式中，R_1 为一次线圈的电阻；X_1 为一次线圈的电抗；R_S 为视在电阻；X_S 为视在电抗。

当将二次线圈电阻 R_2 由 ∞ 逐渐递减到 0，或将二次线圈电抗 X_2 由 0 逐渐增大到 ∞，我们就可得到一系列一次线圈的视在电阻 R_S 和视在电抗 X_S，如果以 R_S 为横轴、X_S 为纵轴进行平面标注，可得到一条半径为 $\dfrac{k^2 \omega L_1}{2}$ 的半圆形曲线，这个曲线就称为线圈的阻抗平面图，其中 K 为耦合系数，如图 $14-8$ 所示。

在阻抗平面图上，曲线的位置与一次线圈自身的阻抗、两个线圈自身电感及互感有关，曲线半径不仅与这些因素有关，还与频率变化有关。如果对不同阻抗、不同频率、不同耦合系数的一次线圈的视在阻抗作阻抗平面图，就会得到许多不同半径、不同位置的半圆曲线，不利于分析和比较。为消除一次线圈阻抗以及激励频率对曲线位置的影响，方便对不同情况下曲线进行比较，通常采用阻抗归一化处理。

2. 阻抗归一化

把阻抗平面图（见图 $14-8$）中的曲线向左移动 R_1 的距离，并同时除以 X_1，也就是将横坐标和纵坐标的 R_S 和 X_S 变为 $\dfrac{R_s - R_1}{\omega L_1}$ 和 $\dfrac{X_s}{\omega L_1}$，从而得到归一化处理后阻抗平面图，如图 $14-9$ 所示。从图中可以看出，新曲线形状没有改变，只是位置发生变化，阻抗曲线的所有参数只与耦合系数 K 有关，而与原线圈电阻和激励频率无关，具有很强的可比性。

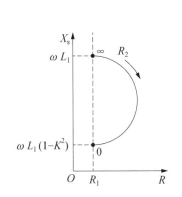

图 14-8　一次线圈阻抗平面

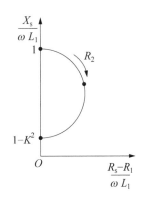

图 14-9　归一化后的阻抗平面

归一化阻抗平面图具有以下特点：

（1）它消除了一次线圈电阻和电感的影响，具有通用性。

（2）阻抗图的曲线以一系列影响阻抗的因素（如电导率、磁导率等）作参量。

（3）阻抗图形定量地表示出各影响阻抗因素的效应大小和方向，为涡流检测时选择检验的方法和条件，减少各种效应的干扰提供了参考依据。

（4）对于各种类型的工件和检测线圈，有各自对应的阻抗图。

在实际的涡流检测中，在一次线圈（检测线圈）激励作用下，可以把被测工件中电磁感生涡流看作与一次线圈耦合的二次线圈，因此，可将归一化阻抗平面图阻抗分析用于实际涡流检测。

3. 有效磁导率

在实际的涡流检测中，各种线圈的阻抗分析非常烦琐。福斯特在长期涡流理论研究和实验分析的基础上，提出了有效磁导率的概念，大大简化了线圈阻抗分析问题。

福斯特在分析线圈视在阻抗变化时，提出了一个假想的模型：圆柱导体的整个截面上有一个恒定不变的磁场 H_0，而磁导率却在截面上沿径向变化，它所产生的磁通等于圆柱导体内真实的物理场所产生的磁通。这样，用一个恒定的磁场 H_0 和变化的磁导率替代实际变化的磁场 H_z 和恒定的磁导率 μ，这个变化的磁导率称为有效磁导率，用 μ_{eff} 表示为

$$\mu_{\text{eff}} = \frac{2}{\sqrt{-\mathrm{j}}ka} \frac{J_1(\sqrt{-\mathrm{j}}ka)}{J_0(\sqrt{-\mathrm{j}}ka)} \tag{14-24}$$

式中，$J_0(\sqrt{-\mathrm{j}}ka)$、$J_1(\sqrt{-\mathrm{j}}ka)$ 分别为零阶和一阶贝塞尔函数；k 为电磁传播常数，$k = \sqrt{\omega\mu\sigma} = \sqrt{\omega\mu_r\mu_0\sigma}$；$r$ 为圆柱导体内任意一点到轴线的距离；a 为圆柱导体半径。

因此，有效磁导率 μ_{eff} 不是一个常量，而是一个与激励频率 f 以及导体的半径 r、电导率 σ、磁导率 μ 有关的复变量。

4. 特征频率

式（14-24）中，贝塞尔函数的虚宗量为

$$\sqrt{-\mathrm{j}}ka = \sqrt{-\mathrm{j}\omega\mu\sigma a^2} = \sqrt{-\mathrm{j}2\pi f\mu\sigma a^2} \tag{14-25}$$

福斯特把有效磁导率 μ_{eff} 表达式中贝塞尔函数的虚宗量的模为 1 时对应的频率定义为特征频率（或界限频率），用 f_g 表示。

$$f_g = \frac{1}{2\pi\sigma\mu a^2}$$

特征频率 f_g 是工件的一个固有特性，取决于工件自身的电磁特性和几何尺寸。它既不是试验频率的上下限，又不一定是试验最佳频率，它只是一个特征参数，含有

除缺陷外的工件尺寸和电磁特性等信息。

一般的试验频率 f 满足式(14-26)的要求：

$$ka = \sqrt{\frac{f}{f_g}} \qquad (14-26)$$

在实际涡流检测中，常将检测频率 f 与特征频率 f_g 的比值作为参考值，表示为 f/f_g，也称为最佳频率比，那么有效磁导率 μ_{eff} 是一个完全取决于频率比 f/f_g 大小的参数，由于工件内涡流和磁场强度的分布与 μ_{eff} 值有关，因此，工件内涡流和磁场的分布会随 f/f_g 的变化而变化。依据涡流试验的相似律：对于两个不同的试件，只要它们的频率比 f/f_g 相同，则有效磁导率、涡流密度及磁场强度的几何分布均相同。

5. 穿过式线圈的阻抗分析

穿过式线圈的归一化阻抗和电动势函数关系为

$$\frac{Z}{Z_0} = \frac{\dot{E}}{\dot{E}_0} = 1 - \eta + \eta \mu_r \mu_{eff} \qquad (14-27)$$

式中，Z 为归一化阻抗；Z_0 为空载时线圈的阻抗；η 为线圈的填充系数。

从式(14-27)可以得到，影响线圈阻抗的因素是材料自身性质和线圈与试件的电磁耦合状况，主要包括试件的电导率 σ、磁导率 μ、几何尺寸、缺陷以及试验频率等。

6. 放置式线圈的阻抗分析

放置式线圈是涡流检测中使用最为广泛的一种线圈，也称为探头式线圈，它的用处、结构、形状各不相同，如笔式探头、钩式探头、平探头和孔探头等。

在实际的涡流检测中，提离、电导率、磁导率、试验频率、缺陷以及工件厚度等变化都会对放置式线圈的阻抗产生影响，由于阻抗图上的阻抗变化方向各不相同，因此，可以采用相位分离法将需要检测的因素与干扰因素分开，从而达到检测目的。

1) 提离效应的影响

提离效应主要是针对放置式线圈而言的，是指随着检测线圈离开被检测对象表面距离的变化而感应到涡流反作用发生改变的现象。对于外通过式和内穿过式线圈，工件直径与线圈直径之间的间隙，也就是填充系数变化也会对感应涡流产生类似放置式线圈检测的提离效应。不管是提离效应，还是填充系数效应，其作用规律均较为一致，即该因素变化引起检测线圈阻抗的矢量变化具有固定方向，该方向与缺陷信号的矢量方向具有明显的差异，用适当的信号处理办法或相位调整可比较容易地抑制或消除这类干扰因素的影响。提离效应也可用来测量金属表面涂层或绝缘覆盖层的厚度。

2) 边缘效应的影响

当检测线圈接近工件的边缘或端面时，涡流不可能流出导体的界外，被迫改变流动路径,导致检测线圈阻抗发生变化。这种由被检件边缘引起的几何效应称为边缘效应。边缘效应纯粹是一种干扰因素,限制了涡流检测在边界附近区域的正常应用。边缘效应的区域大小,与线圈的尺寸、工件的磁导率和电导率、线圈与工件的距离、线圈是否屏蔽等有关。

边缘效应是涡流检测中经常出现的一个现象,特别是检测小零件或者带孔的工件时,当检测线圈扫查接近零件边缘或其上面的孔洞、台阶时,感生的涡流流动路径就会发生畸变,如图 14-10 所示。

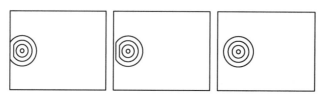

图 14-10 涡流的边缘效应

在涡流检测中,边缘效应引起的涡流畸变信号往往比所需要检测缺陷信号大很多,很容易盖住一些有用的信号信息,导致漏检漏判。因此,在检测工件时,务必要使涡流检测线圈远离零件边缘或结构突变部位,这些部位往往作为检测盲区进行单独标定,一般来说,将靠近工件边缘 2 倍涡流检测线圈直径的范围作为涡流检测盲区。

3) 工件电导率 σ、磁导率 μ 的影响

(1) 电导率。

工件电导率 σ 的变化,引起频率的改变,则特征频率 f_g 改变,$f_g = 1/(2\pi\mu\sigma r^2)$,$r$ 为被检工件半径,影响工件有效磁导率 μ_{eff},从而影响工件阻抗,涡流检测工件电导率及材质分选就是利用这个原理。

(2) 磁导率。

对于非铁磁性材料,相对磁导率 $\mu_r \approx 1$,因此不影响阻抗,但对于铁磁性材料,其相对磁导率 $\mu_r \gg 1$,对阻抗影响显著。在实际涡流检测中,常用直流磁化将被检铁磁性工件磁化到饱和,从而使磁导率达到某一常数,减小磁导率变化的影响。

4) 试验频率的影响

涡流检测的试验频率对线圈阻抗的影响表现在频率比 f/f_g 上,由于有效磁导率是以频率比 f/f_g 为参变量,随着试验频率的不同,线圈在阻抗曲线上的位置也发生改变,试验频率和电导率在阻抗图上的效应方向是一致的。

阻抗图是以 f/f_g 为参数描绘的,一般取 10~40,若过小,则电导率变化方向与直径变化方向的夹角很小,用相位分离法难以分离。

试验频率增大,由于趋肤效应的存在,涡流会局限于表面薄层流动;试验频率降

低,透入深度增大,阻抗值沿曲线向上移动。在实际涡流检测中,为了提高检测灵敏度和有效分离各种影响因素,需要选择最佳试验频率。

5)工件厚度的影响

当工件厚度从无穷大减小到零时,放置式线圈的阻抗变化沿着曲线向上移动,与电阻率增大的效应类似。

6)线圈直径的影响

线圈直径增加,放置式线圈的阻抗值沿着曲线向下移动,与频率增大的效应相似。这是因为线圈直径的增加使工件的磁通密度增加了,增大了涡流值,这相当于电导率的增大。

7)缺陷的影响

工件中的缺陷对线圈阻抗的影响可以看作是缺陷内含物的电导率、缺陷的几何尺寸两个参数影响的综合结果,它在阻抗图上的效应方向介于电导率效应和直径效应之间。缺陷的宽深比增大,线圈阻抗的影响转向直径效应。涡流检测时如果缺陷效应与直径效应之间夹角很大,则可能存在深度大而开口宽度小,即宽深比小的裂纹,属于危害性大的缺陷;如果宽深比大(如凹坑、划道),则缺陷效应与直径效应之间的夹角很小,属于非危险性缺陷。

14.2　涡流检测的分类

根据检测目的和内容的不同,涡流检测主要分涡流探伤、电导率测量、材质分选、涡流法测厚这四种,其中,涡流法测厚又分为涡流法涂层测厚和薄板的涡流测厚两种。

14.2.1　涡流探伤

涡流检测技术应用最多的是涡流探伤,它可以检测导电材料工件表面和近表面缺陷。在检测过程中,工件表面和近表面电磁特性变化的不连续均可能引起涡流的异常响应,产生涡流信号,这些电磁特性变化不连续,有的是工件缺陷导致,如制造过程中冶金缺陷、工艺缺陷和使用过程中产生的各类损伤缺陷和疲劳缺陷等。

根据被检对象和检测目的不同,涡流探伤采用的检测方式也不尽相同。一般来说,涡流检测不仅可用于管、棒、丝类规则材料在线/在役检测,还可用于非规则工件制造与使用过程的检测。如采用外通过式或内穿过式涡流线圈来检测在线/在役管、棒、丝类材料,这种检测方式可在任何时刻对管、棒材整个区域实施相同灵敏度的检测,具有易于实现自动化、速度快、效率高的优点。采用放置式线圈来检测非规则工件,如零件、焊缝等,这种检测方式具有小巧方便、灵敏度高的优点。

采用外通过式和内穿过式线圈检测管、棒、丝类规则材料,检测线圈对缺陷的涡流响应与线圈结构、缺陷形状密切相关,对于方向以轴向为主并在径向具有不同深度的不连续,如裂纹、折叠、未焊透、焊接错位等缺陷,使用自比差动式或是它比式检测线圈,都比较容易检测出来。对于方向以周向为主并在径向具有不同深度的不连续,如裂纹、折叠、未焊透、焊接错位等缺陷,需要使用它比式检测线圈才容易检测出来。自比差动式检测线圈对长条状缺陷两端比较敏感,能在长条状缺陷的两端产生较强的响应信号,而对条状缺陷中间,特别是深度较为一致的区域,敏感性不够,不容易产生响应信号。对于内部分层缺陷,由于周向流动的涡流改变较小,不足以引起涡流响应的明显变化,难以检出。对于结疤、凹坑、夹杂、气孔等体积型表面和近表面缺陷,无论是采用绝对式线圈,还是差动式线圈,都比较容易检测出来。当被检材料存在材质不匀,如成分偏析、热处理或磁性不均匀等,也会引起涡流响应,这类不连续的响应一般呈连续、缓慢变化的特征,需要采用它比差动式线圈才能检测出这类缺陷。

对于存在腐蚀和疲劳裂纹的金属产品或零件,其裂纹开裂度极其微小,肉眼是无法发现的,尤其是疲劳裂纹,需要采用放置式线圈进行检测。由于腐蚀缺陷往往在腐蚀区域的边沿部位深度较浅,中间部位较深,且有一定的面积,当采用自比差动式检测线圈时,涡流响应的变化较为平缓,而对于疲劳裂纹,当检测线圈扫过缺陷时涡流变化则非常显著。放置式线圈垂直置于被检测对象表面时,涡流在试件表层形成平行于表面的涡旋状流动电流,与外通过式和内穿过式线圈类似,这种流动方式的涡流难以发现平行于试件表面的平面型缺陷,如分层、层间未熔合等;而对于垂直于试件表面的裂纹缺陷,涡旋状流动电流总是垂直于开裂面,因此无论放置式线圈相对于裂纹方向以何种角度扫过缺陷时,所产生的涡流响应都是一致的。

在涡流检测中,工作频率、电导率、磁导率、边缘效应、提离效应等因素对检测结果的影响非常大。

工作频率是涡流探伤的一项重要参数,它需要参考被检测工件厚度、检测深度以及检测灵敏度或分辨率等相关技术参数,一般来说,涡流探伤的检测频率越高,涡流检测深度越小,但表面检测灵敏度就越高。在实际涡流探伤过程中,在满足检测深度要求的前提下,检测频率应选得尽可能高,以得到较高的检测灵敏度,如仅需要检测表面裂纹时,工作频率往往选择高达几兆赫兹的频率。一般来说,工作频率的选择是综合考虑各种影响因素的一种折中,常用涡流探伤的检测频率范围约为几十赫兹至十兆赫兹。大多数非铁磁性材料或制件检测选用的频率在几千赫兹至几百千赫兹范围。

采用放置式线圈检测非规则工件时,可以通过简单的公式计算得出检测频率;采用外通过式和内穿过式线圈检测管、棒、丝类材料时,由于涡流线圈的电磁场强度和试件中涡流的分布密度计算十分复杂,通常以下列几种方式确定:①利用表征线圈内金属棒材尺寸和电磁特性的特征频率参数 f_g 进行非铁磁性棒材检测频率的计算；②利用"频率选择图"进行非铁磁性棒材检测频率的选择；③利用放置式线圈在半无限大平面导体上的涡流渗透深度公式近似估算非铁磁性管材的检测频率；④利用对比试样上不同深度人工缺陷的涡流响应情况确定。

14.2.2　电导率测量

涡流检测技术也可以用于非铁磁性金属的电导率测量，前面阐述过，当涡流线圈接近导电材料时，线圈内交变电流产生的交变磁场会在导电材料表层生成涡流，该涡流的大小与激励磁场大小、交变电流频率、导电材料的电磁特性及尺寸等参数有关。对于非铁磁性材料，相对磁导率 $\mu_r = l$，磁特性参数 $\mu = \mu_0 \mu_r$ 是一个常量。当涡流线圈紧密接触厚度无限大的非铁磁性金属平板时，影响涡流场大小的只有一个变量，即材质的电导率。为了精确测量电导率的微小变化，通过复杂阻抗分析、计算和比较试验，确定了电导率在 $1\% \sim 100\%$ IACS 范围的金属及其合金最合适的测试频率为 $60 \, kHz$ 左右。

测量非铁磁性金属的电导率的仪器称为涡流电导仪，电网行业使用的材料大部分是有色金属，如铝、铜及其合金，对其本身电导率也有相应的技术标准规范要求，因此，经常要用涡流电导仪进行质量检测。涡流电导仪操作比较简单，首先要工件厚度、大小、表面状态等满足测量要求，检测前使用标准电导率试块进行涡流电导仪性能校准，标准试块的选择原则是两块与被检测材料电导率较接近的标准试块，其范围必须覆盖被检测材料电导率值，校准合格后即可直接测量。

14.2.3　材质分选

对于铁磁性材料，根据涡流检测仪器对不同铁磁性材料产生不同的涡流响应可实现材质分选，需要注意的是，由于涡流仪的响应受到磁性材料导电性与导磁性的综合效应影响，当两种铁磁性材料电导率和磁导率存在明显差异，但电导率与磁导率的乘积相等时，涡流检测仪的综合涡流效应一样，很难区分。

为克服或减小不同铁磁性材料电导率不同对材质分选带来的不利影响，工程上通常采用很低的检测频率对铁磁性材料分选，当检测频率为几十至几百赫兹时，检测线圈在铁磁性材料中感生的涡流非常弱，涡流再生磁场对检测线圈的反作用远远小于由铁磁性材料磁导率感应的磁场对检测线圈的反作用，涡流效应可以忽略不计，此时涡流效应主要受材料磁导率影响，即可通过涡流对线圈的反作用确定材料的磁特性，从而实现对铁磁性材料磁导率的不同响应来进行材质分选。

涡流材质分选只是一种简单区分材质方法，常用于材料分区储存时自动分选入库，不能给出被区分材料的牌号，如果需要对材质进行更细致的甄别，需要采用化学分析或光谱材质分析进行判定。

14.2.4　涡流法测厚

根据检测对象的不同,涡流法测厚分为涡流法涂层测厚和薄板的涡流测厚两种。

1. 涡流法涂层测厚

涡流法涂层测厚是利用电涡流测量铝、铜等非磁性基体上的涂镀层厚度的技术方法,其实质是利用涡流提离效应。通常是使用一组缠绕式线圈作为传感器探头,当线圈通电并靠近非磁性基体后,基体表面会生成反向的感生电涡流,感生电涡流产生二次反向磁场,这个磁场会对原生磁场产生抑制效果,通过待测涂镀层厚度和二次磁场的关系,推算出基体表面的涂镀层厚度。

与涡流探伤仪不同,涡流测厚仪使用较高的固定频率,在测量过程中不需要进行频率选择,工作频率一般固定在 $1{\sim}10\mathrm{MHz}$ 的频率范围,这样增大检测线圈在被测量覆盖层下导电基体中所激励产生涡流的密度,增强涡流的提离效应,从而提高测量灵敏度和准确度。

2. 金属薄板的涡流测厚

金属薄板厚度测量是利用涡流检测的集肤效应,直接用于测量金属薄板的厚度,而不涉及表面镀层问题。它与非导电镀层厚度测量有本质区别。涡流检测频率与透入深度关系密切,当检测频率低时,涡流透入深度大,当检测频率高时,涡流透入深度小。由于涡流测厚仪工作频率很高,因此不适用于金属厚板的厚度测量。

对铁磁性材料制金属薄板进行厚度测量时,由于铁磁性材料基体的磁导率存在不均匀现象,使涡流变化响应大,会导致测量准确度下降。

由于在电网设备厚度测量中,很少涉及金属薄板的涡流法厚度测量,因此,本书在后续部分的相关内容上不再涉及。

14.3　涡流检测新技术

随着工业的发展,对材料、产品检测的要求不断提高,人们在努力完善涡流检测技术的同时,提出了很多新的基于电磁原理的检测设想,经过逐步的发展,有的成为相对独立的新的检测方法,如远场涡流、电流扰动、磁光涡流、阵列涡流、深层涡流及脉冲涡流等。

14.3.1　远场涡流检测技术

远场涡流(remote field eddy current,RFEC)是一种比较成熟的检测技术,它是一种能穿透金属管壁的低频涡流检测技术,广泛应用于油、气等长输压力管道在役检测。

1. 远场涡流检测的原理

远场涡流检测的原理如图 14 - 11 所示,它采用的是由激励线圈和检测线圈构成的通过式探头,激励线圈与检测线圈的距离约为 2~3 倍管内径大小。当激励线圈通上低频交流电后,就会产生磁场,检测线圈用以接受发自激励线圈的磁场、涡流信号,利用接收到的信号能有效地判断金属管道内外壁缺陷和管壁的厚薄情况。

当图 14 - 11 中激励线圈通上低频交流电时,在线圈的周围空间会产生一个缓慢变化的时变磁场 $\boldsymbol{B}$,由于电磁感应作用,时变磁场 $\boldsymbol{B}$ 激发出一个时变涡旋的电场 $\boldsymbol{E}$,从而在金属管壁内形成涡流 J_e。同时,由于电磁感应作用,涡流 J_e 会在其周围产生一个时变磁场,因此,金属管壁内外的磁场是由线圈内的传导电流 J 和金属管壁内的涡流 J_e 产生的磁场的矢量和。远场涡流不是检测线圈阻抗的变化,主要是测量线圈的感应电压与电流之间的相位差。随着两个线圈间距的增大,检测线圈感应电压的幅值开始急剧下降,然后逐渐变缓,并且相位存在跃变。一般来说,我们常把信号幅值急剧下降后变化趋缓而相位发生跃变之后的区域称为远场区,信号幅值急剧下降区域称为近场区,近场区与远场区之间的相位发生较大跃变的区域称为过渡区。

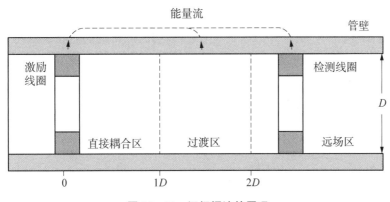

图 14 - 11　远场涡流的原理

2. 远场涡流检测技术的特点

1) 远场涡流检测技术优点

优点包括:①具有较高的检测灵敏度;②对于低磁性材料管的内外壁缺陷和管壁变薄情况具有相同的检测灵敏度;③壁厚与相位滞后之间存在线性关系;④污物、氧化皮、探头提离以及相对于管子轴线位置的不同等因素,对检测结果影响很小;⑤在远场范围内,检测线圈摆放的位置对检测灵敏度影响不大;⑥不受趋肤深度条件的限制;⑦由于温度对相位测量的影响微不足道,因此,应用相位测量技术的远场涡流特别适用于高温、高压工作。

2）远场涡流检测技术的局限性

局限性：①不适用于短小的和非管状的试件；②检测的激励频率低（对于钢管，检测频率范围是 20～200 Hz），因而大大限制了检测速度；③检测线圈的输出信号电压很弱，一般只有微伏级；④不能够辨别缺陷存在于外表面还是内表面。

14.3.2 电流扰动检测技术

电流扰动法（electric current perturbation，ECP）最早在军工飞机检修中应用，它是指利用感应线圈在被检工件上产生涡流流动，用独立探测器测定涡流流过缺陷时电流扰动引起的磁场。一般来说，探测器须对感应线圈产生的原磁场不敏感，以降低提离效应产生的噪声。

与其他涡流检测方法一样，电流扰动探头也包含激励线圈和检测（感应）线圈两部分，不同的是电流扰动探头的激励线圈和检测（感应）线圈是独立的，按相互正交取向布置，如图 14-12 所示。图（a）中激励线圈的法线垂直于 xy 平面，两个相互平行的感应线圈的法线平行于 xy 平面。一般激励线圈相比感应线圈的尺寸要大很多，这样导体内激励的涡流可近似沿 y 轴方向直线流动，如图（b）所示，磁力线可近似为平行于 xz 平面。感应线圈垂直于电流流动方向，穿过感应线圈的磁通最少，从而对提离变化的敏感度最小。当工件中存在缺陷时，会引起电流扰动而导致磁通变化，即使是微弱的变化，感应线圈也能检测出来。

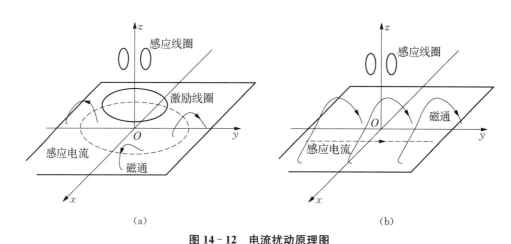

（a）   （b）

图 14-12 电流扰动原理图

（a）理论电流扰动探头工作原理；（b）实际电流扰动探头工作原理

电流扰动法对埋深裂纹和表面开口裂纹都很敏感。对于表面极微小的缺陷，应用常规涡流方法需要很高的工作频率才可获得足够的灵敏度，但是随着频率的提高，提离效应会变得显著,不利于检测电导率低、形状复杂的钛合金、高温合金制成零件的微缺陷。由于电流扰动系统激励线圈与感应线圈尺寸比例的新颖设计和感应线圈取向的巧妙设置,使提离效应对感应线圈接收到的磁通扰动信号的影响减至最小,并在扰动信号和微缺陷之间有良好的对应关系。

电流扰动法常用于螺栓、铝构件焊缝、复杂结构工件的检测。

14.3.3　磁光涡流检测技术

法拉第(Faraday)磁光效应是指当线偏振光在介质中传播时,若在平行于光的传播方向上加一强磁场,则光振动方向将发生偏转,偏转角度 θ_F 与磁感应强度 $\boldsymbol{B}$ 和光穿越介质的长度 l 的乘积成正比,即 $\theta_F = VBl$,V 称为韦尔代常数,与介质性质及光波频率有关。偏转方向取决于介质性质和磁场方向。

磁光涡流检测技术就是根据法拉第磁光效应和电磁感应定律而提出的一种新的电磁涡流检测技术。图 14-13 为磁光效应原理示意,磁光涡流成像仪用涂覆铋的石榴石铁氧体材料薄片组成磁光效应传感器,利用放置在片上的线圈产生交变磁场,而被检测表面区涡流及其产生感生磁场的变化则以不同的偏转角反射的磁光信号给出来,此信号可由电荷耦合器件(CCD)检测器接收经分析显示在检测器上。与普通涡流检测技术不同,磁光涡流技术需要利用平行于工件近表面层中的涡流感生磁场,且需要该电流是层流状。

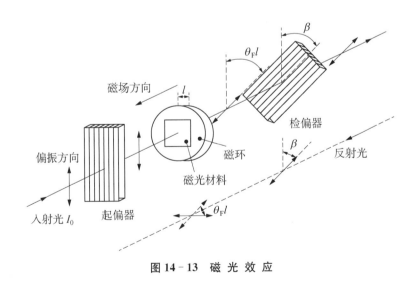

图 14-13　磁光效应

磁光涡流检测对工件表面涂覆层不敏感,可以在不去除油漆的情况下进行检测,设备使用方便简单。磁光涡流检测能快速覆盖被检区域,能实时成像,检测效率高。

磁光涡流的频率范围为 $1.6\sim100\,kHz$,高频时,能成像和检测工件存在的微小疲劳裂纹,低频时,能成像和检测深层裂纹和腐蚀裂纹。

14.3.4 阵列涡流检测技术

阵列涡流(arrays eddy current,AED)检测技术是涡流无损检测技术中新兴的技术分支,在阵列涡流检测技术的应用方面,美国、德国、加拿大、日本和法国等走在世界最前沿。日本 OLYMPUS NDT 公司开发了 OmniScan ECA 检测仪器和 R/D Tech ECA 探头,可用于检测隐藏在多层结构内的腐蚀和裂纹,在 5 mm 厚的铝材料中可以检测出搭接片厚度 10% 的材料损失。法国 ECA 公司联合 CYBERNETIX 公司与 Eurocopter 公司开发 CODECI 系统能够实时检测各种合金表面和亚表面缺陷。国内阵列涡流检测技术的研究和应用起步较晚,清华大学、北京航空航天大学、上海材料研究所等多家单位在阵列涡流检测技术方面做过大量研究及开发应用。

阵列涡流检测技术是通过检测传感器结构的特殊设计,运用计算机技术和数字信号处理技术,实现对材料和零部件的快速、有效地检测。采用阵列式传感器,无须机械扫描装置即可对工件展开的或封闭的受检面进行大面积高速扫描检测,便于实现对关键件的原位检测,对被测表面、近表面具有与传统点探头同样的分辨率,且不存在对某一走向缺陷和长裂纹的"盲视"问题。

与传统的涡流检测技术相比,阵列涡流技术探头是由多个独立工作的线圈构成的,这些线圈按照特殊的方式排布,且激励与检测线圈之间形成两种方向相互垂直的电磁场传递方式(见图 14-14)。线圈的这种排布方式,有利于发现取向不同的线形缺陷。

为提高检测效率,阵列涡流探头中包含有一个或几个线圈,不论是激励线圈,还是检测线圈,相互之间距离都非常近,为保证各个激励线圈的激励磁场之间、检测线圈的感应磁场之间不相互干扰或干扰较小,阵列涡流仪器通过多路数据采集技术消除线圈之间的互感。

阵列涡流检测采用电子扫描技术,对于传感器有效覆盖区域的动态检测转变为"准静态"检测,然而,不同受检件易损伤部位对于涡流激励场的要求各异,因此阵列涡流检测技术存在多种激励检测模式。

根据激励检测方式的不同,阵列检测模式基本上可分为两种类型:一种是绝对式阵列检测模式,每个线圈单元既是激励线圈又是检测线圈。基于该模式,阵列传感器一般直接在基底材料上制作多个敏感线圈,布置成矩阵形式的阵列,且为了消除线圈之间的干扰,相邻线圈之间要保留足够的空间。这种电涡流阵列大多用于大面积金属表面的接近式测量,检测部件的位置、表面形貌、涂层厚度以及回转体零件的内外

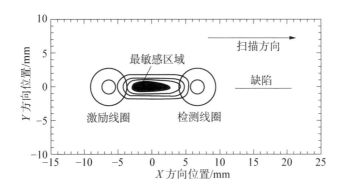

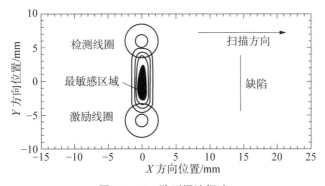

图 14 - 14　阵列涡流探头

径等,也可以用来检测裂纹等表面缺陷。另一种是互感式阵列检测模式,激励线圈和检测线圈分离。互感式阵列检测模式又可分为单激励多检测式和多激励多检测式两种。单激励多检测式阵列检测,一般设计为一个大的激励线圈加众多小的检测线圈阵列的形式,具有检测信噪比高、软硬件开发简单等优势。但是,由于激励线圈较大,对于复杂形状或曲面体检测的传感器设计制作难度较高,成本很大。多激励多检测式又可分为同时多激励多检测式和分时多激励多检测式。由于磁场耦合分析的复杂性和缺陷特征难于提取,同时多激励多检测式阵列技术应用较少。分时多激励多检测式应用灵活、信噪比高、缺陷方向性敏感、缺陷特征易于提取、易于形成较大体积阵列传感器。由于激励检测均为较小的线圈单元,对于复杂形状、曲面检测也有独特的优势。

随着传感器技术的发展以及加工工艺技术水平的提高,阵列涡流检测技术的研究和应用得到极大的发展,不仅用于管、棒、条型材料的在线检测、平板大面积金属表面的快速探伤,还由于具有同时检测多个方向缺陷和可应用异性和柔性探头的优点,被广泛应用于金属结构焊缝及大型零件检测,如图 14 - 15 所示。

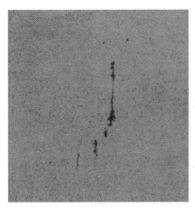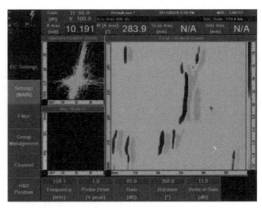

图 14 - 15　铝合金平板阵列涡流检测

14.3.5　深层涡流检测技术

深层涡流检测技术也称为低频电磁检测技术,其实质是低频涡流和多频涡流技术相结合的成果。深层涡流检测提出了增大涡流检测深度的原则,可用于一种材料的双面检查,并且不受非导电覆盖层的影响,深层涡流检测技术是通过一台能够产生检测振荡信号并对响应信号进行分析的计算机来实现的。应用混频技术,使由磁导率和其他非相关因素变化引起的信号减至最小。针对不同的检测对象,可选配各种低频探头以得到最佳的检测。

深层涡流采用低频探头以增加涡流透入深度,其激励涡流采用微机控制,以保证稳定性和灵敏度,利用多频功能减小由与检测材料特性无关的因素变化所引起的信号。

深层涡流检测系统有效应用于许多无损评价领域,包括锅炉管道的壁厚测量、锅炉管壁厚的分级测量、热钢坯的检验、石油及天然气管道的检验、热交换器管道缺陷特性的检定、飞机上螺栓孔内裂纹的检测、铁轨的检验、钢丝绳的检验、渗层深度及硬度的测试、钢结构的水下检验、焊缝检测、金属夹渣检测与蠕变破坏的检定等。

相比于其他检测方法,深层涡流检测有许多优点:①易接近性,只需要与被检工件的一个表面接近,其探头足够小,便于对其他设备仪器不适合接近的狭小区域进行检测;②不需要耦合剂,不必借助于液态耦合剂传播发射能量,避免了气泡、液体流动以及杂质等与耦合有关的各项问题;③可检测多层结构,可穿透不同的覆盖层进行检测,只要覆盖层的总厚度不超过涡流透入深度;④低噪声,在微机系统中采用交流电激励和伺步信号检测,只产生相当低的电磁噪声;⑤高温操作,深层涡流探头可用涂有金属的陶瓷材料制作,能够承受 $1\,000\,^\circ\mathrm{F}$ 以上的高温。

14.3.6　脉冲涡流检测技术

常规涡流(pulsed eddy current，PEC)检测采用一定频率的正弦交流电信号作为激励，激励信号的频率会显著影响检测。当激励信号频率较高时，涡流由于趋肤效应会集中在被检工件表面，易于发现工件表面微小缺陷，但随着透入深度的增大，高频涡流会急剧衰减，因此难以发现工件表面下具有一定深度的近表面缺陷；当激励信号频率较低时，涡流在被检测工件的透入深度增大，可检测工件近表面一定深度范围内的缺陷，但对于表面缺陷的检测灵敏度会随之下降。为同时兼顾工件表面缺陷检测灵敏度及检测深度，可采用宽带脉冲信号作为激励信号，利用脉冲涡流检测技术进行涡流检测。

1. *脉冲涡流检测的基本原理*

脉冲涡流检测技术是以一定占空比的方波通入激励线圈，线圈中就有周期变化的脉冲方波信号，方波信号激发脉冲励磁磁场(一次磁场)，在金属导体中产生一个向内部传播的瞬态涡流(脉冲涡流)，脉冲涡流在金属导体内同时感应出一个迅速衰变的二次磁场，二次磁场与一次磁场的方向相反，且反作用于一次磁场，在接收线圈上感应出随时间变化的瞬态感应电压。

当金属导体存在缺陷时，导体的电磁特性会发生改变，导致瞬态涡流发生变化，二次磁场和瞬态感应电压随之改变，通过对缺陷特征信号进行分析，便可以得到有关缺陷尺寸、类型结构等信息。图 14-16 所示为脉冲涡流检测原理。

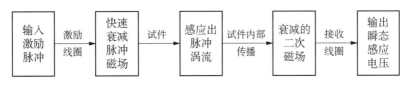

图 14-16　脉冲涡流检测原理

当脉冲涡流探头扫过平板试样上的人工刻槽时，由于刻槽的影响，工件中涡流的分布会发生改变，接收线圈接收到的瞬态感应电压信号中也会相应发生变化，这种变化包含了关于缺陷尺寸和位置的信息。此时可采用脉冲涡流响应信号中差分电压峰值、峰值时间这两个参数实现对缺陷的定量评价。其中，差分电压峰值是指差分电压最大值，峰值时间是指从涡流的上升沿激励开始到脉冲涡流感应信号达到峰值点的时间。

上述特征参数与引起该相应的缺陷的性质与状况有关：差分电压峰值与缺陷大小和位置密切相关，峰值时间与缺陷位置有关，通过对差分电压峰值和峰值时间的分析，可推出缺陷的位置、大小等信息。图 14-17 为典型的脉冲涡流特征信号图。

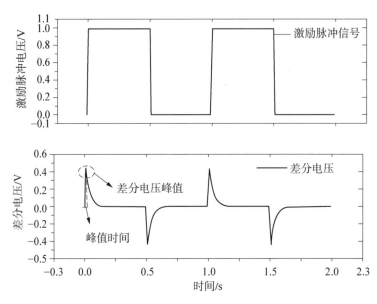

图 14-17　典型的脉冲涡流特征信号

2. 脉冲涡流检测的应用

脉冲涡流检测应用广泛,它既能够检测金属表面、近表面裂纹缺陷,又可以进行腐蚀缺陷的定量检测及扫描成像。

脉冲涡流检测金属表面、近表面裂纹缺陷时,应先根据不同深度人工缺陷的响应数据绘制深度与感应磁场最大值出现时间的对应曲线,检测中当发现缺陷信号时,测出缺陷响应信号最大值出现的时间,对应到参考曲线上就可以确定缺陷的深度。

利用脉冲涡流进行腐蚀缺陷的定量检测,可以在不去除隔热层和保护罩的条件下检测输油管道和蒸气管道的腐蚀情况。其检测采用在激励线圈底部的正中央,按照电流的流向对称地排列了 8 个检测线圈的涡流阵列线圈扫查工件时,对称位置上的两个检测线圈接收到涡流响应信号最大峰值的比值之间存在如下规律:对于不同的腐蚀深度,当探头阵列完全经过腐蚀扫描时,比值都大于或等于 0.5;当探头阵列不完全经过腐蚀扫描时,比值都小于或等于 0.2。因此,可以将这个比值作为一个特征参数,来判断检测线圈是否经过腐蚀,对于没有经过腐蚀的探头显示腐蚀图像的时候,其经过的扫描路径将不会被显示出来,这样就可有效地消除图像的失真。

第15章 涡流检测设备及器材

根据涡流检测对象和应用目的的不同,涡流检测设备可分为涡流探伤仪、涡流电导率仪及涡流测厚仪3种类型,有的教材或专业书籍将涡流检测设备分为4种,即在前述3种分类基础上,增加了涡流分选仪。值得指出的是,由于涡流分选仪是利用被检工件电导率的差异来进行材质分选的,因此,本书还是把它归到涡流电导率仪中。不论哪种分类方法,涡流检测设备基本上都是由涡流检测线圈、涡流检测仪器及辅助装置三大部分构成的,也就是我们常说的涡流检测系统三大核心组成内容。而涡流检测器材,则主要是指涡流检测试样,包括标准试样(试块)和对比试样(试块)。

15.1 涡流检测线圈

凡是对磁场变化比较敏感的元件,比如线圈、霍尔元件、磁敏二极管等,都可用作涡流检测的传感器,但目前用得最多的还是线圈,也就是我们常说的涡流检测探头或者涡流检测线圈。

涡流检测线圈是用直径非常细的铜线按一定方式缠绕而成的,当线圈内通以交流电时,就会产生交变的磁场,并在导体中激励产生涡流。同时,检测线圈还接收感应电流(涡流)所产生的感应磁场,将感应磁场转换为交变的电信号,将检测信号传输给检测仪器进行分析处理并显示。由此可以看出,涡流检测线圈具有以下三大功能:①激励功能,能建立一个具有一定频率或一定频率范围的交变电磁场,在工件中产生涡流;②检测功能,能够把从工件中获取的交变电信号传送给涡流检测仪器并进行分析、评价;③抗干扰功能,能够把与检测过程中不相关的干扰信号过滤或者抑制掉。

与霍尔元件、磁敏二极管等制作的探头相比,涡流检测线圈具有其自身独特的优势:

(1) 涡流检测线圈能同时激励和接收信号,霍尔元件、磁敏二极管等探头不能独立激励产生磁场,只能接收磁场信号将其换成电信号。

(2) 涡流检测线圈可根据被检测工件的结构、尺寸和检测目的,设计和制作成不同缠绕方式、不同大小且形状各异的线圈,能更好地满足检测要求。

（3）涡流检测线圈受温度影响较小,可适用于高温条件下的检测。

1. 检测线圈的分类

涡流检测线圈作为涡流检测系统的重要组成部分,对检测质量的可靠性起着重要作用。涡流检测线圈的结构和形式不同,其性能与适用性也随之形成很大差异,在实际涡流检测中,必须按照不同的检测工件和检测需求来选择合适的线圈。涡流检测线圈分类方式有很多,主要有感应方式、应用方式和比较方式等,每种方式下还可以继续细分。

1）按感应方式分类

根据感应方式的不同,涡流检测线圈分为自感式线圈和互感式线圈,如图 15-1 所示。

（1）自感式线圈,由单个线圈构成,既是激励线圈,在导体中激励磁场形成涡流,又是接收线圈,用来感应、接收导体中涡流再生磁场的信号,如图 15-1(a)所示。

（2）互感式线圈,由两组（个）线圈构成,其中一次线圈是激励线圈,在导体中激励磁场形成涡流,二次线圈是接收线圈,用来感应、接收导体中涡流再生磁场的信号,如图 15-1(b)所示。

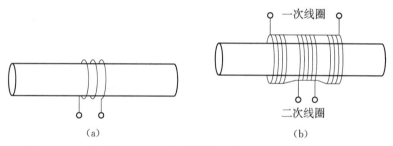

图 15-1　不同感应方式的检测线圈

(a)自感式线圈;(b)互感式线圈

由于自感式线圈只有一个线圈,具有绕制方便、对多种影响被检对象电磁性能因素的综合效应响应灵敏的特点,同时,激励线圈和检测线圈二者合为一体,对某一影响因素的单独作用效应难以区分。互感式线圈的激励线圈和检测线圈相互独立、各司其职,制作比较复杂,但是具有方便提取和处理不同影响被检工件电磁特性因素响应信号的优势。

2）按应用方式分类

根据应用方式的不同,涡流检测线圈分为放置式线圈、外通过式线圈和内穿过式线圈,如图 15-2 所示。

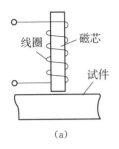
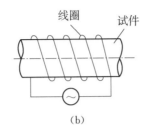
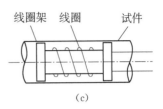

图 15-2　不同应用方式的检测线圈

(a)放置式线圈;(b)外通过式线圈;(c)内穿过式线圈

(1) 放置式线圈,又称为笔式线圈,如图 15-2(a)所示。与外通过式线圈和内穿过式线圈不同,线圈轴线在检测时会垂直于被检零件的表面,从而实现对零件表面和近表面质量的检测。放置式线圈可以设计、制作得非常小,内部可以附加磁芯,以增强磁场强度和聚焦磁场的特性,从而提高其检测灵敏度。一般来说,放置式线圈不仅用于管、棒、线材的检测,还可用于检测板材、型材以及形状复杂的零件,如涡流法测厚和焊缝的涡流检测。

(2) 外通过式线圈,如图 15-2(b)所示,是将工件插入线圈内部,并通过线圈对工件进行检测,对被检工件纵向的缺陷比较灵敏。由于线圈产生的磁场首先作用在被检工件的外表面,因此,对于外表面和近外表面缺陷检测灵敏度比较高,对于空心工件内表面缺陷的检测灵敏度比外表面低。这种线圈常用于管、棒、线等形状规则原材料在线或在役快速、自动化的涡流检测。

(3) 内穿过式线圈,如图 15-2(c)所示,是将其插入并通过被检工件内部进行检测,适合检测工件内表面和近内表面缺陷,对被检工件周向缺陷比较灵敏,常用于管材或管道质量的在役涡流检测。

由于外通过式线圈和内穿过式线圈电磁场的作用范围为环状区域,放置式线圈检测范围为尺寸较小的点状区域,因此,外通过式线圈和内穿过式线圈的检测效率要明显高于放置式线圈;外通过式线圈和内穿过式线圈在管壁和棒材表层感应产生的涡流沿管、棒材周向流动,对于缺陷方向的响应较为敏感,而放置式线圈在试件表面被检部位感应产生的涡流呈圆形,对于缺陷方向的响应敏感度低,即受裂纹取向的影响小,同时实际检测时可在线圈中心加铁氧体磁芯,集中磁场能量,极大提高检测灵敏度。

3) 按比较方式分类

根据比较方式的不同,涡流检测线圈分为绝对式线圈、自比式线圈和他比式线圈,如图 15-3 所示。

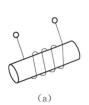 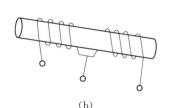 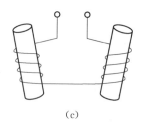

(a)   (b)   (c)

图 15‑3 不同比较方式的检测线圈

(a)绝对式线圈;(b)自比式线圈;(c)他比式线圈

(1) 绝对式线圈,如图 15‑3(a)所示,由一个同时具有激励和检测作用的线圈或一个激励线圈(一次线圈)和一个接收线圈(二次线圈)构成,主要是对被检测工件某一位置的电磁特性进行直接检测的线圈,它不需要与被检工件其他部位进行比较分析检测。由于绝对式线圈只有一个检测线圈,不但对被检对象的各种情况,如材质、形状、尺寸等各种影响因素均能够产生响应,而且受环境条件(如温度变化和外界电磁场干扰)的影响较为明显。

(2) 自比式线圈,又称为差动式线圈,如图 15‑3(b)所示,由一个激励线圈(一次线圈)和两个接收线圈(二次线圈)构成,主要是对被检测工件两处相邻近位置通过其自身电磁特性差异的比较进行检测的线圈。由于自比式线圈的两个二次线圈缠绕方向相反,在同一时刻同一方向交变磁场条件下感应产生的涡流流动方向相反,即在以串联方式联接的检测线圈输出端的感应电压是两个检测线圈中感应涡流与线圈阻抗乘积的差值,故称为差动式线圈。这种线圈利于抑制由于环境温度、工件外形尺寸等缓慢变化引起的线圈阻抗的变化。

(3) 他比式线圈,如图 15‑3(c)所示,由一个激励线圈(一次线圈)和两个接收线圈(二次线圈)构成,主要是对被检测工件某一位置与对比试样某一位置电磁特性差异比较进行检测的线圈。他比式线圈实际上是由两个独立线圈构成的一个线圈组,其中一个线圈作用于被检测对象,另一个线圈作用于对比试样,通过比较两个线圈分别作用于被检测对象和对比试样时产生的电磁感应差异来评价被检测对象的质量,这种检测方式具有能够发现外形尺寸、化学成分缓慢变化的优点。

2. 线圈中检测信号的形成

不同种类检测线圈,其涡流检测信号形成不尽相同。当涡流检测线圈的一次线圈通上交变电流,在一次线圈的每一匝线圈的周围产生大小和方向交替变化的电磁场,并作用于二次线圈产生感生电动势。对于差动式线圈,由于二次线圈由两个匝数相同、缠绕方向相反的二次线圈构成,因此,两个二次线圈感生电动势大小相等、方向相反,相互抵消,不能形成电流流动,没有涡流信号。而绝对式线圈,二次线圈在感生电动势作用下,在二次线圈内会形成电流流动,产生涡流信号。

15.2　涡流检测仪

1. 涡流检测仪的分类

利用涡流检测原理对材料进行无损检测的装置称为涡流检测仪,简称为涡流仪,其工作原理:由激励单元(信号发生器)产生一定频率的交变电流供给激励线圈,线圈产生交变磁场并在工件中感应产生涡流,涡流受到工件性能如缺陷、杂质等的影响而发生磁场变化,使线圈的阻抗发生变化,通过信号检出电路检测出线圈阻抗的变化,以电压信号输送到放大单元,电压信号经过放大并传送给处理单元,处理单元抑制或消除干扰信号,提取有用信号,最终显示单元显示出检测结果。

涡流检测仪种类比较多,常见的有涡流探伤仪、涡流电导率仪和涡流测厚仪等,如图 15 - 4 所示。

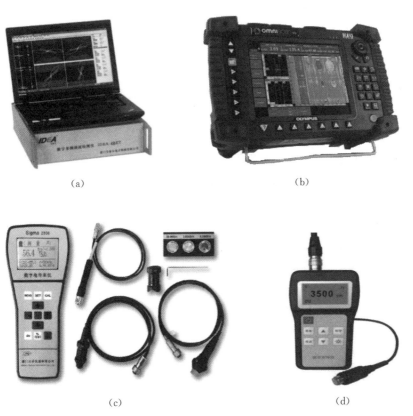

(a)　　　　　　　　　　　　　　　　(b)

(c)　　　　　　　　　　　　　　　　(d)

图 15 - 4　常见的涡流检测仪

(a)涡流探伤仪;(b)阵列涡流仪;(c)涡流电导率仪;(d)涡流测厚仪

1）涡流探伤仪

涡流探伤仪能实现管、棒、线、丝、型材等各种工件表面和近表面缺陷检测，无须耦合剂，易于实现高速、自动化在线或离线检测，广泛用于电网行业铝、铜及其合金制零件检测。

2）涡流电导率仪

电导率的测量是利用涡流电导仪测量出非铁磁性金属的电导率值。由于材料的电导率与金属热处理状态、化学成分、材料纯度以及某些材料的硬度、耐腐蚀等性能有关，因此，涡流电导率仪还能用于材料成分及杂质含量的鉴别、热处理状态的鉴别、材料分选等。

（1）材料成分及杂质含量的鉴别。

金属的电导率值受纯度的影响，杂质含量增加，电导率就会降低，通过测量电导率可估算材质中杂质的含量。

（2）热处理状态的鉴别。

相同的材料经过不同的热处理后不仅硬度不同，电导率也不同，因而，可以用测量电导率的方法来间接评定合金的热处理状态或硬度。

（3）混料分选。

对于混杂材料或零部件的电导率的分布带不相重合，就可以利用涡流法先测出混料的电导率，再与已知牌号或状态的材料和零部件的电导率相比较，从而将混料区分开。

3）涡流测厚仪

涡流测厚仪能实现金属薄板的厚度检测或金属基体上的覆层厚度的检测。常用于航天航空器、车辆、家电、铝合金门窗及其他铝制品表面防腐涂层厚度检测。

（1）覆层厚度测量。

用涡流检测方法可以测量金属基体上的覆层（厚度一般在几微米至几百微米的范围）的厚度，利用的是探头式线圈的提离效应。

（2）金属薄板厚度测量。

用涡流法测量金属薄板的厚度时，检测线圈既可按反射工作方式布置在被检测薄板的同一侧，又可按透射方式布置在其两侧，但都是根据在测量线圈上测得的感应电压值来推算金属薄板厚度的。

2. 涡流检测仪的组成

涡流检测仪主要由信号发生电路、桥式电路、放大单元、处理单元及显示单元五大部分组成。

（1）信号发生电路。

信号发生电路的主要作用是通过振荡器产生交变电流，交变电流流过置于导体上的线圈,在线圈周围形成交变磁场,并在导体表面产生涡流。

（2）桥式电路。

振荡器产生交变信号供给桥式电路,如图 15-5(a)所示,该电路以此检出桥臂阻抗的变化,由欧姆定律可得

$$U_1 = \frac{Z_2}{Z_1 + Z_2} U_i \qquad (15-1)$$

$$U_2 = \frac{Z_4}{Z_3 + Z_4} U_i \qquad (15-2)$$

式中,Z_1、Z_2、Z_3、Z_4 为阻抗;U_1、U_2 为电压。

当 $U_1 = U_2$,即 $U_0 = 0$ 时,该桥式电路处于平衡状态,桥式电路各桥臂阻抗之间存在 $Z_1 Z_4 = Z_2 Z_3$ 的关系。

在涡流检测中,通常将涡流检测线圈当作平衡电桥的一个桥臂,两桥臂上的线圈阻抗不可能完全相等,因此,需要调节平衡电桥中的可变电阻来消除两个线圈之间的电位差,实现桥式电路的平衡,如图 15-5(b)所示。

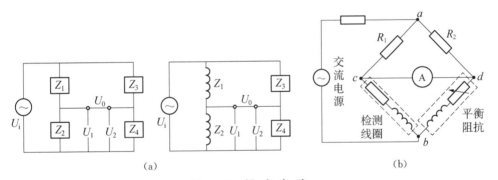

图 15-5　桥　式　电　路

(a)典型的桥式电路;(b)涡流检测仪中的桥式电路

当检测线圈靠近工件时,如工件存在气孔、裂纹等缺陷,线圈阻抗就会发生变化,其两端电压就会发生变化,从而桥式电路失去平衡,这时输出电压不再为零,会产生一个弱信号,其大小取决于被检测零件的电磁特性。通过测量线圈阻抗的变化即可推测出被检工件质量变化。

（3）放大单元。

如前所述,当桥式电路失去平衡,会产生一个弱信号,这个信号非常微小,因此,必须通过传输放大单元进行信号放大,才能被后续处理单元进行分析处理。放大单元的输出电压 U_0 与输入电压 U_i 之比称为放大倍数,用 A 表示,即 $A = U_0 / U_i$。

在涡流检测仪器中,通常用增益来表示 G 放大单元的放大倍数,单位为分贝(dB),即

$$G = 20\lg A = 20\lg(U_o/U_i) \qquad (15-3)$$

(4) 处理单元。

处理单元的作用是抑制或消除检测信号中的干扰信号,并识别和提取有用信号。涡流检测时,由于其干扰因素比较多,噪声信号特征又各不相同,因此,涡流检测仪器必须装备具备处理不同特征信号功能的多种信号处理单元,如移相器、相敏检波器、滤波器、幅值鉴别器等。

(5) 显示单元。

检测信号经处理单元处理后,会在涡流检测仪的终端进行显示。由于仪器设计与制造上的不同,显示单元有多种形式,早期的涡流检测仪较多地采用指针式电表、条带记录纸、阴极射线管等显示方式,随着技术的发展,现在的涡流检测仪都采用液晶显示屏来进行显示。

15.3 辅助装置

涡流检测的辅助装置是实现工件检测所必须的辅助设备,主要包括磁饱和装置、机械传动装置、标记或记录装置、退磁装置四大部分内容。

1. 磁饱和装置

一般来说,铁磁性工件材料内部的磁特性不均匀,这种不均匀性使得铁磁性工件不同区域之间的磁特性差别比较大,在涡流检测中会形成较大噪声信号,干扰甚至掩盖缺陷信号,从而造成漏检或误判。另外,与非铁磁性材料相比,铁磁性材料的相对磁导率一般远大于1,最大相对磁导率会达到1 000以上,由于涡流存在趋肤效应,导致涡流有效透入深度较小,检测范围也小。因此,为了提高检测范围,消除或降低磁导率不均匀而产生的干扰信号,涡流检测铁磁性材料工件前,必须用磁饱和装置对工件进行磁饱和处理。

磁饱和装置主要有外通过式线圈磁饱和装置、磁轭式磁饱和装置等。不同的磁饱和装置其结构存在较大差异,适用的检测工件也不相同。

1) 外通过式线圈磁饱和装置

外通过式线圈磁饱和装置结构如图15-6所示,主要用于管、棒材外通过式线圈涡流检测。涡流检测线圈放置在磁饱和装置中两个磁饱和线圈中间,为防止管材或棒材快速传动造成的线圈磨损,往往在两个磁饱和线圈内装有采用耐磨材料制成的导套。由于磁饱和装置饱和线圈需要长时间通以很大的直流电,线圈容易发热,为

此,需要采用水冷或风冷方式对磁饱和装置进行冷却处理。

2) 磁轭式磁饱和装置

磁轭式磁饱和装置结构如图 15 - 7 所示,主要用于采用扇形线圈的有缝管涡流检测。通过线圈产生磁场经过磁轭传导至铁磁性材料工件,从而使得被检铁磁性材料工件饱和磁化。为了充分利用磁化线圈产生的磁场,磁轭式磁饱和装置一般密封在纯铁制成的外壳内。

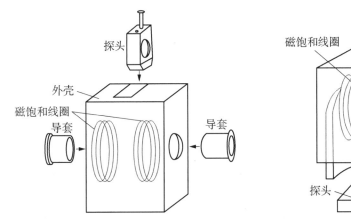

图 15 - 6　外通过式线圈的磁饱和装置　　　　图 15 - 7　磁轭式磁饱和装置

另外,还有一种磁饱和装置,可以对被检铁磁性工件进行局部饱和磁化。它是由一个直径较小、磁导率非常高的磁棒或磁环构成的。当交流电通过缠绕在磁棒或磁环上的检测线圈时激励产生很强的磁场,从而达到对铁磁性工件局部实施饱和磁化的目的。

2. 机械传动装置

机械传动装置主要用于在线涡流检测,它能保证被检工件与检测线圈之间以规定的方式平稳地做相对运动,且不造成被检工件表面损伤,主要包括工件传动装置和探头驱动装置。

1) 工件传动装置

工件传动装置主要用于管、棒材等形状规则产品在线检测,其检测效率高。一般来说,工件传动装置由上料、进料和分料装置组成。上料装置主要有两种形式,一种是以管材生产线最后部分直接作为涡流检测系统的上料装置,如管材矫直后的切割输出装置,这种上料方式必须与管、棒材的生产线同步进行涡流检测,不允许在涡流检测过程中对存在可疑信号的管材或棒材分析,也不允许对仪器进行定期校准或调试,因此较少采用这种上料方式。另一种上料方式是将批量生产的管、棒材分批移至物料台上,利用物料平台专门机构(如辊轮)逐根将管、棒材送至进料装置。进料装置是将管、棒材输送到涡流线圈检测的部分,在进料时,必须保证进料装置运转速度稳定、平稳,以减小振动或物料摆动造成的干扰信号。分料装置按验收标准确定的不同等级的管、棒材实施自动分离的装置,一般可将工件分为合格、可疑和不合格 3 组,通过对管、棒材按不同方向和不同时间的离线控制,实现对不同等级的管棒材自动分离。

2) 探头驱动装置

探头驱动装置是根据不同类型检测对象和要求来选择的,如采用放置式线圈对管、棒材实施周向扫查时,往往可采用管、棒材沿轴向作平移和驱动探头周向转动相结合的方式,也可以采用管、棒材周向转动和驱动探头轴向平移相结合的方式。有时在长距离管线涡流检测时,也会用到探头驱动装置,如长管道的在役内穿过式线圈检测,往往需要借助专用的探头驱动装置,确保探头均速、稳定地在管道内部进行移动,降低人为操作的干扰。

3. 标记或记录装置

标记或记录装置是对被检工件上存在疑似信号的位置进行自动记录和标识的装置,在线涡流检测中经常用到。一般来说,当仪器发现工件某处存在超标信号时,就会发出报警信号,标记装置根据报警信号自动关停传动装置,并在工件疑似信号区进行标记,如喷漆、刷涂等。随着技术的快速发展,现在涡流检测仪器智能化水平已经比较高,可以在检测仪的显示端自动标记出工件疑似信号区,不再需要机械打标。

4. 退磁装置

当被检工件不允许存在剩磁时,在涡流检测完成后,就必须对其进行退磁处理。退磁的方式比较多,常见的有交流法退磁和直流法退磁两种。交流退磁法就是将被检工件从一个通有交流电的线圈中沿轴向逐步撤出至距离线圈 1.5 m 以外,然后断电。直流法退磁则是在被检工件上通以低频换向、幅值逐渐递减为零的直流电,以去除工件内部的剩磁。退磁后可以用磁强计测定退磁的效果。

15.4　涡流检测试样

与其他无损检测技术一样,涡流检测也需要相应的检测试样(试块),且不同涡流检测方法采用的检测试样也不相同,如涡流探伤、电导率测量、覆盖层厚度测量等都有对应的检测试样。一般来说,涡流检测试样(试块)又分为标准试样(试块)和对比试样(试块)。

标准试样是按相关标准规定的技术条件加工制作,并经被认可的技术机构认证的用于评价检测系统性能的试样。标准试样的本质用途是评价检测系统的性能,而不是用于产品的实际检测。对比试样是针对被检测对象和检测要求按照相关标准规定的技术条件加工制作的,主要用于实际检测灵敏度的调节和检测结果的评定。与标准试样相比,对比试样的材料特性与被检测对象必须相同或相近,如材料牌号、热处理状态、规格或形状等,且对比试样一般是根据被检工件检测要求和检测目的来选择加工各种类型人工缺陷,如通孔、盲孔、线槽等。如检测存在腐蚀或泄漏等隐患的管道,常常采用带通孔、盲孔人工缺陷的对比试样,检测存在开裂、裂纹等隐患的工件,常常采用带线槽人工缺陷的对比试样。加工对比试样上孔形缺陷一般采用机械加工的方法,如采用平刃刀具钻制,保证孔的圆整、平直。加工槽形缺陷一般采用电化学加工方式,如线切割和电火花等,保证槽形缺陷的平直,槽深规范,不存在线槽或划痕等。

1. 涡流探伤的检测试样

在电力行业中,涡流探伤主要有管、棒(线)材涡流检测及放置式线圈焊缝涡流检测、放置式线圈零部件涡流检测三种,由于检测对象的不同,因此其检测试样也不相同。

1) 管、棒(线)材涡流检测对比试样

(1) 管材涡流检测对比试样。

a. 铁磁性管材涡流检测对比试样。

使用穿过式线圈或扇形式线圈涡流检测技术时,对比试样人工缺陷为通孔,如图15-8 所示,在试样钢管中部加工 3 个径向通孔,对于焊接钢管至少应有一个孔在焊缝上,沿圆周方向相隔 120°±5°对称分布,轴向间距不小于 200 mm。此外,在对比试样钢管端部小于或等于 200 mm 处,加工两个相同尺寸的通孔,以检查端部效应。通孔的直径按标准或者双方协商要求,表 15-1 是《承压设备无损检测　第 6 部分:涡流检测》(NB/T 47013.6—2015)推荐的铁磁性管材涡流检测对比试样上通孔尺寸及验收等级。

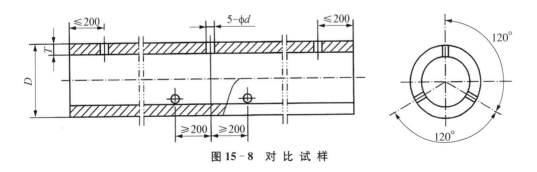

图 15-8　对　比　试　样

表 15 - 1 对比试样通孔尺寸及验收等级

(单位:mm)

验收等级 A		验收等级 B	
钢管外径 D	通孔直径	钢管外径 D	通孔直径
$D \leqslant 27$	1.20	$D \leqslant 6$	0.5
$27 < D \leqslant 48$	1.70	$6 < D \leqslant 19$	0.65
$48 < D \leqslant 64$	2.20	$19 < D \leqslant 25$	0.80
$64 < D \leqslant 114$	2.70	$25 < D \leqslant 32$	0.90
$114 < D \leqslant 140$	3.20	$32 < D \leqslant 42$	1.10
$140 < D \leqslant 180$	3.70	$42 < D \leqslant 60$	1.40
$D > 180$	双方协议	$60 < D \leqslant 76$	1.80
		$76 < D \leqslant 114$	2.20
		$114 < D \leqslant 152$	2.70
		$152 < D \leqslant 180$	3.20
		$D > 180$	双方协议

使用扁平式线圈涡流检测技术时,对比试样人工缺陷为通孔或槽。通孔相关数据及要求如图 15 - 8 及表 15 - 1 所示;槽如图 15 - 9 所示,即在对比试样钢管的外表面上沿长度方向加工一个纵向切槽,切槽应为平行于钢管主轴线的纵向 N 形槽,其中 b 为槽宽,h 为槽度。槽的规格按标准或双方协商要求,表 15 - 2 是 NB/T 47013.6—2015 推荐的铁磁性管材涡流检测对比试样上槽的尺寸。

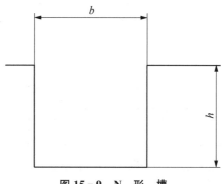

图 15 - 9 N 形 槽

表 15 - 2　对比试样外表面纵向槽尺寸及验收等级

验收等级 A			验收等级 B		
槽的深度 h（公称壁厚的百分数）	槽的长度	槽的宽度 b	槽的深度 h（公称壁厚的百分数）	槽的长度	槽的宽度 b
12.5%，最小深度为 0.50 mm，最大深度为 1.50 mm	不小于 50 mm 或不小于两倍的检测线圈的宽度	不大于槽的深度	5%，最小深度为 0.30 mm，最大深度为 1.30 mm	不小于 50 mm 或不小于两倍的线圈的宽度	不大于槽的深度

注：如有特殊要求，刻槽深度也可由供需双方协商。

　　b. 非铁磁性管材涡流检测对比试样。

　　非铁磁性管材的涡流检测，只适用于穿过式线圈涡流检测技术。电力行业中非铁磁性管材用得比较多的是变压器低压侧绝缘铜管母线及汽轮机冷凝器铜管，因此本部分仅以 NB/T47013.6—2015 标准中规定的铜及铜合金为例进行介绍，铝及铝合金、钛及钛合金等相关内容详见相关标准的规定，在此不再做阐述。

　　铜及铜合金管涡流检测对比试样上人工缺陷为垂直于管壁的径向圆形通孔、平底孔或刻槽，如图 15 - 10 所示，其规格尺寸如表 15 - 3、表 15 - 4、表 15 - 5 所示。

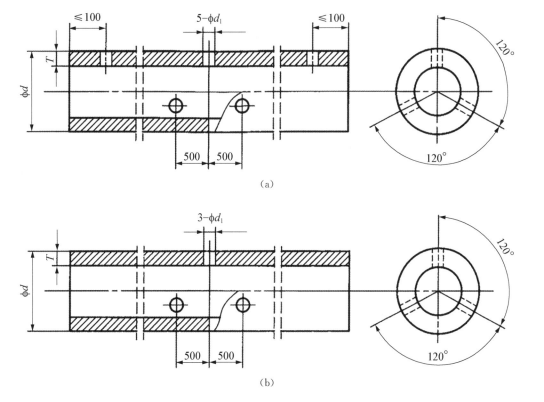

（a）

（b）

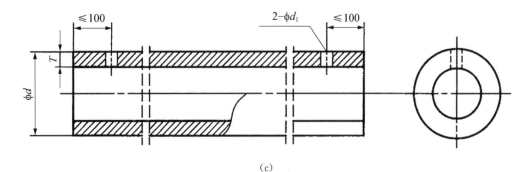

(c)

图 15‑10 铜及铜合金对比试样示意

(a)5 孔对比试样示意；(b)3 孔对比试样示意；(c)2 孔对比试样示意

表 15‑3 对比试样孔径尺寸

(单位:mm)

管材外径 d	管材壁厚	人工标准缺陷孔径
$3 < d \leqslant 6$	< 0.40	0.40
	$\geqslant 0.40$	0.50
$6 < d \leqslant 10$	< 0.40	0.50
	$\geqslant 0.40$	0.60
$10 < d \leqslant 16$	< 0.50	0.60
	$\geqslant 0.50$	0.70
$16 < d \leqslant 20$	< 0.50	0.70
	$\geqslant 0.50$	0.80
$20 < d \leqslant 30$	—	0.90
$30 < d \leqslant 40$	—	1.00
$40 < d \leqslant 50$	—	1.10
$50 < d \leqslant 60$	—	1.20
$60 < d \leqslant 80$	—	1.30
$80 < d \leqslant 100$	—	1.40
$100 < d \leqslant 120$	—	1.50
$120 < d \leqslant 160$	—	1.70

表 15-4　对比试样纵向刻槽尺寸

（单位：mm）

管材外径 d	管材壁厚	人工标准缺陷纵向刻槽($h\times b\times l$)		
		深度 h	宽度 b	长度 l
$6<d\leqslant10$	>0.50	0.08	0.1	20
$10<d\leqslant16$	>0.55	0.09	0.1	
$16<d\leqslant19$	>0.55	0.10	0.1	

表 15-5　对比试样平底孔推荐尺寸

（单位：mm）

管材外径 d	管材壁厚	人工缺陷（平底孔直径×深度）	说明
>50	>5.0	$(\varnothing1.3\sim\varnothing1.6)\times(1\sim2)$	内壁伤
$>3.0\sim9.0$	—	$\varnothing0.60\times0.10$	内壁伤
$>9.0\sim12.0$	—	$\varnothing0.80\times(0.10\sim0.20)$	内壁伤
$>12.0\sim16.0$	—	$\varnothing1.0\times(0.20\sim0.25)$	内壁伤

（2）棒（线）材涡流检测对比试样。

变压器导电引出杆、GIS 设备导电杆、接地等经常用到铜材质的棒材，其质量好坏关系电网设备的本质安全。对于该类棒材，一般采用穿过式涡流技术检测，其对比试样为无自然缺陷的低噪声棒材，材质与被检棒材的牌号、规格、表面状态、热处理状态相同，一般采用电火花或机械加工成钻孔和纵向刻槽（U 型槽），其规格尺寸由供需双方协商确定，也可参照《铜及铜合金棒线材涡流探伤方法》（GB/T 29997—2013），具体参数如表 15-6、表 15-7 所示。

表 15-6　刻　槽　规　格

棒(线)直径 D/mm	人工缺陷等级代号	槽深 h/mm	槽深允许偏差/mm	槽宽 W/mm	槽长 L/mm
$2\sim8$	N-3%	3%D	$\pm10\%h$	$\leqslant0.3$	$\leqslant20$
	N-4%	4%D			
$>8\sim30$	N-1%	1%D	$\pm10\%h$，但不得超过±0.05	$\leqslant0.3$	$\leqslant20$
	N-2%	2%D			
	N-3%	3%D			
	N-4%	4%D			

(续表)

棒(线)直径 D/mm	人工缺陷等级代号	槽深 h/mm	槽深允许偏差/mm	槽宽 W/mm	槽长 L/mm
>30~100	N-0.2	0.2	±0.05	≤0.5	≤20
	N-0.3	0.3			
	N-0.4	0.4			
	N-0.5	0.5			
	N-0.6	0.6			
	N-0.8	0.8			
	N-1.0	1.0			
	N-1.2	1.2			
	N-1.5	1.5			

注:(1) 等级的选择由供需双方决定,应考虑被检棒(线)材的表面粗糙度、平直度和加工状态的因素。

(2) 槽长的选择可根据探伤速度及探头个数确定。

(3) 槽深应由供需双方选定,槽深不能小于产品直径公差之半。

表 15-7 钻 孔 规 格

棒(线)直径 D/mm	人工缺陷等级代号	孔径 Φ/mm	孔深 h/mm	允许偏差/mm
2~30	N-0.6	0.6	0.5 1.0 1.5 2.0	±0.05
	N-0.7	0.7		
	N-0.8	0.8		
	N-1.0	1.0		
>30~100	N-1.2	1.2	1.0 1.5 2.0 2.5 3.0	±0.05
	N-1.4	1.4		
	N-1.6	1.6		
	N-1.8	1.8		
	N-2.0	2.0		
	N-2.2	2.2		
	N-3.0	3.0		

如果是离线检测,对比缺陷样棒(线)长度>2 m,直度≤1.5 mm/m,轴向 5 个相同钻孔,2 个钻孔分别距离棒(线)端100 mm,中间 3 个孔之间的距离为500 mm,并沿圆周向相隔120°分布,如图 15-11 所示。

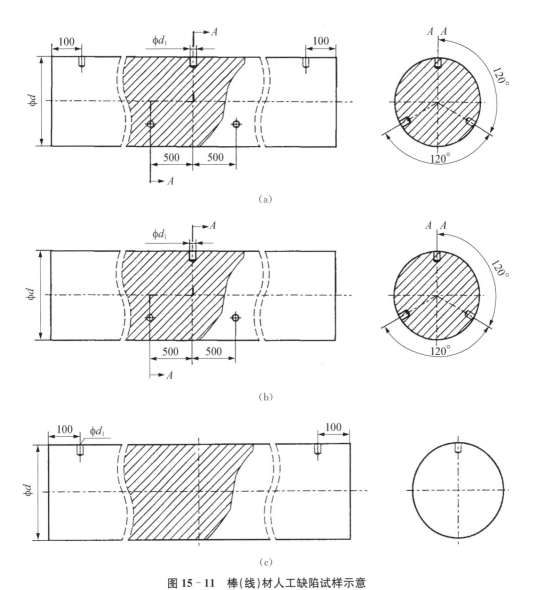

图 15‑11　棒(线)材人工缺陷试样示意

(a)5 孔人工缺陷试样；(b)3 孔人工缺陷试样；(c)2 孔人工缺陷试样

2) 放置式线圈焊缝涡流检测校准试块

采用与被检工件相同或相近的材料制作，即在校准试块上用线切割加工出
0.5 mm、1.0 mm 和 2.0 mm 深的人工刻槽。刻槽深度的公差应为 ±0.1 mm。刻槽
的推荐宽度应≤0.2 mm，校准试块形状如图 15‑12 所示。

当焊缝表面有油漆等涂层时，可采用已知厚度的非导体弹性垫片来模拟涂层，也
可直接在校准试块上喷涂实际涂层。推荐垫片厚度为 0.5 mm 的整数倍。

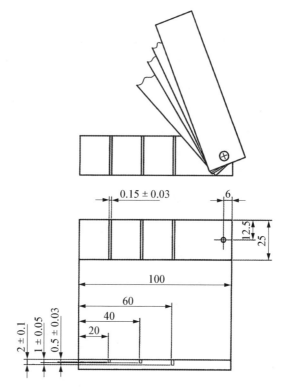

图 15 - 12 焊缝涡流检测校准试块

3) 放置式线圈零部件涡流检测试样

（1）标准试样。

标准试样用于测试涡流仪的性能，应采用 T3 状态的 2024 铝合金材料或导电性能相近的铝合金材料加工制作，其外形尺寸、人工伤深度应符合图 15 - 13 要求，其中

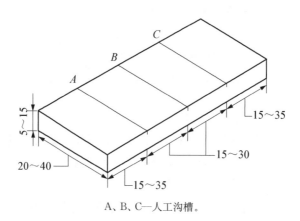

A、B、C—人工沟槽。

图 15 - 13 放置式线圈零部件涡流检测标准试样

人工槽伤可采用线切割方式加工制作,宽度为 0.05 mm,A、B、C 三条槽伤深度分别为 0.2 mm、0.5 mm 和 1.0 mm,深度尺寸公差为±0.05 mm。

(2) 对比试样。

对比试样用于设定检测灵敏度、检测仪器工作状态和缺陷的评定,其电导率、热处理状态、表面状态及结构和人工缺陷的位置应与被检件相同或相近,对比试样的材料可依据表 15 - 8 选用。

表 15 - 8　对比试样材料的选用

被检工件的材料	对比试样的材料
电导率大于 15％IACS 的非铁磁性合金	电导率在被检材料电导率±15％IACS 范围内,且不小于 15％IACS 的非铁磁性合金
电导率在 0.8％～15％IACS 的非铁磁性合金	电导率不高于被检材料电导率 0.5％IACS,且不小于 0.8％IACS 的非铁磁性合金
高磁导率钢和不锈钢合金	4130、4330、4340 材料,或任何热处理状态的类似高磁导率合金
低磁导率合金	退火状态的 17 - 7PH

零部件及局部区域涡流检测用的对比试样可参照图 15 - 13 制作,人工缺陷的数量和深度可依据检测验收要求确定,对比试样可用实际零部件制成,表面粗糙度应满足对比试样上的人工缺陷信号与噪声信号比不小于 5∶1,首次使用前,人工缺陷的宽度和深度尺寸应经过检测,符合制作要求才能投入使用。

2. 电导率涡流检测试样

电导率的测量是采用标定值的电导率标准试块涡流电导仪后,来测量材料或零件的。电导率测量时,只需要用到电导率标准试块,不需要选择与被检测工件材料、热处理状态相同或相近的材料制作对比试块。由于材料电导率对涡流的影响不是简单的线性关系,因此,在测量时,必须选择与原材料电导率值较为接近的量程进行仪器校准。常见的电导率标准试块由铜、铝、锡等合金制作,如图 15 - 14 所示。

3. 覆盖层厚度测量检测试样

与电导率测量一样,覆盖层厚度测量是通过校准标准片校准测厚仪后,对工件覆盖层厚度进行测量。校准标准片包括校准基体和标准厚度片。

1) 校准基体

基体的材质选择尽可能与实际涡流测厚工件

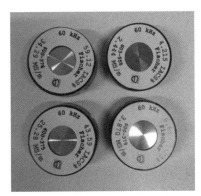

图 15 - 14　电导率标准试块

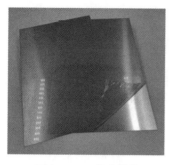

图 15-15 校准基体

保持一致,当现场无法进行取样时,应选择同材料或相近的材料制备基体(见图 15-15),其相关要求如下:

(1)校准基体厚度应大于仪器要求的基体最小厚度。

(2)校准基体上工作面的表面粗糙度 Ra 应符合仪器对相应粗糙度的要求,一般表面粗糙度依据相应的仪器有 0.2、0.3、0.4、0.5、0.7 五个不同的取值。

(3)校准基体上工作面的平面度应符合仪器对相应粗糙度的要求,一般平面度依据相应的仪器有 0.5、0.7、1.0、1.5、2.0 五个不同的取值,特别注意的是,校准基体上工作面的平面度许凸不许凹。

2)标准厚度片

涡流法测厚使用的标准厚度片分为两类,分别是标准箔和有覆盖层的标准片。

(1)标准箔。

标准箔是指非磁性金属或非金属的箔或片,用于涡流测厚仪校准的标准箔一般采用高分子化合物制作成均匀厚度的膜片,如图 15-16 所示,用于仪器校准及工艺评价,在实际涡流测厚过程中,应选择厚度与被测覆盖层厚度尽可能相近的标准片校准仪器,且校准标准片厚度的低值与高值所包含的范围应覆盖被测量镀层的厚度变化范围。如果被测量覆盖层厚度变化范围较大,应按上述原则分别选用合适的标准箔校准仪器。

图 15-16 标准箔宏观照片

为了避免测量误差,应保证箔与基体紧密接触;应尽量避免使用具有弹性的箔。标准箔易于形成压痕,必须经常更换。

(2)有覆盖层的标准片。

有覆盖层的标准片由已知厚度的、厚度均匀且与基体材料牢固结合的非导电覆盖层构成,如图 15-17 所示。这类试片的覆盖层与基体结合为一体,因制作难度大,有比较大的局限性。

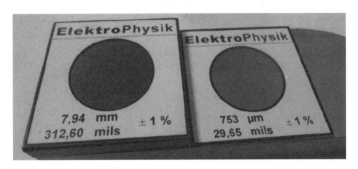

图 15-17　有覆盖层的标准片宏观照片

(3) 标准厚度片的质量要求。

①外观质量:标志完整清晰;工作表面应无明显压痕,应不影响标准厚度片使用;②制作方面:应具有良好的刚性,即探头压在上面不会发生显著的弹性变形。应具有良好的弯曲性能。当用于曲面镀层厚度测量时,应能与被检测对象的弧面基体形成良好的吻合;③均匀度:标准厚度片的均匀度应符合不同仪器对相应均匀度的要求,对于 $T>50\,\mu m$ 的标准厚度片,其均匀度依据相应的仪器有 $\pm0.003h$、$\pm0.006h$、$\pm0.01h$、$\pm0.02h$、$\pm0.03h$(h 为标准厚度片的实际值)五个不同的取值;对于 $T\leqslant 50\,\mu m$ 的标准厚度片,其均匀度依据相应的仪器有 ±0.15、±0.03、±0.5、±1.0、±1.5 五个不同的取值;④测量力对标准厚度片的影响:一般要求探头测量力在 $0.3\sim1.5\,N$ 范围内;⑤使用寿命:在符合使用要求的条件下,探头在标准厚度片的有效范围内,连续测量次数不应少于 500 次。

第16章 涡流检测通用工艺

涡流检测通用工艺文件是指导实施涡流检测技术应用工作的技术文件,由于涡流检测技术应用比较广泛,不同工件检测技术在工艺形式和内容上存在较大的差异,因此,必须针对具体的工件参数及质量控制要求制定工艺文件。

前面讲过,涡流检测按种类分为涡流探伤、电磁特性测量、覆盖层厚度测量等。铁磁性或非铁磁性材料制造的管材、棒材等规则工件及焊缝涡流检测都是典型的涡流探伤。电磁特性测量主要利用涡流检测来测量材质的电导率和进行材质区分。覆盖层厚度测量主要用磁性法和涡流法来测量工件表面防护层厚度。在电网行业中,常用放置式检测线圈对变压器接线端子螺栓孔、开关柜铜排、变电站构支架等工件进行检测。因此,本章主要介绍管、棒(线)材涡流检测以及放置式线圈焊缝涡流检测、放置式线圈零部件涡流检测、电导率涡流检测、覆盖层厚度涡流检测等几种常见的涡流检测的通用工艺。

16.1 管、棒(线)材涡流检测通用工艺

管、棒(线)材涡流检测通用工艺根据检测对象、检测要求及相关标准进行制定,其主要包括检测前的准备,涡流检测仪器、探头、对比试样的选择,仪器设备的校准,扫查方式,检测实施,结果评定,记录和报告等相关内容。

1. 检测前的准备

(1) 被检工件表面应清洁、无毛刺,不应有影响实施涡流检测的粉尘及其他污物,特别是铁磁性粉屑;如不满足要求,应加以清除,清除时不应损坏被检工件表面。

(2) 确定被检工件项目名称、部件名称、编号、规格及生产厂家等相关信息,根据被检工件确定采用的检测标准。

2. 涡流检测仪器、探头和对比试样的选择

1) 涡流检测仪器

涡流检测仪器应具有阻抗平面显示方式和时基显示方式,能够通过检测频率、响应信号相位和增益的调节检测出连续性感应产生的涡流变化。

2）探头

应根据工件大小、形状、结构及位置等信息,选取合适的探头进行检测。

（1）对于材质均匀、形状规则且最大外径≥180 mm 的管、棒（线）材,优先采用穿过式线圈进行检测。

（2）对于形状有变化或管径较大（外径＞180 mm）的管、棒（线）材,优先采用扁平式线圈。

（3）对于焊接钢管的焊接接头,优先采用扇形线圈。

（4）采用穿过式线圈进行涡流检测时,对于沿管、棒（线）材轴线的条状缺陷容易漏检,若怀疑存在该类缺陷,应增加扁平式线圈涡流检测。

3）对比试样

根据检测对象比如管、棒（线）材的不同,选择不同的对比试样,具体要求见本书第 15 章相关内容。

3. 仪器设备的校准

利用对比试样进行灵敏度校准,当人工缺陷响应信号能稳定产生且可清楚区分时,将人工缺陷响应信号幅度调到满屏高度的约 50% 作为检测灵敏度。

4. 扫查方式

使用穿过式线圈进行检测时,应采用人工驱动或自动驱动方式匀速穿过管、棒材。使用扁平式线圈进行检测时,应确保线圈扫查轨迹完全覆盖住整个管、棒（线）材待检区域。

5. 检测实施

对于铁磁性材料,可以使用磁饱和装置,使被检区域达到磁饱和。对于有固定卡扣的管子,须调试混频处理消除固有干扰信号。

按要求选择探头进行检测,发现疑似信号,可以用磁粉检测、渗透检测等其他技术进行验证,记录缺陷相位、幅值及位置等信息。

检测时的检测速度与调试灵敏度时的速度相同或相近,且满足仪器允许的检测速度上限要求。

检测时,每隔 2 h 利用对比缺陷试样校验仪器一次,若发现灵敏度数据变化大于 2 dB,应对上一次至本次校验之间所检测过的工件全部复检。

检测完成后,将仪器、探头规整并清理工作现场。

6. 结果评定

按有关产品标准及技术条件或供需双方合同的验收准则,对被检设备或工件的检测进行评定。

7. 记录与报告

根据相关技术标准要求及规定,做好原始检测记录及检测报告的编制、审批、签发等。涡流检测记录格式如表 16 - 1 所示。

表 16 - 1　涡流检测记录

记录编号：

项目名称			
部件名称		部件编号	
规格		材质	
仪器及编号		仪器型号	
主检频率		探头	
辅检频率		检测灵敏度	
执行标准		验收标准	

检测部位示意图：

检测结果						
序号	检测部位编号	数量	缺陷位置	缺陷形状	缺陷尺寸	级别
记　　录 日　　期				审　　核 日　　期		

16.2　放置式线圈焊缝涡流检测通用工艺

依据 NB/T 47013.6—2015 标准，焊缝涡流检测通用工艺是根据检测对象、检测要求等进行制定的，不同检测对象其检测工艺差异比较大，因此，本部分的工艺只涵盖了一些最基本的要求，主要包括：检测前的准备，仪器、探头及校准试样的选择，检测实施，检测结果的评定与处理，记录与报告等。

1. 检查前的准备

检测前应注意以下一些因素：

（1）被检测区域应无润滑脂、油、锈或其他妨碍检测的物质。

（2）检测前应了解填充金属的种类、待检测焊缝的位置和范围、焊缝表面几何形状、表面状态、涂层类型和厚度。

（3）被检焊缝表面几何形状及表面状态应能保证探头与检测面的良好接触。因为焊缝表面的不规则形状、焊接飞溅、焊瘤、腐蚀物和涂漆的剥落等都会使探头与被检测表面的距离发生变化并引起噪声，从而影响检测的灵敏度。

（4）对于表面有热喷涂铝等导电性材料涂层的工件，导电金属材料可能沉积在表面开口的裂纹内，从而影响检测效果，导致不能有效检测出可能存在的裂纹缺陷。

2. 仪器、探头及校准试样的选择

1）涡流检测仪器

涡流检测仪器应具有显示与分析信号相位和幅度的功能，且有如下基本要求：①在平衡和提离效应补偿后，（带涂层厚度试片）校准试块上 1 mm 深的人工缺陷的信号幅度应达到全屏，0.5 mm 深的人工缺陷的信号幅度至少为 1 mm 人工缺陷的50%；②应能够显示缺陷信号的阻抗平面图，并具有信号示踪冻结功能，信号示踪在检测场地日光、灯光照明或无照明条件下应清晰可见；③相位控制应能使信号以不大于 10°的步距进行全角（360°）旋转；④能对信号阻抗平面图上的任一矢量进行相位和幅度分析，并可将当前信号与先前存储的参考信号进行对比分析。

2）探头

探头的组装可以是差动式、正交式、正切式或与之等效的方式。探头的直径应根据被测工件的几何形状来选择。如果探头采用封装结构，在校准过程中封装外壳与校准试块表面应始终处于接触的状态。

3）试样

根据被检工件的材质制作或选用试样，试样须符合相关标准的规定及要求。尤其要注意有无涂层，如果有涂层，考虑增加垫片。具体要求见本书第 15 章相关内容。

3. 检测实施

对于涡流检测实施步骤来说，由于铁磁性材料和非铁磁性材料在频率、探头、校准试块、扫查模式等的选择或实施时存在一定差异。因此，对于非铁磁性焊缝的检测实施，不同材料其情况不一样，对于具体的材料，比如铝和不锈钢，应与其实际材料和经验分别一致。以下情况是统一针对铁磁性材料焊缝的操作步骤。

按仪器操作说明书或操作规程连接好仪器和探头，开机。根据提离和其他不希望出现的信号将频率调到最佳灵敏度，推荐工作频率为 100 kHz。

1）仪器校准及灵敏度设定

在校准试样上的人工刻槽表面应先覆盖上一层非导体弹性垫片，其厚度等于或大于被测工件的涂层厚度。利用探头在校准试块上扫查人工刻槽，将 1 mm 深刻槽的信号幅度调到满屏高度的约 80%作为检测灵敏度。校准完成后，将平衡点调至显示屏中间位置。

2）检测

分别对焊缝热影响区和焊缝表面进行检测，如图 16 - 1～图 16 - 3 所示。检测过程中需要注意以下几点：

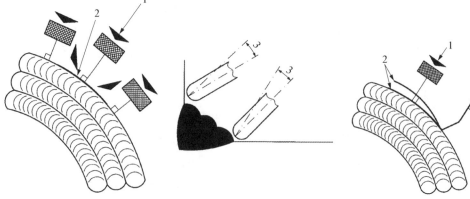
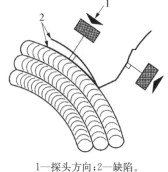

1—探头方向；2—缺陷；3—满足不同表面条件下的最佳角度。

图 16-1 母材和热影响区检测

1—探头方向；2—缺陷。

图 16-2 热影响区的补充检测

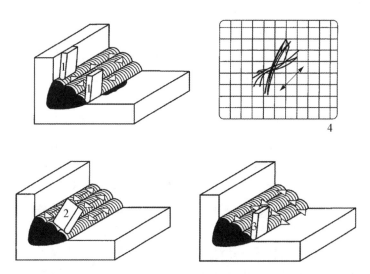

1、2、3—探头的不同位置；4—沿焊缝表面扫查的信号覆盖区。

图 16-3 焊缝表面检测

（1）探头移动方向与预计缺陷的走向垂直，如果缺陷走向未知或估计缺陷有不同的走向，则至少应在相互垂直的两个方向分别进行扫查。

（2）差动式探头灵敏度受缺陷与线圈夹角的影响，因此，在检测过程中要注意控制角度。

（3）检测过程中，尽可能地使探头移动速度恒定平稳。最大扫查速度视所用仪器和选择的参数而定，一般不超过 50 mm/s。

3) 整理

检测完成后,将仪器、探头规整并清理工作现场。

4. 检测结果的评定与处理

按有关产品标准及技术条件或供需双方合同的验收准则,对被检测焊缝进行质量评定。

对于检测中发现的疑似缺陷信号,可以用磁粉检测、渗透检测、超声检测、衍射时差法超声检测等其他无损检测技术进行验证,并记录缺陷相位、幅值及位置等信息。

5. 记录与报告

根据相关技术标准要求及规定,做好原始检测记录及检测报告的编制、审批、签发等。焊缝涡流检测记录如表 16-2 所示。

表 16-2　焊缝涡流检测记录

记录编号:

项目名称				
部件名称		焊缝编号		
规格		材质		
仪器及编号		仪器型号		
主检频率		探头		
辅检频率		检测灵敏度		
执行标准		验收标准		

检测部位示意图:

检测结果					
序号	焊缝编号	缺陷位置	缺陷形状	缺陷尺寸	级别
记录日期			审核日期		

16.3　放置式线圈零部件涡流检测通用工艺

放置式线圈零部件涡流检测通用工艺主要包括检测面的要求、涡流检测系统、仪器调节与检测灵敏度设定、检测过程、信号识别与分析、检测结果记录和评定等。

1. 检测面的要求

被检测区域应无润滑脂、油、锈或其他妨碍检测的物质；非磁性被检件表面不应有磁性粉末，如果不满足这些条件，应进行表面清理，在表面清理时不应损伤被检零部件的表面。

检测表面应光滑，表面粗糙度不大于 $6.3\,\mu m$，在对比试样人工缺陷上获得的信号与被检表面得到的噪声信号之比应不小于 3∶1。

被检部位的非导电覆盖层厚度一般不超过 $150\,\mu m$，否则应采用相近厚度非导电膜片覆盖在对比试样人工缺陷上进行检测灵敏度的补偿。

2. 涡流检测系统

（1）仪器。涡流检测仪器种类很多，选择的涡流检测仪器应具有阻抗平面显示方式和时基显示方式，能够通过检测频率、响应信号相位和增益的调节检测出连续性感应产生的涡流变化。

（2）探头。根据检测对象和检测要求，选择大小、形状和频率合适的涡流探头；可采用屏蔽或非屏蔽的差动式或绝对式涡流探头；涡流探头不应对施加的压力变化产生干扰信号；为了防止探头磨损，检测时可在探头顶部贴上耐磨的保护层，在检测过程中应随时检查探头的磨损情况，一旦发现磨损影响检测时，应停止使用。

（3）试样。根据被检工件及检测标准的相关要求选择相应的标准试样和对比试样。具体要求见本书第 15 章相关内容。

3. 仪器调节与检测灵敏度设定

（1）频率选择。根据检测深度、检测灵敏度、表面和近表面缺陷相位差、信噪比等条件选择检测频率。对零部件的检测还应考虑表面状况（粗糙度、漆层和曲面等因素）的影响。合适的检测频率应根据在对比试样及被检件上综合调试的结果确定。为提高检测可靠性，可采用多频检测方法，通过对比不同频率下缺陷信号的幅度或阻抗平面轨迹，综合判定缺陷的特征。

（2）相位调节。仪器相位调节应有利于缺陷响应信号与提离干扰信号的区分与识别，通常将提离信号的相位调节为水平方向，人工伤响应信号与提离信号之间有尽可能大的相位差。涡流响应信号会随着检测频率的改变而变化，在改变检测频率的同时应重新调节提离信号的相位，使其处于水平方向。必要时，可通过调节人工缺陷响应信号的垂直、水平比来增大人工伤响应信号与提离信号间的相位差。

（3）灵敏度设定。在对比试样上用规定的验收水平调试检验灵敏度，使检测线圈通过作为验收水平的人工缺陷时，人工缺陷信号的响应幅度不低于满刻度的 40%，人工缺陷信号与噪声信号比不小于 5∶1。必要时，可根据作为验收灵敏度的人工缺陷响应信号设定仪器的报警区域。

4. 检测过程

在检测中,探头应垂直于被检工件表面,在检测零部件的曲面和边缘部位时,可采用专用检测线圈以确保电磁耦合的稳定。扫查速度应与仪器标定时的速度相同,零部件边缘的影响不应使信噪比小于 3∶1。扫查中发现异常响应信号时,对有信号响应的被检区域反复扫查,观察响应信号的重复性,并与对比试样上的人工缺陷响应信号进行比较。探头的最大扫查速度应使对比试样上人工缺陷信号幅度不低于标定值的 90%。扫查方向应尽可能与缺陷方向垂直,对未知的缺陷方向,扫查至少要有两个互相垂直的方向,扫查间距不大于检测线圈直径的 1 倍。检测形状复杂的制件时,应将被检表面按形状不同划分出检测区域,使每个区域的形状基本一致,扫查方式如图 16 - 4 所示。

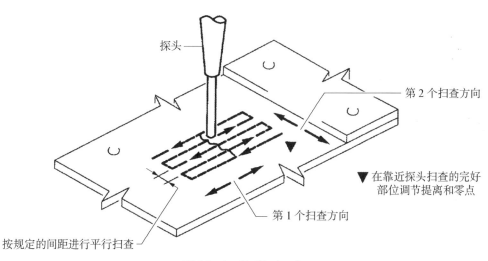

图 16 - 4　扫 查 方 式

5. 信号识别与分析

对于铁磁性材料,表面裂纹响应信号与提离信号之间通常存在较大的相位差;对于非铁磁性材料,表面裂纹响应信号与提离信号之间往往存在较小的相位差。表面裂纹响应信号一般具有较高的频率。对于出现异常响应信号的区域,应仔细观察相应信号对应在零部件表面的位置,依据图 16 - 4 所示扫查方式来确定裂纹的方向与长度或其他类型缺陷的大小。

6. 检测结果记录和评定

对检测中发现的不能排除由相关干扰因素(如提离、边缘、台阶等)引起的信号视为由缺陷引起,并评定缺陷的方向、长度或面积及类型。对于表面缺陷,可通过对比响应信号幅值与对比试块上相关深度人工缺陷响应信号幅值,评定引起该响应信号的缺陷深度。缺陷响应信号的相位可作为表面缺陷深度评定的参考信息。

按有关产品标准及技术条件或供需双方合同的验收准则,对被检测零部件给出合格与否的结论。当产品标准及技术条件或供需双方合同未给出验收准则时,可以仅对所发现缺陷给出定量的评定,而不给出合格与否的结论。

按照检测的实际情况详细记录检测过程的有关信息和数据。

16.4　电导率涡流检测通用工艺

电导率涡流检测通用工艺主要包括检测前的准备,仪器、探头、校准试块的选择,仪器的校准,检测实施,检测结果评定以及记录与报告等。

1. 检测前的准备

(1) 资料收集。确定被检工件项目名称、部件名称、编号、规格及生产厂家等相关信息,根据被检工件确定采用的检测标准。

(2) 检测时机。应根据被检工件的制造、安装工序选择合适的检测时机。对于电网设备的电导率检测,一般应选在设备到货后、现场安装前进行。

(3) 现场勘察。对施工现场及环境进行勘察时,应重点关注以下信息:①被检工件位置。当被检工件周围结构复杂,影响检测时,应采取必要措施(如拆除部分遮挡结构)等;当被检工件位于高空时,应协调必要的登高设备及安全设备;②检测环境。温度应在20±5℃范围内,并且探头、仪器、标准试块和试样的温度应一致,具有温度补偿功能的仪器可在补偿温度允许范围内的环境温度下进行导电率测试;③作业现场。作业现场无扬尘、无水汽、无振动、无磁场干扰、照明充足;检验工作区域应确保停电,相应间隔应设置明显的隔离标志,与带电设备应保持足够的安全距离。

(4) 仪器设备及现场工作必需品的准备如下:①电导率仪、安全帽、工具袋、安全带。②电导率试块(Cu)、棉布。③仪器在核准周期内,电池有足够的电量,且开机正常。

2. 仪器、探头、校准试块的选择

(1) 仪器。选择测量材料电导率的涡流仪。

(2) 探头。根据工件材质电导率范围及尺寸大小,选择大小、形状和测量范围合适的探头;探头不应对施加的压力变化产生干扰信号。

(3) 校准试块。根据工件材质标准电导率值,选择与原材料电导率值较为接近的两块校准试块,其范围要覆盖工件材质电导率值,且试块表面清洁、无锈蚀、无划伤。以电网铜制工件电导率测量为例,校准试块一般采用59.10%IACS及101.3% IACS两块试片。具体要求见本书第15章相关内容。

3. 仪器的校准

(1) 检测前应按制造商说明采用标准试块对设备进行校准。

（2）校准时，先将探头置于空气中测定电导率，然后将探头放到 59.10%IACS 试块上进行测定，最后置于 101.3%IACS 标准试片上进行测定。

（3）校准完成后，用 101.3%IACS 和 59.10%IACS 电导率试块核查仪器的准确性。试块实测值与标定值偏差≤1%IACS，视为准确。否则，核查相关因素后再次测量核准，如仍不能满足要求，应联系制造商检查、校准。

4. 检测实施

确定检测区域及测点位置和编号，并绘制示意图记录。检测工件表面应光滑、清洁，无氧化皮、油漆、腐蚀斑、灰尘和镀层等。

1）测量步骤

（1）开机进入主界面，选择电导率检测模式。

（2）选取被检工件相对平整部位，探头紧密贴合部件表面，保持其垂直平稳，直接读出测量值。

（3）每个工件选取 3 处进行测量，取算术平均值作为最终结果，记录数据。

（4）测量完毕后，应将仪器、探头及探头线进行归整，并清理工作现场。

2）测量时的注意事项

（1）使用带有消除边缘效应功能的仪器时，测试平面的面积应大于探头的面积；使用没有消除边缘效应功能的仪器时，测试平面的面积应大于探头面积的 2 倍。

（2）被检测工件厚度应不小于有效渗透深度。当厚度小于有效渗透深度时，可多层叠加后再进行导电率测试，叠加后的工件厚度应不小于有效渗透深度，但叠加层数不能多于 3 层。叠加时，各层间必须紧密贴合，各层间无间隙，且能互换测试。

（3）应尽量采用工件原始表面进行测试，如确须进行表面处理，则应确保工件表面不产生加工硬化。

（4）对于厚度不一致的试样，最厚处和最薄处为必测点；对于板材试样，应在中心处和接近边角处等有代表性的部位进行测试；对于棒材和管材类试样，应在其表面轴向不同周向位置上按适当间距分布进行测试；对于型材试样，应在不同型面上按适当间距分布进行测试。

（5）测试时，探头应平稳放置在试验表面的待测部位，探头表面与测试面平行紧贴。使用无电磁屏蔽的仪器时，探头必须离测试面边缘 3 mm 以上。

5. 检测结果评定

按照相关产品标准及技术条件或者供需双方合同要求的标准对检测结果进行评定。如双方存在异议，可以用化学法进行复测。

6. 记录与报告

根据相关技术标准要求及规定，做好原始检测记录及检测报告的编制、审批、签发等。金属部件导电率检测记录如表 16-3 所示。

表 16-3 金属部件电导率检测记录

记录编号：

项目名称			
仪器型号/编号		显示精度	
试件名称		生产厂家	
试件规格		试件材质	
试件编号		热处理状态	
执行标准			

检测部位以及示意图：

备注	

检测结果（%IACS）					
测点编号	实测值	实测值	实测值	实测值	实测值
记录 日期			审核 日期		

16.5 覆盖层厚度涡流检测通用工艺

覆盖层涡流法测厚主要用于金属基体表面非导电镀层厚度的测量，常用于测量铝合金表面阳极氧化膜或镀层厚度，以及其他金属材料表面绝缘镀层厚度，其通用工艺是根据被测对象、测量要求及相关厚度测量标准进行制定的，主要包括检测前的准备，仪器、探头、校准基体及校准片的选择，校准、测量、结果评定、记录与报告等。

1. 检测前的准备

（1）资料收集。根据检测任务要求收集被检工件相关资料信息，如工程名称、检测工件名称、编号、规格、基体材质及生产厂家等，并根据被检工件制造与服役条件来选择检测标准及镀层厚度评判标准。

（2）检测时机。应根据被检工件的制造、安装工序选择合适的检测时机。对于新设备，检测时机一般应选设备安装前；对于在役设备，检测时机应安排在停电检修期。

（3）现场工作条件。检测工作前，检测人员应熟悉现场工作环境：①被检工件位置。当被检工件周围结构复杂，影响检测时，应采取必要措施（如拆除遮挡结构）等；涉及高空作业时，作业人员应将安全带系在牢固的杆塔构件上，作业过程中不得失去安全带保护。同时应做好相关措施,防止检测工器具坠落;②工作场所。检测区域内应设置明显的标志,设专人监护,避免交叉作业,同时注意与带电设备应保持足够的安全距离,确保无感应电流。③检测环境。检测现场无扬尘、无水汽等,环境温度－5～50℃内为宜,避免在雨雪天气和夜间进行检测。

(4) 被检工件表面处理。采用纱布、无水乙醇对被检工件表面进行清理,去除被检工件表面上的灰尘、油脂和腐蚀产物等,使被检工件表面光洁,清理时不应损伤镀层。

2. 仪器、探头、校准基体及校准片的选择

(1) 仪器。应根据被检工件特性及周围环境选择合适的镀层测厚仪。

(2) 探头。应根据工件及镀层参数和测量要求,选择大小、形状和测量范围合适的探头;探头不应对施加的压力变化产生干扰信号。

(3) 校准基体。校准基体应具有与被测试件基体金属相似的表面粗糙度与电性能。推荐在被检测试件上不带有镀层的位置校准仪器零点读数和覆盖标准厚度膜片校准仪器相应的读数。

被测试件和校准基体金属厚度应相同,也可以用足够厚的相同金属分别与校准片和被测试件的基体金属叠加,测量盘读数不受基体金属厚度的影响。

如果被测试件的弯曲状态使得无法实施平面方式校准时,则带有镀层的校准片的曲率或放置校准膜片的基体的曲率,应与被测试件的曲率相同。

(4) 校准片。可以采用厚度均匀的非导电的膜片作为校准片,也可以采用基体金属以及与基体金属牢固结合的厚度已知且均匀的镀层构成的试样作为校准片。一般可供选择的校准片厚度范围在 20～1 200 μm。

3. 仪器设备的调试与校准

对长期没有使用过或没有校准过、明显失准、执行了"复位"操作及更换了探头的仪器,应进行校准。校准时应使用随机附带的基体(或无涂层的产品试块)和校准箔片。基体和校准箔片应经过仔细的清洁处理。在校准状态下,每次测量时探头应尽量落到同一区域,手法上要轻、稳,出现明显误差时应利用删除键将其删除。校准分为单点校准和两点校准。使用者可以根据实际情况或自己的使用经验选择执行单点校准或两点校准。仪器更换探头后必须进行一次两点校准。校准操作应在开机1 min 后执行。

(1) 单点校准。单点校准就是校准零点,只须要使用基体,在标准基体试片或者不带镀层基体上进行测量,并将测量结果归零。为准确校准零点,提高测量精度,本步骤可重复进行,以获得基体测量值小于 1 μm。

(2) 两点校准。根据待测镀层厚度选取两片合适厚度的校准片,先将较薄的校准片置于基体上,测量镀层厚度,将测量结果修正到校准片厚度,重复 3 次,完成第 1 点校准;然后将较厚的校准片置于基体上,测量镀层厚度,将测量结果修正到校准片

厚度,重复 3 次,完成第 2 点校准。

4. 测量实施

1) 测量步骤

(1) 按下开关键,仪器自检完毕便可以进行测量操作。

(2) 将探头平稳、垂直地放落在被测件上,显示器上便显示覆盖层的厚度值。然后再抬高探头,重新落下,进行下一次测量。根据要求反复多次测量,从而完成一个测量序列。

(3) 每个检测面上选择 3 处测量点,同一处测量点至少测量 3 次,并对测得的局部厚度取平均值,作为最终测量结果。

(4) 在测量过程中,如因探头放置不平稳,或探头太脏等原因,显示出明显的错误值,此时应将错误值删除,否则将影响整体测试结果的准确性。

(5) 当探头不能测量或测试数字明显出错时,应检查探头附近有无整流器、变压器、电焊机、硅机等易产生强电磁的设备。

2) 测量注意事项

(1) 在每天使用仪器之前,以及使用中每隔一段时间(例如,每隔一小时),都应在测量现场对仪器进行一次校准核对,以确定仪器的准确性。一般只要在基体检查一下仪器零点即可,必要时再用校准箔片检查一下校准点。

(2) 在同一试样上进行多次测量,测量值的波动性是正常的,覆盖层局部厚度的差异也会造成测量值的波动。因此,在一个试样上应测量多点,每一点测量多次取平均值作为该点测量值,多个点测量值的平均值作为试样覆盖层厚度检测值。

(3) 应避免在被测试件的弯曲表面上进行测量,如无法避免,必须使用相同的测量参数对其测量结果有效性进行验证。

(4) 应避开不连续的部位进行测量,如靠近边缘、台阶、孔洞和转角等,否则应对测量的有效性加以确认。

(5) 检查基体金属厚度是否超过临界厚度,如果没有超过,应采用衬垫方法,或者保证已经采用与试样相同厚度和相同电学性能的标准片进行过仪器校准。

3) 测厚准确性的影响因素

影响涡流法测厚准确性的因素比较多,主要包括覆盖层厚度、基体金属的电导率、基体金属的厚度、边缘效应、曲率、表面粗糙度、探头与试样表面的接触度、探头压力、探头的垂直度、被测工件的变形和探头温度等。

(1) 覆盖层厚度。测量会产生不确定度是涡流测厚方法固有的特性。对于较薄的覆盖层(小于 25 μm),测量不确定度是一恒定值,与覆盖层的厚度无关,每次测量的不确定度至少是 0.5 μm。对于厚度大于 25 μm 的较厚覆盖层,测量的不确定度与覆盖层厚度有关,是覆盖层厚度的某一比值。对于厚度小于或等于 5 μm 的覆盖层,厚度值应取几次测量的平均值。对于厚度小于 $3\,\mu m$ 的覆盖层,不能准确测出覆盖层的厚度值。

(2) 基体金属的电导率。涡流法测厚的测量值会受到基体金属电导率的影响,金属的电导率与材料的成分及热处理有关。电导率对测量的影响随仪器的生产厂和型号的不同有明显差异。一般来说,当基体材料的电导率大于仪器校准时所用基体的电导率,将导致测厚仪读数变小;反之,低电导率基体材料将导致涡流测厚仪读数增大。

(3) 基体金属的厚度。每台仪器都有一个基体金属的临界厚度值,大于这个厚度,测量值将不受基体金属厚度增加的影响。这一临界厚度值取决于仪器探头系统的工作频率及基体金属的电导率。通常,对于一定的测量频率,基体金属的电导率越高,其临界厚度越小;对于一定的基体金属,测量频率越高,基体金属的临界厚度越小。将基体金属厚度低于临界值的试样与材质相同、厚度相同的无涂层材料叠加使用是不可靠的。

(4) 边缘效应。涡流测厚仪对于被测试样表面的不连续比较敏感。太靠近试样边缘的测量是不可靠的。如果一定要在小面积试样或窄条试样上测量,可将形状相同的无涂层材料作为基体重新校准仪器。当测量面积小于 $150\,mm^2$ 或试样宽度小于 $12\,mm$ 时,应在相应的无涂层材料上重新校准仪器。

(5) 曲率。被测工件曲率的变化会影响测量值。工件曲率越小,对测量值的影响就越大。通常,在弯曲工件上进行测量是不可靠的。当测量直径小于 $50\,mm$ 的工件时,应在相同直径的无涂层材料上重新校准仪器。

(6) 表面粗糙度。基体金属和覆盖层的表面粗糙度对测量值有影响。在不同的位置上进行多次测量后取平均值可以减小这一影响。如果基体金属表面粗糙,还应在涂覆前的相应金属材料上的多个位置校准仪器零点。如果没有适合的未涂覆的相同基体金属,则应用不浸蚀基体金属的溶液除去试样上的覆盖层。

(7) 探头与试样表面的接触度。涡流测厚仪的探头必须与试样表面紧密接触,试样表面的灰尘和污物对测量值有影响。因此,测量时要确保探头前端和试样表面的清洁。比如,当对 2 片以上已知精确厚度值的校准箔片进行叠加测量时,测得的数值要大于校准箔片厚度值之和。箔片越厚、越硬,这一偏差就越大。原因是箔片的叠加影响了探头与箔片及箔片之间的紧密接触。

(8) 探头压力。测量时,施加于探头的压力对测量值有影响。因此,在测量时,要尽量保持施加在探头上的压力稳定。

(9) 探头的垂直度。仪器探头的倾斜放置,会改变仪器的响应,因此,测量时探头应小心垂直落下,尽量使得探头与被测位置的表面呈垂直状态,否则,探头的任何倾斜或抖动都会使测量出错。

(10) 被测工件的变形。测厚仪探头可能使软的覆盖层或薄的工件变形。在这样的工件上难以进行可靠的测量,只有使用特殊的探头或夹具才可能进行。

（11）探头的温度。温度的变化会影响探头参数。因此,应在与使用环境大致相同的温度下校准仪器。测量仪器最好设置温度补偿,以尽量减小温度变化对测量结果的影响。

5. 结果评定

（1）在测量中,对于相关干扰因素引起测量异常的数据,如提离、边缘、人为因素等,应剔除这些数据。

（2）对于测量数据,应以相关产品标准及技术条件或者供需双方合同要求的标准作为验收准则,并依据验收准则对被测部件的测量数据给出合格与否的结论;如果产品标准及技术条件或者供需双方合同中未给出验收准则,检测单位应提供具体的测量数据,可不给出合格与否的结论。

6. 记录与报告

根据相关技术标准要求及规定,做好原始检测记录及检测报告的编制、审批、签发等。覆盖厚度检测记录如表 16-4 所示。

表 16-4　覆盖层厚度检测记录

记录编号：

项目名称				
仪器型号		仪器编号		
显示精度/μm		部件编号		
基体材质		涂覆层材质		
执行标准				

检测部位示意图：

<table>
<tr><td colspan="10" align="center">检测结果/μm</td></tr>
<tr><td>测点编号</td><td>实测厚度</td><td>测点编号</td><td>实测厚度</td><td>测点编号</td><td>实测厚度</td><td>测点编号</td><td>实测厚度</td><td>测点编号</td><td>实测厚度</td></tr>
<tr><td>1-1</td><td></td><td>1-2</td><td></td><td>1-3</td><td></td><td>1-4</td><td></td><td>1-5</td><td></td></tr>
<tr><td>2-1</td><td></td><td>2-2</td><td></td><td>2-3</td><td></td><td>2-4</td><td></td><td>2-5</td><td></td></tr>
<tr><td>3-1</td><td></td><td>3-2</td><td></td><td>3-3</td><td></td><td>3-4</td><td></td><td>3-5</td><td></td></tr>
<tr><td>4-1</td><td></td><td>4-2</td><td></td><td>4-3</td><td></td><td>4-4</td><td></td><td>4-5</td><td></td></tr>
<tr><td>5-1</td><td></td><td>5-2</td><td></td><td>5-3</td><td></td><td>5-4</td><td></td><td>5-5</td><td></td></tr>
<tr><td colspan="2" align="center">记录日期</td><td></td><td></td><td colspan="2" align="center">审核日期</td><td></td><td></td><td></td></tr>
</table>

第 17 章　涡流检测技术在电网设备中的应用

前述章节已经提到涡流检测主要分涡流探伤、电导率测量、材质分选、涡流法测厚四种,并且在电网设备中都有相应的应用。接下来本章所要讲解的案例比如高压电缆铅封的涡流检测、变电站 GIS 筒体焊缝涡流检测等属于涡流探伤;干式变压器铜铝线材涡流检测属于材质分选;户外柱上断路器接线端子的涡流检测属于电导率测量;GIS 筒体漆层的涡流检测属于涡流法测厚中的涂覆层厚度测量。

17.1　高压电缆附件铅封涡流检测

电缆铅封作为电缆附件,是指用铅锡等合金材料封堵尾管端部与金属套之间的缝隙后的成型结构,制作铅封的工艺称为搪铅。据统计,电缆本体及附件质量缺陷是导致高压电缆故障的主要原因,而搪铅作为高压电缆附件现场安装的关键工艺之一,铅封的质量直接影响高压电缆的安全稳定运行。一旦因安装质量不合格或运行中受力、振动等因素引起铅封出现开裂、孔洞等缺陷,易导致附件进水受潮或电气连接不良,绝缘程度降低,从而引发高压电缆线路故障跳闸甚至电缆击穿事故,造成严重的经济损失。特别是高压电缆各种接头的施工中,更需要高质量的铅封。因此,有必要利用一种有效可靠的检测手段对电缆铅封质量开展检测评估,保证电缆各种端头的密封安全,从而避免电缆铅封缺陷引发的击穿事故。

对高压电缆附件铅封的检测目前存在可考虑的检测方法有回路电阻检测、X 射线数字成像检测(digital radiography detector, DR)和涡流检测。

回路电阻测试法只能检测铅封完全断开的情况,铅封部分开裂时无法检测,且该方法需要断开测试相的接地点,并不适用于铅封缺陷检测。

X 射线数字成像检测存在垂直布置射线源和平板探测器时,铅封开裂处与铅封完好部位在 X 射线同一个辐射方向的情况,且由于 X 射线能量不足,无法穿透铅封完好部位,致使开裂处埋没于铅封完好部位阴影中,无法有效检出铅封开裂缺陷。在现场检测时,还须多次调整射线源和平板探测器角度,受限于中间接头所处空间狭小,且无专用射线源和平板探测器固定工具,无法完成完整的铅封 X 射线成像检测,因此,该方法也不适用于铅封缺陷检测。

涡流检测技术在探头参数不变的情况下,可用探头线圈阻抗、电压或周围磁场的变化来反映被测工件的信息,实现被测工件的非连续性检测,即裂纹、孔洞和划伤等缺陷。涡流探伤技术可有效检测高压电缆铅封开裂缺陷,有无缺陷状态下,信号图谱幅值、相位和"8"字回线差异明显,易于识别;铅封开裂越严重,检测信号强度越大,越易于分辨。涡流检测(技术)具有不受检测位置影响、操作不触碰被检测部件、可不拆除铅封外壳检测等明显的技术优势和应用优势。

受国网某供电公司电缆运检中心委托,材料检测团队于2019年3月5日至3月28日对某供电公司电缆运检中心所辖220 kV保电线路交联聚乙烯绝缘电力电缆中间接头和终端接头附件铅封质量进行电磁涡流探伤,总计有45组(每组三相三根接头),135根接头铅封,材质为铅锡合金,规格型号为ZR - YJLW03 - 1×1 600 127/220 kV,检测标准:参照NB/T 47013.6—2015执行。其具体检测过程及结果如下。

1. 获取铅封试样,制作铅封对比试样

选取与待检线路电缆接头规格、材质等同批次的电缆接头,制作检测对比试样,即电缆铅封试样,如图17-1所示。

制作电缆接头铅封对比试样,对比试样中的模拟缺陷长度、深度及宽度等相关数据如图17-2~图17-5所示。

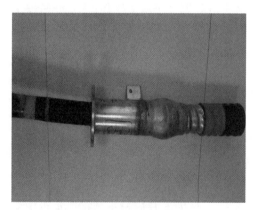

图 17-1 铅封试样

图 17-2 铅封试样最大直径处横截面尺寸

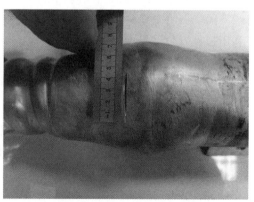

图 17-3 模拟试样缺陷长度 45 mm

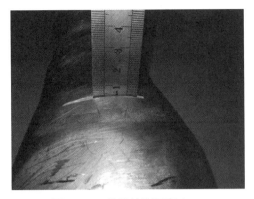

图 17-4　模拟缺陷深度 **4 mm**

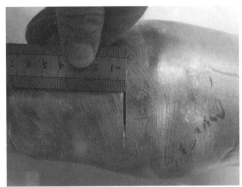

图 17-5　模拟缺陷宽度 **1.5 mm**

2. 仪器设备及调试

（1）仪器型号：EEC39-RFT。

（2）探头：放置式探头。

（3）主检频率：20 kHz。

（4）检测灵敏度：1 mm 宽、2 mm 深的人工伤信号，相位 135°，幅值 40%。

由于铅封对比试样体积、重量比较大，现场携带不方便，因此，在使用时在试验室提前对涡流检测设备进行调试。设备调试情况如图 17-6～图 17-8 所示。

图 17-6　涡流检测设备调试

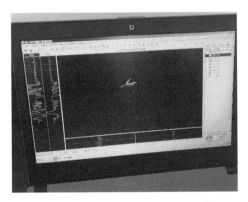

图 17-7　无缺陷位置的信号（信号平衡点）

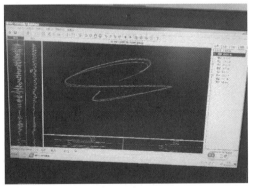

图 17-8　有缺陷位置的信号图

3. 检测实施

检测部位为每根电缆中间接头，每根接头两端两个铅封圆弧面 100% 放置式检测，检测位置如图 17-9 所示。

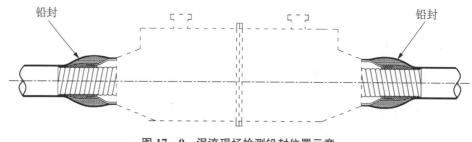

图 17-9　涡流现场检测铅封位置示意

　　经过对 40 组 120 根接头铅封的现场涡流检测,发现有某线♯45 塔 B、C 相两个终端接头存在可记录涡流信号显示,相位 108°,幅值 70%,信号异常,对相应位置宏观可见表面存在凹痕不均情况,如图 17-10 和图 17-11 所示。其余所检终端接头铅封涡流信号显示波幅低于 10%,未超过检测标样设置的灵敏度,检测结果正常,如图 17-12 所示。

图 17-10　某线♯45 塔 B 相和 C 相

图 17-11　某线♯45 塔 B 相和 C 相接头缺陷信号

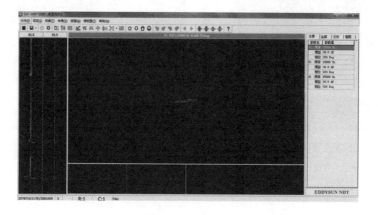

图 17-12　现场涡流检测结果正常信号显示示意

4. 现场复测

停电后对某线♯45 塔的 C 相电缆接头采用 X 射线数字成像检测技术(DR)对其进行检测,射线检测结果与涡流检测结果一致,如图 17 - 13 所示。

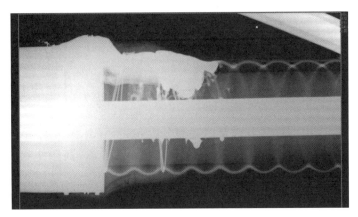

图 17 - 13 某线♯45 塔 C 相接头缺陷 X 射线数字成像检测结果

5. 建议

对发现的两个存在异常信号显示的电缆终端接头铅封在运行时重点监测,并在断电检修时做进一步检测,若再有异常须对其进行返修或更换处理。

6. 记录与报告

根据相关技术标准要求及规定,做好原始检测记录及检测报告的编制、审批、签发等。

17.2 干式变压器铜铝线材涡流检测

干式变压器作为电力的重要设备,具有安全、防火、无污染、机械强度高、抗短路能力强、局部放电小、热稳定性好、可靠性高、使用寿命长、低损耗、低噪声、节能效果明显、散热性能好、免维护、体积小、重量轻、占地空间少、安装费用低等优点,广泛用于局部照明、高层建筑、机场、码头、机械设备等场所。然而,由于铜材价格是铝材的 3 倍,当前国内某些企业为了降低生产成本,存在"线圈以铝代铜、以次充好"的现象,这不仅给电网带来巨大直接经济损失,还给电力系统带来了安全隐患。如何针对干式变压器线圈材质进行快速无损检测正是干式变压器检测面临的难题。

目前,在干式变压器线圈材质快速甄别方法方面,国内学者开展了大量的试验研究,也提出了一些可行的方法:①通过解体破坏绕组绝缘来检测,但该方法检测成本高,工程实用性差,不适合干式变压器的批量检测;②通过变压器质量、尺寸等参数计算来判断,但是不同厂家、不同系列的干式变压器设计差异较大,难以形成准确的判断标准;③提出基于 X 射线的鉴别方法,该方法探讨了均匀遮蔽物中不同绕组材质的 X 射线衰减规律,但需先确定外层材质,对于实际变压器的不均匀外壳环境尚不能进行工程应用;④提出用数字检测仪对配电变压器的电气参数进行测量,并使用等效电桥法测算出变压器绕组的直流电阻大小,结合变压器设计手册鉴别其绕组材质,该方法虽简单,但精度比较差;⑤提出基于热电效应的变压器绕组材质鉴别方法,该方法对于 500 kVA 以下的小容量配电绕组铜铝材质检测准确性较高,试验操作也简单,时间周期短,但不适用于容量大于 500 kVA 大容量配电绕组铜铝材质检测。

干式变压器绕组线圈部分被绝缘材料严密包裹,只外露接线端子,其绝缘介质一般为环氧树脂,厚度一般为 4～7 mm,不导电和不导磁,高压绕组一般采用多层圆筒式或多层分段式,针对以上特点,利用电磁涡流检测,通过铜铝线材宽度与特征相位关系的规律来判断线圈材质,实现在不破坏情况下的干式变压器铜铝线材鉴别。

1. 检测原理及仪器设计

1) 检测原理

变压器线圈导线无论是铜材、铝材还是铜铝合金材料,均是导体材料。如果在干式变压器环氧树脂表面放置涡流探头,产生交变磁场,依据电磁感应原理,铜材或铝材将会产生感应电流(涡电流),由于铜铝导体材料的电导率不一致,则感应电流(涡电流)的相位存在差异。通过检测出导体感应涡流的变化,并进行数据处理,则可以判断出变压器导体的材质。

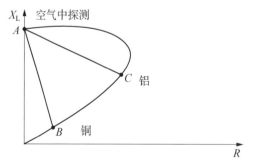

图 17‐14 铜铝材质涡流信号变化示意

在同样规格条件下,当把涡流探头从空气中放置到线圈上时,如图 17‐14 所示,如果变压器线圈是铜材,则阻抗信号将从 A 点移动到 B 点;如果变压器线圈是铝材,则阻抗信号将从 A 点移动到 C 点。AB 和 AC 两段的幅度和角度存在差异。根据特征相位是在 AB 段附近变化还是在 AC 段附近变化,即可推断出线圈是铜材还是铝材。

2) 影响因素分析

根据干式变压器特点以及涡流检测原理,对检测产生影响的因素主要包括探头激励线圈尺寸、频率、环氧树脂层厚度、线圈材质、线材的宽度及厚度、干式变压器工作温度。相关资料表明,线材厚度和环氧树脂对检测影响较小,环氧树脂厚度在 3～

8 mm 左右,特征相位差为 0～1°,同宽度不同厚度线材特征相位差为 0～3°,但线材宽度对检测影响较大,同厚度不同宽度线材特征相位角差为 0～19°。此外,工作温度超过 70℃时,电涡流传感器的灵敏度才会显著降低。而干式变压器是在常温下检测的,因此,工作温度的影响暂不予以考虑,但必须考虑线材的宽度对检测的影响。

3) 涡流仪器设计

涡流检测仪的基本原理是信号发生器产生交变电流供给检测线圈,线圈产生交变磁场并在工件中感生涡流,涡流受到工件性能的影响反过来使线圈阻抗发生变化,然后通过涡流传感器拾取被检测工件信息信号,该信号经调理电路处理后,送入 A/D 转换器进行高速采样,转换后的数字信号送信号处理器(digital signal processor,DSP)进行检波、滤波、相位旋转等处理,ARM9 嵌入计算机对 DSP 送来的信号信息进行进一步处理,最终在屏幕上显示出铜铝材质特征相位,仪器设计框图如图 17 - 15 所示。根据相关资料给出特征参数计算公式计算,干式变压器导线材质鉴别采用的特征相位探头线圈的平均半径约为 2 mm。此外,利用涡流探头在铜铝线材上移动时,线材中间和边缘产生的涡流强度不一致,形成波峰波谷原理,即两个波峰之间距离为线材宽度,设计线圈宽度检测探头。线圈宽度探头包括高频笔式探头和编码器两部分,软件基于 Labview 基础进行编写。为保证检测灵敏度,线圈宽度探头检测线圈直径为 1.5 mm,频率范围为 50～500 kHz,编码器规格为 2000P/R,转轮直径为 40 mm。开发的涡流仪器及探头如图 17 - 16 所示。

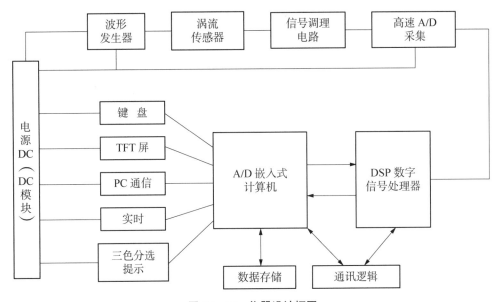

图 17 - 15　仪器设计框图

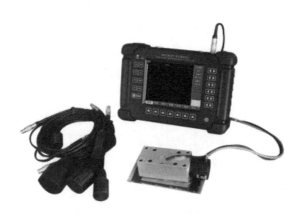

图 17‑16　干式变压器涡流检测仪

2. 铜铝线圈导线线宽与特征相位变化规律分析

1) 对比试样制作

通过收集不同厂家生产使用的不同规格铜铝线材,按照干式变压器的制作方式,采用亚力克板粘接铜铝线材,亚克力板厚度为 5 mm,铜铝试样规格列式为宽度×厚度,部分铜铝试样如图 17‑17、图 17‑18 所示。

图 17‑17　制作铜试样

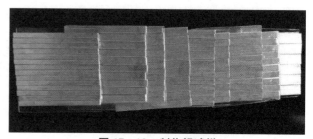

图 17‑18　制作铝试样

2) 特征相位采集

采用前面开发的仪器和探头,对实验室制作的各规格对比试样进行检测,不同规格铜铝线材与特征相位关系如表 17‑1 所示。

表 17‑1　各容量线材对比试样特征相位

序号	铜		铝	
	规格/mm	相位/(°)	规格/mm	相位/(°)
1	12.7×3.6	258	15×4.9	258
2	12.5×3.15	258	13.2×4.75	255

(续表)

序号	铜		铝	
	规格/mm	相位/(°)	规格/mm	相位/(°)
3	11.2×2.8	255	11.2×4	251
4	9×2.8	252	10×3.42	246
5	7.47×3.75	249	9×3.35	244
6	7.1×2.65	244	8.27×2.94	239
7	6.63×2.77	240	7.5×3.55	239
8	6.31×2.51	239	7.1×4	239
9	5.6×2.5	235	6.3×3.75	235
10	5.3×2.0	229	6×3.15	229
11	4.7×2.22	226	5.3×2.5	222
12	4.5×2.36	226	4×2.5	214
13	4×1.6	219	3×1.9	203
14	3.75×1.8	217	Φ2.35	202
15	3.55×1.5	214	Φ2.24	201
16	3.15×1.4	209	/	/
17	3×1.4	208	/	/
18	Φ2	201	/	/
19	Φ1.7	199	/	/
20	Φ1.56	199	/	/

3）铜铝线圈导线线宽与特征相位回归分析

根据表 17-1 铜铝线圈导线线宽与特征相位对应关系,采用 SPSS 软件进行回归分析,得到模型汇总和参数估计值,具体如表 17-2、表 17-3 所示,铜铝线圈导线线宽与特征相位函数关系如式 17-1、式 17-2 所示,铜铝线圈导线线宽与特征相位拟合函数如图 17-19、图 17-20 所示。

表 17-2　铜线材模型汇总和参数估计值

方程	模型汇总					参数估计值		
	R^2	F	d_{f_1}	d_{f_2}	S_{ig}	常数	b_1	b_2
指数	0.9907	820.157	2	17	0.000	176.3	13.2	−0.52

表 17-3　铝线材模型汇总和参数估计值

方程	模型汇总					参数估计值		
	R^2	F	d_{f_1}	d_{f_2}	S_{ig}	常数	b_1	b_2
指数	0.987 4	422.673	2	12	0.000	179.4	10.5	-0.33

表中 R^2 为决定系数,反映因变量的全部变异能通过回归关系被自变量解释的比例。R^2 越大,越接近 1,说明模型拟合效果越好。S_{ig} 指的是显著性水平,一般来说接近 0 越好。F 值是方差检验量,是整个模型的整体检验,评价拟合的方程有没有意义。当 S_{ig} 值越小时,F 值越大,方差分析显著性越明显。d_f 为自由度,表示样本中独立或能自由变化的自变量的个数,b_1 和 b_2 为常数。

铜线圈导线线宽与特征相位函数关系式为

$$y = -0.52x^2 + 13.2x + 176.3 \qquad (17-1)$$

铝线圈导线线宽与特征相位函数关系式为

$$y = -0.33x^2 + 10.5x + 179.4 \qquad (17-2)$$

SPSS 软件回归分析结果表明,回归模型显著,拟合度好,铜铝线圈导线线宽与特征相位拟合函数满足要求。

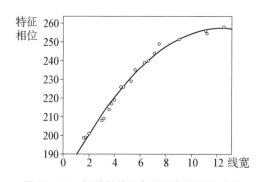

图 17-19　铜线材线宽与特征相位拟合曲线

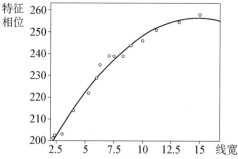

图 17-20　铝线材线宽与特征相位拟合曲线

3. 现场验证

利用前述的干式变压器线圈材质无损检测方法及检测装置,对国内各主要干式变压器厂家生产的各种型号干式变压器进行现场检测,覆盖了干式变压器全部变电容量,涉及变电容量 315~2 500 kVA,检测超过 300 台。由于篇幅原因,本书只列举其中 8 种型号干式变压器,检测结果如图 17-21~图 17-28 以及表 17-4 所示。通过检测干式变压器线圈导线宽度和特征相位两个参数,将检测结果与铜铝线圈材质规律进行对比,从而确定线圈导线铜铝材质。结果表明,检测结果和变压器实际材质相符,可以准确有效地鉴别铜材和铝材干式变压器。

(1) SCB11 - 2500/10 干式变压器。

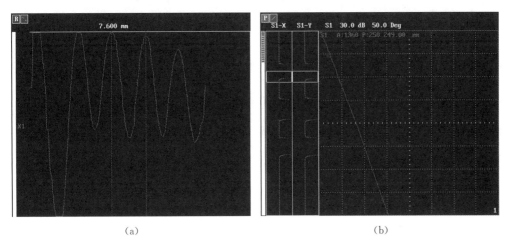

(a)　　　　　　　　　　　　　　(b)

图 17 - 21　出厂编号为 125001170020 线圈导线线宽及特征相位检测图

(a)线圈导线宽度;(b)特征相位检测

(2) SCB10 - 2000/10 干式变压器。

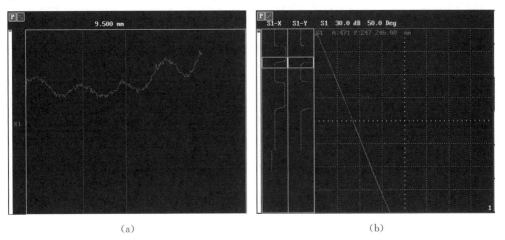

(a)　　　　　　　　　　　　　　(b)

图 17 - 22　出厂编号为 020002170028 线圈导线线宽及特征相位检测图

(a)线圈导线宽度;(b)特征相位检测

（3）SCB11‐1250/10 干式变压器。

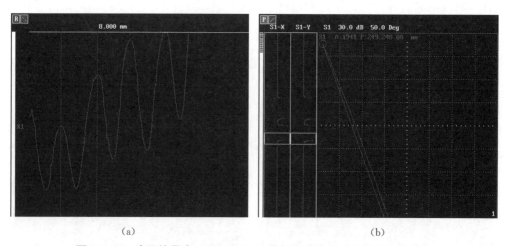

（a）　　　　　　　　　　　　　（b）

图 17‐23　出厂编号为 112501170125 线圈导线线宽及特征相位检测图

（a）线圈导线宽度；（b）特征相位检测

（4）SCB11‐1000/10 干式变压器。

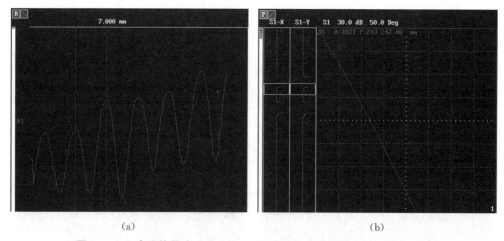

（a）　　　　　　　　　　　　　（b）

图 17‐24　出厂编号为 110001170131 线圈导线线宽及特征相位检测图

（a）线圈导线宽度；（b）特征相位检测

（5）SCB11 - 800/10 干式变压器。

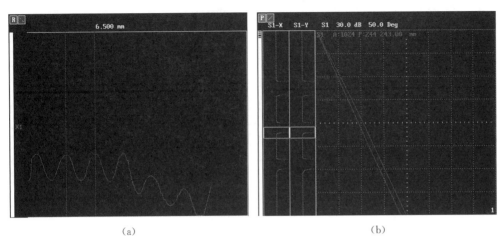

（a）　　　　　　　　　　　　　　（b）

图 17 - 25　出厂编号为 108001170939 线圈导线线宽及特征相位检测图

(a)线圈导线宽度；(b)特征相位检测

（6）SCB10 - 630/10 干式变压器。

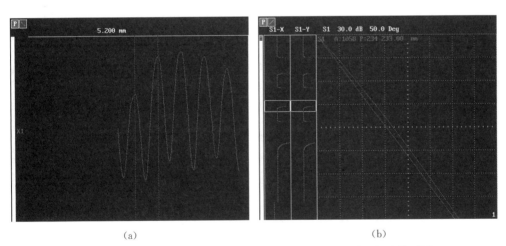

（a）　　　　　　　　　　　　　　（b）

图 17 - 26　出厂编号为 106301170320 线圈导线线宽及特征相位检测图

(a)线圈导线宽度；(b)特征相位检测

（7）SCB11-400/10 干式变压器。

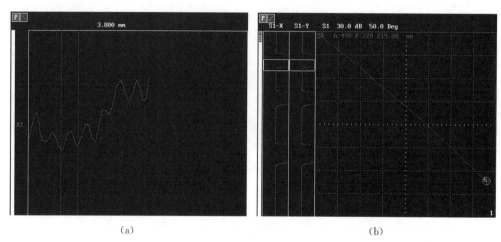

（a）　　　　　　　　　　　　（b）

图 17-27　出厂编号为 104001170069 线圈导线线宽及特征相位检测图

(a)线圈导线宽度；(b)特征相位检测

（8）SCB10-315/10 干式变压器。

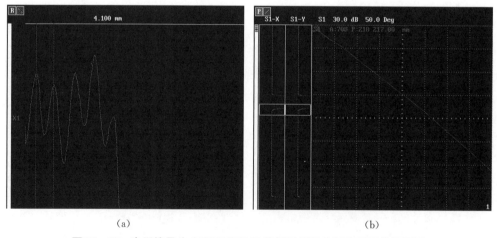

（a）　　　　　　　　　　　　（b）

图 17-28　出厂编号为 003152170043 线圈导线线宽及特征相位检测图

(a)线圈导线宽度；(b)特征相位检测

表 17－4　各种型号干式变压器检测结果与验证对比表

序号	型号	线宽/mm	检测特征相位/(°)	曲线计算铜特征相位/(°)	曲线计算铝特征相位/(°)	判断线材	实际线材
1	SCB11－2500/10	7.6	250	247	240	铜	铜
2	SCB10－2000/10	9.5	247	255	249	铝	铝
3	SCB11－1250/10	8	249	249	242	铜	铜
4	SCB11－1000/10	7	243	243	236	铜	铜
5	SCB11－800/10	6.5	244	240	234	铜	铜
6	SCB10－630/10	5.2	234	230	225	铜	铜
7	SCB11－400/10	3.8	220	218	214	铜	铜
8	SCB10－315/10	4.1	218	222	216	铝	铝

4．结论

建立以铜铝线材特征相位、线圈导线宽度为变量的涡流材质检测分析方法,经现场验证,准确性高,仪器操作简单,检测时间短,可以有效减少因干式变压器线圈材质质量问题带来的安全隐患,提高配网的安全稳定运行水平。

17.3　变电站 GIS 筒体焊缝涡流检测

变电站常用的高压开关设备为 GIS(气体绝缘封闭开关设备),GIS 是以六氟化硫气体作为绝缘介质,将多个元件(如断路器、隔离接地组合开关、电流互感器、母线等)集成在一起的开关设备,因此,GIS 变电站占地面积少,结构紧凑,运行可靠性高,抗污秽及抗震能力强。

常见的 GIS 壳体外形为圆柱体,外壳体上设有若干圆柱形的上直筒柱以及下直筒柱。GIS 壳体对整个 GIS 构成整体和接地、屏蔽体,壳体材料有铝合金和钢两种,钢材料优点是强度高,缺点是存在环流和涡流损耗,加工不易成型,目前,GIS 壳体材料都朝铝合金方向发展。

GIS 筒体主要采用铝合金板滚圆后焊接制成,铝合金焊接比较困难,处理不当容易形成气孔、夹杂等缺陷,在后续使用中产生安全隐患,对于焊接过程中产生的缺陷,可通过涡流检测其焊接质量。

2022 年 10 月 9 日至 10 月 13 日,检测团队对河南某新建变电站 220 kV 的 GIS 筒体焊缝进行涡流检测,GIS 筒体焊缝如图 17－29 所示,依据标准为 NB/T 47013.6—2015。

1. 检查前准备

本次检测对象为 220 kV GIS 断路器部位壳体环焊缝和纵焊缝,其本体材质为铝合金,表面涂有漆层防腐,规格为 Φ450 mm×10 mm。被检焊缝周围表面光滑,用棉布擦拭被检焊缝及周围,确保无影响涡流检测的表面污染物。

2. 仪器、探头及试块的选择

(1) 涡流检测仪器。检测选用爱德森(厦门)电子有限公司的 SMART - 201 型多频涡流检测仪,如图 17 - 30 所示,工作频率范围为 64 Hz～5 MHz,可实现 0～90 dB 增益,能使信号以 0.1°的步距进行 360°旋转。

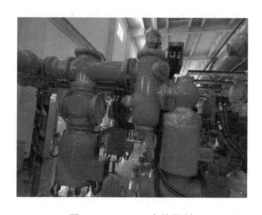

图 17 - 29 GIS 壳体焊缝

图 17 - 30 SMART - 201 型多频涡流检测仪

(2) 探头。检测选用 EPHF16. J0. 10 型专用探头。

(3) 校准试块。校准试块为铝合金制,表面用线切割加工出 0.5 mm、1.0 mm 和 2.0 mm 深的人工刻槽。焊缝表面存在油漆层,采用 0.5 mm 塑料垫片模拟涂层。

3. 校准及灵敏度设定

根据提离和其他不希望出现的信号将频率调到最佳灵敏度,推荐工作频率为 100 kHz。

选择 100 kHz 工作频率,将探头放在校准试块上扫查人工刻槽进行校准。刻槽表面覆盖 0.5 mm 垫片。将 1 mm 深刻槽的信号幅度调到满屏高度的约 80%作为检测灵敏度。

4. 检测实施

根据操作规程或说明书实施检测,具体步骤如下。

(1) 将探头放到检测区域,按要求对焊缝表面和热影响区进行检测,检测时应尽量保证探头移动平稳,检测方向与预计发现的缺陷方向垂直。

(2) 检测完成后,将仪器、探头规整并清理工作现场。

5. 缺陷评定

依据 NB/T 47013.6—2015,对被检测焊缝进行质量评定。发现不可接受信号时,采用渗透检测、射线检测等其他无损检测技术进行验证,记录缺陷相位、幅值及位置等信息。

本次检测河南某新建变电站 220 kV GIS 断路器部位壳体环焊缝和纵焊缝,未发现可疑信号,检测合格。

6. 记录及报告

根据相关技术标准要求及规定,做好原始检测记录及检测报告的编制、审批、签发等。

17.4　户外柱上断路器接线端子导电率检测

在 10 kV 配电网系统中,户外柱上断路器被大量使用,其主要功能是对供电线路进行控制及保护。户外柱上断路器主要通过接线端子与外部线路连接,接线端子的性能直接影响配网系统的可靠性。若接线端子导电性差,电路运行时其接触部位会发热,长时间运行会导致触头烧蚀,形成配网电路事故。

2022 年 8 月,对河南某电网物资库例行检测中,检测团队发现新到 6 台户外柱上断路器接线端子外观异常,如图 17‐31 所示,依据《2022 年电网设备电气性能、金属及土建专项技术监督工作方案》《铜及铜合金导电率涡流测试方法》(GB/T 32791—2016),采用涡流导电率检测法对本批次户外柱上断路器接线端子进行检测评定。

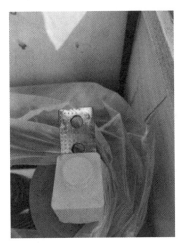

图 17‐31　异常接线端子

1. 检测前的准备

(1) 资料收集。搜集户外柱上断路器厂家、规格、材质、数量等检测信息。

(2) 检测时机。设备到货后、现场发运前进行检测。

(3) 现场勘察。本次检测现场位于室外,光照充足,环境温度18℃,天气晴朗,被检工件周围无带电体,适合进行检测。

(4) 检测前准备。准备相应的检测用电导率仪、安全帽、工具袋;准备相应电导率试块(Cu)、棉布;检查导电率在核准周期内,电池有足够的电量,且开机正常。

2. 仪器、探头及校准试块的选择

户外柱上断路器接线端子材质为T2纯铜,导电率在100%IACS左右。因此,本次仪器、探头、校准试块选择如下。

(1) 仪器:福司特FD-102型电导率测试仪,检测范围(0.5%～110%)IACS,检测精度0.1%IACS,工作频率60 kHz。

(2) 探头:福司特FD-102标配TD-12.7型探头,探头直径12.7 mm,工作频率60 kHz。

(3) 校准试块:标准试片应选用与被检工件导电率相近的试片,本次选择59.10%IACS及101.3%IACS两块试片。

3. 仪器设备的校准

按仪器操作规程或者说明书进行仪器设备的校准,校准流程如下:

(1) 探头插入涡流设备,开机。

(2) 按FUN键,选择校准,按ENTER键进入。

(3) 将探头置于空气中,按ENTER键完成空气导电率测定。

(4) 将探头置于59.10%IACS试块上,按ENTER键完成59.10%IACS试块导电率测定。

(5) 将探头置于101.3%IACS试块上,按ENTER键完成101.3%IACS试块导电率测定。

(6) 校准完成。

校准完成后,用101.3%IACS和59.10%IACS导电率试块,核查仪器的准确性。试块实测值与标定值偏差≤1%IACS,视为准确。否则,核查相关因素后再次测量核准,如仍不能满足要求,应联系制造商检查、校准。

4. 检测实施

检查被测工件表面,若被测工件表面存在灰尘、油脂等异物,应先清洁干净。具体测量步骤如下。

(1) 选取被检工件相对平整部位,探头紧密贴合部件表面,保持其垂直平稳,直接读出测量值。

（2）本次检测 6 台户外柱上断路器，每台柱上断路器接线端子包括进线侧和出线侧，每侧分 A、B、C 三相，每相各检测 1 处，共 6 处。每处测量 3 次，取算术平均值作为最终结果，记录数据。

（3）测量完毕后，应将仪器、探头及探头线进行归整，并清理工作现场。

5. 评定

户外柱上断路器接线端子电导率检测评定执行《12 kV 户外柱上断路器采购标准第 2 部分：12 kV 户外柱上真空断路器专用技术规范》（Q/GDW 13084.2—2018）表 1 规定，接线端子材质为 T2 及以上，导电率≥96.6%IACS。

6. 检测结果及处理

本次所检 6 台户外柱上断路器的接线端子导电率均在（82.4%～87.8%）IACS 之间，低于 Q/GDW 13084.2—2018 要求的导电率 96.6%IACS，不符合标准要求。

依据《2022 年电网设备电气性能、金属及土建专项技术监督工作方案》要求，对本批次所有柱上断路器进行返厂更换，更换后的户外柱上断路器进行导电率复检，新接线端子导电率在（99.6%～102.3%）IACS 之间，符合 Q/GDW 13084.2—2018 标准要求。

7. 记录及报告

根据相关技术标准要求及规定，做好原始检测记录及检测报告的编制、审批、签发等。

17.5　GIS 筒体漆层厚度涡流检测

GIS 设备筒体一般采用铝合金制成，其表面会采用涂漆方式来保护铝合金基体材质免受腐蚀和破坏，延长设备使用寿命。为保证涂漆层防腐性能，《电网金属技术监督规程》（DL/T 1424—2015）中 6.1.4 条规定"GIS 设备的壳体材质、规格和防腐涂层应符合设计要求，防腐涂层厚度不应小于 120 μm。镀层厚度检测一般采用涡流测厚技术来检验"。

为保证工程质量，2022 年 6 月，相关单位对某地一新建 220 kV GIS 开展镀层厚度检测。GIS 母线筒罐体材质为 5A02 防锈铝材料，壁厚 8 mm，如图 17-32 所示。

1. 检测前的准备

（1）资料收集。GIS 母线筒罐体材质为 5A02 防

图 17-32　GIS 母线筒罐体

锈铝材料,导电非磁性材料,壁厚 8 mm,表面有防腐涂层,依据 DL/T 1424—2015 标准规定,GIS 母线筒罐体表面涂层厚度的最小厚度值为 120 μm。

（2）检测时机:到货验收阶段。

（3）现场工作条件。检测工作前,检测人员应熟悉现场工作环境:①检测人员核对现场作业情况,该变电站 GIS 设备到货,放置在地面上,不涉及登高作业项目,现场具备开展检测作业条件;②检测人员检查检测区域,检测区域内应设置明显的标志(悬挂"正在检测工作"标识),设一工作负责人在现场监护作业,避免交叉作业,同时注意与带电设备应保持足够的安全距离,确保无感应电流;③检测现场无扬尘、无水汽等;④被检工件表面处理。采用纱布、无水乙醇对被检工件表面进行清理,去除被测试件表面上的灰尘、油脂和腐蚀产物等,使被检工件表面光洁,清理时不应损伤镀层。

2. 仪器、探头及校准片的选择

（1）仪器。minitest4100 型涡流测厚仪。

（2）探头。对于 GIS 母线筒罐体表面涂覆层,标准规定的最小厚度值为 120 μm,可选用 N1.6 型专用探头,其测量范围为 0~1 600 μm,测量精度为 0.1 μm,测量误差为 $\pm$(1%$\pm$1 μm)。

（3）校准基体和校准片。①校准基体。检测部件材质为 5A02 防锈铝材料,检测校准基体应采用 5A02 防锈铝材料或导电率相近的材料制作;②校准片。检测部件涂覆层厚度要求不低于 120 μm,校准片可选择(50$\pm$0.5)μm 标准片和(125$\pm$1)μm。

3. 设备校准

每次检测前及检测完成后应对 minitest4100 型涂层测厚仪进行校准,校准采用零点校准和两点校准。

（1）零点校准。按 ZERO 键,屏幕上 ZERO 闪烁,在标准基体试片或者待涂覆层基体上进行一次测量,屏幕上显示测得数据,数据稳定后,在不提起探头的情况下,按一下 ZERO 键,并响一声,即完成零点校准。重复上述步骤,直到测得的基体测量值小于 1 μm。

（2）两点校准。按 CAL 键,屏幕上 CAL 闪烁,放在(50$\pm$0.5)μm 标准片上,测量后将探头拿起来,按上下键将厚度调整到 50 μm,再按 CAL 键,CAL 停止闪烁,第一个点校准完成。再选取(125$\pm$1)μm 标准片进行重复操作,完成第二点校准。

校准后在(50$\pm$0.5)μm 标准片和(125$\pm$1)μm 标准片进行复核测量,测量厚度误差小于 5% 即表示校准完成。否则应重复零点校准和两点校准,直到测量厚度误差小于 5%。

4. 检测实施

根据仪器设备操作规程或者说明书实施检测,检测流程如下。

（1）打开 minitest4100 型涂层测厚仪，按 APPL 键，进入批处理模式，显示当前的批组行列号，再按 APPL 键，用上下键可更换不同行号，按 BATCH 键，用上下键选定行组号后，将探头与测试面垂直接触并轻压探头，响声后，屏幕显示出本次测量值，每个测点测量 5 次，取平均值，并记录。

（2）对一个点进行多次测量时，一次测量后，必须将探头提起离开被测件 100 mm 以上，方可进行下次测量。

（3）在测量过程中，应做好记录，包括：被检工件的名称、型号、编号、生产厂家、检测部位、基体材质和镀层材质等；检测设备的名称、型号、编号和精度等；测量位置、厚度测量值等。

（4）在测量过程中，当发现异常时，应对测厚仪重新校准，并对前面的测量重新进行。

（5）测量完毕后，填好检测日期，检测人员和记录人员应签字确认，同时应将仪器、探头及探头线等进行收回，并清理工件表面。

5. 检测结果及处理

本次抽检 GIS 母线筒罐体共 5 件表面涂层厚度，每件 GIS 母线筒罐体检测厚度的最小值分别为 152 μm、150 μm、137 μm、142 μm、149 μm，均大于标准要求的最小厚度值 120 μm，符合标准的相关要求，本次对 GIS 母线筒罐体表面涂覆层厚度的抽检结果显示，该批次厚度检测合格。

6. 记录及报告

根据相关技术标准要求及规定，做好原始检测记录及检测报告的编制、审批、签发等。

17.6　火电厂凝汽器铜管涡流检测

电厂凝汽器热交换管常用铜或铜合金管制成，在汽轮机发电机组运行过程中，工作环境十分恶劣，随着运行时间的增加，凝汽器铜管经常受伤或发生堵塞现象，造成管道泄漏，使得冷却水进入锅炉给水中。电厂运行大量数据证明，锅炉的结垢、爆管、水冷壁的酸腐蚀、汽轮机的酸腐蚀及应力腐蚀都与凝汽器管的泄漏有关，严重时会导致非计划停炉、停机，经济损失及社会影响极大。因此，在凝汽器铜管发生泄漏前，有计划和针对性地开展涡流检测，发现存在的缺陷及其他异常情况，显得非常及时和必要。

某电厂♯14 机冷凝器铜管规格为 Φ20×1(mm)，材质为锡黄铜（HSn70 - 1）、白铜（B30），在电厂停机检修期间，对其凝汽器铜管进行涡流检测。

1. 检测前准备

检测前应先对所有凝汽器铜管进行清洗，确保无影响涡流检测的表面污染物。

2. 仪器、探头及试块的选择

（1）涡流检测仪器

检测使用爱德森（厦门）电子有限公司的 EEC-39/RFT 多通道涡流检测仪。主检频率：HSn70-1,33 333 Hz；B30,200 000 Hz。辅检频率：HSn70-1,142 85 Hz；B30,100 000 Hz。

（2）探头：EPN-C Φ20。

（3）校准试样。该批次备用冷凝器铜管，自制 Φ1.3 mm 通孔。

3. 灵敏度设定

Φ1.3 mm 通孔当量，相位 40°，信号幅度调到满屏高度的约 50% 作为检测灵敏度。

4. 检测实施

根据操作规程或说明书操作，检测完成后，将仪器、探头规整并清理工作现场。

5. 检测结果及原因分析

（1）检测结果。此次冷凝器铜管涡流探伤总共 239 根，发现涡流信号大于 Φ1.3 通孔当量的超标铜管共 198 根，其中 B30 超标 41 根，HSn70-1 超标 157 根。超标铜管位置如图 17-33 所示。

（2）原因分析：①超标铜管内缺陷波形密集，且相位集中在 8° 左右；根据信号相位分析，缺陷深度约 0.2 mm；②超标信号特征基本相同，为内表面缺陷；③解剖一存在超标信号的铜管（HSn70-1），观察发现内壁有较多腐蚀坑，腐蚀坑的深度基本在 0.1~0.2 mm 范围内；④A 侧凝汽器按上、中、下，左、中、右进行抽查，B 侧凝汽器抽查中、下部铜管，试验的结果具有一定的代表性；⑤根据抽查的部位和试验结果，认为此凝汽器普遍存在腐蚀现象。

6. 记录及报告

根据相关技术标准要求及规定，做好原始检测记录及检测报告的编制、审批、签发等。

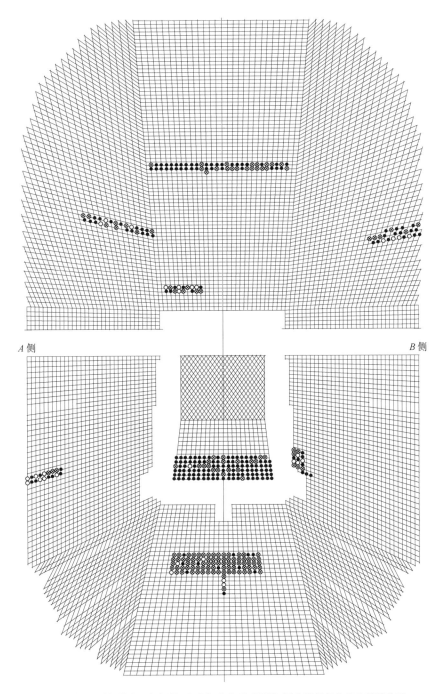

注：○为合格铜管；⊗为超标铜管；●为探头未通过铜管；图中线条相交处为铜管位置。

图 17‑33　凝汽器铜管探伤位置示意

参 考 文 献

［1］ 刘晨. 工程光学［M］. 北京：国防工业出版社，2012.

［2］ 石顺祥，王学恩，马琳. 物理光学与应用光学（第三版）［M］. 西安：西安电子科技大学出版社，2014.

［3］ 民航无损检测人员资格鉴定与认证委员会. 航空器目视检测［M］. 北京：中国民航出版社，2014.

［4］ 苏建军. 电力机器人技术［M］. 北京：中国电力出版社，2015.

［5］ 冯晨光. 高压输电线路巡检机器人机构设计及作业性能仿真研究［D］. 南京：东南大学，2023.

［6］ 骆国防. 电网设备金属材料检测技术基础［M］. 上海：上海交通大学出版社，2020.

［7］ 骆国防. 电网设备金属检测实用技术［M］. 北京：中国电力出版社，2019.

［8］ 骆国防. 电网设备厚度测量技术与应用［M］. 上海：上海交通大学出版社，2023.

［9］ 徐嘉龙. 架空输电线路无人机巡检系统技术与应用［M］. 北京：中国电力出版社，2017.

［10］ 魏立明. 建筑电气照明技术与应用［M］. 北京：机械工业出版社，2015.

［11］ 傅思遥. 输电线路巡线机器人视觉系统图像处理及模式识别研究［M］. 北京：中国水利水电出版社，2010.

［12］ 蒋韵尔. 民航维修目视检测人为因素研究［D］. 上海：上海交通大学，2023.

［13］ 阙波. 电网设备金属监督检测技术［M］. 北京：中国电力出版社，2016.

［14］ 马元青. 变电站远程视频监控系统的开发与应用［J］. 自动化应用，2023，64(16)：57－59.

［15］ 宋志哲. 磁粉检测［M］. 北京：中国劳动社会保障出版社，2007.

［16］ 中国特种设备检验协会. 磁粉检测技术（2023 试用版）［M］. 中国特种设备检验协会. 2023.

［17］ 夏纪真. 工业无损检测技术（磁粉检测）［M］. 广州：中山大学出版社，2013.

［18］ 张岳，黄丽. 磁粉检测［M］. 中国机械工程学会无损检测学会人员认证培训教材，2016.

［19］ 夏纪真. 工业无损检测技术（渗透检测）［M］. 广州：中山大学出版社，2013.

［20］ 李秀芬，宫润理，刘素平，等. 渗透检测［M］. 中国机械工程学会无损检测学会人员认证培训教材，2016.

［21］ 中国特种设备检验协会. 渗透检测技术（2022 试用版）［M］. 中国特种设备检验协会/团标

委无损检测工作组.2022.

[22] 胡学知.渗透检测[M].北京:中国劳动社会保障出版社,2007.

[23] 林俊明.漏磁检测技术及发展现状研究[J].无损探伤,2006(1):1-5.

[24] 夏纪真.工业无损检测技术(涡流检测)[M].广州:中山大学出版社,2018.

[25] 边美华,梁庆国,张兴森,等.干式变压器铜铝线材涡流检测系统的设计与开发[J].广西电力,2018(5):52-55.

[26] 徐可北,周俊华.涡流检测[M].北京:机械工业出版社,2009.

[27] 无损检测　磁粉检测用环形试块(GB/T 23906—2009)[S].北京:中国标准出版社,2009:8.

[28] 承压设备无损检测(NB/T 47013—2012/2015)[S].北京:新华出版社,2015:7.

[29] 无损检测　渗透检测用试块(GB/T 23911—2009)[S].北京:中国标准出版社,2009:8.

[30] 无损检测　渗透检测　第3部分:参考试块(GB/T 18851.3—2008)[S].北京:中国标准出版社,2009:1.

索　引

磁化电流　115,128,132,134,137 - 141,147 - 151,153 - 155,157 - 159,161,166,180,181,184,186,187,190,191,196,204,352

磁化方法　11,115,129,134,138,139,142,143,145 - 148,166,170,180,182 - 184,186,187,193

磁化规范　5,115,126,129,134,139,140,147 - 152,166,186 - 188,190,191,199,204

磁悬液　147,153,154,156,158,159,161 - 166,170,174,176,177,179 - 181,184 - 189,191 - 193,197,199,200,202 - 209,211,212

电流扰动检测　7,366

反差增强剂　153,159,165,178,179,192,193,197,202,206,208,212

光学　8,17,18,20,22 - 24,26 - 29,31,33,34,39,43,47,51,53,60,66,67,74,75,77,78,81,82,84,96,98,246,432

光源　10,17,18,20 - 23,31,34 - 41,49,55,58,60,65,66,74,77,78,80 - 82,98,160,172,255,268

厚度测量　8,69,364,378,382,391,393,394,404,409,429,432

间接目视检测　10,17,48,49,55,59,65,74,95,103

截留作用　217,255,280

脉冲涡流检测　371,372

目视检测　3 - 5,7 - 11,17,19,21,23,25,27,29,31,33,35,37,39,41 - 43,45 - 49,51 - 53,55,57 - 67,69,71 - 75,77 - 79,81,83,85,87,89,91 - 99,101,103 - 109,111,179,211,321,322,324,325,328,330,332,335,341,432

内窥镜　10,17,55,59,60,63,74,77,78,80 - 84,94,95,97,98,103,107,108

深层涡流检测　370

渗透检测　3,5 - 12,53,105,172,217,219,221,223,225,227,229,231 - 233,235 - 237,239,241,243,245 - 249,251 - 253,255 - 257,259 - 263,265 - 267,269 - 273,275,277,279,281 - 287,289 - 291,293 - 335,337 - 344,395,399,425,432,433

视力　17,42,43,47,48,59,62

视频系统　10,59 - 61,84,86,87

铁磁性材料　8,10,11,115,118 - 124,130,132,148,153,174,180,182,349,353,354,360,362 - 364,380,381,394,395,397,401

望远镜　10,17,49,59,60,74 - 76,101,109,110

涡流检测　3,7 - 10,12,13,217,347,349,351 - 371,373 - 385,387,389 - 391,393 - 397,399 - 405,407,409 - 417,419,421,423 - 425,427,429 - 431,433

涡流探伤　7,361,362,364,373,377,378,382,383,387,394,409,410,430

无人机　10,17,49,59,61,74,91 - 94,99 - 103,109 - 112,432

巡检机器人　49,59,61,87 - 91,432

远场涡流检测　7,364 - 366

载液　5,159,162 - 164,181,192,288

阵列涡流检测　7,368 - 370

直接目视检测　10,17,21,48,49,51 - 53,55,
　65 - 68,95,103,105,190,316